南海深水钻井技术

李　中　编著

石油工业出版社

内容提要

本书以深水油气钻井技术为研究对象，从深水油气钻井技术难点、深水油气钻井测试工艺、深水钻井水文条件、钻井装置、配套钻井装备和工具、钻井设计、固井及钻井液技术、深水钻井防台策略等多个方面进行了深入研究。

本书可供从事深水油气钻井技术研究的科研人员参考，也可供从事深水油气钻井作业的技术人员参考。

图书在版编目（CIP）数据

南海深水钻井技术 / 李中编著 .—北京：石油工业出版社，2021.9

ISBN 978-7-5183-4797-1

Ⅰ. ①南… Ⅱ. ①李… Ⅲ. ①海上油气田 - 深井钻井 - 研究 - 南海 Ⅳ. ① TE52

中国版本图书馆 CIP 数据核字（2021）第 160887 号

出版发行：石油工业出版社

（北京安定门外安华里 2 区 1 号　100011）

网　址：www.petropub.com

编辑部：（010）64249707

图书营销中心：（010）64523633

经　　销：全国新华书店

印　　刷：北京中石油彩色印刷有限责任公司

2021 年 9 月第 1 版　2021 年 9 月第 1 次印刷

787×1092 毫米　开本：1/16　印张：23.25

字数：570 千字

定价：78.00 元

（如出现印装质量问题，我社图书营销中心负责调换）

序

全球陆地和浅海油气资源日益枯竭，目前世界上超过 70% 的油气新发现来自深水海域，深水已成为油气储量和产量的主要接替区。我国南海是世界四大油气聚集地之一，石油地质储量约 350 亿吨（占全国 1/3），其中 70% 蕴藏于水深大于 300 米的深水区。当前我国在大力发展海洋经济，习近平总书记强调建设海洋强国和保证国家油气安全，中国海洋石油集团公司积极调整海洋石油产业结构，海洋油气勘探开发进一步向深海拓展，实现了从水深 300 米到 3000 米的跨越。

目前中国海油南海西部油田通过自营深水钻井，已陆续发现了陵水 17-2、陵水 25-1、陵水 18-1 和永乐 8-3 等深水大中型气田，积累了 50 余口深水井宝贵经验。在此过程中，通过不断技术引进、总结和创新，逐步形成了中国海油自主的深水钻井技术体系，包括常规深水井、超深水井、深水高温高压井、深水定向井、深水水平井等。因此可以说《南海深水钻井技术》这本书，是以中国海油南海西部油田多年以来的深水钻井工程技术生产实践为基础，结合深水钻井工程相关领域的科研成果，凝聚目前世界上最先进深水钻井技术的应用和管理智慧，蕴含着我国南海深水海域油气勘探的宝贵经验。本书是国内深水钻井领域首次系统地从深水钻井的理论计算、作业设计到作业准备和现场施工，进行了技术指导式的全程讲解，具有丰富的理论基础和实际应用价值。

祝贺《南海深水钻井技术》出版。相信该书的出版，对于我国海洋油气资源的进一步勘探开发，必将会起到积极的推动作用。

是为序。

中国工程院院士 苏义脑

2021 年 8 月

目　　录

第一章　深水钻井特点及难点

随着世界各国对能源的战略需求，人们越来越将油气勘探的目光从近海转向了浩瀚的深水海域。深海油气蕴藏量十分丰富，随着技术进步与勘探领域的延伸，深水开发已变成世界油气产量的重要来源。近年来，全球获得的重大勘探发现中，有近 50% 来自深水，其中墨西哥湾、巴西海域、西非海域、澳大利亚西北大陆架以及被称为第二个波斯湾的中国南海，被称为是最有希望的深水油气区。深水海域因具有不同于陆地和浅海的特点，勘探开发难度大，目前全球只有少数国家具有勘探开发深水领域的能力。

第一节　深 水 定 义

深水的定义随时间、区域和专业的不同而在不断变化。随着科技的进步和石油工业的发展，深水的定义也在不断发展。

据 2002 年在巴西召开的世界石油大会报道，油气勘探开发通常按水深加以区别：水深 400m 以内为常规水深；水深在 400m 到 1500m 为深水；水深超过 1500m 为超深水。

针对我国钻井装备能力和钻井技术水平，水深 500m 以内为常规水深，水深 500 ~1500m 为深水，水深大于 1500m 则称为超深水。

第二节　深水环境特点

深水环境因素包括水深、海底低温以及风浪流等，这些环境因素给钻井带来或多或少的困难，也使深水钻井具有独特的一面。

一、水深

随着离大陆越来越远，水深不断增加，在钻井船和海底之间夹着的水体厚度也越来越大，因此要求隔水管更长、钻井液需求量更大以及设备的压力等级更高。隔水管单根与防喷器（blow out prevention，BOP）的重量等均有大幅度增加，所以必须具有足够的甲板负荷和甲板空间以便存放所有的隔水管、钻杆、套管以及其他散料等，以满足钻井施工要求。另一方面，水深增加，加之深水恶劣的作业环境，使得起下隔水管、套管和钻杆耗费较长时间，钻井非作业时间增加，对设备的可靠性要求苛刻。选择深水钻井装置、设备和技术时都要针对水深进行单独校核，如图 1-1 所示。

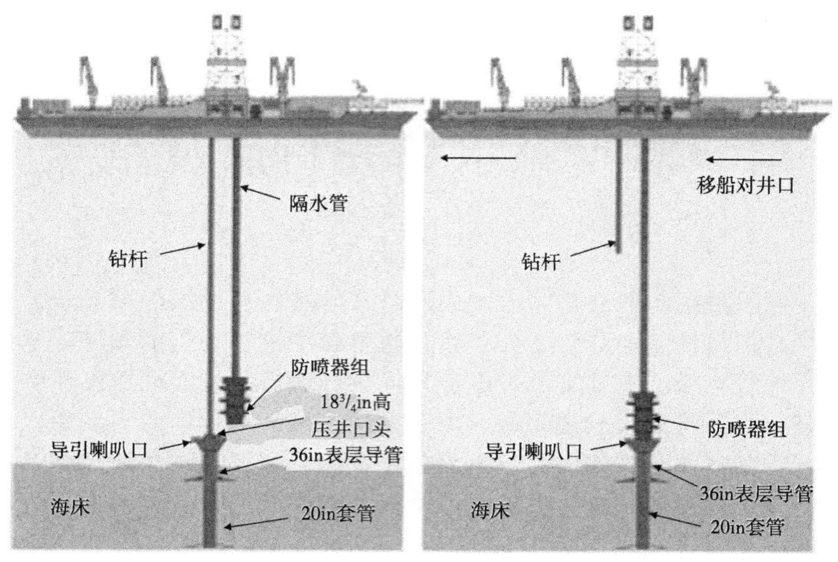

图 1-1　水下系统示意图

二、海底低温

随着水深的增加，环境温度会降低，海底温度低，井底有可能高温，给钻井作业带来很多问题。如在低温环境下，钻井液的黏度和切力大幅度上升，会出现显著的胶凝现象，而且增加形成天然气水合物的可能性。在钻井液设计、固井水泥浆设计以及测试设计中都要考虑海水温度的影响，特别是海底的低温环境和沿程海水的冷却作用。

深水温度变化特点：海床以上温度随深度下降，海床以下温度随深度上升，如图 1-2 所示。

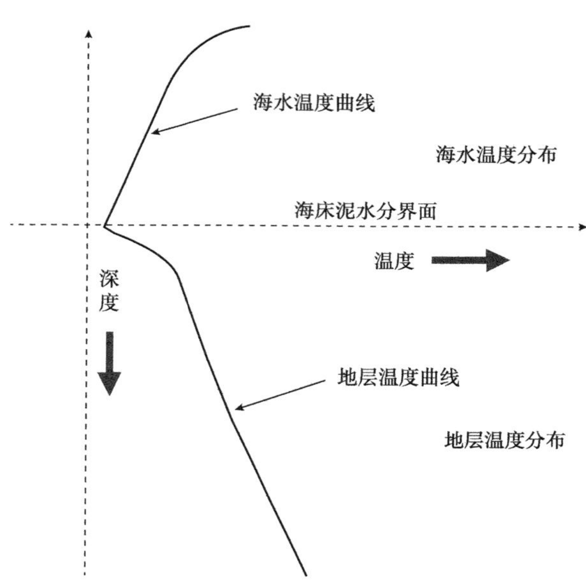

图 1-2　深海温度变化情况

三、风、浪、流等

风、浪、流等环境条件对钻井装置的选择以及钻井作业有重要影响，特别是钻井装置定位系统以及隔水管等水下系统，需要根据作业区域的风、浪、流等条件对选择的钻井装置和设备进行校核，针对具体的风、浪、流条件进行锚泊设计或动力定位设计以及隔水管设计，并进行系统整体分析评价。

飓风或热带风暴等因素的影响，应在设计阶段纳入应急计划考虑。对于我国南海而言，特有的内波流和季风气候的影响也须在钻井设计中考虑，要选择合适的作业环境窗口或采取特殊的控制措施和应急程序。

因风、浪、流等对钻井作业影响很大，因此，有必要对风、浪、流进行一定的了解，以便更好服务于钻井作业。

（一）风

在地球的上空，大气循环流动，风无处不在，并随着四季的交替和不同的时日及所处高度等发生显著变化，有着复杂的变化规律。大风和风暴是一种带有巨大破坏性的自然现象。平台、钻井船与海上油罐等设备直接承受风载荷的作用，所以风对深水钻井平台、设备及作业影响十分严重。

1. 风速的垂向分布变化规律

由于存在地表的摩擦作用对风的能量消耗，近地面的风速大小随高度不同而发生变化，即风速与其近地面的距离成正比，越近地面风速越小，反之风速增大，海面上同理。因此，为了进行必要的风速换算和比较，规定以10m高的风速为标准高度，其他非标准高度的风速，则可依据其高度变化规律换算得到。

1）近地表小于100m的风速计算

近地表小于100m高度的风速在垂向的分布变化符合对数公式规律。其计算公式为：

$$\frac{v_z}{v_{10}}=\frac{\lg\left(\dfrac{z}{z_0}\right)}{\lg\left(\dfrac{10}{z_0}\right)} \tag{1-1}$$

式中　v_z——高度 z 处的风速；

v_{10}——10m 标准高度处的风速；

z_0——地面粗糙度（建议我国海上取值为0.003）。

2）近地表高于100m的风速计算

高于100m风速的垂向分布变化符合指数公示规律。其计算公式为：

$$\frac{v_z}{v_{10}}=\left(\frac{z}{10}\right)^n \tag{1-2}$$

式中的指数 n 取决于表面粗糙度及距地表高度 z 的大小，在平坦地面或海面取 $n=1/7$。

海上无遮蔽时的风速通常比陆地上的大，一般的，外海风速为海岸附近风速的1.1~1.3倍，为陆风情况下的1.1~1.8倍。

2. 风度与风向

风是个矢量，既有大小又有方向。所以对风的测量和记录包含风速和风向两个方面。

风速是空气在单位时间里流过的距离，一般以 m/s 或 n（mile/h）表示。国际上通用的蒲福风级表将风速分为 13 个风级。风速可达 100~200m/s 的龙卷风等，由于不经常发生，影响范围小，所以未列入表 1-1 中。

表 1-1　蒲福风级

风级	风名	海面最大浪高（m）	海面状况	相应风速		
				kn	km/h	m/s
0	无	—	平如镜	＜1	＜1	0~0.2
1	软风	0.1	微波	1~3	1~5	0.3~1.5
2	轻风	0.3	小波	4~6	6~11	1.6~3.2
3	微风	1.0		7~10	12~19	3.4~5.4
4	和风	1.5	轻浪	11~16	20~28	5.5~7.9
5	劲风	2.5	中浪	17~21	29~38	8.0~10.7
6	强风	4.0	大浪	22~27	39~49	10.8~13.8
7	疾风	5.5	巨浪	28~33	50~61	13.9~17.1
8	大风	7.5	狂狼	34~40	62~74	17.2~20.7
9	烈风	10.0		41~47	75~88	20.8~24.4
10	狂风	12.5	狂涛	48~55	89~102	24.5~28.4
11	暴风	16.0	非凡现象	56~63	103~117	28.5~32.6
12	飓风	—		64~71	118~132	32.7~36.9

由于深水钻井作业时需要在一个区域工作一段时间，所以对某个固定海域进行风速、风向等风的特征进行统计分析是必需的。

1）风玫瑰图

风玫瑰图又称风向频率图或风况图，用以表示风在某个方向的强弱和出现次数，因其形状类似玫瑰而得名。通常对风速的观测资料分别按季节、年度或多年进行各个方位（图 1-3）的风速大小及其出现次数的统计，并与观测总次数相比得到各风向出现频率，将各风速范围的出现频率按频率比例在各个方向上标出，同风速范围的各方位频率点直线相连，就得到该海域风玫瑰图，如图 1-4 所示。

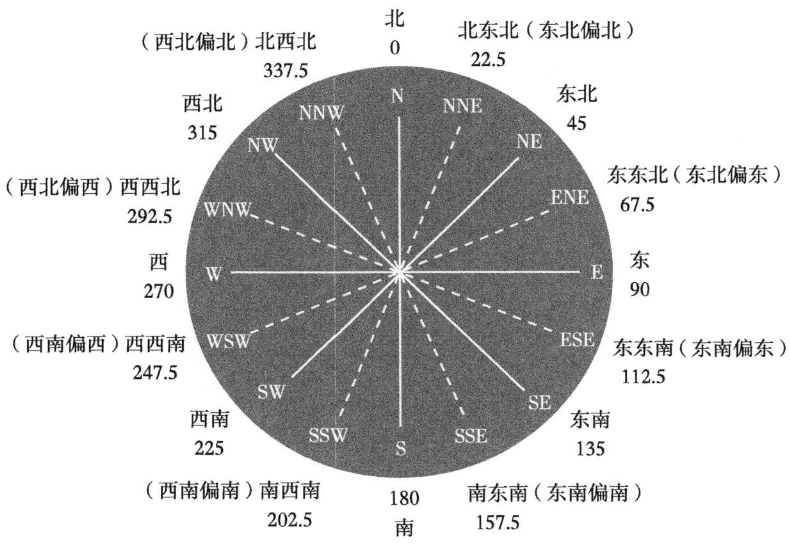

图 1-3 风向方位

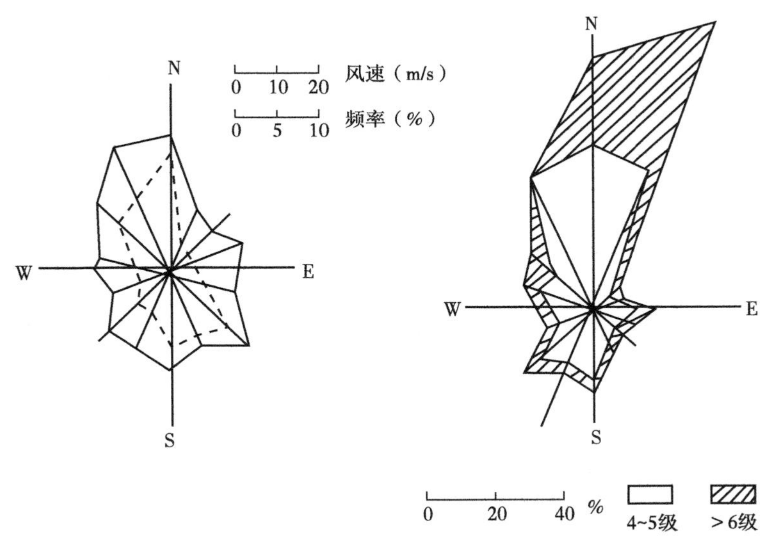

图 1-4 风玫瑰图

图 1-3 和图 1-4 中哪个风向、风速出现的频率最大即为定常风向，而出现的风速最大的即为强风向。

2）风速的多年分布资料和统计

未确定可能出现最大风载荷时的风况条件，需要对多年风速记录中的最大风速值予以统计分析，统计时将风速自大到小分档排列，统计出每档内相应风速出现次数占总观测数的百分比，得出统计直方图，再计算出相应的概率分布函数。

以南海西部海域深水作业区为例，统计最近 31 年平均的海表风速和风向（离海表 10m 高度），平均风速大小为 3.2m/s，平均风向来自正东方向。

表 1–2　作业区附近多年月平均风速和风向

月份	1	2	3	4	5	6	7	8	9	10	11	12
风速（m/s）	7.4	5.4	4.3	4.4	3.9	4.6	4.6	2.9	1.4	5.3	8.5	9.4
风向（°）	54.9	71.8	106.1	135.1	156.6	175.7	180.1	192.2	125.5	58.9	47.2	45.4

表 1-2 统计了作业区附近 31 年的月平均海表风速和风向。在三个站点上，风向呈现明显的季节性变化特征。在 12 月，作业区附近东北季风风速均大于 9.0m/s。在整个冬季季风期间（10 月—2 月），风速超过 7.0m/s，风向为东北方向；在夏季季风期间（6 月—8 月），风速约为 3~5m/s，风向为西南方向，与冬季季风相比相对较小。在冬季季风向夏季季风转换的月份，风向来自西北方向，风速在 3~5m/s；在夏季季风向冬季季风转换的月份（9 月），风向为西北方向，风速为 1.5m/s。图 1-4 也显示了作业区附近月平均分速和风向。

（二）海洋波浪

海浪是静水面受到外力作用后，水质点离开平衡位置作往复运动，并向一定方向传播的自然现象。引起海浪的外力有风、地震、太阳月球的作用力、重力等。而由风引起的浪，在海浪研究中，占主要地位。

风吹皱了平静的水面，产生了涟漪。当风速足够大时，能量传播的结果将使表面张力波变为重力波。能量的供给方式有风对波浪的剖面的直接推动、摩擦力、压力涡动等。在波浪成长的阶段，波高与波长同时增大，后来仅是波长增大。波浪的大小取决于平均风速、风区或风程（风吹过水面的距离）和风时（风吹过的持续时间）。形成后的波浪，有可能被顶风、涡动、破碎等原因消耗其能量而逐渐消失。波浪的能量产生与消耗的作用过程可以同时存在。在一定的风速下，风时和风区足够长时，波浪的要素达到极限状态。

1. 波浪要素

对波浪传播形式进行理想化处理，具有二维波动的特点，即通常假定海浪以一定的周期、波长和波高在一定水深传播，从而建立数学模型描述其波动，其中最简单的形式就是用正弦曲线或余弦曲线描述的简谐波动，如图 1-5 所示。

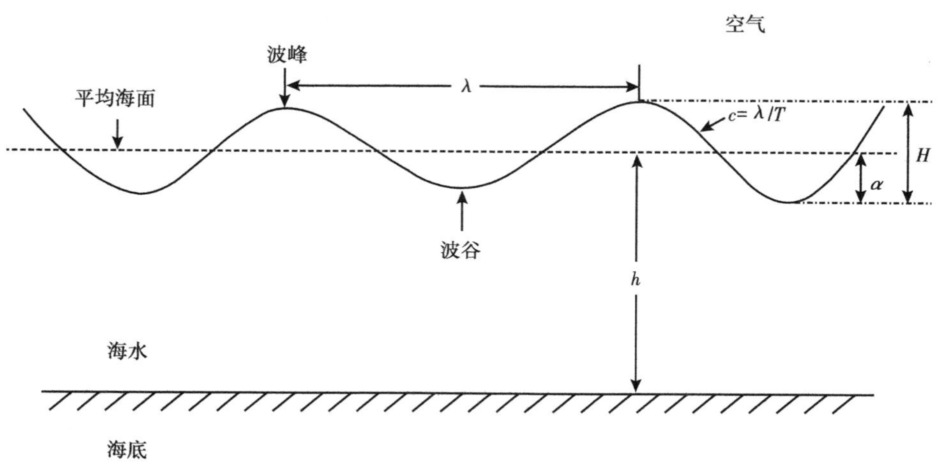

图 1–5　海浪要素图

图 1-5 中波动曲线的最高点为波峰，最低点为波谷。波长 λ 是相邻两波峰或两波谷间的水平距离，用以描述一个周期内波形传播的距离。周期 T 是相邻两波峰或波谷先后通过某同一点所经历的时间间隔，波速 c 是波形传播的速度，$c=\lambda/T$。波峰与波谷间的垂直距离是波高 H，波高的一半，亦即水质点距离其平衡位置的最大垂向唯一是振幅 a，$a=H/2$，波高与波长之比是波陡 δ，$\delta=H/\lambda$，可以反映波浪是否稳定或破碎。

同一列波峰的连线成为波峰线，与波峰线相垂直并用以表示波动传播方向的线称为波向线。波向是指波浪传播而来的方向，是波浪的重要属性之一。

2. 波浪的表示方法

由波高、周期和相位等不同的两个以上的波合成的波叫合成波。海洋波浪是由具有多种波高、周期和相位等波浪组成的合成波，且波浪行进方向亦即波向也不完全是同一个方向。这样复杂的海洋波浪，可用统计分布或波谱来表示，但在海洋结构的设计中一般采用其特征值。作为特征值的有，最大波高 H_{max} 和最大周期 T_{max} 以及有效波高 $H_{\frac{1}{3}}$ 和有效周期 $T_{\frac{1}{3}}$。最大波高和最大周期是取观测期间的最大波或取累积频率为 50 年一遇或 100 年一遇的最大波，亦即波浪重现期为 50 年或 100 年等的最大波高和周期。有效波高和有效周期，是把波浪观测资料按大小排列，从大的方面取出波数的 1/3 个波高和周期的平均值，具有这样概念的波叫做有效波，因为它与目测值相接近，故被广泛应用。用与有效波相同的考虑方法，从观测资料中取出前 1/10 个大波平均而得到的波，叫作 1/10 大波。

波浪可以按周期的大小，区分为不同类型的波动，如图 1-6 所示。

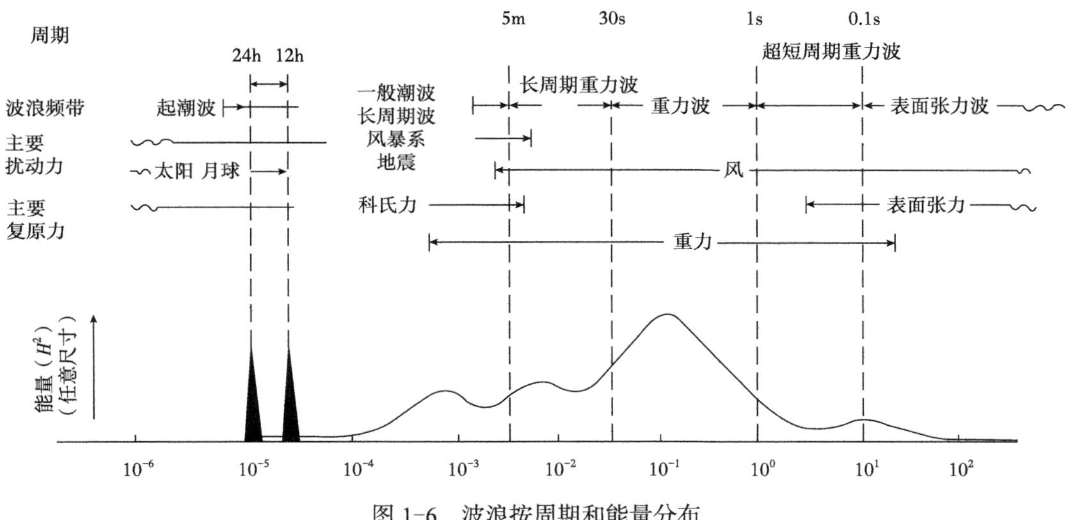

图 1-6　波浪按周期和能量分布

图 1-6 还绘出了波浪能量的周期分布。由图可以看出周期最小的波为毛细波，波长仅为 1.7cm，波高不超过 1~2mm，对海洋工程机构物无实际意义。最长周期的波为潮浪，是由于太阳、月亮对地球的相互作用引起的。在各类波动中，能量最强，波动振幅最大的是由风引起的重力波，其中又可区分为风浪和涌浪。风浪由当地风场流动激起，周期一般不超过 10~20s，但波高可以高达 30m 以上。涌浪为远离风源的重力波，其周期也不会超过 30s。由风浪或涌浪诱导的载荷，常常是结构物设计的主要控制载荷。

3. 海浪频谱

海面波浪时大时小，参差不齐，缺乏严格的周期性和相关性。一般很难由第一个波去估计其后面若干个波的大小。为了全面地描述海浪的特征，必须用概率统计方法取得波浪幅值的分布特征，用谱分析方法来描述海浪的内部结构。既然海浪视为正态平稳随机过程，不仅可以从海浪外在表现上研究其特征，得出前述的各种波浪要素的统计分布。当然也可以从波浪的内部结构上来研究其特征，进行波谱分析，用一个非随机的谱函数来描述。海浪的内部结构是由它的各组成波所提供的能量来体现。海浪谱从数学意义上讲就是函数。所谓波谱分析就是阐明海浪的能量相对于频率、方向或其他独立变量的分布规律，建立其函数关系。频谱就是表明波浪能量与波频和波向的变化关系。

海浪的外在表现与其内部结构是有关系的。海浪要素的概率分布其中除一部分经验性结果外，主要地还是通过谱的概念导出有关的概率分布函数。而且这些分布函数中，也常以某种波浪要素的特征值作为基本参量。因此，如果已知海浪谱，通过它计算某种波浪要素的特征值，并将此带入分布函数中，便可以得到海浪外在表现的各种统计特性。所以，海浪谱不论在理论上，还是在应用上均有重要意义。

Longuet-Higgins 提出的海浪模型，是将无限多个随机余弦波叠加起来，以描述某一固定的海面波动，即：

$$\eta(t)\sum_{n=1}^{\infty}a_n\cos(\omega_n t+\varepsilon_n) \tag{1-3}$$

如果把频率介于 ω~$(\omega+\mathrm{d}\omega)$ 范围内的各组成波的振幅 a_n 平方之一半叠加起来，并除以包含所有这些组成波的频率范围 $\mathrm{d}\omega$，所得值将是一个频率 ω 的函数，令其为 $S_\eta(\omega)$，则有：

$$S_\eta(\omega)\mathrm{d}\omega=\sum_{\omega}^{\omega+\mathrm{d}\omega}\frac{1}{2}a_n^2 \tag{1-4}$$

单个组成波在单位面积的铅直水柱内的平均波能量为：

$$E_n=\frac{1}{2}\rho g a_n^2 \tag{1-5}$$

故频率介于 ω~$(\omega+\mathrm{d}\omega)$ 范围内各组成波的能量之和为：

$$\sum_{\omega}^{\omega+\mathrm{d}\omega}\frac{1}{2}\rho g a_n^2 \tag{1-6}$$

显然 $S_\eta(\omega)$ 比例于频率位于间隔 ω~$(\omega+\mathrm{d}\omega)$ 内的各组成波提供的能量，如取 $\mathrm{d}\omega=1$，则 $S_\eta(\omega)$ 比例于单位频率间隔内的波能，因此，实际上函数 $S_\eta(\omega)$ 就是波能密度相对于组成波频率的分布函数，这个函数就是谱。由于它的实质是代表海浪的能量密度，所以称为能量谱（有时称为波能谱密度或功率谱密度），又因为它是波能相对于频率的分布，故又称频谱，如图 1-7 所示。

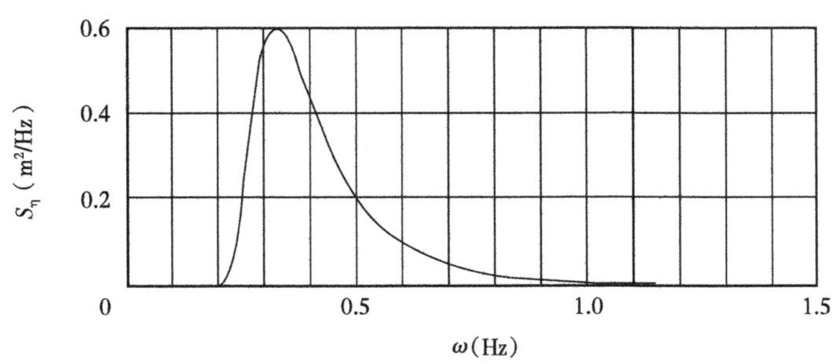

图 1-7　海浪谱密度曲线

由图 1-7 可知，在 $\omega=0$ 附近，$S_\eta(\omega)$ 值很小，接着急剧增大至一极大值，然后减小，最后 $\omega\to\infty$ 时，$S_\eta(\omega)\to 0$。从理论上讲 $S_\eta(\omega)$ 分布在 $\omega=0\sim\infty$ 的范围内，即波浪能量分布在 $\omega=0\sim\infty$ 范围内的全部组成波内。但以重力波为主的实际海浪中，常表现出 $S_\eta(\omega)$ 其显著部分集中于狭窄的一小段频率范围内，这就是说，在构成海浪的各组成波中，频率很小及很大的组成波提供能量很小，能量主要部分由一狭窄频率带内的组成波提供。

由图 1-7 可以看出谱密度曲线只与组成波的频率有关，而与方向无关。事实上，在海面上一固定点的海面起伏是一个波系，它有一个主要的传播方向，但同时也包括有不同方向传来的波，代表方向组成的波谱称为方向谱。

4. 海浪的分类

与风级的划分相类似，气象分析上也将海浪按海况分为 9 级，见表 1-3。

表 1-3　海浪等级对应海况

浪级	海况	波高（m）
0	无浪	0
1	微浪	< 0.3
2	小浪	0.3~0.8
3	轻浪	0.8~1.3
4	中浪	1.3~2.0
5	大浪	2.0~3.5
6	巨浪	3.5~6.1
7	狂浪	6.1~8.6
8	狂涛	8.6~11.0
9	怒涛	> 11.0

以南海西部海域深水作业区为例，最近 31 年平均有效波高是 1.4m 左右。平均波向几乎都来自正东方向（与风向一致，见表 1-2）。平均波浪周期为 4.9s。

表 1-4 给出了作业区附近 31 年月平均的有效波高、波向和波浪周期。所有波浪参数都表现出了强烈的季节性变化特征。冬季的东北风比夏季的西南风强得多，相应地，这也表现在有效波高的季节性变化上。在冬季东北季风期间，平均有效波高在 1.6~2.2m 之间，波向来自东北方向，平均波周期长于 5s；但是在夏季西南季风期间，平均有效波高仅为

1.0m，约为冬季平均有效波高的一半，波向来自正南方向，平均波周期大约 4s。表 1-4 也显示了作业区附近月平均有效波高和波向。

表 1-4　作业区附近多年月平均波向，有效波高和波周期

月份	波向（°）	有效波高（m）	波周期（s）
1	58.3	1.7	5.4
2	67	1.6	5.3
3	85.3	1.4	5.0
4	99.4	1.3	4.7
5	115.7	1.1	4.5
6	149	1.0	4.2
7	160	1.0	4.1
8	155.9	1.0	4.4
9	120.3	1.1	4.5
10	68.7	1.6	5.2
11	60	2.0	6.7
12	59.4	2.2	5.9

（三）海流

海流是大范围的海水以相对稳定的速度在水平或垂直方向连续的周期及非周期性的流动。产生海流的原因是多样的，主要原因是潮汐现象，风力，由于海面受热或受冷蒸发或降水不均匀而引起海水温度、盐度、密度等分布不均匀等等。因此，按其成因，可将海流分为三种类型。

1. 潮汐流

潮汐流是由潮汐现象引起的，是周期性的海流。在引潮力的作用下，海水作周期性的水平运动。潮流现象比较复杂，它与地形、海底摩擦及地球自转有关。其运动形式可分为往复流与旋转流量类。往复流存在于海底区、河口、海湾口、水道、海峡等处。由于地形的限制，潮流具有正、反两个方向的周期变化。在开阔的海域，潮流多具有旋转流，其流速为：

（1）黄海潮流（近东岸）1.0~1.5m/s；

（2）东海潮流（长江口余山海区）1.0~2.5m/s；

（3）南海潮流（广州湾）≤ 0.75m/s。

2. 风海流

风海流是由作用于广阔海面上的风力引起的海流，通常把一年四季中流向上与流速大致相同的海流成为漂流。海水流动时受到地球转动偏向力和下层静止海水对上层流动海水的摩擦力，因此漂流又分为不受海底对流动影响的深海中的无限深海漂流和受海底影响的近岸海域中的有限深海漂流。前者流速、流向与风的作用力成正比，表层流向在北半球较风向右偏 45°，后者流向几乎与风向一致。

此外，因风飘流将水体按一定的方向输送，导致海水表面倾斜，出现海水的垂直循环，形成倾斜流。倾斜流靠近海底，它在海底摩擦力的作用下，改变了倾斜流的性质，使海底附近形成了一种底层流。

3. 密度流、盐水流等梯度流

这是由海水温度、密度、盐度的变化不均匀而引起的海水流动。

以南海西部海域深水作业区为例，表 1-5 给出了作业区附近的 31 年平均的在垂直方向 15 层的海流速度和方向（海表，10m，20m，30m，40m，50m，100m，150m，200m，300m，400m，500m，800m，1000m 和近底层）值。近底层是模式网格中离海底最近的一层，其流速和流向值由站点的变化而变化。

在海洋上层，平均流速（2~3cm/s）比中层平均流速（4~6cm/s）小。这是由于由风驱动的艾克曼（Ekman）流随风向的变化而产生的季节性变化，因此平均值较小，平均流向是向西南方向。在近底层，平均流速只有 1cm/s，方向为向西北方向。

表 1-5　作业区附近多年平均海流垂向分布

水深（m）	流速（m/s）	流向（°）
表层	0.02	184.5
10	0.018	210.3
20	0.023	220.7
30	0.028	223.1
40	0.033	229.7
50	0.037	232.4
100	0.054	228.1
150	0.061	225.0
200	0.065	222.3
300	0.061	215.3
400	0.048	205.3
500	0.041	194.9
800	0.027	175.6
1000	0.008	272.6
近底层	0.008	347.0

表 1-6 给出了作业区附近在 15 个垂直层上的 31 年的月平均流速和流向。所有月份的月平均海流速度随深度增加而减小。在上层，海流速度和海流方向呈现明显的季节性变化。在冬季东北季风期间（10 月—2 月），海流流向为西南方向，并且流向在 800m 以浅几乎一致；在 11 月至 1 月期间这一现象尤其明显。月平均海流流速在表层可达到 0.3m/s，并随深度增加而减小。在近底层，流速大约只有几个厘米每秒。在夏季西南季风期间，海流流向为东北方向，但流向只能在 50~150m 范围内保持一致；在 150m 深度以下，海流流向为东南方向。海流速度在海表大约是 0.2m/s。

表 1–6　作业区附近多年月平均海流垂向分布

月份	水深（m）	表层	10	20	30	40	50	100	150	200	300	400	500	800	1000	近底层
1	流速（m/s）	0.254	0.240	0.232	0.227	0.226	0.229	0.219	0.192	0.156	0.104	0.076	0.062	0.035	0.011	0.008
	流向（°）	217.2	218.6	220.0	221.9	225.3	227.3	229.2	229.0	228.2	223.2	217.1	211.3	191.5	229.7	325.3
2	流速（m/s）	0.091	0.080	0.079	0.081	0.087	0.089	0.088	0.081	0.068	0.048	0.035	0.033	0.030	0.005	0.006
	流向（°）	201.0	207.9	213.7	218.8	224.6	226.3	225.2	223.5	220.3	208.4	186.5	168.0	139.1	127.7	88.1
3	流速（m/s）	0.081	0.072	0.060	0.049	0.038	0.034	0.026	0.020	0.017	0.027	0.034	0.042	0.042	0.006	0.007
	流向（°）	73.5	61.6	55.6	52.8	52.8	53.8	64.6	81.2	120.1	149.0	142.3	139.3	138.4	120.6	81.2
4	流速（m/s）	0.201	0.186	0.168	0.153	0.147	0.145	0.114	0.089	0.057	0.026	0.029	0.035	0.036	0.009	0.005
	流向（°）	60.4	55.5	54.4	57.5	59.0	59.4	61.2	65.0	73.9	123.4	149.8	149.7	154.3	244.0	316.9
5	流速（m/s）	0.221	0.205	0.189	0.178	0.172	0.169	0.140	0.109	0.069	0.028	0.027	0.030	0.025	0.009	0.010
	流向（°）	50.0	47.4	47.9	51.2	53.4	54.0	56.6	59.2	66.0	112.3	146.4	152.5	176.8	273.9	339.1
6	流速（m/s）	0.189	0.167	0.149	0.136	0.131	0.127	0.087	0.051	0.020	0.040	0.045	0.041	0.021	0.016	0.014
	流向（°）	35.9	33.4	34.8	39.8	44.0	44.9	51.7	66.4	120.1	195.7	196.2	192.5	197.5	288.9	328.8
7	流速（m/s）	0.200	0.177	0.157	0.142	0.130	0.123	0.060	0.024	0.019	0.049	0.054	0.051	0.036	0.017	0.009
	流向（°）	32.3	30.2	32.0	35.8	38.3	38.8	50.1	71.0	184.5	205.0	200.2	195.0	197.1	283.0	332.2
8	流速（m/s）	0.055	0.039	0.029	0.027	0.026	0.024	0.016	0.037	0.059	0.075	0.067	0.059	0.038	0.018	0.016
	流向（°）	26.3	24.7	35.6	53.9	60.9	64.9	172.0	201.5	211.2	212.6	207.4	200.8	198.4	276.8	330.6
9	流速（m/s）	0.017	0.012	0.008	0.005	0.002	0.002	0.024	0.041	0.054	0.056	0.044	0.037	0.025	0.010	0.010
	流向（°）	63.8	39.3	16.0	356.0	320.0	248.6	199.0	207.4	210.6	208.8	197.6	186.3	172.7	276.2	337.8
10	流速（m/s）	0.160	0.148	0.147	0.157	0.170	0.174	0.180	0.174	0.154	0.100	0.056	0.037	0.018	0.009	0.012
	流向（°）	222.6	227.2	232.8	238.4	241.4	241.3	238.4	237.1	235.5	231.4	225.2	215.2	173.6	295.6	350.8
11	流速（m/s）	0.282	0.263	0.251	0.246	0.251	0.256	0.245	0.223	0.187	0.123	0.079	0.058	0.024	0.003	0.010
	流向（°）	218.8	219.9	221.6	225.0	230.7	232.9	234.5	234.3	233.6	230.2	225.3	219.0	178.0	331.4	15.7
12	流速（m/s）	0.345	0.327	0.316	0.309	0.307	0.310	0.309	0.276	0.225	0.145	0.097	0.073	0.025	0.006	0.013
	流向（°）	221.1	221.9	222.8	224.5	227.3	229.3	233.2	233.6	233.4	232.3	231.0	229.7	204.5	289.6	351.6

第三节　深水地质特点

深水地质特点包括浅层的疏松地层和不稳定海床、天然气水合物、低地层破裂压力梯度和浅层水流动等。

一、浅层的疏松地层和不稳定海床

越过大陆架后，在陆坡处水深陡然增加，海床的不稳定和大的坡度都促使海底极易形成滑坡和泥石流，滑坡快速沉积形成较厚、松软、高含水且未胶结的地层。深水中通常遇到的海底疏松海床给钻井作业造成困难，特别是对深水钻井导管和水下井口系统设计与施工提出挑战，如图 1-8 所示。

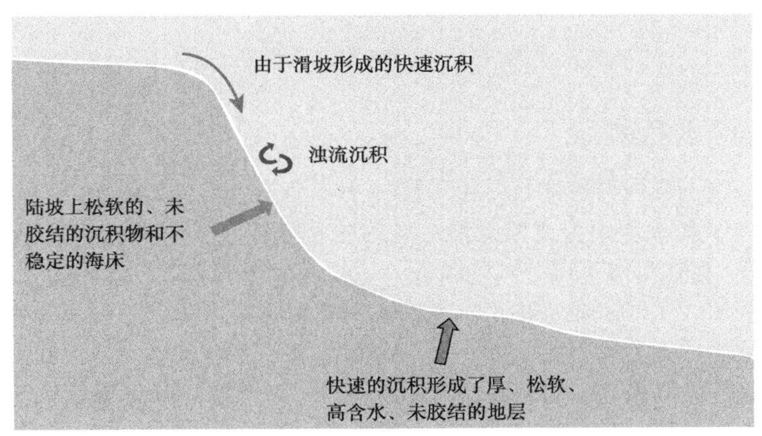

图 1-8　疏松底层和不稳定海床机理

二、浅层水流动

浅层水流动主要是由于地层快速沉积造成的，在深水钻井中钻头钻过浅部地层时砂水流（水携带砂泥屑一起流动）通过井眼或者地层裂缝的流动，剧烈时会喷出海底。在河流相沉积的地区更为普遍。目前已经确认四种发生浅水流动的机理如下：

（1）高压砂体：异常压力砂体；

（2）人为储集：人为引起的地层能量聚集；

（3）人为裂缝：人为引起的地层破裂；

（4）窜槽传递：由固井窜槽引起的异常压力。

在表层钻井中，浅层水流是最主要的浅层地质灾害之一。由于表层钻进使用的钻井液密度受限，钻遇高压含水砂层时，如果不能平衡高压含水砂层的压力，就会引发一系列的钻井问题，如固井质量差、表层套管下沉、防喷器下沉、井漏等，甚至井的报废。

对于浅层水流的识别与评价主要是利用产生浅层水流的砂体的物性和形成特征，钻前应对高压水砂体存在的可能性进行评估。评估方法包括测井、地质模型、反射地震、反演等地球物理方法，如图 1-9 所示。

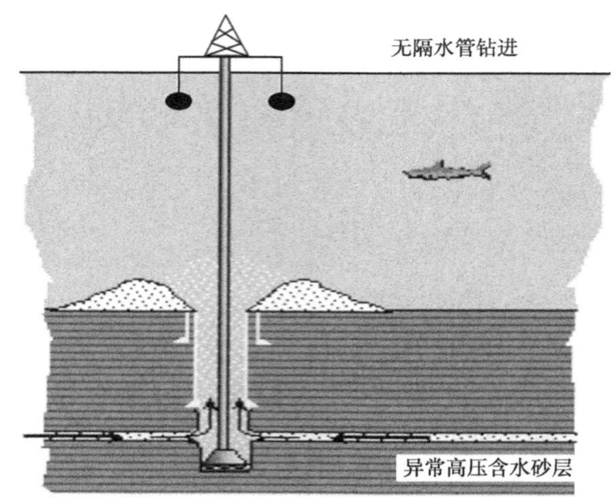

图 1-9　浅层水流动示意图

三、天然气水合物

天然气水合物，又叫可燃冰，是由天然气中小分子气体（如甲烷、乙烷等）在一定的温度、压力条件下和水作用生成的笼形结构的冰状晶体。只要满足低温（0 ~ 10℃ ）、高压（＞ 10MPa）、存在自由水以及气的条件，就很容易形成天然气水合物。图 1-10 给出了与温度梯度有关的天然气水合物稳定区域图示例，该稳定区由假定的水热梯度、气与水合物相边界以及地温梯度共同确定，在不同的海域天然气水合物稳定区域会有所不同，主要与水深以及水温梯度有关。深水的温度和压力条件下，比较容易形成天然气水合物。

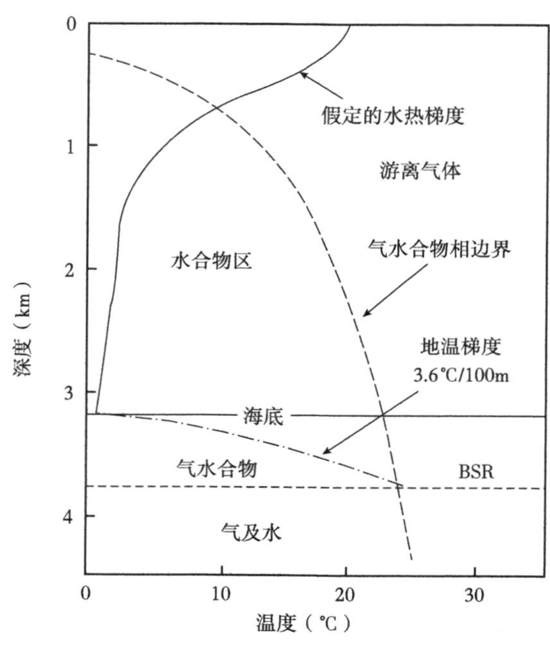

图 1-10　与温度梯度及水深有关的天然气水合物稳定区图

在深水钻井中，天然气水合物是最主要的浅层地质灾害之一，主要来源于两方面：一方面是地层中的天然气水合物；另一方面是钻井过程中，井筒内形成的天然气水合物。在钻遇天然气水合物地层时，势必会造成水合物的分解。天然气水合物分解后产生的气体会进入钻井液，与钻井液一起循环，使得钻井液密度和井底静水压力降低，从而加速了天然气水合物的分解，最终导致井径扩大、井喷、井塌和海床沉降等事故。天然气水合物的分解会对钻井作业安全、井身质量和钻井设备造成严重危害。

在深水钻井中，井筒中也具有形成天然气水合物的温度和压力条件，天然气水合物一旦形成则会堵塞钻井液循环通道或钻井系统的其他管路，如堵塞防喷器，导致隔水管下部总成与防喷器脱离困难等；也会导致钻井液失水，影响其性能。

深水浅地层中的天然气在不满足天然气水合物存在条件时，就会以气体形式存在，则会存在浅层气风险。

天然气水合物可以通过海床沉积物取样、钻探取样和深潜考察等方式直接识别，也可以通过拟海底反射层（BSR）、速度和震幅异常结构、地球化学异常、多波速测深与海底电视摄像等方式间接识别。天然气水合物存在的主要地震标识有拟海底反射层（BSR）、振幅变形（ 空白反射）、速度倒置、速度—振幅异常结构（VAMP）。大规模的天然气水合物聚集可以通过高电阻率（$>100\Omega\cdot m$）、低体积密度等参数进行直接判别。在钻井作业过程中，必须采取适当的措施防止水合物形成。通常是使用含盐度较高的钻井液体系（盐度保持高于 20%）或油基钻井液，在钻井液中要添加一定的水合物抑制剂，在节流、压井管线和井口连接器中要间歇地注入水合物抑制剂，如乙二醇等。

四、地层破裂压力梯度低

海底的沉积岩层形成时间较短，缺乏足够的上覆岩层，所以海底地层结构通常是松软的、未胶结的。对于相同沉积厚度的地层来说，随着水深的增加，地层的破裂压力梯度降低，致使破裂压力梯度和地层孔隙压力梯度之间的窗口较窄，容易发生井漏、井喷等复杂情况，图 1-11 给出了地层破裂压力随水深增加的变化。

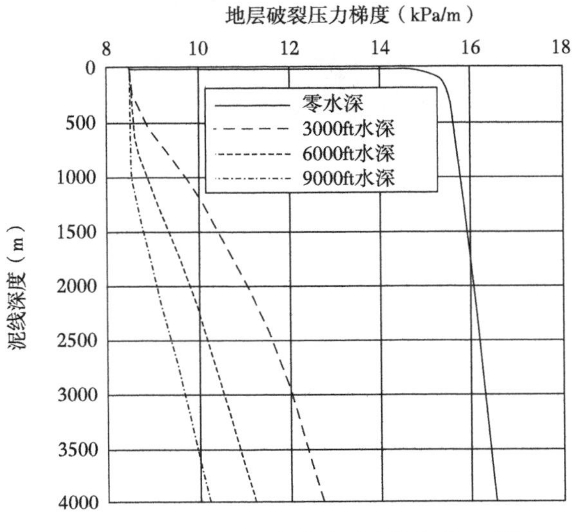

图 1-11 地层破裂压力梯度随水深变化示意图

第四节　深水钻井装置特点

深水钻井装置较陆地钻井装置、常规浅水钻井装置具有不同特点，其具有大型化、配套设备更加先进、隔水管更长和定位成本更高等特点。

一、装置大型化

甲板可变载荷、平台主尺度、载重量、物资储存能力等各项指标都趋向于大型化，以增强作业的安全可靠性、全天候的工作能力和长时间的自持能力。

以海洋石油 981 为例，如图 1-12 所示。其主尺度为 114m×89m×137m，可变载荷达到 9000t，作业排水为 51624t，钻井液储藏量达到 1039m³，其大型化特点不言而喻。

图 1-12　海洋石油 981 平台

二、配套设备先进

深水关键钻井设备向着自动化、信息化、智能化、大功率、高压力、高效率、更加安全与环保方向发展，如图 1-13 所示。

海洋石油 981 平台电子司钻智能化程度高，可满足三人同时操作，实现钻具组合的离线功能，不占用井口时间，大大提高作业效率。

海洋石油 981 平台配置先进的定位系统（图 1-14），能够将海洋石油 981 平台固定在特定位置，其偏移量在安全范围内，满足在深水恶劣环境作业安全要求。

图 1-13　智能化电子司钻

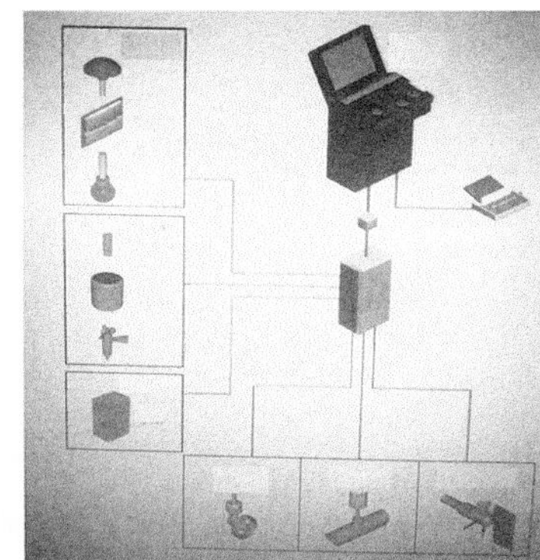

图 1-14　先进定位系统

三、隔水管更长

随着水深增加，深水钻井所用隔水管越来越长，越来越重，导致需要的甲板空间与可变载荷大，隔水管作业的时间长、风险大，钻井液用量大，隔水管内流速低，岩屑携带困难。

四、定位成本高

动力定位钻井装置需要消耗大量的燃油，锚链定位钻井装置需要采用大马力的三用工作船进行起抛锚作业，而且作业时间较长，作业成本均会大幅增加。

第五节　深水钻井作业方式特点

与常规水深钻井作业方式相比，深水钻井作业具有以下特点：

（1）与常规水深相比，深水钻井时，水下设备的作业时间长，对应急响应时间的要求更为苛刻。

（2）深水钻井装备的自动化、信息化、智能化引起深水钻井作业方式的变化，深水钻井效率更高。

（3）深水表层钻井一般采用喷射下导管的方法。

（4）深水表层固井的水泥浆体系一般应满足低温早强的要求。

（5）钻井液体系应适应海底低温和井底温度之间较大的温差环境，应考虑对天然气水合物的抑制问题。

第六节　深水作业其他特点

深水作业除了上述几种特点之外还有其他特点，比如说高风险、高投资、作业强度大等。

一、作业风险高

深水钻井作业中，井控难度特别大，一旦井控失效，将会带来巨大灾难。除此之外，深水经常面临地质灾害，浅层水、浅层气等频发，给作业带来不少麻烦，如果没有及时处理或者处理不当，都将造成巨大损失，因此，深水作业风险较常规井深钻井作业大（图 1-15）。

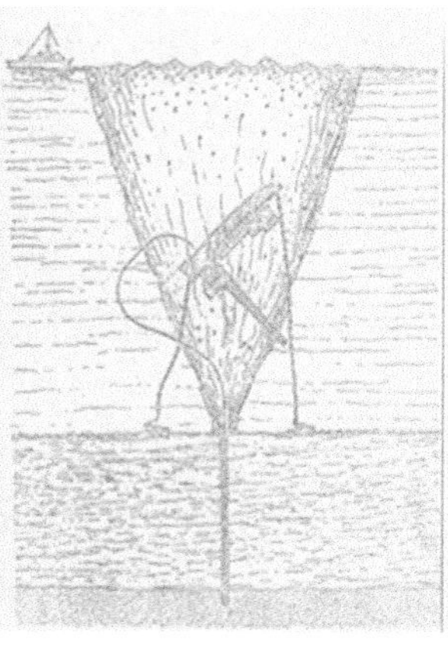

图 1-15　深水钻井事故

二、作业投资高

深水钻井作业投资巨大，以海洋石油 981 平台为例，其综合日费将近 600 万元，加上深水作业一般周期较长，因此总费用居高不下。

三、作业强度大

深水钻井作业虽然具有先进的设备，而且智能化程度很高，但是，钻井作业人员的劳动强度依然很大，每天都需要大量体力才能支撑一天高强度劳作，图 1-16 给出了现场修理作业的情况。

图 1-16　修理张力器和顶驱作业

第七节　深水钻井作业难点

深水在环境、地质、装置及作业方式上都具有与常规水深钻井不一样的特点，这些特点或多或少都将增加深水钻井作业难度，因此，深水钻井作业也存在很多难点需要客服，只有将这些难点和挑战一一解决，才能在深水这个领域纵横驰骋。

一、作业环境恶劣

深水作业海域一般远离大陆，也是台风或者季风影响较大的区域，这样会引起很强的风、浪、流，对作业带来很大困难。以南海西部海域深水作业区域为例，统计并分析自1980—2010 年每一年中影响研究海区的最大台风作为分析对象，共 31 个台风（表 1-7），轨迹如图 1-17 所示。

表 1-7　1980—2010 年经过作业附近海区的最强台风

编号	年份	序列号	台风		起始日期	结束日期	中心最低气压（hPa）	最大风速（kn）	大风最大半径（km）	暴风最大半径（km）
			名称	最大风速（kn）						
1	1980	198006	Herbert	23	6 月 24 日	6 月 28 日	990	50	190	
2	1981	198106	Kelly	25	6 月 30 日	7 月 05 日	975	60	560	90
3	1982	198222	Nancy	20	10 月 11 日	10 月 19 日	935	100	370	190
4	1983	198316	Lex	28	10 月 22 日	10 月 26 日	985	50	650	190
5	1984	198409	Gerald	17	8 月 16 日	8 月 21 日	980	55	560	90
6	1985	198522	Dot	29	1 月 31 日	10 月 22 日	895	120	560	330
7	1986	198619	Dom	18	10 月 09 日	10 月 11 日	996	40	370	
8	1987	198711	Cary	28	8 月 14 日	8 月 23 日	960	75	1110	190
9	1988	198828	Ruby	18	10 月 21 日	10 月 28 日	950	75	740	280
10	1989	198905	Dot	30	6 月 05 日	6 月 12 日	955	80	1110	190
11	1990	199018	Ed	27	9 月 12 日	9 月 20 日	965	70	830	140

续表

编号	年份	序列号	台风		起始日期	结束日期	中心最低气压（hPa）	最大风速（kn）	大风最大半径（km）	暴风最大半径（km）
			名称	最大风速（kn）						
12	1991	199106	Zeke	19	7月10日	7月14日	970	65	650	220
13	1992	199204	Chuck	33	6月25日	6月30日	965	70	480	110
14	1993	199312	Winona	13	8月23日	8月29日	990	40	170	
15	1994	199403	Russ	12	6月04日	6月09日	985	50	240	
16	1995	199520	Angela	20	10月26日	11月06日	910	115	460	300
17	1996	199613	Niki	25	8月18日	8月23日	970	65	460	130
18	1997	199721	Fritz	12	9月23日	9月26日	980	55	260	90
19	1998	199811	Babs	8	10月15日	10月27日	940	85	790	260
20	1999	199902	Leo	12	4月28日	5月02日	970	65	280	130
21	2000	200016	Wukong	13	9月06日	9月10日	955	75	390	140
22	2001	200123	Lingling	10	11月06日	11月12日	940	85	600	200
23	2002	200214	Vongfong	16	8月18日	8月19日	985	40	500	
24	2003	200307	Imbudo	16	7月17日	7月25日	935	90	600	280
25	2004	200405	Chanthu	6	6月10日	6月13日	975	60	280	110
26	2005	200521	Kai-tak	8	10月29日	11月02日	950	80	370	140
27	2006	200615	Xangsane	16	9月26日	10月02日	940	85	350	120
28	2007	200714	Lekima	28	9月30日	10月04日	975	60	830	220
29	2008	200801	Neguri	22	4月15日	4月19日	960	80	310	130
30	2009	200916	Ketsana	16	9月26日	9月30日	960	70	440	150
31	2010	201002	Conson	20	7月12日	7月18日	970	70	330	110

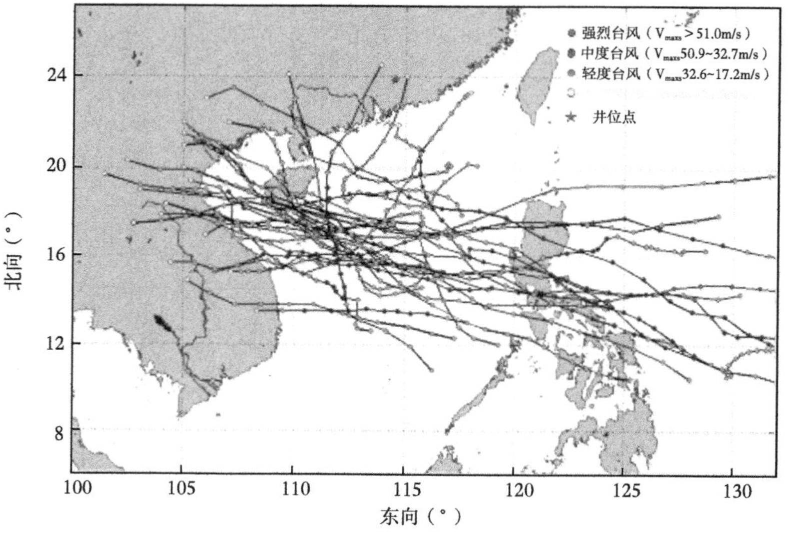

图 1-17　31 个台风路径图（取 1980—2010 年中最大的一个）

表 1-8 列出了作业区附近在台风海况下海洋表面 10m 风速多年重现期的极值分布，在台风海况下海洋表面 10m 风速在 10a，20a，50a 重现期的极值分别是 28.0m/s，31.4m/s，36.5m/s。

表 1–8　作业区附近台风海况下海洋表面 10 米风速重现期极值分布表

重现期（a）	风速（m/s）
200	45.6
100	40.8
50	36.5
40	35.2
25	32.6
20	31.4
10	28.0

表 1-9 列出了作业区附近在台风海况下海浪多年重现期的极值分布，台风海况下波浪在 10a，20a，50a 重现期的极值分布是 8.6m，10.7m，13.9m。

表 1–9　作业区附近台风海况下波浪重现期极值分布表

重现期（a）	有效波高（m）	谱峰周期（s）
200	20.1	16.4
100	16.8	15.4
50	13.9	14.5
40	13.1	14.2
25	11.4	13.6
20	10.7	13.3
10	8.6	12.4

表 1-10 列出了作业区附近在台风海况下表层海流和底层海流多年重现期的极值分布。台风海况下表层海流在 10a，20a，50a 重现期的极值分别是 1.82m/s，1.92m/s，2.06m/s，相应的底层海流的极值分别是 0.26m/s，0.28m/s，0.30m/s。

表 1–10　作业区附近台风海况下海洋表层海流和底层海流重现期极值分布表

重现期（a）	表层流速（m/s）	底层流速（m/s）
200	2.27	0.33
100	2.17	0.32
50	2.06	0.30
40	2.03	0.29
25	1.96	0.28
20	1.92	0.28
10	1.82	0.26

二、深水地质灾害

深水钻井在海底以及浅地层处还面临着地质灾害的问题。包括有浅水流（SWF）、浅层气，地质灾害是潜在的问题，因此还包括陡峭不稳定斜坡、不规则地层、沙陡峭不稳定斜坡、疏松海底表层等问题。

由于深水地质环境的特殊性和复杂性，深水钻井面临着诸多困难和挑战，浅层地质灾害不容小视，其中浅层气 / 浅层流是深水钻井作业经常遇到的浅层地质灾害。海底特殊的地质条件，常常潜伏着大量的高压浅层流，在深水盆地中的细粒沉积物包裹透镜体沙层后，通过压实作用将浅层气和盐水圈闭在这种透镜体沙层结构中，上部过重的承压使含水气沙层变成一个过压载体，井眼穿过高压沙层时，为高压含水气沙层提供了一个释放通道，产生严重的事故。浅层流包含了浅层水流或浅层气流，一般发生在泥水分界面下150~1100m 的地带，浅层气流与浅层水流在相同深度范围内发生。由于表层钻进所使用的钻井液密度的限制，一旦钻遇高压含水气层，如果液柱压力不能平衡水气层压力，就会发生浅层水流。如果处理不好，会引发一系列的钻井问题。浅层流可能关联产生漏失、井筒腐蚀、完井不好、基底不稳定性、气体水合物、套管弯曲、井眼报废等浅层灾害。

浅层气 / 浅层流具有压力高、易发生井喷、井喷速度快、允许波动压力低及处理困难的特点，主要原因是埋藏太浅，不容易被发现，或者发现时还没有安装井口，无法正常压井，因而浅层气 / 浅层流井控是深水钻井的一大难题。

（一）浅层水流

浅层水流是指在深水钻井中钻头钻过浅部地层时砂水流（水携带砂泥屑一起流动）通过井眼或者地层裂缝的流动，剧烈时会喷出海底，如图 1-18 所示。

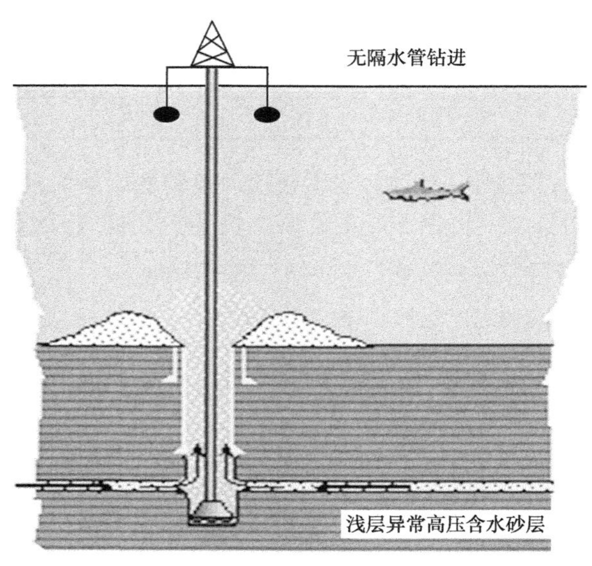

图 1-18　浅层水流示意图

浅层水流具有以下特点：

（1）所有的深水区域都可能发生浅层水流；

（2）如果不控制，浅层水流的影响一般会越来越大；

（3）目前深水钻上部井眼遇到费用损耗最严重的地质灾害；

（4）墨西哥湾一般发生在泥线以下 145~1200m；

（5）中国南海深水钻井作业中未遇到明显浅层水流。

如果浅层水流没有处理好，将可能引起严重后果：表层固井质量问题、表层套管损坏或者下沉、井口及防喷器下沉、井漏、报废井眼移位重新开眼等，严重影响作业进度，造成巨大的经济损失。

（二）浅层气

浅层气指在浅地层（即从早期钻穿的表层土至导管 / 表层套管的下入深度）遇到的气（图 1-19）。

图 1-19　浅层气示意图

浅层气也具有自己独有的特点：

（1）浅层气难以准确预测；

（2）浅层气一般埋藏较浅，具有突发性；

（3）一旦钻遇浅层气，留给操作人员的反应时间很短；

（4）由于埋藏较浅，地层较为薄弱，容易发生井漏，而且处理手段有限。

因此，浅层气一旦解开后没有得到及时有效处理，将可能引起严重后果：井喷、沉船、火灾等。

（三）疏松的海底表层

在某些海床区域有海底山坡和山谷，其中有些山坡可能是不稳定的，它上面松软的泥土有时受重力、地震、海底流及其他因素影响向海底山谷移动，形成泥石流，会对石油的勘探和开发作业带来影响乃至事故。所以石油钻探作业前需要对勘探区域及其周围做一个系统的勘察，以便在评估风险时把区域周围的影响因素都考虑进去。

（1）海床泥水分界面以下地层，大部分是容易发生坍塌的疏松泥岩和页岩。而深水钻井产生井下事故的地层大部分是泥岩、页岩等疏松地层或胶结不良的砾岩、流沙和埋藏较深、并产生向井内塑性变形移动的地层。砂岩透镜体的孔隙异常压力以及泥、页岩的水化效应等因素容易造成海洋深水钻井发生坍塌导致钻井复杂事故。

（2）活动性断层。很多海底的存在活动性断层，它会给钻井作业带来以下灾难性的破坏。

① 活动性泥石流会干扰井口作业甚至会埋藏井口；

② 泥火山和溢出气流会影响基底的稳定性，导致井口塌陷；

③ 疏松的海底表层会导致地层垮塌，钻进作业过程中会导致卡钻等事故，也会影响固井作业质量；

④ 活动性断层可能致使套管变形乃至折断。

三、深水低温

深水海底温度一般为 4℃左右，容易形成水合物、影响钻井液流变性、影响固井水泥浆凝固时间等，对深水表层作业造成很大的困扰。在深水环境下，温度变化趋势如图 1-20 所示。

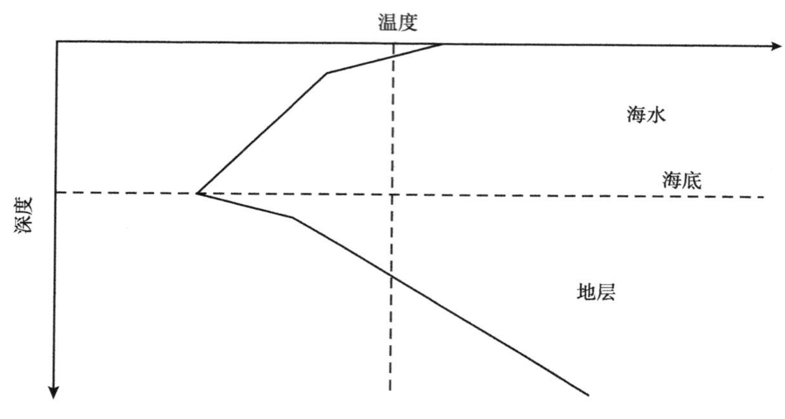

图 1-20　深水温度变化趋势

（一）天然气水合物

低温下容易形成天然气水合物。天然气水合物稳定存在于低温（0~10℃）和高压（10 MPa 以上）条件下，造成钻井液循环体系堵塞。水合物的形成温度在冰点之上，这在深水条件下很常见，在 610m 钻井液液柱作用下的相应温度为 1~6℃。在 1MPa 下，低于 4℃时乙烷气体会形成水合物；在 3MPa 下，低于 14℃会形成水合物。在钻遇含气地层时，钻井液中易形成天然气水合物。水合物造成的后果是灾难性的，根据已经报道的与水合物相关的事故，水合物的形成会对深水钻井和完井作业过程构成以下危害：

（1）水合物冻结井口的液压连接器［BOP/LMRP（水下隔水管总成）］，使之不能断开；

（2）井控期间，水合物堵塞压井管线和阻流管线，影响防喷器闸门的正常开关；

（3）钻井过程中的水合物分解可能导致地层变弱，井眼扩大、固井失败以及井眼清洁方面的问题；

（4）水合物堵塞隔水管、防喷器或套管与钻具的环形空间，造成钻具卡钻；

（5）由于钻井液中的水形成了水合物，钻井液性能发生了变化，导致重晶石沉淀，堵塞钻杆的环形空间造成卡钻；

（6）水合物分解会产生大量气体，1 体积的水合物可以释放出 170 倍体积的气体。气体进入一个封闭的环形空间内并形成水合物，在生产期间突然受热，使水合物分解，由此产生的压力有可能使套管破裂。

（二）钻井液

低温使得钻井液液柱压力升高。深水钻井中温度变化会对钻井液密度产生影响。研究表明，深水钻井中井眼内的钻井液密度通常大于井口钻井液密度；最大钻井液密度出现在海底泥线处；井眼内钻井液液柱压力的当量密度大于井口的钻井液密度。由于低温容易引起钻井液稠化，使其流变性变差，循环阻力变大，不利于深水环境下窄密度窗口安全钻井，同时，也影响钻井液的携砂能力和悬浮性能。图 1-21 是低温导致的钻井液变黏稠，导致跑浆示意图。

图 1-21　低温钻井液变稠导致跑浆

（三）固井

低温使得固井质量难以保证。用于封固导管和表层套管的水泥浆在深水钻井时与通常相比温度会下降很多，循环阶段水泥浆温度从井口的 27℃降至 13℃。当水泥浆到达预定位置停止循环，环空上部的水泥浆温度会降至很低，极限情况下接近于海水温度。它会保持这一温度直到水泥浆凝固放热，才使温度回升。周围这样的低温推迟了凝固过程，水泥浆经受过度缓凝作用，不能获得良好的机械性能，导致水泥强度低、易碎。浅层气和水层都可能给水泥环带来窜槽危险，导管因没有被坚实的水泥封固住，在海流的冲击下容易下沉。图 1-22 展示了水泥浆在不同温度下的凝固情况。

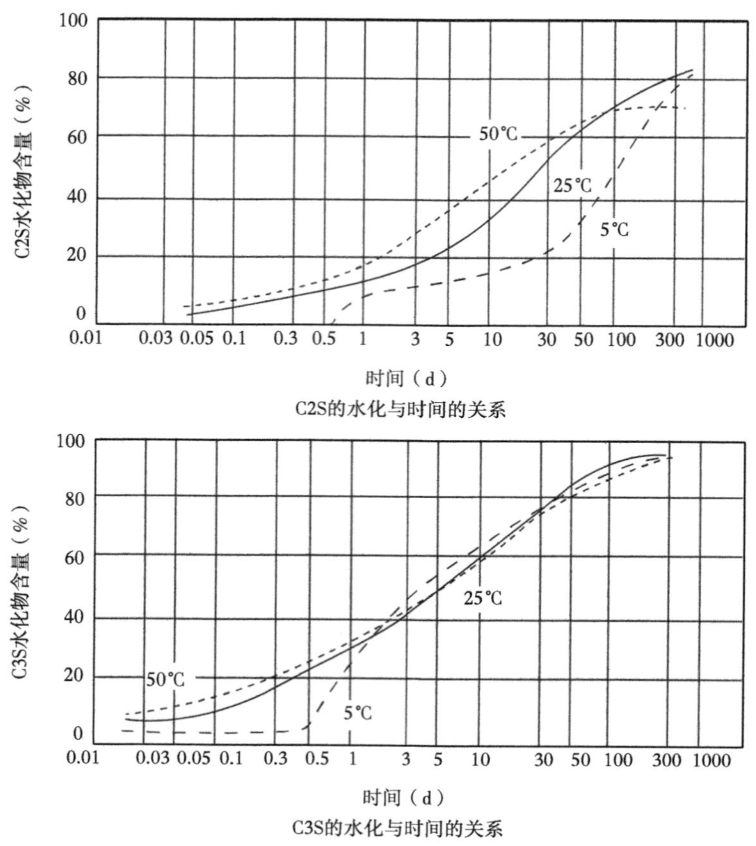

C2S的水化与时间的关系

C3S的水化与时间的关系

图 1-22　水泥浆凝固时间对比

四、孔隙压力与破裂压力窗口小

一般来讲，特定深度岩石的破裂压力随着上覆岩石压力的增加而增大。随着水深的增加，上覆岩层压力被海水水柱静水压力代替，岩石破碎压力随着水深的增加而减少，特别是海底表层，破裂梯度几乎为 0。随着水深的增加，海底沉积物越厚，海底表层沉积物胶结性越差。

对于相同沉积厚度的地层来说，随着水深的增加，地层的破裂压力梯度在降低，致使破裂压力梯度和地层孔隙压力梯度之间的窗口较窄，如图 1-23 所示。在较深水情况下可看到破裂压力梯度的下降，这主要是由于上覆盖层压力梯度的降低造成的。

在深水钻井作业中，将套管鞋深度尽可能设置得深，但由于孔隙压力梯度与破裂压力梯度之间狭小的作业窗口而放弃。结果，深水区域的井所需的套管层数，比有着相同钻进深度的浅水区域的井或陆上的井要多。有的井甚至因为没有可用尺寸的套管而无法达到最终的钻井目的。

总的来说，狭窄的钻井液密度窗口对深水井的井深结构的质量和钻井作业带来以下影响：

（1）笨重的套管程序（如 36in、20in、16in、13⅜in、9⅝in 和 7in 套管程序）对钻井成本造成了巨大的影响；

（2）和传统的浅水钻井相比较，井涌频换而且控制非常困难。首先，由于在巨大的隔水管中流体流速非常缓慢，使得在深水钻井出现气泡比浅水要迟的多。其次，通过很长的压井管线的压力损失限制了压井循环的流速。

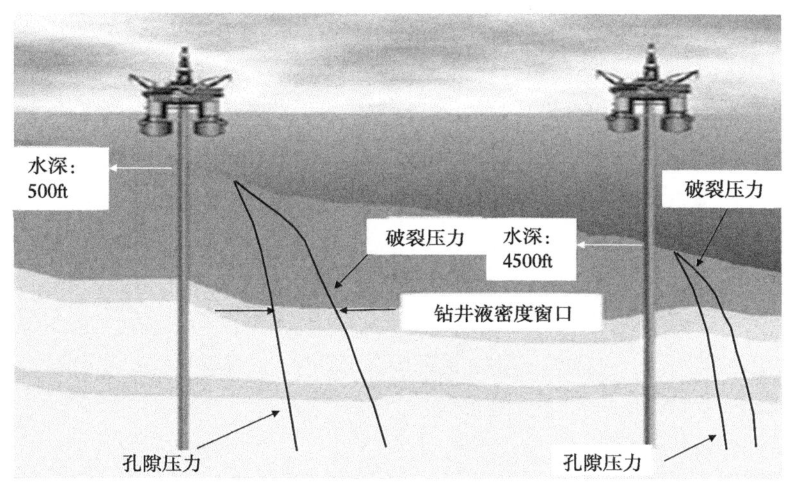

图 1-23　窄压力窗口示意图

五、井控要求高

深水钻井作业时防喷器组安装在海底，对井控的要求特别高，能否及时发现溢流是实现安全井控的关键。由于气体的滑脱上移是逐步进行的，在水下 1000m 以下，气体的膨胀是非常微小的，常规手段不易被发现；当气体滑移到 1000m 以上的位置时开始加速膨胀，采用常规方法发现气体已经滑移过防喷器组时，关井也已经太迟，带来的风险是不言而喻的。与陆地钻井相比，除了早期检测困难之外，安全密度窗口窄和低温水合物也是深水井控的难点。

（1）呼吸效应。

在钻井循环期间，地层中某些裂缝扩张或者延伸，导致钻井液暂时流向地层，地面返出量减少，出现漏失现象；停泵接立柱时，地层中的裂缝闭合或者收缩，地面返出量增多，出现溢流现象，这种现象为地层呼吸效应。

地层呼吸效应将导致接立柱时候观察到溢流，关井后仍有套压，很难判断是回吐还是溢流，给井控作业增加额外的风险。

（2）钻井液变稠。

深水低温将导致钻井液变稠，水深越大，温度越低，钻井液越稠，流变性更差，即使有压力也很难传到地面，因此发生溢流时，无关井套压，地面很难即使发现，一旦溢流量过大就很难控制，给井控作业带来很大困难。

（3）阻流 / 压井管线摩阻。

随着水深增加，所需的阻流 / 压井管线越长，加上深水低温影响，钻井液流变性变差，因此在阻流 / 压井管线中流动时产生的沿程压力损失不可忽略，即沿程摩阻不可忽视，给井控作业带来不少麻烦。

（4）其他井控难题。

除了上述几种主要井控难题外，还包括防喷器圈闭气（利用水下防喷器组进行井控时，密闭的防喷器与循环出口之间可能积聚天然气，这种气体被称为“圈闭气”）、隔水管中气体（在深水作业中，关井时，气体已移动或循环到隔水管内，如果发现不及时，到达地面时无法控制而导致井喷）、隔水管余量（用钻井液比重增量来补偿隔水管移开后，海水和钻井液的压差，保持平衡地层压力）等，这些都将或多或少增加深水钻井井控作业难度。

六、其他作业难点

深水钻井作业难点很多，除了上述难点外，还包括内波流影响、后勤支持困难及环境保护严峻等困难和挑战。

（一）内波流

在深水作业中，当海水因温度、盐度的变化，出现密度分层后，经大气压力变化、地震影响以及船舶运动等外力扰动，就可能在海水内部引发起内波。

内波流具有以下特点：

（1）发生时间不确定性；

（2）内波流速度无常性；

（3）内波流方向具有一定规律性；

（4）内波流持续性较短；

（5）不同区域内波流差异很大。

内波流一旦发生，将对钻井作业带来一定影响，主要是对钻井平台及隔水管等产生一定的冲击力，使其发生偏移或者受力不均而引发疲劳效应，对钻井作业安全产生很大影响，如图 1-24 所示。

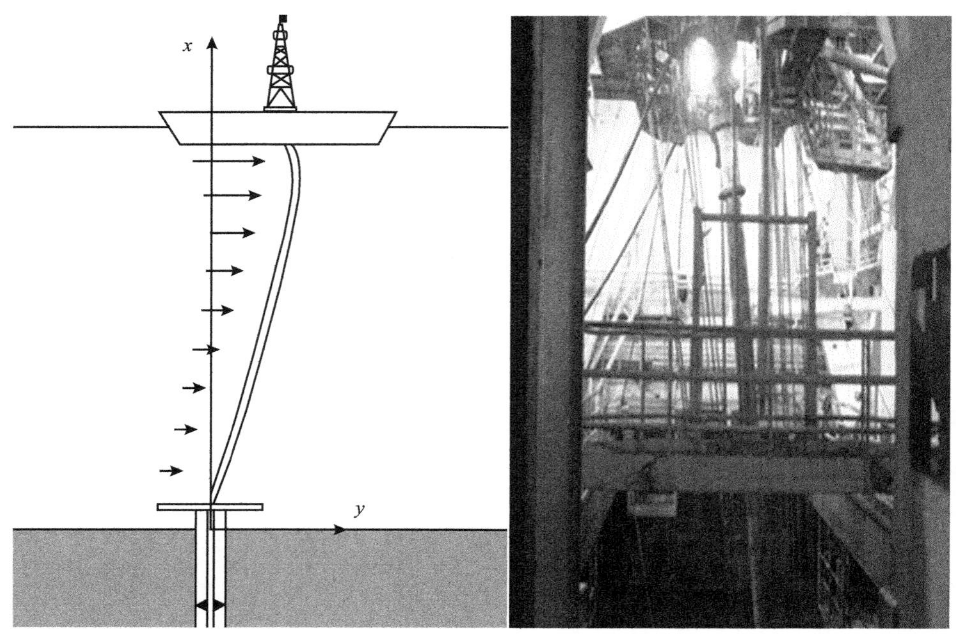

图 1-24　内波流作用结果

（二）环保形势严峻

随着石油开采力度越来越大，对海洋环境的污染也进一步扩大，如何能够在开采的同时将海洋环境保护起来成为新时代油气勘探开发首要任务。随着环保意识的不断增强，对钻井环保要求提出更高要求。历史上因海洋石油开采事故而引发的环境破坏触目惊心，如图 1-25 所示。

图 1-25　海洋石油污染

（三）后勤支持困难

随着水深不断增加，作业区域也越来越远离大陆，对钻井平台上所需物资的供应也越发困难，如图 1-26 所示。如何将所需物资安全、及时送达成为深水作业时必须考虑的难题，尤其是在恶劣环境下将物资送达就显得更加困难。

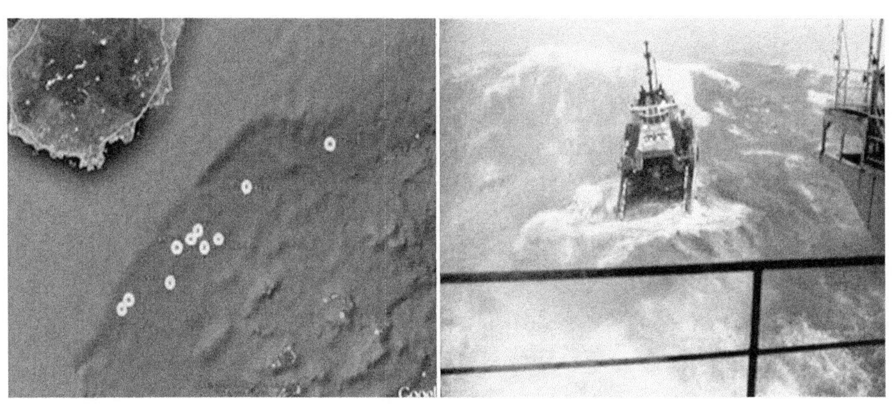

图 1-26　恶劣环境下物资运送困难

第二章　深水钻井装备与工具

第一节　背　　景

随着世界经济的快速发展，人类对能源的需求与日俱增，各国对能源的重视已达到了前所未有的高度。随着不断的开采，陆地上的石油、天然气和矿物资源已经越来越少，现有的能源储量已经不能满足世界经济发展的需要，各个国家不约而同将未来能源战略的重点放到了占地球面积四分之三的海洋。世界上几个大型的石油公司在美国墨西哥湾、西非湾、巴西海域以及中国的渤海、东海和南海等海域也都已经进行了海底资源探测和采油工作。深水已经成为并将继续成为全球油气资源储量接替的主要领域。世界上深水勘探开发成果表明，深水油气井均具有很高的单井产量，深水油气开发的高回报是吸引大量资金投入到这一高风险行业的主要原因之一。目前，在世界范围内，深水海洋石油资源开发成为世界石油大国竞争的热点。

我国拥有面积辽阔的海洋资源，其中大陆海岸线长达 18000km，大陆架面积将近 $110\times10^4km^2$，管辖海域有 $300\times10^4km^2$。海洋蕴藏着极其丰富的资源，我国渤海、黄海、东海和南中国海都有大面积的沉积盆地，石油资源达 400×10^8t 以上，天然气资源达万亿立方米之多。在我国发展计划中，石油的增量全部靠海上，2005 年达 4000×10^4t，2010 年将达 5000×10^4t。

南海是世界上四大海洋油气聚集中心之一，大量研究表明：南海诸岛海域石油天然气资源丰富。南沙群岛海域全部或部分在我断续国界线以内的新生代含油盆地有 8 个，总面积约 $410000km^2$，其中在我断续国界线内的面积约 $260000km^2$。中国石油南海油气探矿权区块面积达 $126800km^2$，因此合理有序进行南海海域的油气开发势在必行。

国外的深水钻井技术发展速度很快，深水钻完井装备的设计能力与配套水平较高，钻井水深记录不断被刷新。1965 年国外的钻井水深记录仅为 183m，1976 年达到 914m，1984 年达到 1965m，目前世界的深水钻井水深记录已达到 3052m（Transocean 公司 2003 年 11 月在 GoM 钻井时创造）。而我国钻井装备最大钻井水深为 HYSY981 达到的 3000m，成为我国在深水油气勘探开发的排头兵。2013 年，我国深水油气勘探取得重要进展，在琼东南盆地 LS17-2-1 井获得良好油气显示，为我国深水油气开发战略迈出坚实的一步。LS17-2-1 井由中国海洋石油集团有限公司湛江分公司自营，该井水深 1570m，是我国第一口自营水深超千米的深水井。

随着我国海洋石油勘探开发向水深 500m 以上的深水和 1500m 以上的超深水进军，我国深水与超深水钻井技术与装备遇到了严峻的挑战：

（1）随着水深的增加，钻具、钻井液、隔水管用量和海洋环境复杂性都相应增加，这对平台承载能力、钻机载荷、甲板空间等提出了更高的要求。随着工作水深的增加，作为深水油气开发的主要装备浮式钻井平台已经开发出了六代产品。工作水深从几百米增加到超过3000m，载荷也从几千吨增加到上万吨。另外，随着水深的增加，隔水管需要具备更大的抗挤压能力，对钻井液、完井液的流变性也提出了新的要求，同时，海底的所有装备也要承受更低的温度和更高的压力。

（2）深水环境的风浪流会引起钻井船的移位，导致隔水管发生变形和涡激振动，因此对其疲劳强度设计提出了更高的要求。环境载荷超出隔水管作业极限载荷时，需要断开隔水管系统和水下防喷器的连接。悬挂隔水管的动态压缩也可能造成局部失稳，增大隔水管的弯曲应力和碰撞月池的可能性。强烈的海洋风暴对钻井平台具有灾难性的破坏作用，因此深水钻井对海洋风暴的预测及钻井平台快速撤离危险海域反应速度提出了更严格的要求。

（3）海水温度随水深增加而降低，海底温度（即使在热带）一般为4℃左右，有些地区达−3℃。海水的低温可以影响到海底泥线以下约数百米的岩层。低温带来的问题主要包括：海水低温环境使隔水管中的钻井液流变性发生变化，可使钻井液的黏度和密度增大。钻井液的黏度增大可产生凝胶效应，在井筒流动中产生较高摩擦阻力，增大套管鞋处地层被压开的风险。钻井液流变性的变化给井筒压力计算和控制带来了极大的困难，也给钻井泵的循环系统能力提出了更高的要求。此外，海底低温延长了水泥浆的凝固过程，使水泥浆长时间处于胶凝失重状态，发生流体窜流的机会大增，导致水泥浆机械性能变差，强度降低。海底附近的低温高压环境给井筒形成水合物提供了适宜的条件，如果钻井液或压井液中携有一定量的天然气，那么在海底泥线附近的井筒及防喷器中极易形成水合物，导致井控设备失效等。

（4）钻井过程中水合物的形成会带来以下影响：① 阻塞节流、压井管汇和钻井液（气）分离器，无法进行循环作业；② 在防喷器中部或下部造成阻塞，妨碍油井压力监测；③ 阻塞物井眼环空中形成，妨碍钻杆旋转和移动。深水固井过程中，水泥水化放热导致气体水合物分解，气体流动造成井壁不稳定或水泥浆气窜，环空水合物分解释放出大量气体可能憋漏套管鞋处地层。在深水钻井中，不管是井控设备还是钻井工艺上都需要充分考虑水合物的防治。

（5）深水造成的欠压实，使破裂压力梯度和地层孔隙压力梯度之间的窗口较窄。窄密度窗口地区钻井事故频繁，容易发生井漏、井涌、井塌、卡钻、涌漏同层等井下故障，窄钻井液安全密度窗口导致套管层数增加，甚至无法钻至目的层。多层套管结构和复杂的井下情况也对深水钻井设备的提升系统能力和循环系统能力提出了更高的要求。窄钻井液安全密度窗口也给深水井控带来了很大的难题。

（6）深水地质灾害包括海底表层疏松、浅层流动等引起的灾害，其中浅层流动危害是重要的危害之一。海底浅层流包括浅层气流和浅层水流。浅层流冲刷可能造成水下井口、防喷器组和导管塌陷。浅层气流中的气体进入海水后，海水密度降低，钻井平台所受浮力减小，容易造成平台倾覆、火灾等事故。海床泥水分界面以下的地层大部分是易坍塌的疏松泥岩和页岩，易发生井壁坍塌，导致钻井故障或事故。

第二节　船体设备

一、船体结构

适用于深海钻井的主要是两种浮式钻井装置—半潜式钻井平台和钻井船。其中半潜式平台（Semi-submersible Platform）具有可移性好、抗风浪能力强、工作水深范围广、甲板空间大、储存能力大、可变载荷高等一系列优点，是用于深水和超深水较多的钻井平台。

半潜式平台主要结构由三大部分组成：上层平台，沉垫（浮箱），立柱和撑杆。上层平台布置着全部钻井机械、平台操作设备、物资贮备和生活设施，承受的甲板载荷常在3000~6000t之间。一般上层平台为水密性或具有一定的水密性的空间箱形结构，根据布置和使用要求可分为若干层，如主甲板、中间甲板、下甲板等。矩形半潜式平台多采用沉垫结构，由若干个纵横隔舱组成，以保证其结构的水密性和强度。在这些分舱中放置机械设备、推进器、油水舱和压载水舱，以保证沉垫潜浮作业的进行。立柱一般由外壳板、垂向扶强材、水平桁材、水密平台、非水密平台、水密通道围壁和水密舱所组成。立柱一方面与撑杆一起将上层平台支撑在沉垫（浮箱）上，另一方面在平台处于半潜状态时提供一定的水线面，使平台获得稳性。撑杆结构的作用是把上层平台、立柱和沉垫三者联结成一个空间钢架结构，同时有效地将上部载荷传递到平台的主要结构上（立柱、沉垫），并将由于风、浪等载荷和其他受力状态（如拖航、沉浮过程）所产生的不平衡力进行有效的再分布。

现代深水半潜式钻井平台工作平台一般呈矩形，由二个沉垫，四至八个立柱，矩形上层平台以及若干撑杆所组成。图 2-1 所示为典型的四立柱型深水半潜式钻井平台。

图 2-1　四立柱型深水半潜式钻井平台实拍图

现今深水半潜式平台的发展趋势主要有以下几点。

更大的可变载荷。采用先进的材料和优良的设计，半潜式平台自重相对减轻，可变载荷不断增大，以适应更大的工作水深和钻深。平台可变载荷与总排水量的比值，南海 2 号为 0.127，Sedco602 型为 0.15，DSS20 型为 0.175。甲板可变载荷（含立柱内可变载荷）接近 9000t，平台自持能力增强。同时甲板空间增大，钻井等作业安全可靠性提高。

外形结构简化。半潜式平台外形结构趋于简化，立柱和撑杆节点的型式简化、数目减少。立柱从早期的 8 立柱、6 立柱、5 立柱等发展为 6 立柱、4 立柱，现多为圆立柱或者圆角方立柱。斜撑数目从 14~20 根大幅降低，以至减为 2~4 根横撑，并最终取消各种形式的撑杆和节点。沉垫趋向采用简单箱形，平台上壳体也为规则箱形结构，且上壳体结构内设置层高 1.5m 左右的双层底。

装备先进。深海半潜式平台装备了新一代的钻井设备、动力定位设备和电力设备，监测报警、救生消防、通信联络等设备及辅助设施和居住条件也在增强与改善，平台作业的自动化、效率、安全性和舒适性等都有显著提高。

二、定位设备

为满足最严苛的深水钻探环境，如 Seadrill 公司的西方大力神及中海油的 HYSY981 等第六代半潜式钻井平台都具有动力定位系统。

动力定位系统一般由位置测量系统、控制系统、推力系统三部分构成。动力定位系统的核心是控制技术，至今已经经历三代，三代动力定位系统分别应用了经典控制理论、现代控制理论和智能控制理论。船舶动力定位是先进的海上定位技术，它与传统的锚泊方式相比，具有不受水深限制、投入撤离迅速、定位精确、机动性强等优点，对于海洋深水开发具有重要意义。

以西方大力神平台为例，其动力定位系统包括：2 套 DGPS（Differential Global Positioning System）定位系统、2 套声纳定位系统、8 个推进器（3500kW/ 个）、DP（Dynamic Position）控制系统（计算机及软件）、各种测量传感器（风速、风向、流速、流向等）、操作和应急程序等。

DGPS 定位：目前 GPS（ Global Positioning System ）系统提供的定位精度是小于 10m，而为得到更高的定位精度，通常采用差分 GPS 技术，即 DGPS，其原理是将一台 GPS 接收机安置在基准站上进行观测。根据基准站已知精密坐标，计算出基准站到卫星的距离改正数，并由基准站实时将这一数据发送出去。用户接收机在进行 GPS 观测的同时，也接收到基准站发出的改正数，并对其定位结果进行改正，从而提高定位精度。DGPS 精度也会受到一些因素的影响，如电离层的干扰，太阳黑子的活动、闪光的影响、遮挡等。

声纳定位：西方大力神深水平台在自身 DGPS 定位系统的指引下到达井位，ROV（遥控潜水器）或者平台吊机开始在井位的四周距离井位约 420m 均布 8 个声纳信号标。在随后的钻井作业时间里，钻井船就以信标为参照物，利用自身的定位系统进行定位。声纳定位系统的优点：精确度高，最大适用水深为 2500m，无线传输信号，基本不受天气条件的影响，独立不需要依靠其他系统提供的信号。缺点：易受噪声的影响，如环境、推进器和 MWD（Measurements While Drilling）工具噪声等。在折射和阴影区以及信号传输时易受其他声纳系统的干扰，如多条船在同一地方工作。但是，其使用条件需要在定位之前由 ROV 布放 8~12 个声呐信号标，平均一个需要 30min，影响作业时间。

由于各种定位方式都具有一定的局限性，所以在 DP 钻井平台上的具体应用中，都会采用 2 种或多种定位方式。根据作业经济性，一般当作业水深大于 1500m 才会使用 DP 定位。由于平台使用动力定位，需要时刻注意定位情况。根据作业水深、井口抗弯能力，隔水管预张力等参数建立漂移预警圈，制定当平台漂移出黄、红两级预警圈时的响应、解脱预案。

三、甲板布置

钻台是钻井作业最主要工作区，是钻井平台的核心位置。钻台高出主甲板 10m 左右，主要接受钻杆、套管和隔水管等管具类材料，钻台层次布置钻井管具处理模块和隔水管立放处理模块。动力猫道布置在主辅钻井中心正对面，用以输送钻杆、套管、隔水管等，后部为抓管机（钻杆起重机）和主井场区，主井场布置应尽量靠近动力猫道和抓管机，按使用频率高低布置主井场区，钻杆使用频率高于套管，应优先布置钻杆堆场。钻台后部为立放隔水管存储区，立放隔水管处理系统包括一套隔水管处理起重机、一套隔水管倾斜臂、一套隔水管指梁等组成。隔水管存储区穿过主甲板至下层甲板，以降低工作重心，钻井管具堆场位于主甲板。

主甲板布置以钻井中心模块为中心，左侧布置两个大型井下工具处理模块：由一套起重机、一套滑车系统组成。起重机将采油树、防喷器等提起放在滑车系统上，滑车通过导轨将其运送到安装在月池上的升降装置下放；锚机布置于主甲板角部，左右两舷各布置塔吊一部。生活区位于平台井架后面。主甲板较大作业空间对提高平台安全性有利，另外主甲板预留较大空间以备升级用，比如在进行钻井作业时，提前安装测试完井设备。

下层甲板空间特点有二：一是空间上是不规则区域，由于采用井字形结构框架，加上月池和立放隔水管存储区，将下层甲板空间分成不规则区域，且下层甲板需划分舱室，二是待布置模块多，各模块存在关联性差异，主要表现在：各级模块存在关联性，钻井液循环、配混和固井模块作业连续，存在关联性，应作为大模块区布置在相接近区域，且和上甲板钻井液净化模块在空间上接近；两个电力模块空间上远离以满足动力定位 DP3 要求。以 HYSY981 为例，目标平台动力定位等级为 DP3，8 台主发电机布置在 4 个机舱内，分为两个模块，对称布置于平台左右舷，每个机舱临近附设独立的配电板室，每块配电板直接控制 2 台推进器，模块相对独立分隔，以增加安全性。平台设 4 个独立机舱，8 台发电机，对应 4 个独立配电板室，考虑到一块配电板故障引起 2 台推进器失效时，平台仍能保证一定的定位能力，符合 DP3 动力定位要求。

立柱和沉垫主要用于存储燃油、生活用水和钻井液系统用钻井液、盐水、钻井水等。沉垫存储易于管线输送液体类耗材，立柱上部存储固体类耗材，以利于输送为原则。沉垫主要为平台提供足够的排水量，其内部提供大存储空间，左右两沉垫内主要设水密液舱、泵舱和推进器舱，原则上布置一致。液舱包括钻井用液体消耗品（钻井水、盐水、基油）、燃油、饮用水、压载水。沉垫内布置 8 个推进器舱、8 个泵舱、燃油舱、基油舱、盐水舱、备用钻井液舱、钻井水舱、压载水舱及管汇系统等。

四、隔水管放置

隔水管是深水钻井中重要的设备，也是与浅水钻井有较大区别的设备。由于重量、长度都很大，隔水管的运移、检测、下放、回收都是深水钻井作业中比较耗时的过程，所以隔水管的存储方式对于平台的整体布局有较大影响。

深水钻井平台隔水管存放形式包括平放、立放。操作时，立放隔水导管可从立放状态直接移送到井架内，进行下放操作及试压检测；平放隔水管则需通过输送机（猫道机）从平放状态转为立放状态后放入井架内，操作过程相对较复杂。立放存储形式深入甲板，自下甲板穿过中间甲板及主甲板，有一套专门的液压隔水管指梁锁紧系统为其排放装置，钻井平台在深水风、浪、流恶劣环境下，仍可保证隔水管稳定的排放及操作，且能有效保护隔水管单根。HYSY981 采用立放隔水管如图 2-2 所示，由于立放区域为专门存放隔水管区域，隔水管下放后在整个钻井过程中不宜再用作布置其他设备部件，影响隔水管存放区域利用率。

图 2-2　HYSY981 平台隔水管立式存放区

平放存储区一般位于主甲板上，占用的存放面积较大，但其区域可与套管存放区交替使用，如图 2-3 所示为 NH9 平台平放隔水管。可见，立放和平放两种存放形式各有优缺点。

图 2-3　NH9 平台隔水管平放存储区

通过详细的对比计算，隔水管立放和平放两种方式对于平台重心影响很小，可以忽略不计；两种方式在下放效率上也基本相差不大，隔水管作业效率瓶颈是在隔水管的接头和压力检测上，所以存放方式对于钻井效率影响不大；两种存放方式对于平台影响较大的是存放占用面积。

第三节　钻井设备

深水半潜式钻井平台的钻井系统属于复杂工程系统，采用系统分解方法可以将其分解为 5 个主要的子系统—钻机、材料输送处理系统、动力系统、后勤服务系统和控制系统。其中，每个主系统又可以根据功能及作业流程分解为若干小系统。

（1）钻机包含提升系统、旋转系统、控制系统、钻台自动化和辅助装备等。提升系统由绞车、辅助绞车、刹车、起升系统和悬挂起升系统井架等组成；旋转系统由转盘、顶驱、钻杆、钻头等组成；钻台自动化装备系统包括自动排管机，铁钻工，多功能机械臂等，和起升系统配合，完成管具自动化处理。

（2）材料输送处理系统包括钻井液系统、隔水管系统、海底工具存储及处理系统、管具存储及处理系统等。泥浆系统包括钻井液配混、钻井液循环、钻井液净化和固井系统。隔水管系统包括隔水管存储区及处理系统，隔水管升沉补偿系统。

（3）控制系统主要包括钻井控制室，BOP 控制室和中心控制室，完成平台及钻井系统控制。其中，钻井控制室完成钻机系统控制，是钻机系统控制核心。

（4）动力系统为钻机系统提供所需电力、液压、气动等动力，包括发电及配电系统，电力转换系统，液压站，空压站，以及驱动钻井绞车、顶驱等工作机，海洋钻机多采用直流电机、交流变频或液压动力等方式驱动。

（5）后勤服务系统，包含装备较多，如消防系统，安全系统，保养维修服务装备，起重机等。

一、提升系统

钻机的提升系统是钻机的核心，它的工作性能直接影响到整个钻机的工作性能。钻机提升系统是指电动机减速器—离合器—滚筒—钢丝绳—井架—天车—游车—大钩—钻柱。

（一）井架

井架亦称为钻塔，是装在钻井平台上的一种桁架结构。顶部设有悬挂游动滑车（顶驱）与大钩的天车（升沉补偿系统），供下钻或起钻时装卸钻杆或吊装水下器具。下端有的直接固定在甲板上，有的坐落在轨道上，借助于液压千斤顶作前后或左右移动。海洋平台井架主要有塔形井架和套装井架两种。半潜式钻井平台上所用的井架为海洋动态井架，瓶颈式塔形井架是一个横截面为正方形，栓装封闭式钢结构。井架主体由大尺寸钢焊成截面为矩形的方钢作井架体立柱，整个井架体由四根立柱和若干横斜腹杆经高强度螺栓连成一整体。全部裸露构件均经浸锌处理，增强了井架的抗腐蚀能力。它承载能力大，整体稳定性好，井架内部空间大，司钻视野开阔，适用于海上复杂工况下工作。

海洋钻井工艺对井架的基本要求：

（1）足够的承载能力及稳定性，保证起下一定深度的钻杆柱和下放一定深度的套管柱。所谓足够，即要与所配用的钻机大钩公称起重量（最大钻柱重量）及大钩最大起重量相适应。深水钻机由于作业深度较深，防喷器加隔水管重量相较于普通钻井平台大幅增加，井架承载能力及其配套的顶驱提升系统、转盘承重能力都需要大幅提高以适应作业环境。以中海油 HYSY981 平台为例，其井架承载能力为达到 907t。

（2）足够的环境抵抗能力，由于深水作业区域的风浪等级都大于常规浅水区，所以深水钻井平台必须有足够的环境抵抗能力以适应作业环境。我国南海地处东南亚季风区域内，并受西南季风的影响，其环境特点是风场随季节而变：夏季盛行西南风，在每年的 6-10 月是热带风暴和台风活动期，根据统计，南海地区平均每年发生 4.3 个台风和 2.4 个强台风。在台风活动中伴随有狂风、暴雨、巨浪和风暴潮；冬季盛行东北风，每年 10 月到来的东北季风也会给海上设施安装、钻井作业和采油生产带来不利的影响。以中海油 HYSY981 平台为例，其满载抗风能力为 93kn，空载抗风能力为 107kn；生存工况下承受最大浪高 13.7m，最大浪速 3.98kn，作业工况下承受最大浪高 6m，最大浪速 1.8kn。

（3）足够的工作高度和空间，足够的钻台面积。工作高度越高，起下的立根长度越长，可以节省时间。深水钻井平台由于水深较深，为了追求高时效常使用 3 根 R3 钻杆或 4 根 R2 钻杆接成立柱立于井架。这些立柱长度为 44~46m，对井架高度提出了更高的要求。井架上下底应有必要的尺寸，以安装天车及升沉补偿装置，并保证起下钻操作时游动系统能够畅行无阻。很多深水平台为了提高时效，配有离线预接系统，包括离线铁钻工、抓管机，都要求更大的井架尺寸，保证钻台上便于布置设备、安放工具，方便工人安全操作，使司钻有良好的视野，如 HYSY981 井架下转盘面尺寸达到了 14.08m×15.85m。甚至有的先进的深水钻井平台配备了双井架，如 Transocean 的 West Venture 平台。

（二）多井架平台

在深海石油钻井的初期，半潜式钻井平台采用的都是单井口作业系统，即在平台上配置一套钻机用于钻井。随着作业水深的增加，辅助钻井作业时间在整个钻井作业时间中的占比也相应的增加，为了提高深水的钻井效率，通过优化和改善钻井工艺，提高辅助钻井操作和主钻井操作的并行性，渐渐形成了“offline or dual activity rig”（一个半井架）和“dual derrick”（双联井架）两种基于钻井工艺流程的井架型式。一个半井架实质还是一个井架，一个钻井作业中心，只是增加了钻机一部分并行作业的能力，如增加了接、卸立根的管子自动化处理系统，增加了套管作业能力，隔水管悬持能力等；双联井架实质是给平台井架上配置了两套提升系统，使钻井平台具有两个井口并行作业的能力。配置双联井架的优势主要体现两点：一是采用双联井架并行作业方法，减少钻台组装、拆卸钻杆及下放、回收水下器具等作业占用钻井作业相对过多的时间；二是平衡重载和轻载需要，深水海域钻井时，隔水管和防喷器等的重量比钻具的重量要大得多，如用常规的一个井架和一套起升系统的话，造成钻机的绞车非常庞大，很难做到无级变速，正常钻井时绞车起升和下放的速度就会受到影响，从而影响钻井效率，而双提升系统可有效解决这一问题。一套起升系统用于载荷相对较小的正常钻井的起下钻，另一套起升系统用于速度相对较慢的起升和下放隔水管和防喷器。图 2-4 为 West Venture 双井架半潜式钻井平台。

图 2-4　West Venture 双井架半潜式钻井平台

以 Enterprise Class 号深水钻井船为例，讨论双联井架主辅井口钻井业流程。该钻井船钻井深度为 35000ft，工作水深为 10000ft。钻台区被划分为主井口作业区和辅井口作业区。主辅转盘相隔 40ft，位于月池上方，各自服务于主辅钻机系统，通过 2 个 2000000 lb 井架实现双钻井作业。主井口作业区配有隔水管张紧系统，升沉补偿系统为主钻井系统通过防喷器和隔水管形成的循环通道进行钻井。辅井口作业区完成无隔水管钻井操作，并为主井口作业区提供工具和设备测试的场所。辅井口作业区配备动力驱动的鼠洞以及立根排放系统，用于接、卸、排放钻柱或套管柱，各种工具和水下器具下放回收也可以在辅井口作业区完成。

以深水钻井常见的喷射钻井工艺为例，辅钻机通过辅助井口完成从喷射 BHA 下钻至 20in 表层套管固井步骤结束，主钻机并行进入下隔水管及防喷器步骤操作，由于隔水管和防喷器重量极大，只能通过主钻机进行下放及回收作业，并且隔水管的下放过程复杂，组装中间需进行压力测试，占用较多时间。进入下入抗磨补芯步骤后，主辅钻机协作作业，辅助钻机进行井下工具的安装、下放、拆卸及回收，立根和套管柱的组装和拆卸。

多井口作业需要钻井平台 / 船大量移位和转位操作，需要精确定位能力，所以装备有 DP-3 型动力定位钻井平台 / 船来说，有巨大优势。主钻机完成主要钻井及隔水管作业，钻井作业时间长，而辅钻机主要以接立根、套管作业为主，还可以进行工具下放、回收作业。

一个半井架是对钻井作业经验总结的基础上，对钻井操作进行了改进，针对特定钻井操作，如：套管作业、立根操作、隔水管作业、BOP 悬持和压力测试等进行了有针对性的设备配置。业主可以根据不同的需求，提高平台离线能力（offline ability），提高钻井系统并行作业能力。

如 HYSY981 就属于一个半井架钻井平台，其钻台具有离线小铁钻工和其配套的抓管机（LGA）可以用于预接钻杆和 13⅜in 套管、9⅝in 套管、7in 尾管以及油管，提高作业时效。按照设计，其配备了两套独立的抓管机可以同时满足主井口接钻杆立根和离线预接其他立管，但是实际中由于其操作空间及人员分配所限，常常不能完成严格的离线预接工作。

如图 2-5 所示，HYSY981 平台左舷的 BOP 叉车，配备了猫道机及相应的吊卡、吊环，使用 BOP 吊车可以预接 20in 套管及其送入工具。

图 2-5　HYSY981 平台左舷处 BOP 叉车

根据相关文献，双井架比一个半井架的效率高在钻井的前两个阶段（导向套管和表层套管）由 Seadrill 和 Transocean 报告大约相差 40% 效率，当 BOP 下放完成后，双井架的功能与一个半井架几乎相同。导管和表层套管操作持续时间大概为钻探井的 15%，在钻油气田生产井时更少。这相当于双井架最大 6% 的钻机性能提高相比于一个半井架。在深水进行探井作业，双井架的效率指数是 123%，一个半井架的效率指数是 117%，相对传统单井架效率指数 100% 而言，双井架的效率指数比一个半井架高出了 6%。

（三）平台提升能力

在选择深水钻井平台时，必须对于钻机的起升能力进行考量。确定深水钻机大钩载荷需要考虑 3 种作业工况，即下隔水管与防喷器、下套管和起下钻杆，而且在这些作业中需要考虑静态载荷、刹车载荷以及钻井平台升沉运动引起的动态载荷。

根据 API 相关标准，深水钻机大钩承受载荷能力应满足以下条件：

$$1.2\times F_{\mathrm{pipe}}\leqslant Q_{\max} \tag{2-1}$$

式中　F_{pipe}——最大管柱载荷，包括静态和动态载荷；

$Q_{\max}$——最大钩载。

F_{pipe} 值取下隔水管与防喷器、下套管和起下钻杆这 3 种工况中最大值来对平台钻机提升能力进行校核。

作业管串所受的动态载荷主要来源于两方面：一是钻井平台升沉运动在轴向上产生加速度，二是由于作业管串与平台的自振周期相近引起的动力放大效应。根据相关文献计算得出，钻井平台的运动周期越短，动态载荷越大；钻井平台升沉运动的幅值越大，动态载荷也越大。因此，如果钻井平台的作业海域与设计的作业工况不同时（尤其是波浪周期短、波高大时）则需要重新估算大钩载荷，以确定钻机的作业能力。

考虑钻井平台升沉运动引起的动态载荷，相关文献计算结果表明，对于 3000m 水深、10000m 井深作业能力的钻井平台，钻机大钩载荷为 907.2tf 是合理的，最大钩载出现在下 244.48mm 套管过程中。所以 HYSY981 这种以南海自然环境为设计基准的深水钻井平台，其提升系统最大钩载为 907t。

二、升沉补偿系统

在浅海海域，可以采用搭建固定自升式平台的方式开采油气资源。在中、深海海域可以使用半潜式钻井平台或一些大型船只作为平台载体，在船体上安装钻井设备。

这种钻井平台的使用也存在很大的缺点，由于此类钻井平台是通过锚泊系统或者动力定位系统漂浮在目标海域，导致平台容易受波浪，风，海流等外界条件的影响，在钻井海域“随波逐流”。这一点也正是与固定平台钻井最大的不同之处。当钻井平台波动时，固定在钻井平台上的设备难免随着平台进行波动，游车将带动钻机（钻杆和钻头）随着平台在空间上周期性的运动，这种带动作用将直接导致游车大钩拉力增大或减小。当出现波峰时，平台随着海浪产生向上的位移，带动了井底钻头向上移动，造成井底钻压减小，当钻压降到一定限度时，钻井作业将无法进行。当出现波谷时，平台随着海浪产生向下的位移，减小了游车大钩对钻具的提升力，造成钻头和地层的冲击，容易引起钻具的损坏或者钻井倾斜，同时，钢丝绳拉力的减小，导致绞车滚筒上缠绕的钢丝绳过于松弛，钢丝绳容易紊乱。

为了消除浮式钻井平台对钻井的不利影响，保证海上钻井工作正常开展，提高钻井效率，保持大钩恒定的张力载荷，就必须采用升沉补偿装置，这种装置能够减少钻机与海底之间的相对运动，克服风，浪，流等外界因素对钻井活动的影响，提高钻井安全性和钻井效率，同时还能够延长钻井设备的使用寿命，具有极高的经济意义。

常见的钻具升沉补偿系统有：

（1）游车型钻机升沉补偿系统，游车型钻机升沉补偿装置是将主动升沉补偿装置安装在钻井架的游车与大钩之间。主动补偿装置下方带着大钩。这种补偿装置主要由检测装置，液压缸，液压泵，控制阀，控制器等结构组成。液压缸中的活塞杆带动大钩。当钻井平台在洋面上产生升沉运动时，该装置通过改变液压缸中油液的体积，推动活塞运动到合适的位置，以实现钻机升沉补偿的目的。

（2）天车型钻机升沉补偿系统，天车型钻机升沉补偿装置是将主动升沉补偿装置安装在钻井架顶部与天车之间，主动补偿装置的液压缸下方带动天车。其工作原理以及大体结构与游车型升沉补偿装置一样，只是安装位置不同。采用倾斜放置主气缸的方案，利用力分解的基本原理，减小了因活塞在气缸中上下移动时带给大钩载荷变化的影响。如图 2-6 所示，天车升沉补偿一方面具有占用钻井船甲板面积及空间小的优势。但另一方面由于其主要机构都安装在井架上居下，要求有强度大、结构复杂的特制井架，所以不仅给井架的设计带来了较大难度，而且存在高空安装和维修保养不便等问题。

图 2-6　天车型钻机升沉补偿系统

当船体相对于海面上升时，大钩要保持在相对固定的位置，使得天车相对于井架向下移动，DSC 液缸柱塞向下移动，液缸内的液压油流回蓄能器，使蓄能器（图 2-7）中的气体压力增大，相当于弹簧被压缩，同时对液压油产生一个增大压力，柱塞就获得了一个较之前增大的推力。由于液缸坐在井架的小平台上，小平台相对于井架是固定的，此时，液缸的底端只能通过滑轮向外移动（隔离阀可以使液缸在任何位置被锁定）至柱塞伸长量达到平衡，此时两液缸的相对角度变大。两个变化的量同时作用，使柱塞向上推天车的分量基本保持不变，同时天车对钻柱的拉力基本保持不变，以此来补偿平台的升沉移动。

图 2-7　蓄能器

（3）死绳型钻机升沉补偿系统，死绳型钻机升沉补偿装置是将补偿装置安装在游车钢丝绳的死绳端，死绳自天车引出后，钢丝绳经过滑轮测量拉力，将死绳端固定在死绳补偿装置上。当海洋钻井平台在海面上升沉运动时，主动补偿液压缸拉动钢丝绳，带动游车上下运动，补偿钻机的升沉。但是由于该装置内部使用了滑轮组，导致升沉补偿范围较小，且该装置对于钢丝绳的寿命影响较大，因此在海洋钻井平台上较少采用。

（4）绞车型钻机补偿系统，由于电力电子技术以及半导体器件的发展，交流变频技术越来越成熟，对三相交流异步电机的控制，在精度以及动态性能上均有了较大飞跃。控制器根据检测装置得到钻机的升沉运动量，控制绞车转动，缠绕或者放出钢丝绳，补偿波浪引起的钻机升沉。此类方法与其他补偿方式相比，其优点在于：首先，不需要增加大型设备，完全是在现有设备的基础上进行改造，节省资金与平台空间。其次，由于没有采用液压缸，钻机的升沉补偿距离也就没有限制，补偿范围大。最后，由于交流变频技术的发展，补偿精度高，动态响应性能好。

（5）主动补偿系统，以上 4 种补偿系统都属于被动补偿系统，天车主动钻柱补偿是在天车补偿上面安装一套主动液压操作装置，AHC 系统通过液缸施加在天车上的力来克服在 DSC 系统在运动过程中各个部位产生的摩擦力和 DSC 做补偿作用时产生的各种损耗。AHC 系统是一个位置控制系统，在 AHC 控制柜中，安装有升沉传感器，可以测量船体相对于海底的三维速度，同时在 AHC 的液缸上装有位置传感器，将这 2 个量输入计算机，通过一系列的计算，向伺服阀发出一个控制指令，伺服阀动作，液压动力单元（Hydraulic Power Unit，HPU）将液压油注入到液缸（上端或下端），使活塞运动，通过活塞杆将拉力或推力施加在天车上。主动风浪补偿系统是实现平台和钻柱之间相对位移补偿的主动系统，通过软件分析安装在平台重心点的传感器收获的风速、风向、流速、流向来计算主动补偿器的活动。主动钻柱补偿的典型应用过程是安放水下防喷器和采油树，这个过程中需要操作钻柱将防喷器和采油树精确的安放在井口上。此时防喷器或采油树连同钻柱随着整个平台移动，由于钻柱受力是恒定的，所以被动补偿无法发挥作用，这时主动补偿系统可以在水下观察机器人，通过人工下放和收回钻柱使钻杆与井口位置相对稳定进而准确的安放防喷器或采油树。

钻柱补偿的性能参数主要包括：最大补偿能力、最大补偿行程和最大补偿速度。这些参数反映了补偿装置的性能，决定了平台所能作业的海域以及风浪条件。要求最大补偿行程大于浪高和平台移动所产生的钻杆伸缩距离；最大补偿速度大于波浪和平台移动的变化速度；最大补偿能力满足钻井作业时的大勾负载要求（被动补偿）。现场作业中，需要根据管串重量调节补偿器充气气压，调节使得活塞行程处于行程中间位置，适应严苛的海洋环境。

三、防喷器系统

深水钻井是海上油气资源勘探开发的龙头，而深水防喷器组是保证钻井作业安全最关键的设备。在深水钻井作业中，一旦水下防喷系统发生故障，就必须将防喷器组和隔水管起出水面进行维修，将造成上百万元的损失。如果因设备故障而造成井喷失控，将带来灾难性的后果，损失无法估计。而隔水管使得钻井液处于闭路循环，特别是在深水钻井中，由于水深大，隔水管的重量、浮力、抗挤毁能力、边管种类、边管抗压能力都与普通浅水钻井有很大差别。

井控，英文称 Well Control，有的叫作 Kick Control，即井涌控制，还有的叫作 Pressure Control，即压力控制。各种叫法本质上是一样的，都是说明要采取一定的方法控制住地层孔隙压力，基本上保持井内压力平衡，保证钻井的顺利进行。井控作业要从钻井的目的和该井今后整个生产年限来考虑，既要完整地取得地下各种地质资料，又要有利于保护油气层，有利于发现油气田，提高采收率，延长油气井的寿命。为此，人们要依靠良好的井控技术进行近平衡压力钻井。目前井控要求已从单纯的防喷发展成为保护油气层、防止破坏资源、防止环境污染，已成为高速低成本钻井技术的重要组成部分和实施近平衡压力钻井的重要保证。

防喷器组配置选择的内容包括防喷器压力级别的选择，防喷器类型及数量，防喷器位置排列以及地面管汇布置等。

防喷器组的工作压力取决于所用套管的抗内压强度、套管鞋处裸眼地层的破裂压力和预计所承受的最大井口压力。但主要是根据防喷器组预计承受的最大井口压力来决定。深水钻井平台防喷器压力等级一般选用 15000psi。

以 HYSY981 的钻井水深 3000m，封井压力 15000psi 的防喷器为例，尺寸为 18¾in（公称直径），额定工作压力为 15000psi，重量约 430t，长 × 宽 × 高为 5.5m×4.8m×16.7m，配置六套闸板防喷器和两套万能防喷器。防喷器组结构如图 2-8 和图 2-9 所示。

（一）隔水管下部总成

隔水管下部总成也叫 LMRP（lower marine riser package），如图 2-8 所示。包括以下几个部件。

（1）VETCO Style HAR 隔水管连接器，当动力定位失效发生漂移时，需要应急脱离 LMRP，保证防喷器组安全。平台根据井筒的不同状态制定了相应的的 EDS（emergency disconnect system）程序，一旦下达 EDS 命令，系统就会自动完成解脱。常见的 EDS 模式有无剪切模式、钻杆剪切模式、套管剪切模式。当不同的工具通过防喷器时，司钻需要负责开启不同的 EDS 模式开关。

（2）上万能防喷器，万能防喷器也叫环形防喷器，因为其拥有环形胶芯。此环形防喷器额定工作压力为 10000psi。当井内无钻具时，环形防喷器可以全封井口，对于井口悬挂的不同尺寸、不同断面的钻具都能实现良好密封，能够上下活动钻具或强行起下钻柱，但不能旋转钻具。

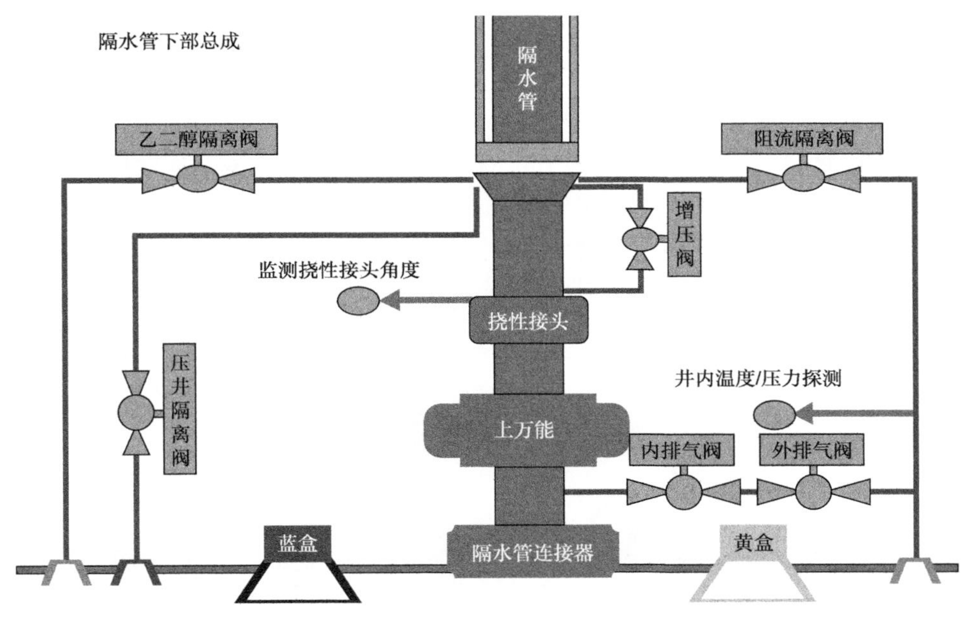

图 2-8　隔水管下部总成

环形防喷器的关井、开井动作是靠液压实现的。关井动作时，来自液控系统的压力油进入下油腔（关井油腔），推动活塞迅速向上移动。胶芯受顶盖的限制不能上移，在活塞内锥面的作用下被迫向井眼中心挤压、紧缩、环抱钻具，封闭井口环形空间。开井动作时，来自液控系统的压力油进入上油腔（开井油腔），推动活塞迅速向下移动。活塞内锥面对胶芯的挤压力迅即消失，胶芯靠本身橡胶的弹性向外伸张，恢复原状，井口全开。在深水钻井使用的万能防喷器，因为井口水温较低，可能会影响胶芯打开恢复原状的速度，偶尔会需要 15~20min。井口高压流体作用在活塞底部有助于推动活塞向上移动，迫使胶芯向中心收拢，从而增强了胶芯的封井作用，这就是所谓井压助封作用。显然，井压越高其助封作用越大。

（3）绕性接头，挠性接头的内体与隔水管相连接，外体通过法兰连接防喷器组。上紧防松螺母后，放松法兰得到一个预紧力，使接头内的球面压圈压紧弹性橡胶体。球面压圈的球面曲率与弹性橡胶体上面曲率相同，在压力作用下两个面紧紧贴合在一起达到密封的效果。当内体与上面连接的隔水管因平台波动发生摆动时，内体通过挤压弹性橡胶体使其变形，其挤压变形量用来吸收摆动角度，以此保证挠性接头下面的设施不随平台的波动而动。HYSY981 平台的绕性接头额定转动角度为 10°。

（4）水下储能瓶，在水下高压储能瓶中预先储存有足够量的高压控制液，需要关井时高压控制液迅速释放高压能量，短时间内实现一系列关井动作。当开关井动作使储能瓶压力降到一定程度时，控制系统会自动启动电泵或气泵向高压储能瓶中补充控制液，使控制液的存量和压力始终保持在要求范围。

（5）增压管接口，增压管是深水钻井的特点之一。由于水深大造成钻井泵扬程不足使得岩屑有可能在防喷器处堆积，需要新的泵从防喷器处提供水力循环利于井筒清洁。

（6）ROV 控制面板，由于深水钻井的风险性，除了常规的电控液防喷器控制系统之外，还有 ROV 控制系统作为备用防喷器控制系统。水下机器人 ROV 可以入水通过机械手控制防喷器开关、应急解脱等。

（二）防喷器

防喷器组如图 2-9 所示，由两部分组成。

（1）下万能防喷器，结构、功能与上万能防喷器一致。

（2）闸板防喷器，闸板防喷器主要由壳体、侧门、油缸、活塞与活塞杆和闸板总成组成。安装时使用螺栓将防喷器底座的法兰与井口的套管头法兰连接在一起。闸板总成有四种类型：全封闸板（盲板）、半封（管子）闸板、可变径闸板和剪切闸板。防喷器壳体对于四种闸板总成是通用的，可根据需要换装。

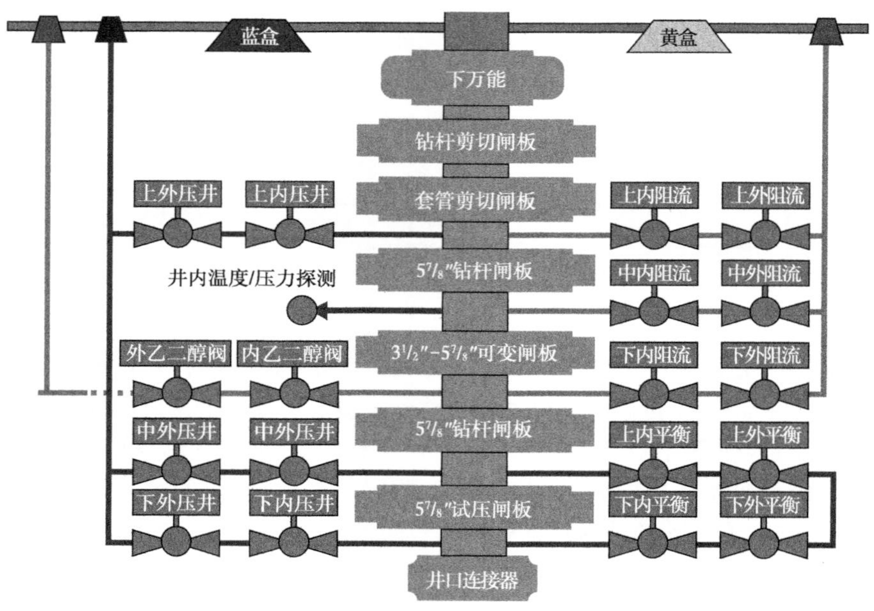

图 2-9　防喷器组示意图

防喷器的关井、开井动作是靠液压实现的。关井时，来自控制装置的动力液经上铰链座导油孔道进入两侧油缸的关井油腔，推动活塞与闸板迅速向井眼中心移动，实现关井。

同时开井油腔里的动力液在活塞推动下，通过下铰链座导油孔道，再经液控管路流回控制装置油箱。开井动作时，动力液经下铰链座导油孔道进入油缸的开井油腔，推动活塞与闸板迅速离开井眼中心，闸板缩入闸板室内。此时关井油腔里的动力液则通过上铰链座导油孔道，再经液控管路流回控制装置油箱。工作原理如图 2-10 和图 2-11 所示。

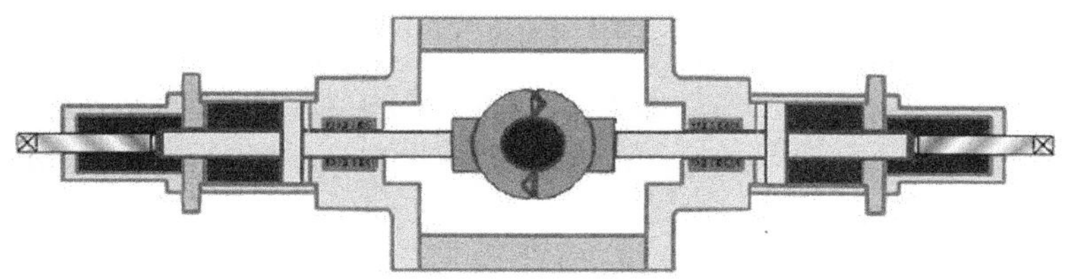

图 2-10 防喷器组关闭闸门

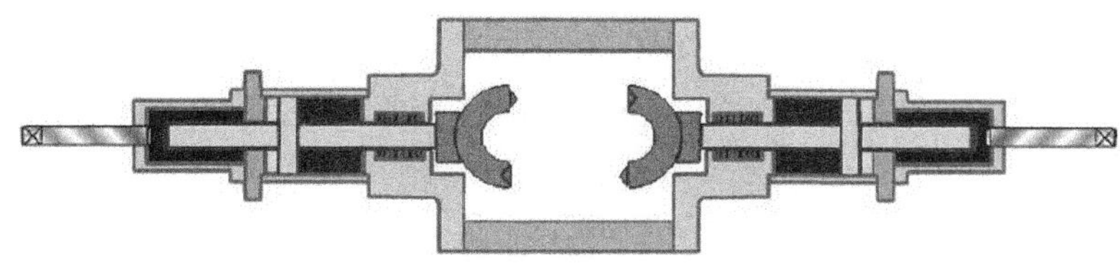

图 2-11 防喷器组开启闸门

闸板防喷器液压关井后，通过锁紧装置将闸板固定住，然后将动力液的高压卸掉，以免长期关井憋漏油管并防止“开井失控”的误操作事故。水下防喷器只能采用液压自动锁紧装置。目前应用比较多的液压锁紧装置以楔面自锁结构和单向棘齿防逆转结构为主。

剪切闸板可以剪断管材实现全封井，钻杆剪切闸板可剪钻杆型号与平台使用钻杆配套，HYSY981 钻杆剪切闸板可剪断 s135 的 $6\frac{5}{8}$in 钻杆。深水钻井平台特点在于使用了套管剪切闸板，可以剪切套管，减小井控风险。HYSY981 可以剪切 $13\frac{3}{8}$in 及以下的套管。

在地面判断防喷器执行开关命令是依靠流量计及压力，表 2-1 为设备流量标准。

表 2-1 HYSY981 水下设备流量标准

HYSY981 水下设备流量		
名称	流量（gal/h）	
	关	开
上万能防喷器	88.93	< 59.55
下万能防喷器	88.93	< 59.55
钻杆剪切防喷器	37JZ3	34.61
套管剪切防喷器	37JZ3	34.61
上闸板防喷器	16.77	15.76
中闸板防喷器	16.77	15.76
下闸板防喷器	16.77	15.76
试压闸板防喷器	16.77	15.76
阻流 / 压井阀	2	2

（3）乙二醇注入口，由于深水井口处温度较低，容易形成天然气水合物，而防喷器腔体内控制液无法流动替换。需要 ROV 下水注入替换乙二醇，一般每天替换一次。

（4）事故安全阀，深水防喷器组的事故安全闸阀安装在闸板防喷器的侧门处，另一端接阻流 / 压井管汇，处于常闭状态，通常配有两个安全阀作为一组，互为备用。

事故安全闸阀，通常采用液动平板闸阀，结构如图 2-12 所示。闸阀阀板为一长方形平板，其上开一个与通道直径相同的通孔。闸阀开启时，动力油进入油缸，推动活塞连同阀杆、阀板一起下行。当阀板通孔与通道对齐时，闸阀全开，此时通道平滑为直管段，流阻系数低，压力损失小。开启与关闭时闸板与阀座始终相互接触，即可擦拭附着在密封副间的颗粒污物，又可使密封面不被介质直接冲刷而得到保护。

图 2-12　事故安全闸阀

事故安全闸阀的一个重要特性是“安全”。即闸阀在失去液压动力的情况下要能够自动变位到关闭状态，防止事故发生。国外通常采用两种机构设计来满足设计要求。一种是增加平衡舱，利用海水的静压力对橡胶膜片做功，推动阀板回到关闭状态，Shaffer 公司的产品多是采用这种形式；另一种是在活塞下方安装螺旋弹簧，利用螺旋弹簧的弹力使闸阀保持关闭，如 Cameron 公司生产的“MCS”型闸阀。

（5）应急备用控制系统，深水钻井平台拥有多套相互独立的防喷器控制系统，应急液压备用系统（Emergency Hydralic Backup System，EHBS）就是其中之一。它与黄蓝盒电控液不同之处是它是液控系统，可以在黄蓝盒失去电信号时发挥作用，也可以在起下防喷器时发挥作用。

（6）井口连接器，防喷器坐于井口之后，通过液压推动提前放置的 VX 钢圈并锁紧，形成金属对金属的密封。钢圈可以由ROV带入水放置，如图2-13所示为ROV携带钢圈。值得一提的是对于使用过的旧钢圈，即使表面没有变形损伤，也会出现泄漏情况。这是由于钢圈内部发生塑性变形，使其预紧力下降，加上变形不均匀的原因，无法保证密封效果。建议在现场使用时，对使用过的密封圈，即使没有变形也要及时更换，避免多次使用带来更大损失。

图2-13　ROV携带放置于BOP下部的钢圈

（三）防喷器控制系统

在深水钻井作业中控制系统的快速响应性能非常重要，是选择控制系统类型的主要考虑因素。API Spec 16D标准中规定的关闭响应时间分别为：每一个闸板防喷器应不超过45s，每一个环形防喷器应不大于60s，对每一个节流和压井阀的开或关应不超过关闭闸板防喷器的最小响应时间，下部隔水管组件接头脱开应不超过45s。

浅水采用的电液（E/H）系统由于模拟电信号长距离传输衰减严重，抗干扰能力差，控制电缆粗大笨重，终端接点众多，容易产生错误信号、短路等问题，将导致系统故障率大幅度上升。而液压先导控制信号在深水中的传输时间长，响应时间无法满足标准要求。

深水使用的黄蓝盒全称为多路控制技术（MUX），多路电液（MUX）控制系统首先对操作指令进行编码，形成数字信号，然后经由公用通讯线缆将其传送到水下控制箱，通过解码操作将数字信号转化为具有一定功率的电流或电压信号，触发电磁先导阀动作，先导液压信号驱动相应的液压控制阀动作，控制高压动力液流向目标液压执行元件，从而完成预期的控制动作。多路控制方式的信号衰减小，抗干扰能力强，线缆简单重量轻，可靠性高，适合于深水防喷器组控制。

除了常备的MUX系统之外，还有EHBS系统、声呐控制系统、ROV控制系统。

（1）EHBC系统通过独立的液压控制安装在BOP框架上，地面单独有一条液压管线（HOT LINE ）供液作用：主要是在主控制系统出现故障或起下BOP过程中，不能通过主控制系统来控制，通过EHBS系统保证最基本功能能得到控制。如：接头盒连接、隔水管锁紧、井控连接器功能、剪切闸板功能。

（2）声纳应急备用控制系统主要是通过地面遥控声呐信号来实现对 BOP 部分功能的控制。作用为在水下电缆出现故障无法对 BOP 进行控制时，利用声纳系统来应急控制 BOP，保证最基本的功能得到控制。

（3）ROV 控制系统是通过水下机器人机械手直接搬动阀门控制防喷器，如图 2-14 所示。

图 2-14　ROV 机械手操作 BOP 组阀门

防喷器地面控制系统司钻控制面板、遥控控制面板、声呐控制面板、ROV 控制面板和应急液压后备控制系统，如图 2-15 和图 2-16 所示。

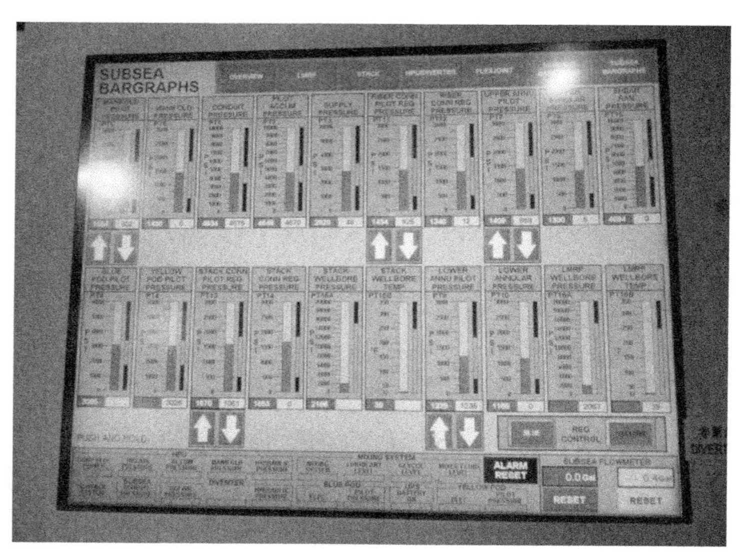

图 2-15　防喷器地面控制系统 1

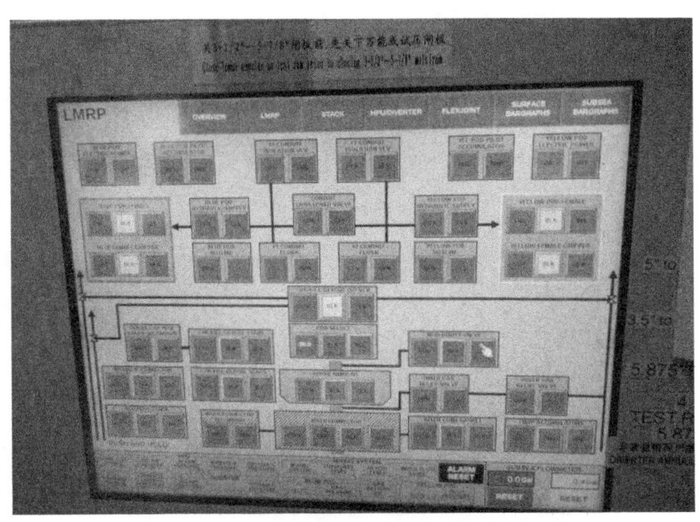

图 2-16 防喷器地面控制系统 2

四、隔水管系统

深水隔水管系统连接平台和防喷器、提供钻井液闭路循环通道。深水隔水管系统拥有以下特点。

（1）钻井隔水管系统顶部为裸单根。由于隔水管顶部处于波浪区，且海流流速在海面附近往往较大，隔水管顶部配置浮力块将增加拖曳力直径导致更加严重的横向变形，隔水管系统上部采用裸隔水管单根可进一步配置涡激抑制设备。深水钻井隔水管更容易发生涡激振动，这是由于三方面的原因：其一，深水区域的流速比浅水区域的流速要高；其二，隔水管长度的增加降低了其自振的固有频率，降低了激发涡激振动的流速要求，即使是低流速也能激发涡激振动；最后，深水钻井平台一般是浮式的，没有相毗邻的结构能够夹持隔水管。

（2）整个钻井隔水管系统中，沿着水深方向由于钻井隔水管应适应不同的需求，钻井隔水管单根的壁厚往往不同。在海平面附近伸缩节下方，由于隔水管单根需通过张力。环承受巨大的顶部张紧集中力和横向海洋环境载荷作用，隔水管单根的壁厚往往比较大，是整个隔水管系统中单根壁厚最大的部位。在隔水管系统的下部，为预防内外静液压力差导致的隔水管挤毁事故，该部分隔水管单根的壁厚也比较大，而其他部位的隔水管单根壁厚较小。隔水管常在浮力块上用不同颜色圆环表明其适用的水深。

（3）为防止可能产生的隔水管挤毁，超深水钻井隔水管系统往往在海平面下方 1500ft 配置填充阀如图 2-17 所示。这是由于一旦发生隔水管事故或钻井进入漏失层时隔水管环空中的钻井液迅速外泄，若不能及时补充钻井液或者海水，在外部静水压力的作用下隔水管将发生挤毁。填充阀有压力传感器，当隔水管内部钻井液泄漏时隔水管内外压差增大，当压力差达到压力传感器标定值时，填充阀自动打开，海水进入隔水管平衡内外压差，避免隔水管产生挤毁。填充阀也可在钻井船上通过控制面板手动控制。因此，水深与填充阀有一定的对应关系，见表 2-2。

图 2-17　带填充阀的隔水管

表 2-2　水深与填充阀对应的关系表

隔水管充液阀供应压力控制设置		
供应压力（psi）	隔水管压差（psi）	最小水深（ft）
500	235	535
600	277	630
700	319	726
800	361	821
900	403	917
1000	445	1012
1100	487	1108
1200	529	1203
1300	571	1299
1400	613	1394
1500	655	1490
1600	697	1585
1700	739	1681
1800	782	1776
1900	824	1872
2000	866	1967
2100	908	2063

续表

隔水管充液阀供应压力控制设置		
供应压力（psi）	隔水管压差（psi）	最小水深（ft）
2200	950	2158
2300	992	2254
2400	1034	2349
2500	1076	2445
2600	1118	2540
2700	1160	2636
2800	1202	2731
2900	1244	2827
3000	1288	2922

（4）关于隔水管材料，为了抵御超深水域恶劣的环境载荷，隔水管制造商采用具有较好疲劳特性的钢，采用标准化制造以方便隔水管主管与接头之间的无缝焊接，在超深水制造商选用 X80 钢，屈服强度为 80psi（551.6MPa）。权衡下入速度和储存难度，深水隔水管长度采用 75ft，配有 50ft、45ft、30ft、15ft 短隔水管用于配长。

（5）深水钻井平台隔水管边管通常比浅水半潜式平台边管直径大，比如 HYSY981 的阻流 / 压井边管内径为 4in，而且增加了乙二醇注入管和增压管。比如 HYSY981 隔水管边管配有阻流 / 压井管、防喷器储能瓶供液管、增压管、乙二醇供液管。

（6）深水隔水管张力器如图 2-18 所示，不同于常规半潜式平台的钢丝绳琵琶头结构，而采用六根大的液压缸。其作用原理，是通过高压气体压力来调节液缸内液体的压力变化，进而调节张力器活塞杆的伸出和缩回，并控制张力的变化。张力器的张力也随着隔水管内钻井液比重的增加而缓慢增加，维持作用在井口上的力恒定。

图 2-18 隔水管张力器

由于处于连接状态的深水钻井隔水管系统蕴含着巨大的势能（隔水管势能主要来源于隔水管张力系统，连接隔水管与张力器的缆绳以及被拉伸的海洋隔水管等），一旦 LMRP

与 BOP 实现脱离，蕴含于隔水管系统中的巨大势能将会释放出来引起隔水管反冲。隔水管反冲产生破坏性的轴向速度和轴向位移响应将会引起隔水管破坏，严重时会导致钻井船产生灾难性事故。深水钻井隔水管系统必须具有防反冲控制系统以保证紧急脱离后的隔水管柱以可控的方式上升。

（7）伸缩节是半潜式钻井平台的隔水管系统都配备的工具。其分为内外筒，外筒通过支撑盘挂于隔水管张力器，保证内筒不受力。内外筒之间通过气动、液动盘根进行密封。伸缩节拥有液动和手动两套锁紧装置，在起下伸缩节时，送入隔水管连接起下被锁紧的伸缩节。伸缩节如图 2-19 所示，其上除了锁紧装置之外，还有隔水管边管鹅颈管接头。

图 2-19　伸缩节

五、循环系统

海洋钻井液循环系统包括 4 个大系统，分别为：高压钻井液系统；低压钻井液吸入、混合、驳运及灌注系统；钻井液回流及处理系统；散料钻井液系统。

（一）高压钻井液系统

高压钻井液系统配置包括钻井泵、钻井液立管管汇、高压阀门、高压管和附件。常见的钻井泵为三缸单作用泵，钻井平台通常配置 4 台钻井泵，通常带有顶置交流马达，具有链条传动和皮带传动两种方式，有一系列配套的活塞和衬里，根据需要来调节流量和压头。钻井泵液力端的液缸、缸套、活塞、阀体、阀座、阀弹簧、密封件、阀盖、缸盖等零部件均可互换。

深水钻井因为井深较深，隔水管体积大，需要高功率、大排量钻井泵来保证井眼清洁及防止沉砂卡钻。以 HYSY981 为例，配备 4 台 2200hp 的三缸单作用泵，缸套尺寸从 5in 至 7½in，当缸套尺寸为 7½in 时，排量为 22.4L/ 冲程，最大冲速为 120 冲次 /min。钻井泵最大工作压力为 7500psi。深水钻井平台的钻井泵具有设置远程控制泵压波动范围的能力，能在深水钻井这种压力窗口范围较窄的井发挥作用。当泵压上涨到设置波动范围之上时，钻井泵自动降低泵速，避免压漏地层。钻井泵如图 2-20 所示。

图 2-20　HYSY981 平台配备的钻井泵

（二）低压钻井液系统

低压钻井液混合、驳运、吸入及灌注系统可以拆分成几个子系统，包括钻井液混合系统、钻井液驳运系统、高压钻井泵吸入及灌注系统。

混合系统主要包括混合泵、灌注泵、剪切泵、混合及驳运立管、油基钻井泵、盐水泵、钻井水泵、钻井液搅拌器、钻井液枪、袋料升降台、真空吸袋机、配料割袋机、粉尘过滤装置、化学剂混合漏斗、化学添加剂撬块、大袋装置、袋料升降机、高速混合器、缓冲罐、分配器、混合漏斗等设备。

袋料舱堆放的散装袋料，由叉车运送到袋料升降机、由袋料升降机运送到上层甲板，再由真空吸袋机搬运到配料割袋机，割袋后，袋料经过粉尘过滤装置，进入混合漏斗，与泥浆、水及添加剂混合，主甲板上的袋料通过大袋装置，手工割袋，散灰进入混合漏斗，袋装化学剂通过袋料升降台送至化学品混合漏斗，液态化学药剂通过化学添加剂撬块，并通过钻井液池的混合管汇，输送到指定钻井液池。

混合泵从特定的钻井液池中吸入钻井液，通过两条混合管线中的任何一条，把钻井液输送到混合漏斗。为了使钻井液达到要求的钻井特性，散装钻井液材料或化学物质可以从混合漏斗加入。然后，钻井液返回到同一个钻井液池或另外的钻井液池。钻井液搅拌器、钻井液枪及混合喷嘴等装备，使钻井液池中的钻井液进一步混合均匀，某些平台设置剪切泵来消除钻井液中的絮凝物。

钻井液驳运系统并不能自成系统，通常混合泵、灌注泵、剪切泵也可用来把流体输送到计量罐和沉砂池、注套管、固井系统的混合装置和供应船。深水钻井平台由于隔水管体积大、井筒体积大，需要钻井液池体积比常规钻井平台大。比如 HYSY981 钻井液池拥有 6 个大钻井液池、2 个小钻井液池，总体积为 1103.8m^3。半潜式平台船体内设置备用钻井液池的情况时，还需要设置驳运泵、钻井液洗舱泵以及钻井液搅拌器、钻井液枪及混合喷嘴等装备。

高压钻井泵吸入及灌注系统包括钻井液池内高低位双吸口、吸入管汇、灌注泵、滤器、吸入稳流器以及钻井泵带有的吸入总管安全阀。

（三）钻井液回流处理系统

钻井液回流及处理系统又称返回钻井液处理系统，或称固控系统。高压钻井钻井液液完成钻进、钻头冷却的功能后，压力骤减，携带钻屑，沿钻柱与地层之间环形空间返回。

钻井液回流及处理系统由以下几部分组成：分流器装置和回流器、钻台钻井液收集及回流器、大块岩屑泥饼分离器、钻井液分配器、钻井液振动筛、钻井液槽、除气器、除泥器和除砂器，以及相关的离心泵、离心机和钻井液冷却器等。有些平台还包括岩屑传送装置、处理装置及岩屑回注系统设备。钻井液分流及回流装置如图 2-21 所示，其拥有分向各台振动筛的通道，也具有排海通道，还装有回流流量感应器用以提供钻井液返出量。有的深水钻井平台还装有 EKD 系统，更为精确地对比钻井液进出量，监控溢流和漏失。

图 2-21　钻井液分流及回流装置

（四）散料钻井液系统

散料水泥、散料钻井液系统，通称输灰系统，是指散装材料水泥、重晶石和土粉从供应船通过过驳系统输送到散装灰罐。存放在散装灰罐中的散装材料，利用压缩空气输送到缓冲罐去或卸载到供应船去的一整套系统。船用空气系统通过减压站，或者通过专用的散装空气站，引入到散装管路系统。每一散装罐均有装载、排出、空气供应和排空管线，每个散装罐均设置安全阀、料位计、电子载荷传感器和压力变送器等。散装水泥通过管路连接到位于固井室内的水泥缓冲罐上，而散装钻井液，则通过管路连接到钻井液缓冲罐和钻井液混合漏斗上，分别进入水泥混合系统或钻井液混合系统中。

六、钻机控制系统

国外著名的罗加兰研究所（Rogaland Research Institute）在 20 世纪 80 年代就开始了钻井控制室集中控制试验研究，以人—机实验室为基础，主控室模型样机采用了全新的概念，应用彩色视觉显示装置（VDU）和键盘，应用的唯一传统设备是控制绞车的刹把。

国外尤其在海洋钻机控制室的设计上大量采用新技术，取得了迅猛发展，主要设计公司是挪威 Aker MH 和美国 NOV 两大石油钻机装备生产商。Aker MH 公司现代海洋钻机司钻房内部设计如图 2-22 所示，主要特点如下。

图 2-22　HYSY981 司钻房内部

（1）核心产品是司钻控制椅，椅子扶手上的控制台包括 1 个用于最常用命令的操纵手柄和 1 个触摸屏键盘，以代替传统的开关、按钮和操纵杆等。

（2）2 台大屏幕显示器可以以图形方式对某个流程或某台机器进行监视，所有传统的仪表、指示灯、柱状图和视频显示画面都集成在 1 个紧凑的图形界面里。

（3）先进网络技术实现信息互传，司钻信息可以在钻机上、钻井承包商的办公室内或在网上进行显示、图表化和录入。

（4）注重人机工程学应用，司钻从众多的按钮、仪表和手柄中解放出来，劳动强度降低，工作环境更舒适。

（一）控制系统架构

最先进的第 6 代半潜式钻井平台，钻机自动化、智能化程度很高，为了实现钻井的高效、安全作业，需要对钻井系统进行集成。而钻井控制室设计是钻井系统集成的重要内容，控制室控制系统以高性能 PLC 为控制核心，并通过现场总线控制技术把数字化设备组成 PROFIBUS–DP 网络，实现变频器、控制室和 HMI 等设备之间的高速通讯，上位计算机实时监控各系统的运行状态并提供系统故障诊断，构成三级网络系统，参数实时、双向传递，完成数据传输、通讯、监视及司钻操作，一体化钻井仪表参数通过司钻房触摸屏显示。操作系统配有 PLC 故障时的备份。整个控制系统按照其功能可分为：动力监测控制系统、绞车自动化控制系统、顶驱控制系统、钻井泵控制系统、管子处理系统、BOP 系统、电 / 气 / 液联控系统、电视监控系统和司钻操作、PLC 及现场总线系统等。控制室在钻台定位合理，兼顾主辅井口作业；控制室内部设计充分考虑人机关系，各种显示屏、触摸屏、按钮、操作杆的设计和布置都要考虑人的心理和生理因素，尽可能为司钻等工作人员提供舒适的工作环境。

目标平台控制室为实现集中控制应满足 4 人同时作业要求，综合考虑操控方便、显示视野、人员安全等因素。整个控制室分主辅钻机钻井和远程控制 2 个区块。主辅钻井区块的操作者起着传统的司钻作用，配置有 3 人；主钻机有主司钻和副司钻 2 人；辅钻机配置 1 名司钻，直接操作的设备包括铁钻工、钻杆操作系统、吊卡、顶驱、卡瓦等。另外，主钻机的副司钻还负责钻井泵、防喷器控制装置、转向器、捞沙绳和猫头。远程控制区块配置 1 人，主要任务是控制钻井液搅拌和清洗、注水泥、生产测试作业及监视井况。由电视监测器可监视振动筛房的振动筛和其他设备，并且通过传感器和报警系统可以指示出故障及所需调停工况。在添加和存储系统中，钻井液的混合和加重利用了现代集成化程序配料系统，该系统还监测钻井液的流速和密度。

（二）显示设计

要实现集中控制，每个工作人员应同时监视着几种操作，因此，数据的显示具有极其重要的意义。传统的陆地钻机是每 1 个处理变量由 1 台单独的设备显示，当显示几种工序时，就容易混乱而发生误判。针对这个问题，控制室采用了基于 IDEE（集成、差异、人机控制、有效的）视觉显示哲学的数据显示系统，信息以工艺或功能图像编组，并且编组的设计具有逻辑性，通过 2 个显示屏，司钻即可以同时观察到上述全部设备的运行情况，也可以单独观察每台设备的运行情况。大钩悬重、钻压、扭矩等钻井系统信息可以如图 2-23 所示显示在司钻显示屏上。

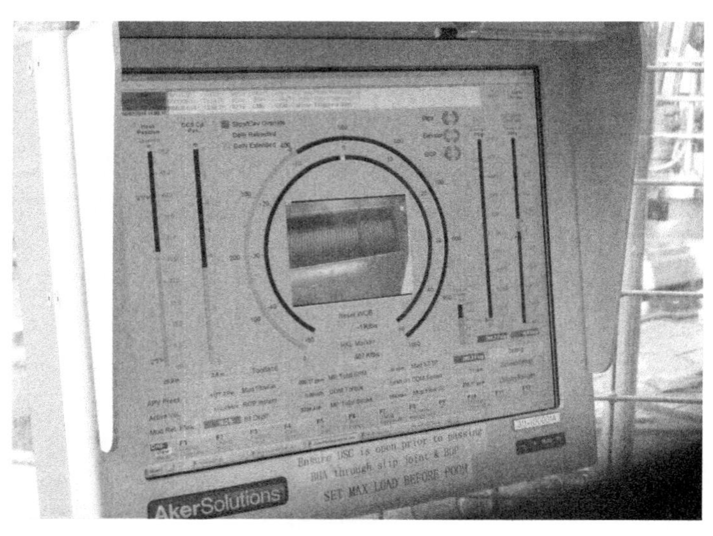

图 2-23　钻井参数系统显示面板

系统流程除了可以显示在司钻房显示器之外，还可以远程控制升沉补偿、钻井液循环、散装料运移等系统。如图 2-24 所示是显示、控制钻杆升沉补偿的界面。

多画面监视器是司钻用来间接观察钻机运行情况的重要窗口，通过安装在不同位置的摄像机，司钻不出司钻控制房就可以清楚地观察到二层台、天车、游车、绞车、钻井泵和振动筛等设备的运行情况，以便及时发现问题，并做出相应的调整措施。多画面监视器如同钻井多参数显示仪一样，也多采用触摸屏控制方式。

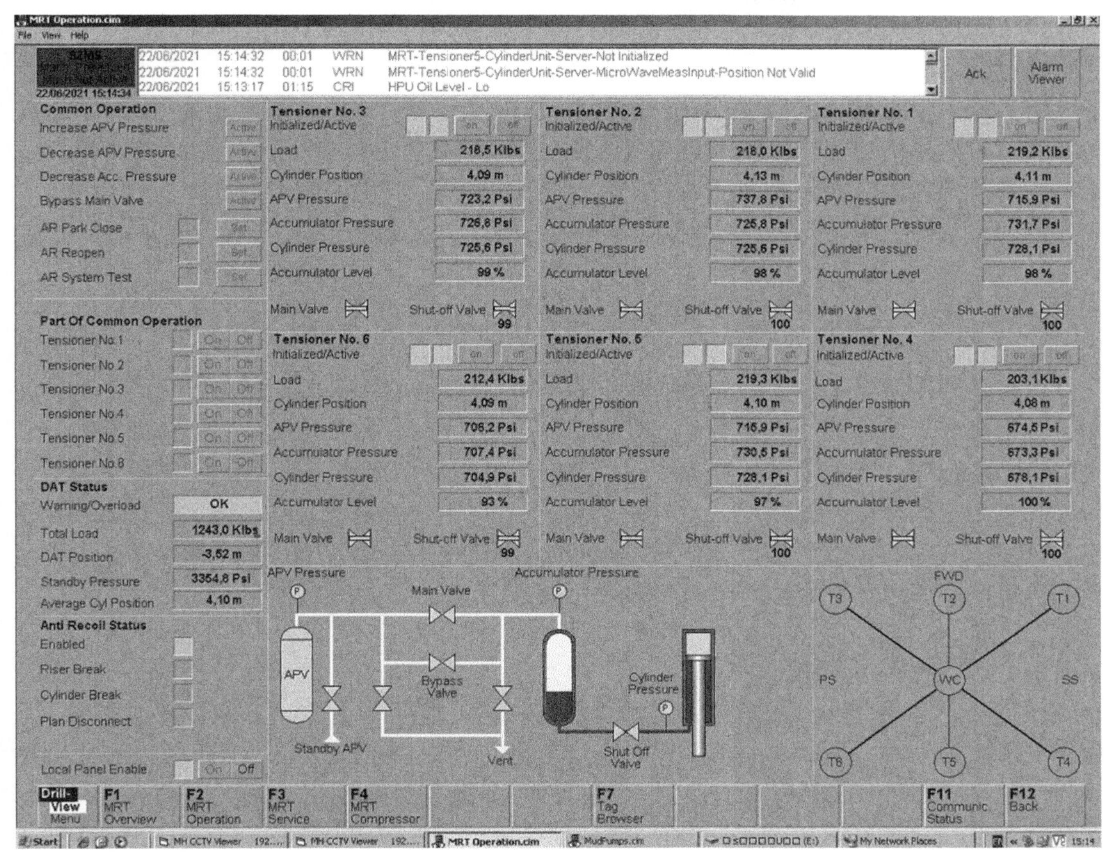

图 2-24　显示和控制钻杆升沉补偿的界面

（三）环境设计

海洋平台控制室处于恶劣工作环境，必须进行有效防爆、防护、防腐、防震、隔热、防冷、隔音等措施。

防火等级：本控制室所有材料为阻燃型，房体防火等级为 A60。

抗震等级：本控制室放置在钻井平台上，整体相对于平台面的相对震动为 2~5Hz。

防护等级：室内所有电器插接件均具有权威机构认证书，防护等级为 IP56。

保温性能：本控制室整体满足工作环境 -30~55℃、相对湿度 93% 的工作环境。

保温材料：本控制室采用 50mm 厚度保温岩棉，具有隔热、防腐、防寒的效果。

噪声等级：本控制室在关闭状态下噪声＜ 75dB。

亮度等级：本控制室室内亮度为 200Lux。

同时，应设置 2 个紧急情况下的逃生出口；控制室房顶设计为防弹玻璃，并且安装铁丝网，以防重物砸伤司钻；顶部有防晒窗帘。

（四）控制系统优点

（1）安全性在海上钻井中，大约所有损害的 1/3 发生在钻台上，而大约这些损害的 80% 发生在转盘附近。如果在钻井和钻杆起下作业操作场合，让钻工离开这个区域，有理由期望至少把钻台损害减少 1/2。

（2）工作环境集成控制系统将导致体力工作环境的显著改善，使工人们离开设备和工艺操作的附近区域，不再遭受高噪声、化学药品和溶剂的侵害，降低了慢性职业病机率。

（3）效率集成控制系统改进了信息显示，提高了决策速度及可靠性，减少了钻井人员的配备。自动化将减少每一钻井操作的最少人员配置水平，人员和控制的集中使得 1 个人能同时干几种相近的工作，较强的技术能力加上较清晰的组织将更容易使工作人员从一个工作岗位转到另一个工作岗位，这将减少等待其他工作人员来完成给定操作的非生产时间。

第四节　深水钻井工具

深水钻井作为深水油气资源勘探和开发的排头兵，在深水开发中扮演不可或缺的重要角色。但是深水钻井费用极其高昂，根据国外及南中国海深水区域已钻井统计结果表明，平均日费不低于 100 万美元（即 100 元人民币 /s），因此有必要进行深水钻井作业时效分析，找出影响其时效的关键因素，并提出相应的技术措施来降低作业时间，对提高勘探开发综合经济效益具有重要意义。为此，设计和应用了一些新型工具，对深水钻井来说可以节约大量的钻井时间和费用，且其高可靠性可以避免非生产时间的产生。

一、随钻起下抗磨补心

根据相关文献，在深水井中，与水深相关作业，包括起下钻、下套管及内管柱、下 BOP（防喷器）等，占建井周期的 30%；而浅水井中，与水深相关作业占建井周期的 16%，因此如何优化水深相关作业工艺，克服水深影响，降低作业时间是提高深水钻井作业时效的重要方向之一。

抗磨补心用于保护井口头内径面和套管挂。在下防喷器组之后，每次下套管固井之后都需要下入相应尺寸的抗磨补心坐于套管挂之上，每次下入下一层套管之前都需要捞出抗磨补心。由于深水钻井作业水深较深，起下抗磨补心需要的时间比浅水钻井更长。一种随钻起下抗磨补心（图 2-25）的工具应运而生。

图 2-25　随钻抗磨补心

下人工具和钻井工具直接连接，完成下坐补心后，作为钻具组合的一部分，可以继续进行钻井作业；省去单独下钻送抗磨补心的时间。抗磨补心可送入工具靠销钉固定，靠J形槽连接，坐补心时，不需要转动钻柱，只需下压一定的重量和下行距离（在钻杆用校深线）即可确保补心坐到位。完成钻井作业后，起钻过程中可以直接回收抗磨补心，省去单独下钻捞补心的时间。J形槽送入工具下端扶正器的外径比抗磨补心内径大，因此可以确保能够回收抗磨补心，不会出现捞不起的现象。

二、随钻液压扩眼器

因为深水钻井，地层压力窗口窄，需要多层套管的井身结构来满足安全作业的需求。在套管下使用液压扩眼器来增大下层井眼尺寸，增大套管井眼间隙，可以有效降低钻井工程风险和提高固井质量。

国外扩眼相关技术的研究已开展多年，经历最初的固定翼式、第1代机械扩张式、第2代悬臂液压扩张式、最新的第3代滑移液压扩张式等阶段。国外几大油田服务公司都已研制出相对成熟的扩张式随钻扩眼工具，例如威德福的Riptide扩眼器、哈里伯顿XR型扩眼器、Smith的Rhino扩眼器如图2-26所示。

图2-26　随钻液压扩眼器

在LS17-2区块中使用了Smith公司的Rhino的17½in×20in液压扩眼器，其内部结构如图2-27所示。在下钻之前，根据钻进排量计算扩眼器上水眼尺寸，使得扩眼器水眼压耗与钻头水眼压耗达到2∶8。扩眼器水眼喷射方向向上，可以提高井筒清洁程度，清洁、润滑、降温扩眼器刀翼、切削齿。

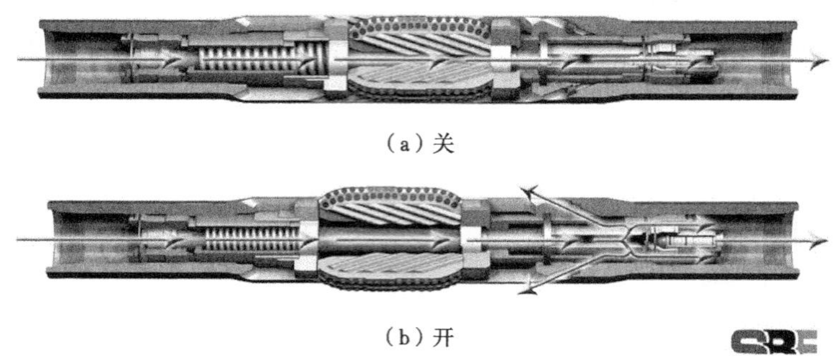

（a）关

（b）开

图 2-27　Smith 公司的 Rhino 的 17½in×20in 液压扩眼器内部结构图

当随钻液压扩眼器下过上层 20in 套管管鞋之后，投球（图 2-28）坐于球座，开泵使用液压推动弹簧并推出扩眼器刀翼。当起钻时，开小泵的排量到正常排量 50% 以下，扩眼器刀翼回收，顺利通过上层套管管鞋。

图 2-28　钢球

威德福扩眼器分为上、下两短节。上短节为控制部分，下短节为扩眼器部分，上部分可通过 2 种方式控制动作，即投球和 RFID（Radio-Frequency-Identification）。采用 RFID 方式控制扩眼器开闭时，泵送 1 个小型的射频发射器到扩眼器，使扩眼器控制部分接收到“开”或者“闭”的指令，然后开始动作。

威德福使用 RFID 技术的 Riptide 扩眼器能随钻扩眼，在美国北 Dakota 地区的油气井，使用该系统将井眼从 311.15mm（12in）扩大至 342.90mm（13in），总进尺 91.44m（300ft），是世界第 1 家使用电子而非投球激活扩眼器的公司。目前，RFID 方式可以在外径为 269.88~406.40mm（10~16in）的扩眼器上使用，并且以后将大量应用在墨西哥湾 Marathon 油田上。

哈里伯顿 XR 型扩眼器 XR 型扩眼器能够在原有领眼基础上扩眼后收回，并且允许起钻时全排量循环，可进行井下裸眼扩眼。XR 型扩眼器的最大特点在于其在扩眼完后能全排量起钻，不损伤套管和井壁。XR 扩眼器还是目前唯一能够在领眼基础上扩大井眼 50% 的工具。

第三章　深水钻井设计及参数优选

深水井钻井设计为深水井作业的工程文件，只有设计工作通过了总公司的各级审查才进入现场作业过程。深水钻井设计主要分为：概念设计、基本设计及详细设计，各个阶段所需完成的主要内容如表 3-1 所示。

表 3-1　设计各阶段划分及完成内容要求

设计阶段	所需完成的内容
概念设计	根据地质信息及邻井资料分析结果，评估计划进行的风险及风险可控程度，若在可控范围内，可形成概念设计，确定前期研究内容和下步相关工作需求
基本设计	开展前期研究，当地层压力研究工作提交初步成果后，项目组技术人员按设计标准进行基本设计的编写，在完成钻前研究和井场调查的基础上达到基本设计要求的深度，并可作为采办依据
详细设计	在基本设计基础上，结合采办结果，对各项设计参数进行论证和校核，细化并优化作业程序、作业参数及施工步骤，完成钻井液及固井等各专业设计，达到指导现场作业的要求。根据并针对作业井的情况进行风险分析，制定预防、降低风险的措施，编写安全应急计划、医疗撤离程序、防台撤离计划及溢油应急计划、界面管理文件等

根据深水钻井各阶段划分及完成内容要求，以下将对深水钻井设计所需完成的内容进行重点介绍。

第一节　设计相关资料收集

设计相关资料收集工作应尽可能做到详尽，归类以形成对设计井整体情况的认识，为设计工作及现场作业提供支持，以更好的指导现场作业。钻前相关资料收集的内容如下。

一、海洋环境调查与研究

根据设计井所处的海域，对海域内的环境条件开展专门的研究，评估环境条件对钻完井作业的影响，评估的环境条件主要包括：海水的流向及波高、水深及潮差、风向及风力级别（最大及平均）、台风期窗口及频率、季风、气温（最高、最低及平均）、海水温度及温度梯度、泥面温度、井场调查及海底取样、海冰厚度（结冰厚度及叠厚）、渔业等。

根据海洋环境调查和研究（海外作业时，根据当地政府批准环境评价报告），提出目标区域应对季风、台风、内波流等措施。

二、地质资料

（一）地理位置

地理位置主要包括该油田所处的经纬度数据、屏幕坐标、所处的海域、与最近的城市和邻近油气田的方位和距离、与最近的邻井及光缆海管的距离。综合以上资料，设计材料中应附地理位置图和开发矿区位置图，图中应标出重点的距离参数。

（二）基本数据

对基本地质数据的收集主要包括：井名、井别、井位坐标（坐标系、经纬度、*XY*坐标）、地理位置、构造位置、测线位置；井型、设计井深、深度零点、转盘高度、平均海平面水深；完钻层位、主要目的层及次要目的层、完钻原则、井底温压情况；作业者、钻井承包商、作业平台名称、平台类型、就位允许偏差；计划开工时间、施工总时间等。通过对基本地质数据的收集，形成基本的数据表，见表3-2。

表3-2　××设计井基本数据表

井名		
井别		
井型		
构造		
井位坐标	东经：	北纬：
WGS-84系统	*X*（E）：	*Y*（N）：
钻井平台		
补心海拔（m）		
水深（m）		
井深（m）		
井底温度（℃）		
地层压力系数		
主要目的层		
次要目的层		
完钻层位		
完钻原则		

（三）地质数据

地质数据收集主要包括井眼轨迹所钻遇的地层分层（标明层系名称、顶底深、主要目的层顶底深及厚度、主要地层的地层倾角及倾向等）；构造特征、储层特征、流体性质、地层连通性、预测的最高的地层压力和温度，提供三压力曲线及地层温度随井深的变化等；断层分布及特点，容易导致发生井下事故和复杂情况的风险提示等，见表3-3。

表3-3　地质数据表

资料	构成
构造特征及构造图	简述地质目的、地层描述、提供构造特征及构造图
地质分层、岩性柱状图及目的层特征	简述各层系名称、岩性、厚度和顶底垂深，提供地质层系表
地层温度压力剖面	提供地层温度与深度的关系式 提供地层孔隙压力、破裂压力及上覆岩层压力三压力剖面
地质评价要求	提出对测试、取心、测井、高压物性取样及其他特殊要求
工程地质风险提示	结合地层情况，对断层、浅层水流、浅层气、压力传递等易导致发生井下事故和复杂情况的风险进行提示

对于开发井，根据开发方案要求，还需提供流体性质、油气水的地面性质、流体的地下性质、流体的纵横向分布特征、单井流体中含腐蚀性流体含量等情况。

资料录取及测井测试计划主要根据地质设计内容，列出录井、测井等计划，确保地质上取全取准地质资料。对于有测试要求井，列出测试的目的层位、层数及测试要求等。

（四）浅层地质数据

对于特殊井，需开展井场调查，经常调查内容主要包括：水深和海底地貌调查、海洋水文环境调查、浅层地质调查、海底取样等。

结合井场调查资料分析结果，结合目标井具体情况，给出浅层地质灾害分析主要内容及结果，包括浅层气、浅层水流、水合物、古河道、浅层断层、海底滑坡、泥火山等。结合取样情况获取浅层土质的抗剪切强度数据，为合理的导管入泥深度及井口出泥高度提供数据支持。

三、区域及邻井资料

通过国内外技术调研，收集已钻深水井的相关资料，尤其是作业条件、水深等与计划井相似的区域井资料。加强与地质部门的沟通，搜集统计区块及邻近区块的勘探北京、区域地质背景，包括但不限于钻井工程设计、钻井日报、钻井液日报、固井情况、相关专业完工报告、电测资料、录井资料、测试资料、取心资料等。

针对邻井出现的问题，对邻井出现的问题进行分析，总结经验教训，从设计阶段即为设计井方案制定提供现实依据。

四、基地与后勤支持情况

通过作业前及作业中的考察、与当地作业者交流等方式，收集服务商资源、基地情况、仓储、码头、后勤支持能力、交通状况、社会环境、法律法规要求等，做到对后勤支持能力及地域法律法规的认识和掌握。

第二节　钻井设备能力评估

深水钻井主要为半潜式钻井平台或钻井船，半潜式设备定位方式主要分为锚泊定位和动力定位。不同的平台或钻井船作业水深、井深、井控设备能力、装载能力、抗环能力等存在差异，同时还受到钻机运行计划的影响。因此，开展设计工作前需对钻井设备的能力进行评估，优选满足作业要求的钻井设备。

从钻井设置选择报告（过程文件）中摘录和整理钻井装置选择依据、钻井装置评估内容，重点关注平台的作业能力、可变载荷、抗台、应急解脱等关键数据。

一、钻井装置选择依据

（一）作业环境条件

（1）水深及潮差。

（2）海水流向及波高。

（3）海水温度及盐度。

（4）内波流流速及流向。

（5）风向及风力级别（最大、平均）。

（6）台风风力级别、时间窗口及频率。

（7）台风期气温（最高、最低、平均）。

（二）钻井装置选择，需考虑的影响因素

（1）定位方式（动力定位、锚泊定位）。

（2）防喷器规格、压力等级、隔水管尺寸。

（3）甲板空间及可变载荷。

（4）钻井液材料库存、输送能力。

（5）大钩载荷及补偿器能力。

（6）ROV 能力。

（7）安全、环保设施能力及业绩。

（三）满足经济性要求，需要考虑的因素

（1）合同期情况。

（2）动复员费用情况。

（3）日费率。

（4）作业效率。

（5）钻机效率（包括燃油消耗、船队、单双井架等）。

二、钻井装置能力评估

对钻井装置能力评估主要分为钻井装置定位方式分析、钻机作业能力分析、井控系统能力分析及隔水管系统配置及应解脱要求。

（一）定位方式分析

深水钻井设备定位主要分为锚泊定位和动力定位。

对于锚泊定位的钻井装置，应根据钻井装置参数、水文资料（海况）、井场调查资料进行钻井装置锚泊定位设计。

对于动力定位钻井装置，以操船手册为基础，根据气象、水文资料、钻井液密度、隔水管配置、防喷器组和补偿器能力等进行作业安全分析，确定安全作业边界条件。

（二）作业能力分析

以满足作业要求为前提，根据钻井作业工况，分析与评估钻井装置甲板空间和可变载荷、钻井液材料储存能力、大钩载荷，评估钻机设备能力（井架、天车、游车、绞车、顶驱、钻井泵、固井泵等）。对于有测试要求的井，需满足测试设备摆放、安全防喷燃烧等要求。

（三）井控系统能力分析

给出水下防喷器配置图（图 3-1），推荐配置为：上万能防喷器 + 下万能防喷器 + 剪切全封闸板防喷器 + 套管剪切闸板防喷器 + 上闸板防喷器 + 中闸板防喷器 + 下闸板防喷器。

（1）防喷器及井控管汇工作压力校核：闸板防喷器和阻流、压井管汇的额定工作压力应大于最高地层压力，环形防喷器的额定工作压力可比闸板防喷器低一等级。

（2）闸板防喷器芯子应具有悬挂井内全部钻具重量的功能。

（3）水下防喷器组安全应急系统配置情况：水下防喷器组应配备应急解脱系统、ROV 操作面板、宜配备声控操作功能。

（4）液气分离器能力评估。

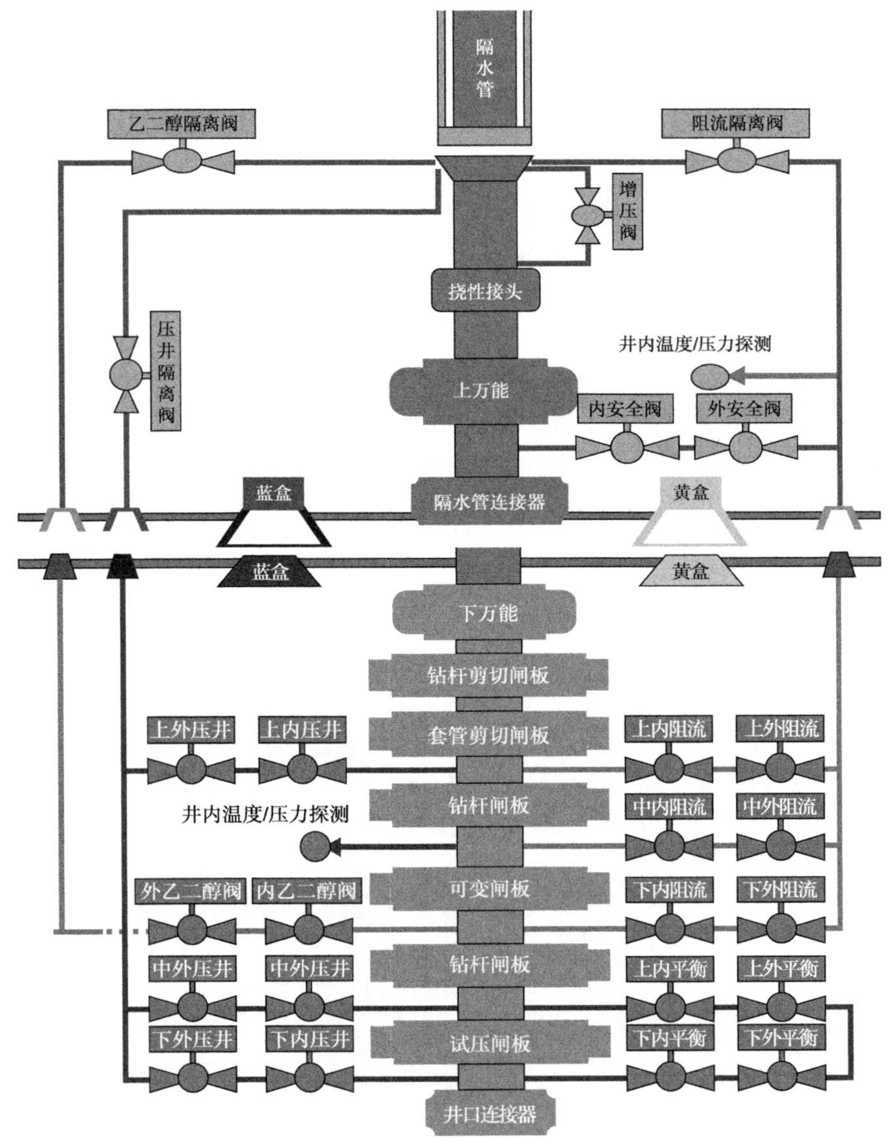

图 3-1　HYSY981 平台 BOP 系统

（四）隔水管系统配置及应急解脱要求

（1）隔水管的性能、规格及主要部件。

（2）隔水管配置及作业分析，给出隔水管配置表、强度校核表、作业窗口分析图。

（3）隔水管应急解脱要求。

第三节　锚泊及隔水管设计

对于锚泊定位的钻井平台，隔水管设计是深水钻井工程设计的重要部分，工程设计中应包含锚泊设计内容，设计阶段对锚泊定位能力及风险控制等进行分析，确保对作业过程的控制。

一、锚泊设计

（一）设计规范

锚泊设计常用的设计规范有：

（1）API RP 2SK：浮式结构定位系统的设计及分析规范；

（2）API RP 2SM：系泊为合成纤维缆线时的设计、制造、安装与维修规范；

（3）DNV Offshore Standard E301：系泊定位规范；

（4）ABS 浮式生产与安装规范。

（二）极限条件

环境条件一般包括风、浪、流、潮和水深，海床土壤参数，以及气温和水温。水深对系泊系统的能力有较大的影响，不同水深下系泊系统的极限环境条件（风、浪、流）可以不同。

API 2SK 规范要求：对于远离其他结构物作业的移动平台，其系泊系统需使用重现期不少于 5a 的最大设计条件。对于靠近其他结构物作业的移动平台，其最大设计条件应具有不小于 10a 的重现期。

（三）验收标准

锚泊分析采用的标准源于 API RP 2 sk。

（1）API RP 2 sk 建议考虑环境设计在开阔海域作业，回顾周期至少 5a；

（2）锚缆张力安全因素（最小破断载荷 / 最大锚缆张力）被定义为生存和操作条件，并取决于锚泊系统的状况（完整或单根缆失效）；

（3）API RP 2 sk 标准中在进行远离其他设施的钻井装置锚泊分析时不需要进行瞬态分析；

（4）API RP 2 sk 标准中锚缆张力安全系数包括完整和单缆失效状况（SLF），详细的动态分析见表 3-4。

表 3-4　API RP 2 sk 锚缆张力安全系数标准

锚泊系统状况	准静力锚缆张力安全系数	动态锚缆张力安全系数
完整工况	2.00	1.67
单缆失效工况	1.43	1.25
瞬时工况	1.18	1.05

锚泊分析应考虑下述设计工况：完整作业工况，完整生存工况，破损作业工况，破损生存工况，瞬态作业工况，瞬态生存工况。

偏移：操作情况受限于球接头、连接器的允许操作角度，参照 API RP 16Q 的标准见表 3-5。

表 3–5 API RP 16Q 钻井隔水管最大的操作和设计指南

设计参数	隔水管连接		隔水管脱开
	钻井	停止钻井	
柔性接头弯曲度（上限 & 下限）	2.0°	无	无
最大允许偏移量 3	34m（111.6in）	无	无
柔性接头弯曲度（上限 & 下限）2	4.0°	9.0°	无
最大允许偏移量 3	68.2m（223.8in）	154.4m（506.6in）	154.4m（506.6in）

锚泊设计成果包括以下几项内容。

（1）拖拽锚（抓力锚）的承载力，主要取决于土壤性质、埋深、锚自重、锚类型、锚的角度。

（2）锚头抓地能力。

（3）锚头锚缆能力分析。

（4）锚泊状态及分布（图 3–2）。

（5）作业及生存吃水张力和出链长度。

（6）极限海况条件分析。

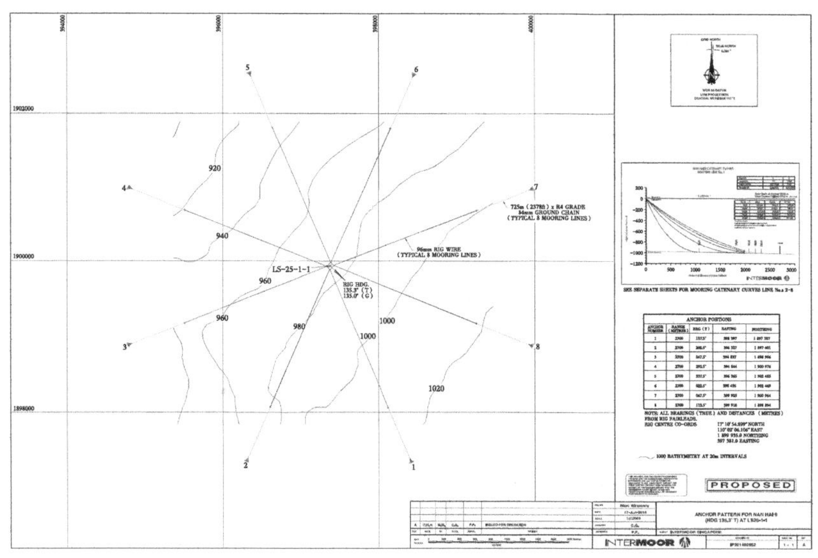

图 3–2 锚缆卧底链长度与锚缆张力变化的关系图

二、隔水管设计

隔水管是保证钻井液形成闭路循环的重要组成部分，深水钻井隔水管设计主要分为环境因素和作业因素，环境因素主要包括水深、波浪情况、洋流、内波等，作业因素主要包括钻井液密度、应急解脱后隔水管系统悬挂模式、浮力块分布、涡激抑制设备等。隔水管设计即为考虑环境因素和作业因素，结合平台配备的隔水管单根及接头情况对隔水管系统配置、张紧力校核、作业窗口（隔水管作业包络线）分析及隔水管应急解脱要求（平台作业漂移分析）。

通过隔水管设计，最终形成在作业工况下的隔水管配置情况，确保实际作业过程的隔水管及闭路循环系统的安全。

第四节　定向井及井身结构设计

深水井海水较深，油藏埋深一般都较浅，压力窗口窄，定向井设计主要表现为造斜段较短，全角变化率大；井身结构主要表现井身结构复杂，套管层次较多。

一、定向井设计

定向井设计应根据地质提供的井位和靶点位置，考虑钻井总进尺和钻井作业难度，结合设备情况及取资料要求等选择合适的井深剖面，尽量减少钻井总进尺，设计最优的定向井轨迹方案。设计过程对定向井轨迹的设计常采用LANDMARK（compass）软件对定向井轨迹进行校核分析，实现对最优化井身结构方案设计。

定向井设计主要包括的内容有：

（1）水深及零点深度设定（RKB）；

（2）定向井参数选定及钻井技术选择说明；

（3）靶点设计应包括靶区形状及尺寸；

（4）井斜角和方位角等定向井参数；

（5）定向井计算结果图表；

（6）工具选择及钻具组合，测量方式；

（7）定向井防碰结果及绕障分析；

（8）定向井二维或三维示意图，应包括单井设计数据及井眼轨迹投影图；

（9）定向井二维或三维示意图，应包括整个油气田开发井轨迹投影图；

（10）结合实钻经验对定向井参数的控制；

（11）定向井施工措施及其他。

综合考虑多种因素（井深、水深、工具情况等）对定向井轨迹设计的影响，在方案可行、风险可控的前提下实现对定向井轨迹的设计。最优的定向井轨迹设计应该是综合进尺多少，作业难度控制，作业风险性控制等因素的最优设计方案，在风险可控及实现地质目的的前提下实现轨迹设计的最优化。

二、表层导管设计

（一）表层导管喷射入泥深度

喷射法表层导管下入方式不是适应所有海域，也存在一定局限性。当海底浅层的地层强度比较高时，甚至出现岩层露头时，喷射下入表层导管施工方式可能存在下入困难的问题，严重时表层导管入泥深度很难下到位，有时需要起出再更换井场位置。当作业海域海底存在有陆坡垮塌区域和崎岖海底区域、海底沟槽和较大的凹坑时应考虑更换井位；当海底坡度变化大，这就要求在表层导管喷射下入过程中，要控制好钻压参数，不要施加太大的钻压，以防发生井斜事故。控制好钻进速度，喷射钻进速度不要太快。

通过对国内外文献资料调研分析，统计得出适合表层导管喷射下入的海底土强度范围如图 3-3 所示。当海底土抗剪强度小于 300kPa 时，采用喷射法施工方式比较适合。当海底土抗剪强度大于 300kPa 时，由于地层强度比较高，采用喷射法施工方式下入深度慢，可能存在表层导管下不到位的事故，所以可以采取钻入后固井方式施工。

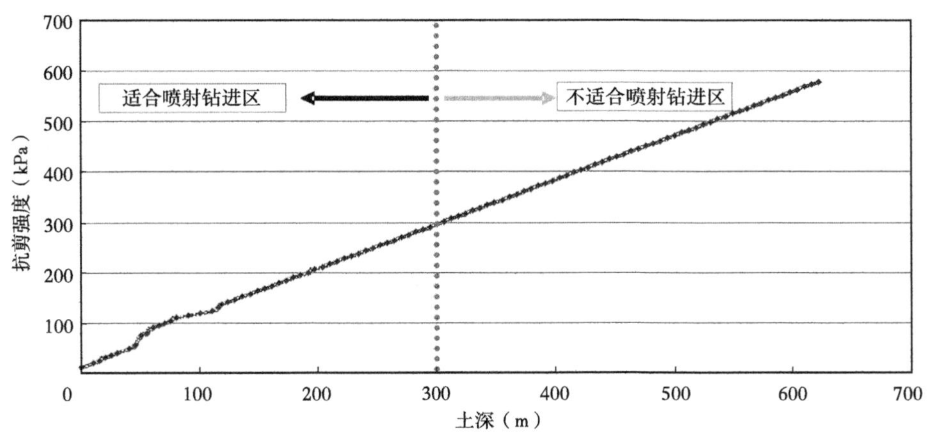

图 3-3　不同海底土强度与下入方式关系图

（二）导管喷射入泥深度设计

国外作业时，导管设计应先满足当地政府批准环评报告，在获得井场周围的土质不排水抗剪切强度后，结合地层及平台及导管等数据进行导管喷射入泥深度校核设计。导管设计的主要内容有：

（1）统计分析区域已作业井（邻井）导管下入方式、实际下入深度、静置时间数据，为设计井提供参考；

（2）结合土质取样及土质试验数据为设计提供浅部地层数据；

（3）简述设计工况、计算载荷、安全系数选取；

（4）导管尺寸、钢级、壁厚或米重量，深度及下入方式；

（5）导管送入工具设计及校核结果（包括入泥深度及导管静置时间等）；

（6）导管组合图。

（三）低压井口头出泥高度设计

结合导管下入深度及进口情况，考虑不同平台偏移量下低压井口最大出泥高度与井口倾斜角的关系。由井口的稳定性分析最终确定低压井口头的出泥高度。

三、井身结构设计

深水井井身结构设计主要以安全钻井为前提，以有利于保护油气层，实现经济、优质、高效钻井为原则进行井身结构设计；在保证钻完井（含增产）和生产安全的前提下，以经济性为原则进行套管柱设计。井身结构设计依据为：

（1）根据地层压力预测研究结果、钻井液密度窗口，结合邻井实钻情况，并考虑易坍塌地层、易漏层、含特殊流体层、薄弱层及压力侧向传递、含特殊流体层、井眼轨迹控制等特殊要求等因素，设计各层次套管下入深度及下入尺寸；

（2）考虑井涌余量，校核井身结构设计；

（3）至少预留一层套管作为应急备用套管；

（4）环空间隙小于 19mm 时，宜考虑扩眼和挂尾管方案；

（5）为满足测试要求，深水高温高压井尾管段与上层套管重叠段长度应不少于 200m；

（6）高压气层中下入套管，宜采用先下尾管、固井，再回接的方式。

四、套管柱设计

（一）设计原则及要求

生产套管和尾管抗内压强度设计除满足井口最大压力外，还应考虑后期增产和油气井全寿命周期要求，技术套管抗内压强度设计应考虑下开次开钻相关作业要求。

套管柱设计应考虑地层滑移、盐岩层、软泥岩等塑性如易坍塌地层、泥岩膨胀、含腐蚀性流体地层（H_2S、CO_2、高矿化度水层等）等因素。

对于高温井和热采井应考虑温度应力对套管强度的影响。

对于深井、超深井、大位移井等，应考虑钻具对套管磨损的影响，应采取磨损后的剩余强度进行设计。

对于尾管回接管柱的强度设计，应按同类型套管柱设计。

（二）设计安全系数

套管强度设计安全系数应在以下范围内选取：

抗内压安全系数：1.05~1.25；

抗外挤安全系数：1.0~1.125；

抗拉安全系数：1.6~1.8；

三轴安全系数：1.125~1.25。

选择的套管应满足：套管强度额定值不小于实际载荷 × 设计安全系数，对于深水下套管送入管柱抗拉安全系数在下放套管时应不小于 1.3，上提套管时应不小于 1.1。

（三）设计方法

套管柱设计方法主要包括最大载荷法、等安全系数法、边界载荷法，对于海上油气田宜采用最大载荷法。

第五节　套管校核及井筒完整性设计

套管校核主要为对对应井身结构选用的套管进行校核，满足在钻井工况下的强度要求，选择合适的套管。井筒完整性主要对应套管生产或测试工况下的套管进行设计，主要分为防腐设计及环空压力管理设计。因此，本章内容主要分为套管强度校核、防腐设计及环空压力管理设计。

一、套管强度校核

套管将目的层或目的层以上地层与井筒分隔开，封隔井壁地层与井筒流体，为井筒安全提供屏障。套管强度设计主要采用 LANDMARK stresscheck 软件进行校核，校核主要基础数据见表 3-6 至表 3-8。

（一）校核设计基本数据

表 3–6　套管校核原始数据

<table>
<tr><td rowspan="9">地层性质</td><td>孔隙压力剖面</td><td rowspan="5">最小直径</td><td>满足钻采目标所需要的最小井眼直径</td></tr>
<tr><td>破裂压力剖面</td><td>测井 / 测试工具外径</td></tr>
<tr><td>温度剖面</td><td>油管尺寸</td></tr>
<tr><td>挤压盐层和页岩位置</td><td>封隔器及相关设备要求尺寸</td></tr>
<tr><td>渗漏层 / 漏失层位置</td><td>井下安全阀直径</td></tr>
<tr><td>断层 / 破碎地岑位置</td><td rowspan="4">完井需求</td><td>生产井资料</td></tr>
<tr><td>水层位置</td><td>完井液密度</td></tr>
<tr><td>浅气层位置</td><td>产出液组分</td></tr>
<tr><td>H_2O 或 CO_2，或同时存在</td><td>在完井、生产、井下作业中可能发生的最大套管载荷和所需求的尺寸</td></tr>
<tr><td rowspan="3">定向井数据</td><td>井口位置</td><td rowspan="3">其他</td><td>采购限制</td></tr>
<tr><td>地质目标</td><td>法规限制</td></tr>
<tr><td>定向井轨迹</td><td>钻机设备限制</td></tr>
</table>

表 3–7　套管校核原始数据

项目名称	单位	项目名称	单位	项目名称	单位
井号		地层水密度	g/cm^3	掏空系数	
井别		地层水矿化度	mg/L	抗挤系数	
水深	m	天然气相对密度		抗内压系数	
套管类型		地层压力梯度	MPa/m	抗拉系数	
套管尺寸	in	上覆岩层压力梯度	MPa/m		
套管下深	m	地层破裂压力梯度	MPa/m		
套管下入总长	m	塑性地层及深度	m		
水泥封固段	m	CO_2 分压值	MPa		
水泥浆密度	g/cm^3	H_2S 分压值	MPa		
下次开钻最大钻井液密度	g/cm^3				
下次开钻最小钻井液密度	g/cm^3				

表 3–8　套管基本性能数据

项目名称	单位	项目名称	单位
直径	mm	抗挤强度	MPa
钢级		抗内压强度	MPa
公称重量	kg/m	抗拉强度	kN
壁厚	mm	材质	
螺纹形式			

（二）套管强度校核内外载荷确定

套管校核时对套管内外载荷的校核应考虑下套管、固井、后续的钻井、完井、生产、修井和增产措施等不同作业阶段的套管载荷，设计中应根据套管类型并结合实际井况来确定各层套挂的具体载荷情况。实际校核时，宜从以下各种载荷状态下选取其最大值作为计算依据。

内压载荷：应考虑钻进期间内压载荷和生产期间内压载荷。钻井期间内压载荷包括：循环排气、气体井涌、经验内充满气体时关井、循环漏失、防止井喷、固井碰压、套管试压及继续钻进等。生产期间内压载荷包括：油管渗漏、处理井口泄露、套管注入、采取增产措施等。

外挤载荷：应包括钻井期间外挤载荷（固井、全掏空 / 部分掏空、循环漏失、继续钻进）和生产期间的外挤载荷（全掏空、封隔器以下掏空、气体运移等）。

轴向载荷：应包括套管柱上提下放、解卡过提、固井前 / 后静拉力、套管碰压、套管坐挂、弯曲、振动载荷等。

（三）套管强度校核

套管柱强度校核应包括管柱抗内压、抗外挤、抗拉、三轴应力等内容，结合选择的套管，结合要求的安全系数，最终确定选择的套管柱。

二、防腐设计

腐蚀是工业生产过程中的常见现象，流体沿井筒流动过程中，受腐蚀气体的组分、分压、环境温度、含水量、矿化度（氯离子、氢氧根离子及碳酸氢根离子含量）、流速、pH 值等因素影响，沿流体流动表面将出现腐蚀。海上油气井油套管腐蚀情况如图 3-4 所示。

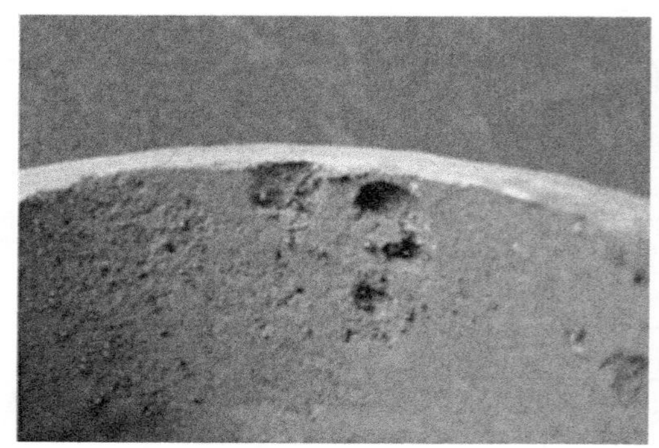

（a）JZ20-2 A3井油管深坑腐蚀

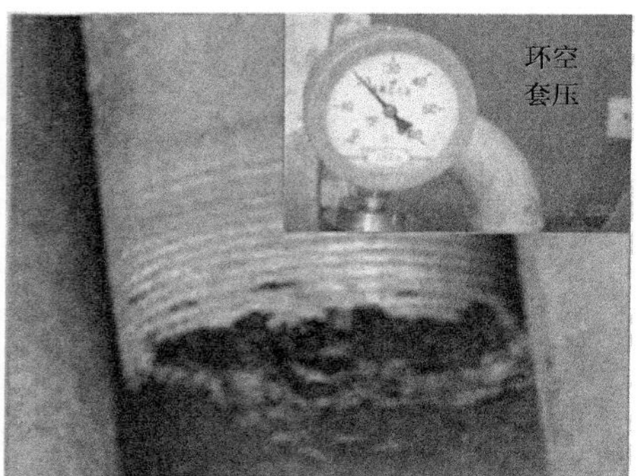

（b）JZ20-2-A3井、油管

（c）WC13-1 A3　N80，分离器

（d）RY4-2/5-1，油管

图 3-4　海上油气井油套管腐蚀图

（一）防腐设计几个概念

二氧化碳分压：单位体积天然气中所含的二氧化碳在相同温度下单独占有该体积时所具有的压力；

硫化氢分压：单位体积天然气中所含硫化氢在相同温度下单独占有该体积时所具有的压力；

井流物二氧化碳分压：油井中当系统压力高于泡点压力时，井流物中溶解的二氧化碳气体占总井流物的分压；

硫化物应力开裂：钢材在有水和硫化氢情况下，因腐蚀和拉应力（残留的和 / 或施加的）引起的金属开裂；

腐蚀裕量：在一定的生产年限内，因环境介质的腐蚀作用而导致管材失效时的最大允许腐蚀壁厚。

（二）海上油套管腐蚀设计流程

考虑生产年限的油套管防腐设计流程图如图 3-5 所示。

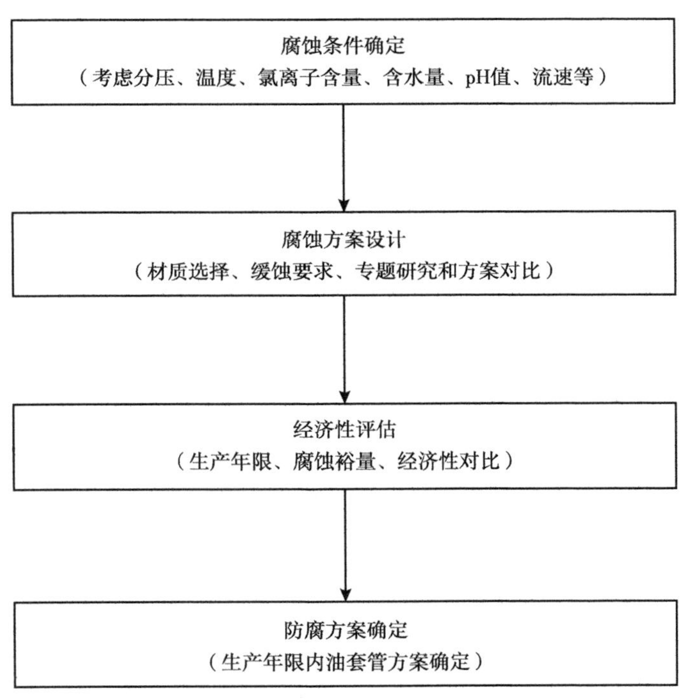

图 3-5　油套管防腐设计流程图

（三）腐蚀性设计图版

进行海上油气田油套管防腐设计时，通常先根据地层的温压情况及腐蚀性流体情况或井流物情况，常选用图版对油套管材质进行初选，初选后的油套管再按腐蚀设计方法校核其在一定生产年限后的腐蚀情况能否满足生产需要，常用的油套管材质选用图版有二氧化碳腐蚀条件下油套管材质选择图版及二氧化碳和硫化氢共存腐蚀条件下油套管材质选择图版。实际设计时还会参考一些相关公司或企业的图版（图 3-6 至图 3-8）。

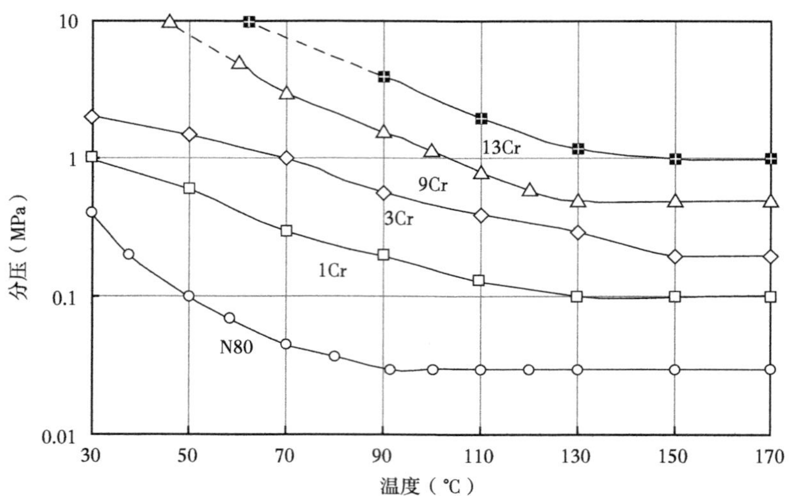

图 3-6　有二氧化碳腐蚀条件下油套管材质选择图版

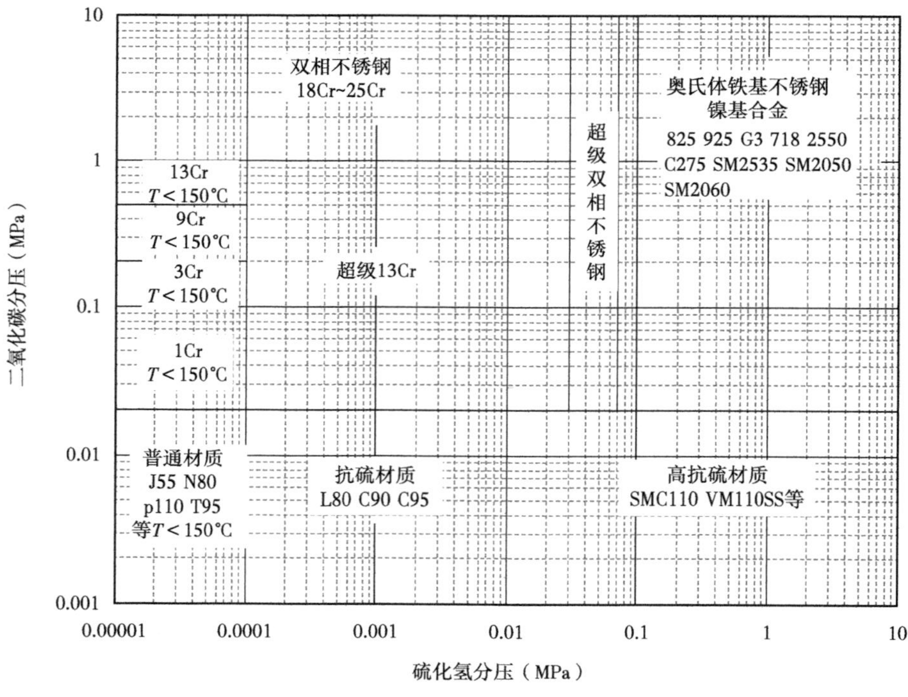

图 3-7　二氧化碳和硫化氢共存腐蚀条件下油套管材质选择图版

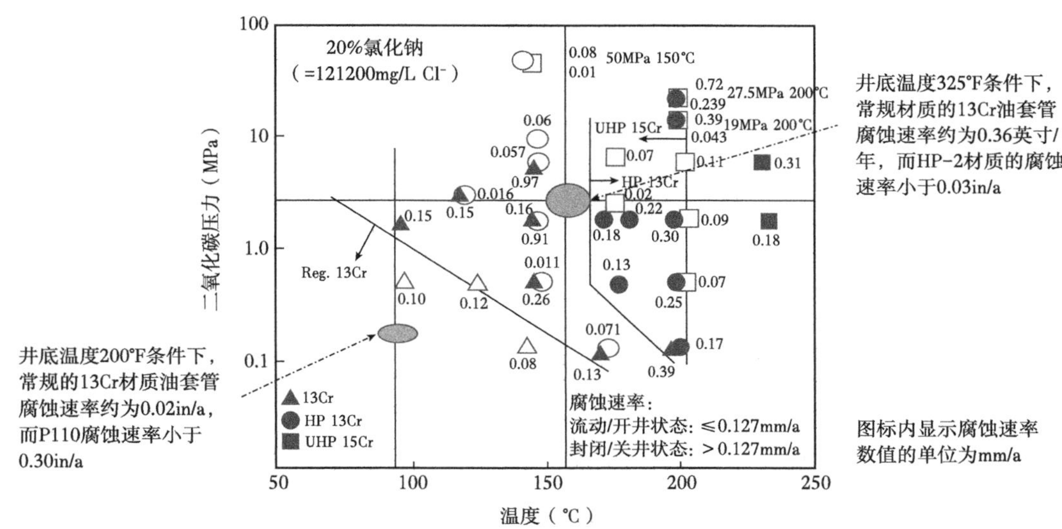

图 3-8　JFE 推荐油套管材质选择图版

图版初选出油套管材质，再结合地层的温压情况及环境条件，根据生产年限对生产工况下的初选的油套管强度进行设计，最终选择满足钻井及生产工况的油套管，确保实际生产条件下油套管的安全，确保井筒的完整性。

三、环空压力管理校核

井筒完整性由若干道屏障组成，它们的集合称为井筒屏障系统，必须同时有两个井筒屏障。安全屏障定义为井筒组件及所采取的技术，可有效阻止不希望出现的地层流体流动，如地层流体泄漏、井喷或地下窜流。

常规井环空带压现象十分普遍，而深水井由于近泥面的低温特性，环空压力增长现象更加突出，需要采取环空压力管理措施。

（一）环空压力管理（井筒完整性）相关规范

2004 年，挪威国家工业协会（OLF）颁布全球第一个井筒完整性标准 D010-R3《钻井及作业过程中井筒完整性》；

2006 年，API 首次发布 RP90《海上油田环空压力管理推荐做法》；

2009 年，API 发布 ISO RP100-1 HF1《水力压裂作业的井身结构及井筒完整性准则》；

2010 年，发布 API 65-2 建井中的潜在地层流入封隔；

2011 年，挪威石油工业协会发布 OLF 井筒完整性推荐指南；

2012 年 7 月，英国石油公司发布 英国高温高压井井筒完整性指导意见；

2013 年 6 月，Norsok D010 rev4 正式发布；

2013 年 8 月，ISO 16530 井筒完整性与环空带压发布；

2013 年，API 96 深水井筒设计与建井。

环空压力管理（井筒完整性）相关技术规范主要见于挪威及英美等少数技术领先的国家，井筒完整性方面国内只有零散的技术标准，没有统一的标准，仅有部分企业标准。由于国内深水作业刚起步，对于深水井的环空压力管理，国内尚无任何技术标准。

（二）环空压力上升的成因

油管内流体（油或气）沿油管向上运动，流体流动过程向井筒及地层传递热量。环空2及环空3为密闭环空，环空1可通过油管泄压，密闭环空内充满隔离液等流体。生产流体的产出伴随热量的传递，密闭环空流体温度升高过程伴随体积的膨胀，密闭环空内产生压力。环空附加压力的预测的基础就是压力—温度—体积（PVT）三者之间的关系。固井之后，各层套管之间的体积就是一定的，附加压力直接受到温度的影响。典型的深水井井筒结构如图3-9所示。

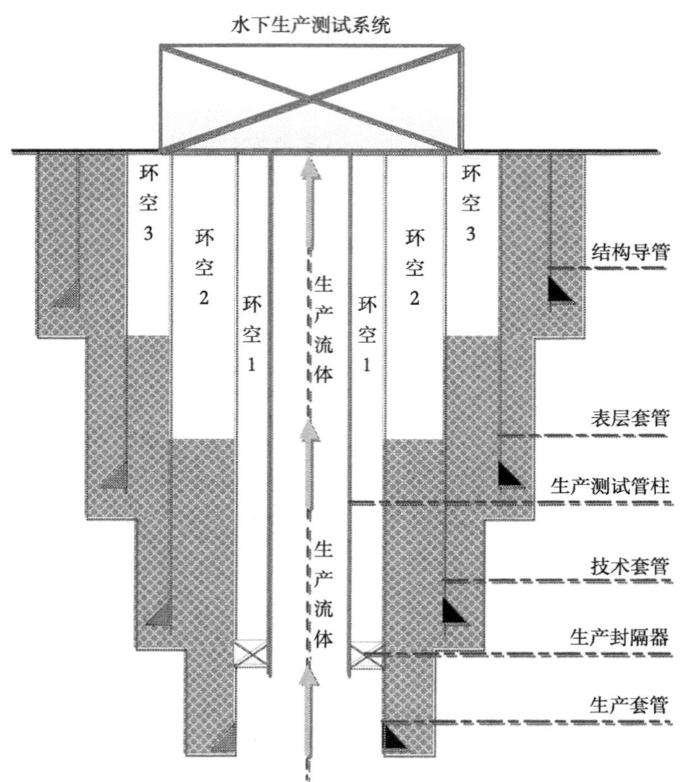

图3-9　典型深水井井筒结构示意图

（三）环空压力计算与校核

对于测试或生产工况，密闭的环空流体受热温度升高，环空压力将升高，一旦环空压力升高导致油套管的抗内压、抗外挤或抗拉抗压等到达极限值时，若不采取措施，井筒完整性将会遭到破坏。

对环空压力及温度场的模拟计算常采用LANDMARK（wellcat）软件进行校核分析，获得环空压力及体积的增量，再结合油套管的力学性能对油套管的稳定性进行分析，以确定油套管的安全性。针对校核结果，采取相应的环空压力管理措施。对于环空压力管理的计算，也常采用其他专业软件进行分析。

（四）环空压力管理措施分析

当环空压力管理校核发现油套管安全出现风险时，则需要针对特定的油套管采取环空压力管理措施，常见的环空压力管理措施见表3-9。对于深水井，通常采取2种及2种以上的环空压力管理措施，以确保对井筒完整性的保护。结合当前深水井环空压力管理所采取的环空压力管理措施分析，控制水泥返高措施是当前开发深水井常用的环空压力管理措施，该方法主要通过向地层泄压的方式控制环空压力的增长，从而确保井筒完整性。

表3-9　深水井环空压力管理措施对比表

序号	应对技术措施	优点	缺点
1	提高管材 钢级和壁厚	套管强度范围内，比较可靠	①减小有效内径； ②受工艺限制，较难实现
2	水泥浆返至 上层套管鞋以下	经济且不影响施工程序，大多选择此方案	①水泥浆前置液或钻井液沉淀，缺口封闭； ②井径扩大或水泥浆窜槽，返高不确定； ③与法规要求和弃井规范要求不适应
3	采用全封固井		①深水地层薄弱，漏失风险非常大； ②水泥附加量不好确定，太大易堵塞井口
4	安装破裂盘	工业上已经比较成熟	①套管管柱存在薄弱点； ②破裂后，内外层空间连通
5	可压缩复合泡沫技术	最大体积应变可30%； 市场产品比较成熟	①运输困难； ②费用高昂； ③下套管及固井过程中动态激动压力大
6	VIT真空隔热油管	相对比较可靠	①比较昂贵； ②采办周期长； ③作业费时，下入速度较慢
7	氮气泡沫 水泥浆隔离液	行业已经开始使用	①工艺复杂，操作难度大； ②需要注氮气设备
8	隔热封隔液		①有效性有待证实，正处于开发研究阶段
9	弹性隔离液		①不适于高比重环空
10	套管敷设隔热层	隔热避免环空升温	①业过程工艺稳定受到挑战

第六节　钻井液及固井设计

钻井液及固井与钻井作业过程息息相关，有效的钻井液及固井施工过程确保钻井作业过程的顺利进行。钻井液及固井设计是钻井工程设计的重要组成部分。

一、钻井液设计

（一）钻井液基本要求

（1）钻井液体系选择应考虑流变性的温度稳定性、水合物预防和井壁稳定、防漏堵漏措施、快速配浆、环保要求等因素，另应满足地质资料获取要求；

（2）明确各井段钻井液体系、关键性能控制指标和维护要点；

（3）根据压力预测结果、ECD控制和井眼净化要求确定钻井液性能参数；

（4）提示可能出现的作业风险，并提出应对措施；

（5）提出钻井液材料准备和现场储备要求；

（6）提出配浆系统和固控设备的要求；

（7）提出废弃物或钻井液的处理方式；

（8）明确各井段钻井液材料的总量及相应动复员资源要求，并分析材料准备过程中可能存在的重大风险，制定详细的预防和应急措施。

（二）钻井液设计

钻井液设计应包含以下内容：

（1）钻井液体系及类型、配方及主要添加剂；

（2）各井段钻井液性能指标（考虑近泥面附近的低温特性），主要有：密度、失水量、漏斗黏度、动切力、静切力、固相含量及固相类型；

（3）各井段的防治并抑制水合物生成的措施，并考虑防台或井控等极端条件时的水合物防治；

（4）防漏堵漏预案；

（5）层保护措施。

（三）主要指标控制范围

（1）气层前的钻井液处理及性能检测方法；

（2）打开油气层后的钻井液性能动态监测方法；

（3）若为屏蔽暂堵方案，提供暂堵剂配方设计；

（4）保护油气层的钻井液性能维护；

（5）钻井液维护措施；

（6）钻井液的需求量要求；

（7）钻屑与废液的处理方案。

二、固井设计

深水固井主要考虑深水低温环境及环空圈闭压力影响，应以满足固井质量要求和施工安全为原则进行固井设计。

（一）固井原则及要求

固井主要根据井身结构、地层压力预测结果、地层温度、封固要求和作业中存在的风险，根据手册要求或固井相关规范编写固井设计。固井设计需考虑地层温压的影响，当井底静温超过 110℃，需采用高温水泥浆体系；对于气层固井，需考虑防气窜水泥浆体系；对于深水表层套管固井，需考虑低温水泥浆体系。

（二）各层套管固井设计

表层导管固井采用低温水泥浆体系，宜采用低水化热的水泥浆体系预防水合物分解，对水泥返入上层套管的井宜采用可压缩前置液体系。

其他各层套管固井的水泥浆性能、配方、固井工艺、附加量及主要技术措施、QHSE 预案及应急措施、固井材料、套管附件。

（三）固井设计内容

固井设计主要包含的内容有：

（1）各井段套固井方式、水泥返高及水泥浆类型；

（2）套管柱设计：套管附件的种类、位置和数量；

（四）设计

（1）考虑地层及环境温度情况；

（2）密度及稠化时间；

（3）水泥浆配方；

（4）水合物抑制措施及添加剂配方；

（5）水泥石抗压强度及水泥浆沉降稳定性；

（6）滤失量及胶凝强度；

（7）游离液；

（8）抗高温、低温性能；

（9）流体相容性及水泥石渗透率；

（10）添加剂类型及用量；

（11）水泥浆附加量。

（五）其他

（1）替水泥期间 ECD 预测、井眼循环温度计算（应附专题报告）；

（2）固井质量要求；

（3）固井质量检测：试压检测及测井检测内容；

（4）固井作业程序：列出作业步骤以及各步骤的存在的风险及控制措施；

（5）其他。

第七节　深水钻井水力学设计

与浅水钻井相比，深水钻井隔水管段环空尺寸大，携岩所需最小排量远大于浅水井段。水深增加，海平面以下 500m 至海底泥面附近环境温度低（一般为 4~10℃），受井筒传热影响，井筒内流体温度降低，这将导致钻井液性能发生变化，这对循环压耗和井筒压力产生一定影响，将导致地层安全钻进也密度窗口变窄，环空压力控制不好还容易引起井塌、井漏或井涌等事故的发生。

受隔水管长度影响，管线摩阻压力增大，受水深及设备影响，井控难度及井控复杂性较常规浅水井更为复杂。对深水钻井水力学设计内容的介绍，主要分为深水钻井水力参数设计校核及井控设计。

一、深水钻井水力参数设计校核

水力参数设计主要根据钻井液性能、井身结构、钻具组合设计、工具性能及平台设备能力进行水力参数计算和校核，综合考虑设备、钻井液等的性能参数确定安全合理的水力参数。水力参数设计主要校核钻进过程中的 ECD、极限钻速、排量选定、喷嘴尺寸及组合、泵压情况及井眼清洁情况等。

（一）钻井液流变性

钻井液流变性指在外力作用下，钻井液发生流动和变形的特性，钻井液起携带岩屑，保证井眼清洁的作用，悬浮钻屑及固态隔离，提高机械钻速并保持井眼规则和井下安全的作用。钻井液流变模型通常有宾汉流体模型（塑性流体）、幂率流体模型、赫巴流体模型及Robertson-Stiff流体模型。钻井液的视黏度随流速变化而变化，流速越高，视黏度越小，钻井液的这种特性称为“剪切稀释特性”。流变指数 n 值是钻井液剪切稀释特性的集中体现，n 值越小，剪切稀释特性越好。整个循环系统，不同区域，钻头内部、环空和钻头水眼处的流速差异较大，所适用的流变模式也不尽相同，流变参数计算方法也不同。钻具内部，剪切速率中等，以宾汉和修正幂率模式为主；环空流速区，剪切速率较低，应用修正幂率模式与实际吻合较好。

（1）宾汉模型（Bingham Plastic Model）：其流变曲线为不经过原点的直线，如图 3-10 所示。此模型下，流体具有一定的颗粒浓度，静止状态下形成颗粒之间的内部结构，需加外力剪切才可流动，剪切应力与剪切速率成线性关系。

（2）幂率流体（Power Law Model）：施加极小的剪切应力即可流动，不存在静剪切应力，流变曲线为通过原点的曲线，流变曲线中无直线段。黏度随剪切应力增加而降低，其流变关系可用幂函数来表示

$$\tau = K \times \gamma^n \tag{3-1}$$

式中：K——稠度系数，或称为幂率系数，$Pa \cdot s^n$；

n——流变指数，或称为幂率指数。

n 值是非牛顿的度量，n 值月底或越高曲线越弯曲，钻井液 n 值一般在0.5以下为最好，当 $n < 1$ 时为假塑性流体；当 $n > 1$ 时为塑性流体；当 $n=1$ 时为牛顿流体，通常最常见的为假塑性流体。

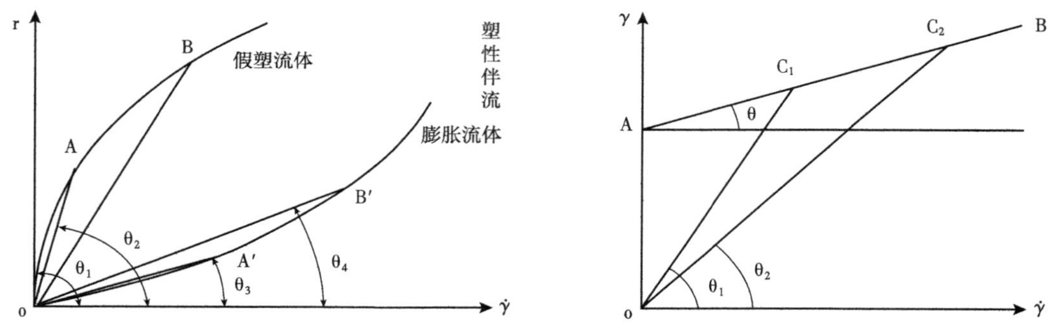

图 3-10　流体塑性模型及幂率模型图

（3）郝切尔—巴克利流体模型（Herschel-Bulkley），该模型为一个三参数的的方程，实际上包含了常见的几种流变模式，能更好地模拟实际的钻井液流变模式。

宾汉模型不能反应剪切稀释的假塑性特，公式中存在一个启动屈服应力，不能反映低剪切速率下的钻井液流变规律；在较低剪切速率范围，幂率模式不能反映钻井液具有静剪切力特性，对地剪切速率不适用。对于中等和较高的剪切速率范围内，幂率模式和宾汉模式均能较好地表示实际钻井液的流动特性。基于以上两种流变，模型存在的问题，赫—巴模型（图 3-11）可较好地解决以上两种模型出现的问题，赫—巴模型应用范围广，对于

低、中、高剪切速率范围都有较好的适应性，既能反映流体的塑性特征，又能反映流体的假塑性特征，精度较高。

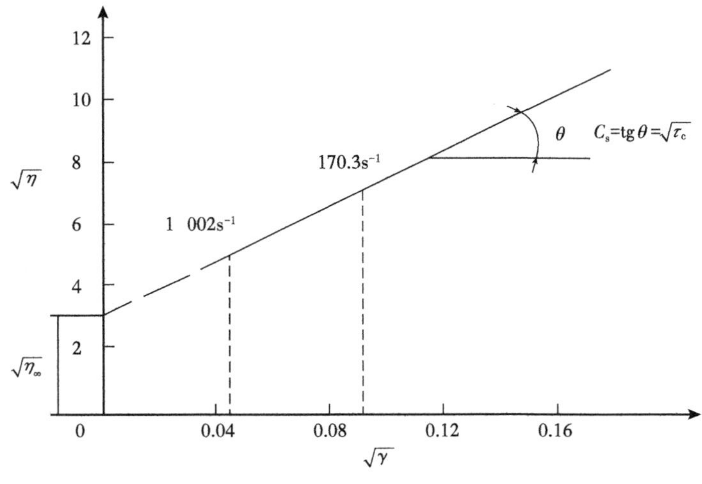

图 3-11　赫—巴模型图

（4）罗伯逊—史蒂夫模型（Robertson-Stiff）：该模型 1976 年由 Robertson 和 Stiff 提出，经过多年的理论和实践证明该模型能较好的反映钻井液流变模式，该模型与宾汉模型及幂率模型相比在描述两种水基钻井液时具有两个优点：与流变性实验数据吻合度较高，可直观描述钻杆和环空中剪切速率与钻井液流量之间的关系。Robertson-Stiff 模型适应性强，准确度高，能较好的反映各类钻井液在不同剪切速率下的流变模式，应用范围广。Drillbench 软件中对水力学的模拟计算推荐采用该模型。

（二）钻井液水力学计算

基于选定钻井液流变模型、钻具组合、钻头水眼及设备情况，通过相关的水力学计算软件（LANDMARK-wellpan 及 Drillbench-hydraulic/presmod）进行校核分析，设计校核过程主要获得结果见表 3-10。

表 3-10　水力学计算结果表

井段（in）		26	17½	12¼	8⅜
计算井深（m）					
钻井液参数	密度（g/cm^3）				
	塑性黏度（mPa·s）				
	剪切力（Pa）				
喷嘴组合（1/32in）					
喷嘴面积（in^2）					
泵排量（L/min）					

续表

井段（in）	26	$17\frac{1}{2}$	$12\frac{1}{4}$	$8\frac{3}{8}$
泵压（psi）				
地面设备压耗（psi）				
钻具压耗（psi）				
环空压耗（psi）				
钻头压降（psi）				
工具压降（psi）				
ROP（m/h）				
井底 ECD（g/cm^3）				

（三）钻井液钻进井筒温度场计算

由于海平面以下 500m 至近泥面的低温特性，钻井液在隔水管及井筒中的循环过程温度降低，在存在气体及高压环境时，低温环境使生成水合物的可能性大大增加。因此，水力学计算过程须对钻井过程进行钻井液循环温度的模拟。

二、深水钻井水合物预防

（一）水合物形成介绍

水合物是一种较为特殊的包络化合物，主体分子即水分子间以氢键相互结合形成的笼型孔穴将客体分子包络在其中形成的非化学计量的化合物。温度低于和高于水的正常冰点均可形成水合物，其生成条件随客体分子种类的不同而千差万别，但生成水合物的晶体结构却是相同的。图 3-12 为水合物晶体结构图。

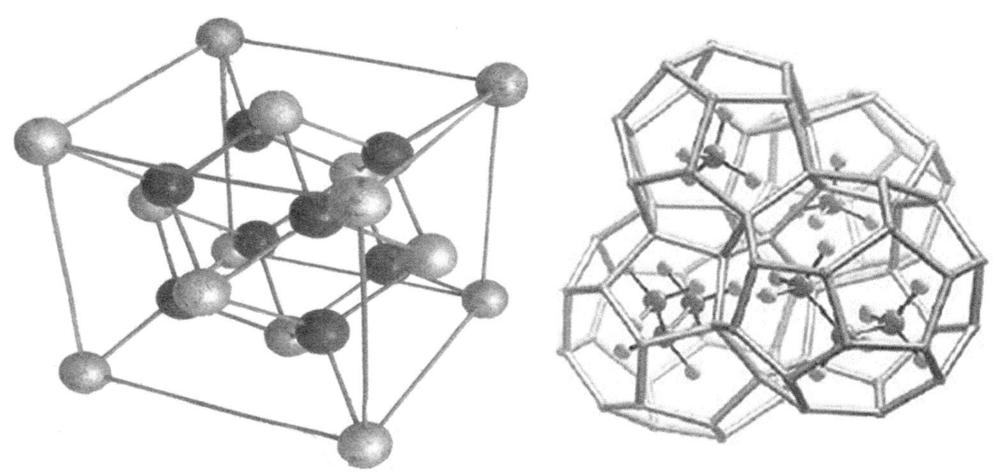

图 3-12　水合物晶体结构图

（二）水合物形成条件分析

天然气水合物的形成与压力、温度、气体成分和水的盐度等因素有关：温度、压力的影响，气体组分的影响，天然气水合物形成的可能性随着气体比重的增加而增加，水的盐度影响，水的盐度越高就越不易形成水合物。在 NaCl 的浓度达到 20% 时，水合物形成的温度已经降低到约 -6.7℃，一般来说，海底温度是达不到这个温度的。

对于深水钻井，钻井液循环过程水合物形成的条件基本都具备，为防止水合物的生成，需校核井筒温度场变化，结合水合物形成条件，采取相应的抑制措施避免形成水合物对作业的影响。实际设计阶段对井筒温度场的模拟常采用 drillbench 软件进行校核计算。图 3-13 为水合物形成分析图。

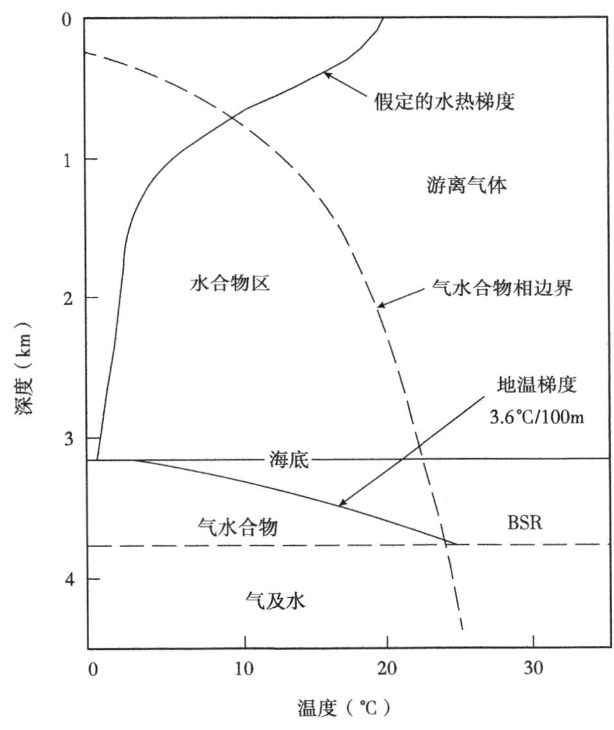

图 3-13　水合物形成分析图

（三）水合物预防措施

（1）尽可能不让气体在 BOP、管线处长时间停留；

（2）用大尺寸管线；

（3）体系中加入水合物抑制剂；

（4）使用油基 / 合成基钻井液；

（5）关井时间尽可能短或加入高浓度热力学抑制剂；

（6）关井前除去钻井液内的气体。

对水合物的预防常在钻井液中加入水合物抑制剂，结合地层产出气体的组分，采用 Hydraflash 或其他软件（Pvt-sim）模拟水合物抑制剂对水合物的抑制效果，优选不同作业状态下的防水合物抑制剂的配方。图 3-14 为不同抑制条件下水合物形成温度模拟。

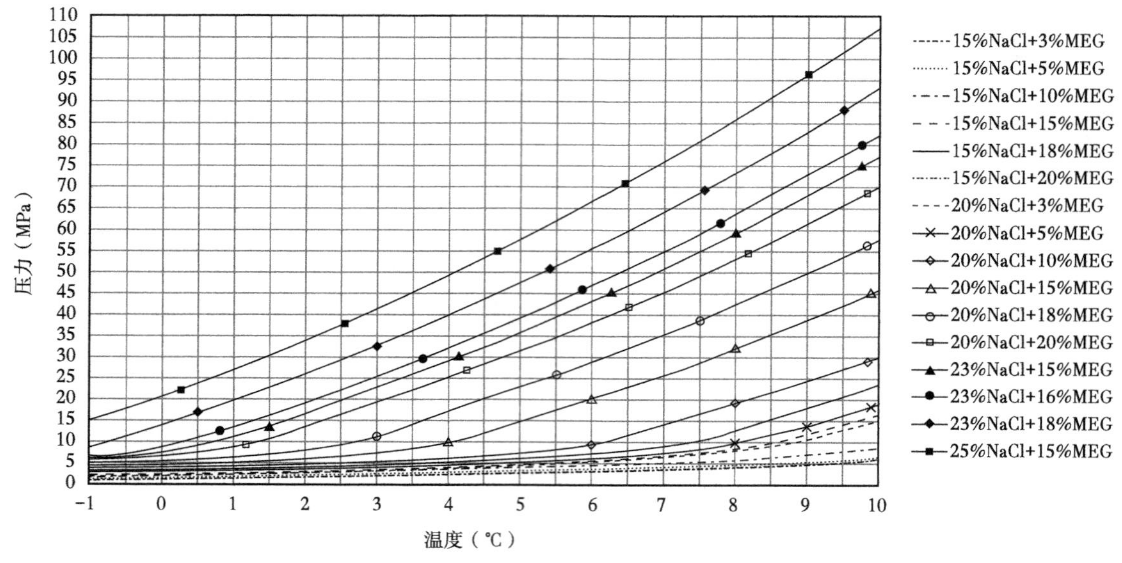

图 3-14　不同抑制剂条件下水合物形成温度模拟

三、深水井控设计

（一）井控的几个定义

根据溢流规模及所采取的控制方法，可将井控作业分为三级：

一级井控：仅依靠井筒钻井液液柱压力来实现对地层孔隙压力的平衡，以达到防止地层流体侵入井筒的目的。

二级井控：利用井控设备提供井口回压通过向井内泵入压井液来实现对地层孔隙压力的平衡，使井筒重新恢复到一级井控的状态。

三级井控：指二级井控失败，井涌量大，最终失去控制导致井喷（地面或井下），需要使用额外的特殊技术与装备才能恢复对井的控制。

井涌余量，指溢流发生后，关井和处理溢流过程中不至于压漏地层的最大允许溢流量。可通过井涌余量来验证井身结构设计是否合理。根据企业标准 Q/HS 14007—2011《深水探井钻井工程设计指南》，典型的井涌余量值范围见表 3-11。

表 3-11　典型井涌余量范围表

井的类别	邻井资料	井涌类型	井涌强度（g/cm³）	最小井涌余量（m³）			
				＞406.4mm（16in）井段	311.2mm（12.25in）井段	215.9mm（8.5in）井段	＞215.9mm（8.5in）井段
探井	无	超压	0.12	7.95	4.77	3.98	2.39
	无	抽吸	—	15.90	11.93	7.95	3.98
	有类似的构造和地质概况的临近井资料	超压	0.06	7.95	7.95	4.77	2.39
		抽吸	—	15.90	11.93	7.98	3.98
评价井	有同一区块的邻井资料	超压	—	—	—	—	—
		抽吸	—	15.90	7.95	7.95	3.98

（二）井控的模拟计算

根据地质设计给出的地层参数、预测地层压力、井身结构参数、钻井液设计等，参考公司管理规定和要求，钻机设备能力，计算各井段最大允许关井套压、侵入高度，井涌体积极限，推荐各井段的井涌余量值。

井控的模拟计算主要对最大关井压力及井涌余量的计算，计算结果需满足根据企业标准 Q/HS 14007—2011《深水探井钻井工程设计指南》要求见表 3-12。

表 3-12　×× 井井涌余量计算表

井眼尺寸（in）	作业安全值（psi）	井涌强度（g/cm³）	上层管鞋地层破裂压力当量密度（g/cm³）	井涌余量（m³）	《深水探井设计指南》要求井涌余量（m³）	是否满足要求	井涌类型
17½in × 20in							抽汲
14¾in × 17½in							抽汲
12.25in							抽汲
							超压
							超压
							超压

对于井控的模拟计算过程，通常采用 landmark-wellplan 或 drillbench 软件进行井控的模拟过程计算校核。

（三）救援井设计

对于特殊井或重点井，钻井设计中需专门救援井设计，救援井设计主要包含的内容有：井位优选、连通方式设计、定向井设计、测距设计、井身结构设计、钻井液设计、固井设计、钻具组合设计、钻头计划、水力分析及动态压井设计。救援井设计作为应急救援的备选方案。救援井设计主要使用 Olga-ABC 软件进行动态压井设计。

（四）压井方法和要求

按照 Q/HS 2028—2010《海上钻井作业气井井控规范》，提出压井作业要求：

（1）应采取硬关井，先关上万能防喷器，再关闭闸板防喷器并悬挂钻具；

（2）关井后，应立即检查隔水管内的溢流情况，若有溢流，关闭转喷器，分流排除溢流；

（3）最大关井套压不得超过允许关井套压；

（4）压井计算时应考虑压井及阻流管线摩阻；

（5）压井结束后打开防喷器前，应处理防喷器内圈闭气。

第八节　钻头及钻具组合设计

钻头及钻具组合设计主要包括钻头设计、钻具组合设计、送入管柱校核设计等内容。在满足钻井作业要求的条件下，以尽量简化钻具结构为原则。依据井眼尺寸、井斜控制要求、地层因素及钻井参数使用范围，选择最优的井下钻具组合，确定钻铤、加重钻杆的尺寸和长度，扶正器、震击器的位置及数量等。根据井深、井眼尺寸、钻井水马力和负荷，提出使用的钻杆尺寸、壁厚和钢级。为提高作业效率和质量，应优先考虑马达导向钻具组合，可根据降低钻井成本的原则选择旋转导向和随钻测井等工具组合。

一、钻头设计

钻头设计主要内容有：设计井地层性质评估、邻井钻头使用情况分析、钻头可钻性分析、设计井钻头使用数量及型号分析、布齿情况分析、钻头水眼大小，通过对设计井的钻头分析最终确定各井段的钻头 IADC 型号、规格及数量，形成最终的钻头计划表。

二、钻具组合设计

（一）表层喷射钻具组合设计

深水表层导管主要采用喷射法下入，表层喷射钻具组合设计内容主要有：

（1）根据导管下入深度和地层性质，确定钻头出导管鞋长度；

（2）根据下一井段的作业需求，确定钻具组合并设计喷射参数，钻具组合应包括井下马达，宜带环空压力随钻监测工具；

（3）须制定喷射下导管程序、喷射不到位和导管下沉的应急程序。

（二）下部各井段钻具组合及强度校核

（1）钻具结构设计；

（2）各井段选择的钻具组合，包括各组件规范尺寸、长度及数量、接头类型等；

（3）钻杆的尺寸及钢级，钻杆组合关系，资源情况等；

（4）其他钻具工具名称、类型和数量；

（5）结合测井及取资料要求的钻具组合考虑；

（6）结合地层及作业难度的钻具组合设计；

（7）设计井作业用到的钻具资源情况及配长情况落实等。

第九节　送入管柱校核及摩阻扭矩设计

送入管柱设计可分为无隔水管时的送入管柱设计和有隔水管建立循环时的送入管柱设计。摩阻扭矩设计根据井眼轨迹、井身结构、钻具组合、钻井液性能等，计算作业期间上提、下放钻具和套管的悬重和摩阻，以及钻进、空转和划眼等工况下的悬重和扭矩。

一、送入管柱校核

结合钻杆抗拉能力及钻具的浮重数据校核送入管柱表，如表 3-13 所示。

表 3-13　送入管柱校核表

<table>
<tr><td rowspan="3" colspan="2">送入钻杆</td><td>钻杆尺寸（in）</td><td>调整后重量（lb/ft）</td><td>钢级</td><td>壁厚（in）</td><td colspan="3">抗拉强度（tf）</td></tr>
<tr><td>$6\frac{5}{8}$</td><td>39.02</td><td>S-135</td><td>0.522</td><td colspan="3">580</td></tr>
<tr><td>$5\frac{7}{8}$</td><td>30.19</td><td>S-135</td><td>0.452</td><td colspan="3">371</td></tr>
<tr><td rowspan="2">过提余量（tf）</td><td></td><td>36in 导管喷射下入</td><td>20in 套管固井</td><td>20in&36in 套管下沉</td><td>16in 套管固井</td><td>$13\frac{3}{8}$in 套管固井</td><td>$9\frac{5}{8}$in 套管固井</td><td>7in 尾管固井</td></tr>
<tr><td>井名</td><td></td><td></td><td></td><td></td><td></td><td></td><td></td></tr>
</table>

二、摩阻扭矩设计

结合井眼尺寸及不同工况（起钻、下钻、空转、旋转钻进倒划眼）条件，计算不同工况下的悬重及扭矩情况，摩阻扭矩计算分析表如表 3-14 所示。深水钻井作业时防喷器组安装在海底，对井控的要求特别高，能否及时发现溢流是实现安全井控的关键。由于气体的滑脱上移是逐步进行的，在水下 1000m 以下，气体的膨胀是非常微小的，常规手段不易被发现。当气体滑移到 1000m 以上的位置时开始加速膨胀，采用常规方法发现气体已经滑移过防喷器组时，关井也已经太迟，带来的风险是不言而喻的。与陆地钻井相比，除了早期检测困难之外，安全密度窗口窄和低温水合物也是深水井控的难点。

表 3-14　不同工况摩阻扭矩设计分析表

井段	26in			17½in			12¼in		
计算井深（m）									
项目	悬重（t）	扭矩（kN·m）	允许最大过提力（tf）	悬重（t）	扭矩（kN·m）	允许最大过提力（tf）	悬重（t）	扭矩（kN·m）	允许最大过提力（tf）
起钻									
下钻									
空转									
旋转钻进									
倒划眼									

第十节　井口装置选择

井口装置的选择主要分为水下井口装置的选择和防喷器的选择，其选择主要根据地层压力、流体性质及腐蚀特性，海底流、海底土质等条件选择。

一、水下井口

水下井口的选择主要考虑的因素有：

（1）井口资源及相应服务工具情况分析；

（2）根据井口强度、套管层次和最大井口压力的要求选择井口，并进行井口的强度校核及稳定性分析，内容包括井口出泥高度、井口的极限抗弯能力等；

（3）选择井口是，应考虑井口系统和钻井装置的转盘、月池、井口连接器等设备配合情况；

（4）井口同其他设备的连接要求，井口的水平度要求，同时应标明有关尺寸、压力等级及其他参数；

（5）井口示意图：表明有关尺寸、压力等级及其他参数（没开次的钻具组合）；
（6）井口材质；
（7）前期使用效果分析。

二、防喷器

（1）防喷器组合图：标明压力等级、部件名称、通径、高度等参数；
（2）控制及应急关断方式；
（3）应急悬挂能力及剪切钻具能力等；
（4）试压要求等（列出功能检测和试压周期、试压项目及要求等）。

第十一节　质量标准及试压要求

一、质量标准

（一）井深质量标准

井深的质量考核标准见表 3-15。

表 3-15　井深质量标准对应表

质量标准		质量标准	
井深（m）	井斜角（°）	井深（m）	水平位移（m）
0~500	≤ 1	0~500	≤ 10
500~1000	≤ 2	500~1000	≤ 30
1000~2000	≤ 3	1000~2000	≤ 50
2000~3000	≤ 5	2000~3000	≤ 80
3000~4000	≤ 7	3000~4000	≤ 120
4000~5000	≤ 9	4000~5000	≤ 160

（二）其他质量标准

井深的其他质量考核标准见表 3-16。

表 3-16　其他相关质量标准对应表

水下井口安装质量	井口倾斜度		
	低压井口头出泥高度		
取心质量	取心收获率	松软地层	
		其他地层	
钻井液	油层段密度	水基	
	油层段失水量	水基	

续表

固井质量	水泥浆密度	
	水泥浆失水量	
	固井质量检测	
	水泥浆封固高度	
	井口及套管试压	
	油层套管内人工井底	
测井质量	测井深度	
	测井项目	

二、试压要求

试压主要分为对防喷器试压和对套管串试压。

（一）防喷器系统试压

防喷器系统宜采用规定的防喷器控制液进行试压，井控装置试压介质均为清水（北方高寒地区宜添加防冻剂）。

防喷器组及管汇系统安装好后应分别进行开关动作与通水功能试验，然后分别进行2.1MPa 的低压试验和高压试验；高压试验压力在不超过套管抗内压强度 80% 的前提下，环形防喷器的试验压力为额定工作压力的 70%，闸板防喷器和相应控制设备的试验压力为额定工作压力，在明确地层压力低于闸板防喷器和相应控制设备额定工作压力的 80% 时，闸板防喷器和相应设备的试验压力为额定工作压力的 80%，稳压时间应不少于 15min。试压的间隔不超过 14d。

（二）套管串试压

套管四通和油管四通的试验压力应不低于套管头和油管四通额定工作压力的 80%，稳压时间应不少于 15min。

在钻穿套管鞋前，应对套管串进行压力密封试验，试验压力不大于套管抗内压强度的80%，稳压时间应不少于 15min。

第十二节　地层承压试验及取心设计

一、地层承压试验

地层承压试验主要根据地层压力预测情况或实际下开井段钻进所需，原则上每层套管处都要进行地层承压试验。

根据地层承压试验结果，确定地层承压试验方式（地漏试验 LOT）、地层完整性试验（FIT）等，制定相应的试验压力和试验程序，并绘制压力与泵入量关系曲线。

二、取心设计

对于地质设计有取心要求的井须进行取心设计。

根据地质取心要求和取心层位底层特性，结合邻井取心经验，选择合适的取心工具和取心钻头，针对特殊井（深水井、高温高压井等）需采用针对性的取心钻头，确保取心过程的顺利。

设计阶段需考虑取心参数（取心长度等参数），取心作业程序，根据取心过程可能存在的作业风险，提示作业过程可能存在的风险点并进行风险提示。

第十三节　弃井设计

弃井设计主要分为临时弃井和永久弃井。海上油气田弃井设计相关法律规范：国家25号令、海洋钻井手册、相关弃井标准及体系文件。

一、临时弃井

临时弃井是指临时中止海上作业，以备再返回本井继续作业的一系列封井及安全处置作业等。海上深水油气田钻完井作业过程，须进行临时弃井时，应以保证井筒完整性及当地法律法规和环保要求为原则，进行临时弃井设计。临时弃井设计主要包括的内容有：

（1）井底水泥塞的位置及水泥段长度；

（2）桥塞下入数量、下入深度以及试验压力数据；

（3）水泥塞数量、深度、长度、水泥浆配方、各水泥塞实际水泥用量、水泥浆密度；

（4）桥塞及水泥塞试压数据；

（5）弃井作业过程概述；

（6）临时弃井作业井井身结构示意图。

二、永久弃井

永久弃井是指在完成井作业后，对设计井或作业井进行的永久性弃置作业，弃置过程须满足相关的标准规范，确保井筒完整性的前提下对井筒的全封闭，确保地层流体不会流到井筒之外。

永久弃井作业按照 Q/HS 2025—2010《海洋石油弃井规范》和《海洋石油安全管理细则》（安监总局25号令）等标准和规定，海外作业的项目须满足当地的相关规定及环保法规要求等，设计注水泥塞的数量、位置、长度、桥塞数量和座封位置、以及水泥塞及桥塞的试压要求、各层套管的切割深度等。根据弃井作业过程，设计阶段须制定弃井施工程序，并绘制永久弃井示意图。

第十四节　工程风险分析及总体作业计划

工程风险分析主要分为钻井工程风险分析及对策，总体作业计划则分为总体作业程序及进度计划。

一、钻井过程风险风险分析及对策

深水钻井过程主要分为钻进过程、下套管过程、固井过程、试压过程、录井过程等各个阶段，各个阶段作业均存在风险点，须对各个阶段进行风险等级评估，并针对某些具体风险点突出对策：

（1）下隔水管及 BOP 风险分析与对策；
（2）表层喷射钻进风险分析及对策；
（3）水下井口安装风险分析；
（4）各个井段作业风险分析评估；
（5）防碰风险分析及对策；
（6）下套管风险分析评估及对策；
（7）固井阶段风险分析及对策；
（8）试压阶段风险评估及对策；
（9）录井风险评估与分析。

二、钻井总体作业程序及计划

深水钻井整体作业程序根据井数和目的不同进行划分，主要包括：

（1）总体作业工序和工时（动复员、单井工时累积、其他可能占用的钻机时间）；
（2）单井作业工序和工时表（一开钻进、二开钻进、三开钻进等）；
（3）若为批钻井，应明确同一批井钻探的先后顺序。

第十五节　钻井材料清单及钻井工期费用设计

本章主要对实际钻井过程所需用到的钻井材料清单进行分析，对钻井过程的工期费用进行设计进行介绍。

一、钻井材料清单

根据钻井工程设计，制定出全井材料计划，包括钻井作业计划中需要用到的进口设备及配件、套管及套管附件、固井材料及工具、套管下入工具、钻头及喷嘴、钻井液材料、定向井工具、录井设备、测井设备、打捞工具及其他材料，根据作业可靠性提出钻井材料具体的型号、规格及数量要求等。

详细设计阶段设计中应包含材料计划，列出具体的钻井材料计划表。

二、钻井工期设计

设计阶段需对整个钻井作业阶段的工期进行设计，结合实际的钻井作业过程，综合考虑作业过程中的工期，最终形成工期设计表。

三、钻井费用设计

钻井费用主要结合钻井工期设计，其主要内容包括：

（1）动复员费用；

（2）考虑钻井工期的钻井费用设计；

（3）结合钻井现场的钻井材料费用（使用水下井口，应含高、低压井口头等设备的费用；若采用基盘，应包括基盘的费用）；

（4）钻井间接费用（如管理费、监督费、保险费、不可预见费等）；

（5）各井型单井费用及综合费用等；

（6）避台风期间，应根据近10年的台风统计数据；

（7）结合工期及器材使用情况，建立钻井费用概算表。

第十六节　QHSE及应急处理方案

设计阶段应根据实际设计井的实际情况，对QHSE及应急处理方案进行设计分析。

一、QHSE要求

根据国家有关安全法规、中海石油集团有限公司《钻完井健康安全环保管理体系》及有限公司各分公司的《健康安全环保管理体系》的有关规定，安全环保法的有关要求等，分析钻井作业过程中存在的安全环保风险，制定质量、健康、安全和环保要求及对策。

二、风险识别及应对方案

钻井作业风险识别及应急方案内容主要参考深水作业规程与指南第六章《深水安全应急》内容，制定目标井具体的风险识别及应对措施，其主要内容包括：

（一）安全应急预案

（1）硫化氢应急处置；

（2）火灾或爆炸应急处置；

（3）放射性物质遗散事件；

（4）有毒有害物质泄漏事件；

（5）严重海损事件；

（6）守护船或供应船遇险事件；

（7）直升飞机坠海事件；

（8）人员落水事件；

（9）热带气旋及恶劣天气灾害事件；

（10）人员意外伤害和突发性疾病事件；

（11）流行性传染病事件；

（12）恐怖事件或蓄意破坏事件；

（13）有毒有害及可燃气体泄漏事件；

（14）溢油事件。

（二）作业应急预案

（1）浅层风险（浅层气、浅层水流、浅层水合物、断层、冲沟、不整合面等）分析及应急处理预案；

（2）井喷事件（井涌、井喷、井喷失火或着火），沉船等；
（3）内波流监测与预警；
（4）海底滑坡（海底泥石流）；
（5）应急解脱预案。

第十七节　附　　录

根据设计开展的专题研究及相关的分析，设计的附录文件主要包括以下专题研究报告和设计书：

（1）浅层地质灾害识别与防治；
（2）地层压力预测及井壁稳定性成果报告；
（3）对于锚泊定位平台，需含锚泊设计与分析成果；
（4）导管入泥深度计算与井壁稳定性分析成果；
（5）隔水管分析成果报告；
（6）井身结构及套管柱设计与校核；
（7）钻柱力学分析及其送入管柱校核分析；
（8）钻井水力学参数设计计算与分析；
（9）钻井液设计书；
（10）固井设计计划书；
（11）防台应急计划书；
（12）防内波流应急方案；
（13）防溢油应急计划书；
（14）井控及井喷应急方案；
（15）对于特殊井，需有救援井设计方案。

第四章　深水钻井液

第一节　深水钻井液面临的主要技术问题及对策

随着科学技术的进步和人类对海洋石油资源认识水平的不断提高，近年来，全球范围内掀起了海洋深水油气资源勘探开发的热潮，国际海洋深水油气资源开发已颇具规模，而中国南海时下正是深水油气资源勘探热点地区之一。

深水钻、完井液技术是深水钻井的关键技术之一，与浅水区相比，深水钻井面临的主要问题有以下几个方面：钻井液低温流变性；浅层天然气与形成的气体水合物；井壁稳定性差；钻井液用量大；地层破裂压力窗口密度窄；井眼清洁困难等。这些问题给深水油气开发带来了许多挑战，同时对深水钻井液提出了更高的要求。用于深水环境下的钻井液体系必须满足以下几个主要要求：

（1）在低温下具有良好的流变性，与常温下流变性的差别不大；

（2）能够有效地抑制天然气水合物生成；

（3）具有良好的页岩稳定性，能够有效稳定弱胶结地层；

（4）在大直径井眼中应有良好的悬浮性和清除钻屑能力；

（5）能够满足现行的环保要求；

（6）综合成本低等。

一、井壁稳定性差

井壁不稳定是指钻完井过程中的井壁坍塌、缩径、地层压裂等三种基本类型，前两者造成井径扩大或缩小，后者易造成井漏。井壁失稳是钻井工程中常遇到的井下复杂情况之一，严重影响地质资料的获取、钻井速度、质量及成本；部分新探区还会因为井壁不稳定而无法钻达目的层，延误勘探与开发的速度，影响其经济效益。为了保持井壁稳定，实现安全钻进，必须研究清楚井壁失稳地层的结构特征、井壁失稳发生的原因，以及相关的钻井工程与钻井液技术措施。

在深水钻井作业过程中，随着水深的增加，地层孔隙压力梯度和破裂压力梯度之间的窗口逐渐减小，进一步增加了地层失稳的可能性。水基钻井液和过平衡或平衡钻井作业在深水钻井作业时，钻井液会在水力压差或渗透压差的作用下侵入地层，地层含水量加大，降低井壁的力学性能，使井壁发生失稳。此外，深水海域浅层气水合物的分解，一方面会进一步加大地层含水量，另一方面促使孔隙流动通道更加顺畅，钻井液侵入程度加剧；侵入的钻井液量越多，侵入范围越广，越不利于井壁稳定。

海洋深水钻井应控制钻井液的滤失量，而滤饼的形成和质量的好坏对控制滤失量和支撑井壁起到关键的作用，但是水合物的分解往往使滤饼在早期不易形成，形成后的滤饼质量一般，所以应选择造壁快、滤饼质量高、滤失量小的钻井液。钻井液的流变性对井壁稳定有很大影响，特别是钻井液的黏度过高会导致循环当量密度高，容易导致井壁液柱压力增大而造成破坏。此外，黏度过高还会降低机械钻速，相对增加了井壁浸泡时间，不利于井壁稳定性。因此，在海洋水合物地层钻井时，要注意调节钻井液的黏度。

目前针对深水井壁稳定性问题，可以采用加入一定量的无机盐以平衡活度和加入一定量具有浊点的聚合醇，以达到增强井壁稳定性的目的，也可以采用合成基钻井液和油基钻井液。

二、天然气水合物

在深水钻井作业中，天然气水合物（图 4-1）严重影响了作业的顺利进行。钻开地层后，地下岩层及其所含流体的压力平衡状态被破坏，井壁岩层失去了原有的支撑力，如果其固有的胶结强度较弱，可能会导致井壁失稳垮塌的发生，岩层内的孔隙、裂缝及其所含流体也丧失了原来的密闭性，从而引发井涌、井漏等问题。天然气水合物的存在，使得钻井过程中这些问题更加严峻。如果钻井液不能有效抑制天然气水合物的形成，就可能导致钻井作业的中断。海底较高的静水压力和较低的环境温度导致气体水合物发生分解，而当固体水合物起胶结或骨架支撑作用时，其本身的分解就会导致井壁的坍塌，而分解产生的水增加了井壁地层的含水量，导致井壁不稳；逸出的气体影响了钻井液的流变性，不利于井壁稳定，还可能引发井涌甚至井喷等钻井事故。

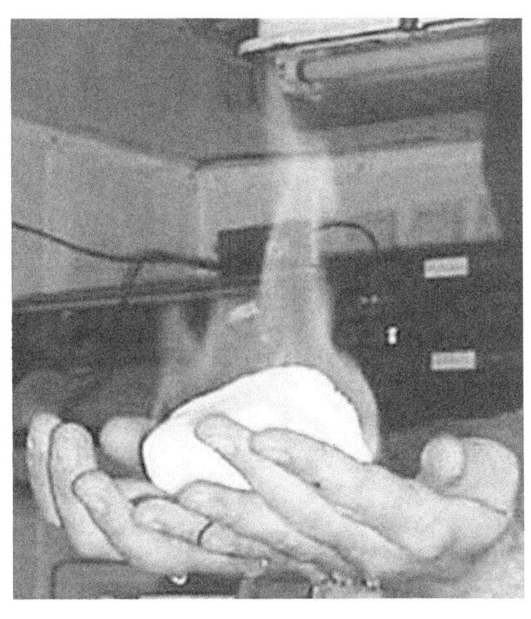

图 4-1　天然气水合物

深水钻井中钻遇浅层气时，大量气体进入到钻井液内，气体和钻井液一起循环，降低了钻井液密度、钻井压力增加。如果此时井筒内温度压力条件合适，在钻井液内可能形成天然气水合物，增大钻井液密度，还可能在钻井管线和阀门甚至是防喷器内形成水合物，就会堵塞气管、导管、隔水管和水下防喷器（BOP）等，从而造成严重的事故。图 4-2 为浅层气危害示意图。

图 4-2　浅层流危害示意图

三、钻井液低温流变性

随着水深的不断增加，海床温度也将越来越低（图 4-3），这将会给钻井作业带来很多挑战。海洋深水钻井作业所采用的水基钻井液体系有别于一般钻井作业的，这是因为深水钻井是在较大深度、较高压力的条件下进行的，要求钻井液体系不仅要具备良好的冷却钻头、清洁井底、携带岩屑、稳定井壁和抑制水合物分解的能力，而且要在高压低温状况下具有良好流变性能。

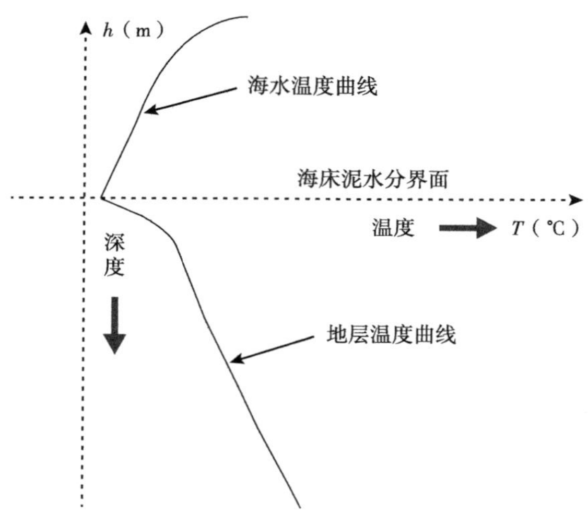

图 4-3　海床温度变化

因此，对深水钻井作业所用的钻井液而言，如何使其在低温下仍有良好的流变性能是其要解决的核心问题。钻井液一般都是属于非牛顿流体，在深水的低温环境下，钻井液的流变性能会受到一定的影响，具体表现在黏度、切力大幅度上升，甚至可能出现显著的胶凝现象，再者就是形成天然气水合物的可能性显著增加了。

四、井眼清洁困难

从井筒内除去钻屑是钻井作业中非常重要的部分。任何井眼都应该保持有效地清洁，无法有效清除钻屑将出现大量钻进复杂情况：起下钻过提力太大、顶驱 / 转盘扭矩高、卡钻、井眼堵塞、地层破裂、钻速低、循环终止等。

深水钻井液体系的井眼净化能力直接影响钻进效率、井身质量及钻进安全等重要问题。在深水钻井时，由于井眼、套管、隔水管的直径都比较大，如果钻井液流速不足，就难以达到清洁井眼的目的，因此对钻井液清洁井眼的能力提出更高的要求。对于大直径井段，应用常规措施时，钻井液上返流速不足以达到清洁井眼的目的。一般采用稠浆清洗、稀浆清洗、联合清洗、增加低剪切速率黏度，以及有规律短起下钻等方法来清除钻屑。使用与钻井过程中钻井液黏度不同的钻井液清除钻屑的效果明显，如果所使用的钻井液本身很稀，清洗钻屑时可以扫稠浆进行清洗。同时，使用增压泵也可以大大提高大直径隔水管中井眼的清洗能力。

五、钻井液用量大

在深水环境下，钻井作业所需的钻井液用量将远远大于其他同样地下深度的井。在海洋钻井中需要采用隔水管，而在深水钻井中，由于水深不断增加，隔水管内的钻井液体积至少有 300m³，再加上平台循环系统，需要的钻井液体积要比其他同等地下深度的钻井液循环总量要大得多。在钻井过程中，对钻井液需要采取适当的稀释以调控钻井液性能，从而增加了钻井液的用量。图 4-4 为深水钻井所用的隔水管伸缩节。

图 4-4　深水钻井所用的隔水管伸缩节

在钻井过程中，有效使用固控设备，将钻井液中的钻屑含量控制在适当范围内，对钻井液回收循环利用，可以节省大量的钻井液费用。深水钻井的经验表明：深水钻井时至少应该配备有三台高频的振动筛及大流量的固控设备；在非加重的钻井液体系中，固相的有效清除效率应大于 75%。

六、钻井液密度

钻井液的密度是进行各种钻井施工和设计的必要基础数据。钻井液密度随温度的降低而增加，其原因是钻井液受“热胀冷缩”影响，低温下其密度必然要发生某些变化。在对天然气水合物勘探开发中，低温除对钻井液密度有上述影响外，还会引起钻井液中黏土颗粒水化膜变薄、颗粒间距减少，导致单位体积颗粒含量增大，引起钻井液密度增大；同时，钻井液由井底到井口的钻井液密度不等，对钻井液性能的整体稳定不利。

在深水钻井条件下，不同海水深度和温度梯度环境将对钻井液密度产生影响。随着水深的增加，钻井环境的海底海水温度越来越低，低温环境给钻井及生产作业带来很多问题。在低温条件下，钻井液的流变性会发生较大变化，具体表现在黏度、切力大幅度上升，还可能出现显著的胶凝现象。

七、地层孔隙压力和破裂压力之间“窗口”狭窄

深水区域上覆岩层相当一部分由海水所替代，因此上覆岩层压力与陆地上以及浅海区域的相比偏低，由于地层具有较低的破裂压力而孔隙压力变化较小，这就导致孔隙压力与破裂压力之间的差非常小。对于相同沉积厚度的地层来说，随着水深的增加，地层的破裂压力梯度在降低，破裂压力梯度和地层孔隙压力梯度间的窗口较窄，深水钻井作业尤其是表层地层容易出现井漏等井下复杂情况。图 4-5 为深水钻井作业窄窗口示意图。

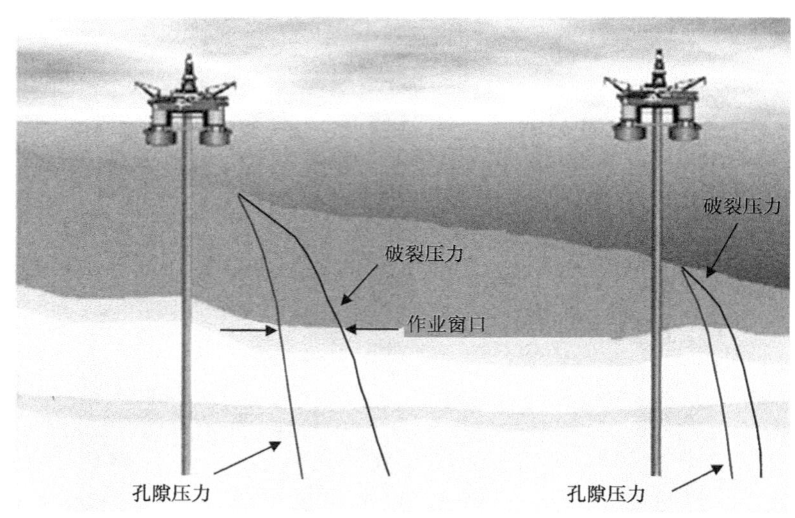

图 4-5　深水钻井窄作业窗口示意图

八、环境可接受性

我国的海洋油气开发事业起步较晚，所用的钻井液基本沿用了陆地钻井液的体系，但适用于海洋的钻井液与陆地的有较大区别，主要表现在以下两个方面：

（1）海洋钻井液一般用海水配制钻井液，而海水的矿化度高（平均为 4%），要求处理剂有较好的耐盐性；

（2）海洋中生活着大量的生物，如果排放到海洋中的钻井液有较强的毒性或难生物降解，就会引起大量生物的死亡，破坏生物链，不易降解的物质还会聚集于海洋生物体内，最终危害人类健康。因此海洋用钻井液要求无毒、可生物降解、对环境无污染、钻屑和废弃钻井液可直接向海洋排放。

第二节　深水钻井液体系研究与应用现状

目前世界上深水钻井最活跃的地区（墨西哥湾、西非和巴西等）常用的钻井液体系有高盐 / 木质素磺酸盐钻井液体系、高盐 /PHPA（部分水解聚丙烯酰胺）聚合物加聚合醇钻井液体系、高性能水基钻井液体系、油基钻井液体系以及合成基钻井液体系等。

一、深水上部井段钻井液

深水钻井安装防喷器和隔水管之前称为上部井段钻进或无隔水管钻进，此时由于没有建立循环通道，钻井液只能循环返至海底。上部井段的钻井工艺决定了只能使用水基钻井液，一般采用海水钻进，中途每钻进半根或一根立柱用稠浆清扫一次井眼；钻进至设计井深，循环短起后，在井底替垫底稠浆，保证井壁稳定，使套管顺利下入。

中国南海已钻的深水井的上部井段钻进大部分采用此类钻井液体系：清扫稠浆一般是膨润土浆或瓜胶，垫底稠浆一般是膨润土浆或由氯化钙盐水稀释而成。这和浅水表层的钻井液工艺区别不大。表 4-1 是某深水井使用的上部井段钻井液性能。

表 4-1　某深水井上部井段钻井液性能

钻井液类型	密度（g/cm^3）	6r/min 读数	MBT（kg/m^3）
清扫浆	＜ 1.08	＞ 40	＞ 57
垫底浆	1.22	20~35	14~28

此段钻井液工艺比较特殊之处是对浅层地质灾害的应急处理措施。浅层地质灾害主要是包括浅层气和浅水流，在 90~800m 都有发现，其孔隙压力大于海水梯度，通常在 1.12~1.14g/cm^3 之间，浅层地质灾害严重时能够完全冲蚀井口周围的海床，导致井眼报废，在钻井设计时必须考虑预防和应急措施。

对于浅层地质灾害存在与否没有太大把握时，特别是新区块，通常的做法是采用 PAD（Pump and Dump）技术或动态压井技术（DKD）技术。中国南海第一口水深超千米的深水井即在上部井段钻进时准备了动态压井钻井（DKD）设备，以防可能遇到的浅层气。此时使用专门配制的钻井液替代海水加稠浆，是由预先配制的高密度钻井液与海水、盐水等混合稀释而成。但一旦应用该技术，就需要大量专门配制的钻井液，给后勤供应带来很大的挑战。表 4-2 是墨西哥湾某深水井在遇到浅水流后使用动态压井钻井技术高密度钻井液的消耗量，不到 700m 井段，使用高密度钻井液近 3000m^3。

表 4-2　墨西哥湾某深水井 DKD 技术钻井液消耗量

井眼尺寸（mm）	井段长度（m）	重浆体积（m^3）
660.4	696	2934

二、深水隔水管段钻井液

（一）水基钻井液体系

水基钻井液具有性能优良、成本低及环保等优点，已被广泛用于深水钻井作业中，但其在深水钻井作业中应用时面临着复杂地层井壁失稳以及天然气水合物等突出问题，目前主要通过无机盐、聚合醇以及聚胺等抑制剂抑制海底泥页岩水化分散，通过添加水合物抑制剂等抑制水合物的生成。

（二）高盐/聚合物钻井液体系

高盐/聚合物钻井液广泛用于早期的深水钻井中，主要包括高盐/PHPA钻井液体系、高盐/聚合物/聚合醇钻井液体系等，其常用处理剂有NaCl、KCl、PHPA、聚合醇、乙二醇等，该类钻井液具有如下优点：（1）生物毒性低；（2）生物降解快；（3）有效抑制天然气水合物的生成。但是，由于该体系中含有高浓度的盐类，因而无法获得相对密度低于1.20的体系。同时，在使用该体系，为了确保井眼清洁、维护钻井液性性能，必须经常进行短起下钻，这将很大程度上降低了钻井速度，增加钻井时间，从而导致钻井成本的增加。该体系在pH值为中性时抑制岩屑效果最好，盐度可以达到饱和；在高盐环境下使用效果更好，因而适用于活性页岩地层。

挪威是从事海洋深水钻井较早的国家之一。Eirik Rgrd等报道了挪威深水水基钻井液设计的一个实例。该井所处海域水深837m，海底温度-2.5℃，静水压力超过11MPa，极易引起水合物生成，因此所使用的钻井液需要有较好的水合物抑制性、页岩抑制性，并能稳定井壁及避免钻头泥包。作业者通过高浓度的NaCl，配合使用KCl、聚合醇（PAG）和乙二醇单体的混合物作为水合物抑制剂，加量极少即可获得很好的水化抑制效果，且能够抑制任何水合物的形成；用低黏聚阴离子纤维素PAC和淀粉以1：2的比例复配成降滤失剂和增黏剂控制钻井液的滤失量和流变性能；用精细加工的生物聚合物辅助悬浮钻屑；用具有浊点效应的一种聚烯醇（加量为3%~4%）来改善泥饼质量，从而改善滤失性能。

针对墨西哥湾地区普遍存在的与泥岩活化度高有关的钻井复杂情况不断增多的现象，工程师们开发了第二代$CaCl_2$聚合物钻井液。它是在第一代$CaCl_2$钻井液的基础上进行了改性，用一种高分子量的聚合物包被剂替代原有的聚合物，并加入不受固相浓度影响的、特制低分子量的羟乙基纤维素控制滤失量。该钻井液体系在墨西哥湾地区水深1422.8m深水井中得到成功应用，克服了第一代$CaCl_2$钻井液糊振动筛的缺点，没有出现跑、漏钻井液现象；井下工具和井下划眼钻具处没有出现泥包现象及相关问题。

目前，高盐/聚合物钻井液常用于无复杂地层情况的深水井中，如中国南海的第二口深水井白云6-1-1井（水深1036m），三开钻领眼和扩眼过程中均使用NaCl/PHPA水基钻井液（NaCl/POLYPLUS），该钻井液体系的好处是NaCl对水合物的生成有较强的抑制作用，表4-3是该井三开井段钻井液体系的主要性能。

表4-3　白云6-1-1井所用的NaCl/POLYPLUS钻井液体系的主要性能

密度（g/cm^3）	塑性黏度（mPa·s）	屈服值（Pa）	高温高压滤失量（mL）	温度（℃）
1.17	11	20	5.2	20

（三）强抑制高性能水基钻井液

强抑制高性能水基钻井液体系是近年来在深水钻井中应用效果最好的水基钻井液，已成功应用于墨西哥湾、中国南海、巴西海域和哥伦比亚海域等地。其关键处理剂为低分子胺基聚合物、阳离子聚合物作为包被剂；钻速提高剂（或清洁剂）可以防止钻头泥包并起润滑作用，通过无机盐或醇类抑制水合物生成，针对不同地层选用 KCl 或铝酸盐络合物协同封堵防塌，PAC 和改性淀粉作为降滤失剂，必要时选用碳酸钙等作为桥堵剂。其强抑制机理为钻井液中的聚胺分子部分解离形成铵基阳离子，中和黏土表面的负电荷、降低黏土水化斥力；与此同时，聚胺可与黏土表面的硅氧烷基形成氢键，吸附在黏土表面，静电引力与氢键共同作用压缩黏土层，减弱黏土水化；聚胺分子链上的聚氧丙烯疏水基覆盖在黏土表面，降低黏土亲水性，阻止水分子进入黏土内部，进一步抑制黏土的水化膨胀。

高性能水基钻井液具有极强的抑制页岩分散和黏土聚结泥包功能，性能接近于油基钻井液，而且用量少、可重复使用，符合海洋环保要求、可直接向海上排放，大幅减少了钻井液废弃物的处理工作，节约了作业成本。

中国南海第一口水深超千米的深水井隔水管段钻进使用的即是此类钻井液体系，该钻井液体系表现出许多油基钻井液的特点，如良好的润滑性、高的机械钻速、较强的井壁稳定及页岩抑制性，该井三个井段的钻井液技术要点为：良好的流变性、超强的抑制造浆、井壁稳定、防止井漏和防止天然气水合物的形成，表 4-4 为该钻井液的主要性能。

表 4-4 高性能水基钻井液体系的主要性能

井眼尺寸（mm）	温度（℃）	密度（g/cm^3）	塑性黏度（mPa·s）	屈服值（Pa）	API 滤失量（mL）
444.5	20	1.15	26	15.8	2.4
311.2	20	1.25	27	17.3	4.1
215.9	17	1.17	17	13.4	3.6

在巴西深水成功应用的聚胺高性能钻井液中，使用可变形胶体在砂岩孔喉和页岩微裂隙中架桥封堵形成内泥饼，降低滤液侵入速度并提高地层强度；KCl 和聚胺复配使用实现了对黏土地层的强抑制作用；铝酸盐络合物进入页岩基质后通过降低 pH 值或与地层流体中高价离子发生反应而胶结沉淀，协同胶粒的物理封堵作用形成选择性渗透膜。该体系已在多口深水定向井中使用，其体系组成见表 4-5。

表 4-5 高性能水基钻井液体系组成

处理剂	含量（kg/m^3）
聚胺抑制剂	17.1
重晶石	114.1
KCl	45.7
NaCl	108.4
PAC-LV	5.7
PAC-R	4.3
黄胞胶	2.9
聚合物封堵剂	2.0

续表

处理剂	含量（kg/m^3）
碳酸钙	28.5
改性淀粉	5.7
钻速提高剂	5.7

注：钻井液相对密度为 1.198。

在黑海地区的深水钻井中，钻遇高活性页岩地层时经常引起钻井事故。在水深 2018m 的深水井中使用了聚胺高性能水基钻井液，顺利钻穿大段活性黏土层，缩短了工时。在东墨西哥湾地区 2 口水深分别为 2774m 和 2730m 的深水探井中使用了聚胺高性能水基钻井液，钻速可达 156.3m/d。体系中加入 15%~20% NaCl 抑制水合物生成，使用生物基聚合物 XC 提高低剪切速率黏度，聚胺的使用提高了 XC 的热稳定性，使该体系可在 149℃范围内维持良好的流变性。墨西哥湾 Lloyd Ridge 油田中一口井使用该体系的配方组成和性能分别见表 4-6 和表 4-7。

表 4-6　高性能水基钻井液体系的配方组成

组分	NaCl（20%）（kg/m^3）	降滤失剂（kg/m^3）	XC（kg/m^3）	页岩抑制剂（kg/m^3）	包被剂（kg/m^3）	防聚结剂（kg/m^3）
含量	191	7.1	5.7	40	8.5	30

表 4-7　高性能水基钻井液体系性能

切力	密度（g/cm^3）	温度（℃）	PV（mPa·s）	YP（Pa）	滤失量（$mL/30min^1$）
初始	1.13	49	17	22	3.8
最终	1.14	49	22	28	2.6

2004 年，东墨西哥湾钻成了两口创纪录超深水井。这两口井是在墨西哥湾水深大于 2133.6m 下所钻的最快的井，使用了高性能水基钻井液（WBM）来钻中间井段。该钻井液具有与合成基钻井液（SBM）相媲美的性能，其优势是允许在这种环境敏感性近海区域处理岩屑。由于不用把岩屑带到海岸进行处理，因而节省了大量的费用；其还具有下套管和注水泥时不会出现漏失及更容易进行置换的优点。该钻井液可以储存起来重复使用，可以称为 SBM 岩屑“零排放”。使用高性能的 WBM 避免了每口井大约 318m^3 岩屑的运输和处理，避免了下套管和注水泥时钻井液的漏失，从而降低了成本。

在墨西哥湾深水区域 1503m 的开发井中，曾试验用一种新研制的高性能水基钻井液（HPWBM）。该钻井液的目标是达到与合成基钻井液（SBM）体系相近的钻井效果，并达到美国环保法规的要求，应用该钻井液的钻井及下套管过程均很顺利。完井期间，当盐水浊度降至 20NTU 时，盐水滤失长达 10.5h。这与邻井中使用 SBM 体系所需的时间相类似，在 20.5h 的滤失时间后盐水的清洁度达到 49NTU。这表明采用 HPWBM 体系比用 SBM 体系缩短了 10h 安装时间，节省了大笔费用。钻井承包商还节省了使用 SBM 体系时用于安装相关设备所需的 50000 美元，人们曾预计该井的产量不理想，但套管射孔投产后发现该井是深水油田产量最高的油井之一。

（四）油基/合成基钻井液体系

1. 油基钻井液体系

油基钻井液一般是低毒矿物油钻井液，主要具有以下优点：（1）具有较强的水合物抑制性；（2）高温高压滤失量低，造壁性强，形成的井壁滤饼具有较好的韧性及润滑性；（3）具有强的携屑和悬浮能力，井眼清洁情况良好等。

使用油基钻井液时，为防止污染海洋环境，油基钻井液及钻屑不允许直接排海。完成作业后，所用的油基钻井液须回收运回陆地处理，井筒内的油基钻井液应替出或通过弃井水泥塞封存于井下。钻屑要经过处理，使其中的含油量达到国家排放标准后再进行排海。目前，油基钻井液在西非和中国南海等地区的钻井作业中已经成功应用。

白云 6-1-1 井从四开钻进开始到完钻均使用 VERSACLEAN 油基钻井液体系，该体系采用食品级白油作为基油，在深水钻井作业中已广泛使用，其具有较强的水合物抑制性、高温高压滤失量低、造壁性强、形成的井壁滤饼具有较好的韧性及润滑性、携屑和悬浮能力强、井眼清洁情况良好，表 4-8 和表 4-9 所示分别为该井使用的 VERSACLEAN 油基钻井液的基本配方和主要性能。

表 4-8 VERSACLEAN 钻井液的基本配方

材料	功能	含量
钻井水（%）	水相	30
低毒矿物油（%）	连续相	70
Versamul（kg/m^3）	主乳化剂	11.4
Versacoat（kg/m^3）	润湿剂/乳化剂	5.7
95%$CaCl_2$（kg/m^3）	活度控制	92.5
Versatrol（kg/m^3）	降滤失剂	5.7
Lime（kg/m^3）	碱度控制剂	17.1
Barite（kg/m^3）	加重剂	231.9
VG-plug（kg/m^3）	主增黏剂	20.0

表 4-9 VERSACLEAN 油基钻井液的基本性能

温度（g/cm^3）	密度（g/cm^3）	塑性黏度（mPa·s）	屈服值（Pa）	油水比	破乳电压（V）
20	1.20	20	18	75:25	＞400

白云 6-1-1 井采用 VERTI-G Cutting Dryer（垂直式岩屑甩干机），对油基钻井液的岩屑进行甩干，岩屑含油量达到环保要求后排海，回收的油基钻井液送到容器，然后再送到平台上的常规离心机分离固相。

2. 合成基钻井液体系

合成基钻井液在世界深水钻井作业中已大量应用，其种类很多，第一代以酯、醚、聚-烯烃基钻井液为代表，第二代合成基钻井液以线型 α—烯烃、内烯烃和线型石蜡基钻井液为代表。该钻井液体系具有合适的流变性，能够满足温差的巨大变化，在深水钻井时表现出良好的性能，主要包括如下几点：（1）钻速快；（2）抑制性好；（3）优异的钻屑悬浮能力和低的循环压耗；（4）好的润滑性和触变性能；（5）井壁稳定；（6）有利于油层保护;（7）无毒，可生物降解等。

到目前为止，以酯/烯烃混合物为基液的合成基钻井液已在多口井进行了应用，包括水深超过2438.4m的井和大陆架地层温度超过176.7℃的区域。

墨西哥湾一口作业水深3051m的深水井12¼in×16½in×19½in井段的合成基钻井液配方和性能分别见表4-10和表4-11。

表4–10 合成基钻井液体系配方

有机土（kg/cm³）	$CaCl_2$（%）	乳化剂（L/cm³）	桥堵剂A（kg/cm³）	桥堵剂B（kg/cm³）	桥堵剂C（kg/cm³）
9.4~11	21~26	42.8~47.6	0~28.4	2.84~8.52	0~14.2

表4–11 合成基钻井液性能

密度（g/cm³）	PV（mPa·s）	YP（Pa）	高温高压滤失量（mL/30min）	油水比
1.12~1.22	36~50	8~13	3.2~4.0	67：33/74：26

在墨西哥湾深水地区的小井眼侧钻超深井中，成功应用了合成基钻井液。在进行深水钻井时，最初选用了盐水/淀粉/聚合醇水基钻井液，由于井下条件恶化，发生了压差卡钻，因此选用了合成基钻井液，顺利完钻。合成基钻井液的综合性能优于水基钻井液和油基钻井液。实践证明，使用合成基钻井液可以减少事故发生的概率。1996—1997年期间，阿莫克公司的深水钻井史上，使用合成基钻井液处理钻井事故时间缩短69%，大大减少了钻井周期。尽管与水基钻井液相比，合成基钻井液成本高，但经综合计算后，钻井综合成本降低55%，钻速提高达70%。但其环境影响问题仍需进一步研究。

2002年4—11月，马来西亚在沙巴海岸应用合成基钻井液钻了5口超深水井，水深为1305~1876m。所有井使用了同样的钻井程序，并都达到了预期深度，而且5口井的成本都在预算范围内，泥线下平均钻速约为88m/d，已接近墨西哥湾的钻速。

Mike McFadyen等介绍了一种新型合成基钻井液体系的首次现场应用情况，该体系含有IO和酯、无黏土，符合EPA标准，首次在水深1219.2m、井深4572.0m的墨西哥湾深井中使用，井底钻井液相对密度为1.524，低温下黏度降低，超出40~120℃温度范围是流变性保持稳定，且比其他合成基钻井液易于控制。虽然其成本比常用的合成基钻井液每桶贵20美元，但综合考虑，两者的综合成本相差不大。

Dieffenbaugher J.等介绍了墨西哥湾的Alaminos峡谷的一口水深创世界纪录的深水井，该井水深为3051m，钻深6917m，中下层井段选用了一种环境可接受的专用合成基钻井液体系。该体系有环境可接受的合成基液、有机土、$CaCl_2$、乳化剂和桥堵剂组成，各组分根据不同井段的要求加量不同。该钻井液性能良好，可接受地层流体侵入，易于维护处理。该井提前完钻，大大降低了钻井成本，达到了预期效果。

（五）“恒流变”钻井液体系

油基/合成基钻井液具有机械钻速高，井壁稳定性好等优点，但该类钻井液的流变性在深水低温环境下会发生较大变化，具体表现在黏度、切力大幅度上升，还可能发生快速胶凝作用，从而导致破胶循环困难。流变性的改变会严重影响循环当量密度和井眼清洁，这大大增加了井漏的风险。

"恒流变"概念是相对于常规油基钻井液提出的，是指钻井液在较大的温度范围内（4.4~65℃）保持相对稳定的Φ6读数、动切力和10min静切力。恒流变钻井液与常规油基/合成基钻井液的主要区别在于流型调节剂（或增黏剂）的改进。早期的恒流变钻井液依靠多种处理剂的共同作用实现"恒流变"，包括2种有机土、1种乳化剂、1种润湿剂和2种流型调节剂，其典型配方见表4-12。表4-13为常规合成基钻井液与恒流变合成基钻井液的性能对比。

表4-12　第一代恒流变钻井液体系的典型配方

材料	加量
基液	取决于设计的油水比
有机土A（kg/m^3）	2.9~8.6
有机土B（kg/m^3）	1.4~2.9
石灰（kg/m^3）	5.7~11.4
乳化剂（kg/m^3）	20.0~28.5
润湿剂（kg/m^3）	2.9~8.6
$CaCl_2$盐水	取决于设计的油水比
流型调节剂A（kg/m^3）	2.9~5.7
流型调节剂B（kg/m^3）	1.4~4.3
流型调节剂C（kg/m^3）	0~2.9
降滤失剂（kg/m^3）	1.4~5.7
重晶石	根据钻井液密度需要

表4-13　常规合成基钻井液与恒流变合成基钻井液的性能对比

钻井液类型	温度（℃）	PV（mPa·s）	YP（Pa）	Gel（Pa）	ECD（g/cm^3）
常规合成基钻井液	4.4	114	37.3	16.8/27.3	1.69
	26.7	68	19.1	8.6/17.7	
	65.6	36	11.5	5.3/10.5	
恒流变合成基钻井液	4.4	56	12.9	6.7/17.2	1.66
	26.7	29	12.4	7.1/17.2	
	65.6	23	12.4	7.1/15.8	

随着流型调节剂和乳化剂的改进，最新的恒流变体系简化了配方（表4-14）。其实现"恒流变"的关键处理剂是一种酰胺类温敏聚合物，该聚合物作为流型调节剂，通过与有机土配合使用实现对钻井液流变性的调控。"恒流变"特性的实现机理为：

随温度升高，温敏聚合物分子链末端的活性酰胺基团与钻井液中的固相和胶粒反应并黏附在其表面，形成空间结构，实现增黏；而在低温下（21℃）其活性降低，酰胺基团卷曲，减弱了与其他组分的相互作用而不发生增黏。与之相反，有机土在低温下具有显著的增黏作用，两者配合使用实现了一定温度范围内的"恒流变"。

此外，基液也是影响油基/合成基钻井液流变特性的重要因素，在深水钻井中应用最多的是合成基液，主要包括线性α—烯烃、内烯烃及烯烃与酯类的混合基液等。基于成本和材料来源等方面的考虑，在恒流变合成基钻井液配方中，也可使用低毒矿物油代替合成基液作为钻井液基液，如MI-SWACO公司在中国南海深水钻井中成功使用的以精制白油为基液的恒流变油基钻井液。需要指出的是，"恒流变"的定义中并不包括塑性黏度，因为正常情况下恒流变钻井液塑性黏度随温度、压力的变化并不会对当量循环密度的控制、井眼清洗以及重晶石沉降的控制产生负面影响。

表4-14　新型恒流变钻井液体系的典型配方

处理剂	加量
基液	取决于设计的油水比
有机土（kg/m^3）	2.9~8.6
石灰石（kg/m^3）	5.7~11.4
乳化剂（kg/m^3）	22.8~34.2
$CaCl_2$盐水	取决于设计的油水比
流型调节剂（kg/m^3）	2.1~4.3
降滤失剂（kg/m^3）	1.4~5.7
重晶石	根据钻井液密度需要

恒流变钻井液已成功应用于数百口深水井中，可在大温差范围内保持稳定的切力，改善井眼清洗和悬浮岩屑能力，降低循环当量密度，减少漏失。由于作为连续相的基油可以防止水合物的生成，而常用的$CaCl_2$盐水作为分散相时，高浓度的$CaCl_2$可有效抑制水合物在水相中的生成。因此，与水基钻井液相比，油基/合成基钻井液中水合物的生成问题并不突出。2009年在中国南海完成的水深1370~1670m的5口深水井中使用了以白油为基液的恒流变钻井液，解决了该地区以往出现的严重漏失情况，节约了大量成本。2010年在巴西东部海域完成的水深2160m的深水井中，存在大段盐岩层和盐泥混层，使用恒流变合成基钻井液顺利完钻。

（六）其他钻井液体系

除了以上的钻井液体系外，国外深水钻井还应用了其他的一些钻井液体系。

柴油基钻井液曾一度因其低廉的价格和优良的保护井壁作用而得到广泛应用，但其对环境有极大的危害，并且对人体健康也有不利影响，可引起眼部和呼吸道疼痛，影响记忆力等。1999年2—3月在美国德州奥斯汀举行的SPE/EPA会议上报道了一种符合环境安全要求的油基钻井液体系。该体系使用矿物油（芳香族含量＜0.1%）和棕榈油（完全不含芳香族）代替柴油，矿物油和棕榈油均无毒，并且易生物降解，有较好的环境可接受性，对环境影响极小。

巴西Albacora油田，水深454m的AB-L57B井，以常规钻井钻至井深2800m（垂深2563m），244.5mm套管下入到井斜角为31°的斜井段。目的层是两个夹杂着页岩的砂岩井段，孔隙压力当量密度约是0.816kg/L。215.9mm钻头钻至井深2989m（垂深2725m），使用了密度0.864kg/L的充氮水基钻井液。使用充氮水基钻井液降低了对地层损害，防止或减少了井眼问题（例如不同程度的卡钻、循环漏失等），降低了钻井成本。

三、国内深水钻井液技术研究现状

中国深水钻井液技术研究起步较晚，近年来部分科研院校陆续开展了一些基础研究工作。中国石油大学（华东）邱正松和徐加放等研制了深水钻井液基本性能评价装置对国内常用钻井液处理剂进行了评价、分析和优选，确定了2套深水钻井液配方，分别适用于深水浅部地层和深部地层的钻井；所确定的钻井液配方在15MPa、4℃条件下能抑制水合物生成，即可用于1500m深水区进行钻井作业；对不同性质泥页岩的水化分散也均有较好的抑制效果，有利于防止井壁坍塌、保持井壁稳定；抗膨润土和劣质土的能力都较强，钻井液流变性和滤失性均变化不大；均具有较好的环境可接受性。

长江大学岳前升等实验研究了乳化剂类型、有机土加量等因素对钻井液性能的影响，优选出了适用于深水钻井的线性α—烯烃合成基钻井液和矿物油基钻井液，并考察了乳化剂类型和加重材料等因素对合成基钻井液低温流变特性的影响。许明标等分别建立了聚α—烯烃合成基深水钻井液体系和水基恒流变钻井液体系。胡三清等分别建立了以白油为基油的低毒油基钻井液体系和以线性α—烯烃为基液的合成基钻井液体系。

霍宝玉等从海水钻井液体系的稳定性入手，以生物聚合物黄包胶稳定流型，以聚阴离子纤维素、淀粉降低滤失量，以无机盐稳定地层泥页岩，以聚合醇降低体系摩阻，通过室内实验对各种处理剂的合理配比，研制出了一种无黏土相深水恒流变钻井液体系。该体系在不同测试温度下具有恒定的动切力、良好的触变性、较强的剪切稀释性，易形成平板流，携岩能力强。该钻井液静置24h不析水、不下沉，突破了以往海水膨润土钻井液易引起水土分层、重晶石下沉等现象，抑制性强、具有较强的抗污染能力和储层保护性能，可满足海洋深水钻井需要。

白小东对水合物形成机理作了研究，确定了水合物抑制剂官能团并对合成单体进行了优选，采用乳液聚合方式合成出天然气水合物动力学抑制剂HBH，通过模拟四氢呋喃水合物的形成过程，以中海油服公司广泛使用的水基钻井液为基础，研究了适用于深水钻井的具有水合物抑制性的水基钻井液体系及配方，并对该体系的水合物抑制性、流变性及失水量控制进行了评价。该文对HBH抑制水合物的机理进行了初步研究，实验表明抑制剂分子链段越长，水合物晶核链的缠绕几率，水合物晶体聚集越快，抑制性较差；分子量适中的抑制剂比较容易进入水合物的笼型结构中，抑制性较好，其最佳分子量在20万左右。

胡友林等通过室内实验优选出了深水线型α—烯烃合成基钻井液配方：（线型α—烯烃：20%$CaCl_2$水溶液＝8：2）＋3%乳化剂＋3%有机土＋3%Hi-FLO＋2%CaO＋重晶石加重，并模拟深水作业温度环境研究了其低温流变性。研究结果表明，钻井液的黏度随着温度降低上升，而钻井液的$\Phi6$和$\Phi3$读数、动切力几乎不受温度影响；采用DSC技术研究了优选的深水合成基钻井液在20MPa、0℃条件下无气体水合物生成；室内实验研究结果表明，优选的合成基钻井液具有较好的抗温能力、抑制性、储层保护能力。

吴彬等对海洋深水表层动态压井钻井液体系进行了研究，合成了满足动态压井钻井液需求的增黏剂ZVS，该增黏剂具有钝化后不增黏以及激活后迅速增黏的双重特点。将主添加剂（增黏剂ZVS）与海水、降滤失剂、钝化剂、加重剂等添加剂构建一套可泵性强的高密度基浆，通过动态压井钻井液（DKD）与辅添加剂（激活剂）和海水混合，形成满足动态压井钻井作业性能需求的钻井液，分别确定了有黏土相动态压井钻井液体系及无黏土相动态压井钻井液体系。有黏土相基浆配方：4%海水浆+0.4%LV-PAC+0.3%XC+0.3%钝化剂+6%增稠剂ZVS（重晶石加重到密度为1.92g/cm^3）；无黏土相基浆配方：海水+0.2%~0.4%LV-PAC+0.5%~0.6%XC+0.3%钝化剂+6%~12%增稠剂ZVS（重晶石加重到密度为1.92g/cm^3）；稀释剂均采用以下配方：海水+0.2%激活剂JH-1+0.2%抑泡剂F-1。研究表明构建的动态压井钻井液体系基浆具有良好的可泵送性，经海水稀释并激活后，能满足深水钻井的需求。

王荐等对海洋深水高盐阳离子聚合物钻井液[14]进行了室内实验研究，优选出了适合海洋深水钻井作业的高盐阳离子聚合物钻井液配方，即通过加入20%NaCl有效抑制气体水合物的生成，同时以高分子量阳离子聚合物作为黏土稳定剂，通过加入沥青类防塌剂和淀粉类降滤失剂来改善泥饼质量和控制体系滤失量。室内性能评价实验表明，所配制的钻井液具有良好的抑制钻屑水化分散和稳定井壁的能力，同时具有较强的抗温性、抗污染能力以及良好的抑制性和油气层保护能力，能够满足海洋深水钻井作业的需要。

王松等对保护储层与环境的深水钻井液[15]进行了室内研究，研究配制了一种深水水基钻井液体系：在海水中分别加入了适量的优质膨润土、增黏剂、降滤失剂、防塌剂及水合物抑制剂。室内试验结果表明，该体系具有明显的水合物抑制能力，加重后流变性好，抗侵污能力较强：抗钻屑达10%，抗NaCl达15%，抗$CaCl_2$达0.3%；热滚回收率高，抑制性强，在相同条件下与合成基钻井液的热滚回收率相等；保护油气层效果好，其渗透率恢复率可达90%以上；所选用的处理剂及配制的钻井液均无生物毒性，可以满足海洋深水钻井的要求。

赵欣等对深水聚胺高性能钻井液[16]进行了试验研究，基于井壁失稳与防塌机理研究，通过聚醚二胺与环氧乙烷聚合反应，合成了聚胺强抑制剂SDJA，该抑制剂可进入黏土间层，通过静电吸引吸附在黏土颗粒表面，抑制黏土水化。以聚胺抑制剂SDJA作为关键处理剂，考虑水合物抑制及低温流变性等因素，通过优选处理剂，构建了适用于深水钻井的聚胺高性能钻井液体系，并对其进行了综合性能评价。实验结果表明，该钻井液可抗150℃高温，且低温流变性优良，2℃和25℃的表观黏度比和动切力比分别为1.36和1.14；其抑制页岩水化分散效果与油基钻井液相当，体现了其强抑制特性；在模拟1500m水深的海底低温高压（1.7℃，17.41MPa）条件下，具备120h抑制水合物生成的能力；抗钙、抗劣土污染能力较强；无生物毒性，能满足深水钻井环保要求。其主要性能指标基本达到了用于深水钻井的同类钻井液水平，可满足深水钻井要求。

岳前升等对基于深水钻井的新型矿物油基钻井液进行了性能研究，研制出了一种新型矿物油钻井液[9]，通过测定其在不同组成时的黏温特性，研究了基础油、乳化剂种类、有机土加量、油水比以及钻井液固相含量等对油包水钻井液低温流动性影响，探讨了低黏矿物油钻井液对气体水合物生成的抑制性。基础油的低温黏度是影响油包水钻井液低温流动性的关键因素，其次是乳化剂种类、有机土加量和油水比，而惰性固相加重材料对油包水钻井液低温增稠作用影响较小。在此基础上，优选出低黏矿物油钻井液配方：70%低黏

矿物油 +30% 盐水 +2% 有机土 +3% 乳化剂 +0.5% 润湿剂 +3% 降滤失剂 +2% 石灰石，该钻井液具有较好的低温流变性、性能稳定，能有效抑制气体水合物生成，可以应用于深水钻井作业。

贾艳秋等通过室内试验优选出了深水水基钻井液[17]配方：3% 海水土浆 +20%NaCl+5% 乙二醇 +0.5%PLUS+0.1%XC+2%SMP+2%TEMP（重晶石加重至 1.15），模拟深水作业温度环境，使用黏度计测试了优选的深水水基钻井液的 0℃、4℃、10℃、15℃、20℃的流变性，采用 DSC 技术研究了优选配方在 20MPa、0℃条件下抑制气体水合物生成能力。研究结果表明，优选配方具有良好的低温流变性、气体水合物抑制能力、抗温性、抗污染能力、抑制性和储层保护能力，能够满足深水钻井的使用要求。

总体来看，中国的深水钻井液技术研究主要集中在钻井液配方的室内优化，缺乏核心产品与技术的自主研发，整体上与国外仍有较大差距。目前尚不具备进行自主现场实践的条件，这也制约了中国自主的深水钻井液工艺的发展。

四、国内外典型的深水钻井液体系实例

（一）HEM 钻井液体系

中海油田服务股份有限公司田荣剑等研制了环保型水基钻井液体系 HEM[18]，2011 年，该公司拥有自主产权的 HEM 深水钻井液体系在“南海五号”平台试验成功，目前已经在南海海域成功应用多口深水井，最深作业水深 1390m，最深井深 4239m，最低泥线温度 3℃。

HEM 钻井液是一种强抑制、无土相、高性能深水钻井液体系，适用于大段泥页岩和环境要求苛刻的地层，具有优良的低温流变特性，保证良好的低温过筛能力，强的抗盐、抗钙、抗污染能力，油水界面张力低，储层伤害小；体系可以循环使用。表 4-15 为 HEM 钻井液体系的典型配方。

表 4-15 HEM 钻井液体系的典型配方

材料	功能	推荐含量（kg/m^3）
PF-UCAP	包被剂	5~10
PF-FLOTROL	降滤失剂	10~30
PF-XC	提切剂	2~4
PF-UHIB	泥页岩抑制剂	20~40
PF-HLUB	防泥包润滑剂	10~20
PF-FT-1	井壁稳定剂	10~20
NaCl	水合物抑制剂	按需至饱和
KCl	抑制剂	50~70
重晶石	加重剂	按需

1. 性能特点

1）优良的低温流变性

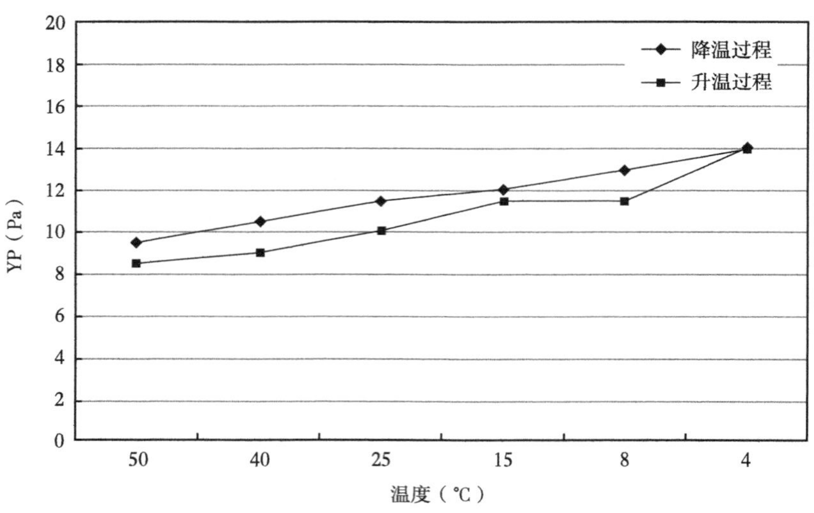

图 4-6 HEM 钻井液体系的屈服值（YP）随温度变化曲线

HEM 体系中 PF-UHIB 能够缩小黏土晶层之间的距离，有效地减少页岩从周围的溶液中吸附水分子的倾向；同时，体系中 PF-UCAP 的黏均分子量较小，低温下对黏度影响较小。因此 HEM 体系在经历降温和升温的变化过程中，体系的黏度和切力变化较小，具有很好的低温流变特性。

2）强的抑制性

HEM 体系中的 PF-UHIB 能有效抑制泥页岩的水化分散，同时，低分子量包被剂 PF-UCAP 能够有效包被钻屑，防止其水化膨胀，两者通过协同增效作用，使钻屑能够保持较好的完整性，滚动回收率、耐久回收率和二次回收率都在 80% 以上。

3）良好的防泥包效果

防泥包润滑剂 PF-HLUB 主要通过吸附作用在钻具、钻头表面成膜来实现防泥包和润滑作用统一，一定程度上能够提高 ROP。

4）优异的储层保护效果

HEM 钻井液可用盐或重晶石进行密度调节，体系中不含黏土，可最大限度降低固相对储层的伤害；PF-UHIB 能够有效降低油水界面张力，对储层就有很好的保护效果。

2.ULTRADILL 钻井液体系

ULTRADILL 是 Mi-SWACO 公司研制的新一代安全环保的、可以替代油基钻井液的高性能水基钻井液体系，主要由两种基本的页岩抑制剂和钻速增效剂组成，目前已成功应用与各种钻井环境，包括水深超过 2865.12m 的深水钻井。

ULTRADILL 具有独特的流变性能、滤失量小、滤饼薄，流变性容易控制，可以提供优异的页岩抑制性、润滑性和井眼稳定性，满足施工作业的要求。该钻井液体系的无毒性使钻井作业产生的钻屑可直接排放入海，回收的旧浆配合使用固控设备进行处理、性能达到要求后，可以反复使用，大大降低了钻井成本。表 4-16 和表 4-17 分别为 ULTRADILL 钻井液的典型配方和性能。

表 4–16　ULTRADILL 钻井液体系的典型配方

材料	功能	推荐含量
ULTRACAP	包被剂	2.85~8.56kg/m^3
POLYPAC-UL	降滤失剂	5.7~11.4kg/m^3
MC-VIS	提切剂	1.42~4.28kg/m^3
ULTRSHIB	泥页岩抑制剂	2%~4%
ULTRAFREE	钻速增效剂	1%~3%
LX-CIDE 102	杀菌剂	按需
DEFOAM-A	醇基消泡剂	按需
KCl	抑制剂	按需
重晶石	加重剂	按需

表 4–17　ULTRADILL 钻井液的性能

钻井液	密度（g/cm^3）	PV（mPa·s）	YP（lbf/ft^2）	pH 值	Gel（lbf/100ft^2）	API 失水量（mL）
老化前	1.38	14	2800	9.4	13/17	4.2
老化后	1.38	15	2800	9.2	13/19	4.4
基浆 +10% 海水	1.33	13	2400	9.0	10/15	4.9

注：老化条件 16h，93℃。

1）主要处理剂

（1）ULTRAHIB。

ULTRAHIB 是碱性抑制剂，它能吸附在泥页岩表面，阻止黏土与水直接接触，降低了黏土的水化膨胀，达到了抑制效果，ULTRAHIB 推荐浓度为 2%~4%，具体加量取决于页岩的活性。合适的 ULTRAHIB 浓度可确保 pH 值为 9.0~9.5，避免加入烧碱和氢氧化钾。

（2）ULTRACAP。

ULTRACAP 为包被剂，是一种分子量适度的阳离子丙烯酰胺。该剂能起包被钻屑和稳定页岩作用，推荐使用浓度为 2.85~8.56kg/m^3。ULTRACAP 能在页岩和钻屑表面形成保护膜，避免钻屑黏糊振动筛和钻屑相互黏结。

（3）ULTRAFREE。

ULTRAFREE 为钻速增效剂（防黏结和润滑剂），是一种表面活性剂混合物。ULTRAFREE 具有润滑作用，可减少钻头泥包。为获得均匀的混合效果，该剂应足量加入，推荐使用浓度为 1%~3%，这取决于钻井液的密度和固相含量。

（4）POLYPAC UL。

POLYPAC UL 为降滤失剂。POLYPAC UL 是一种纯净的高分子量的低黏聚阴离子纤维素聚合物，在水基钻井液中容易分散，在淡水、各种盐水、海水到饱和盐水钻井液中均有效，不但能有效地控制滤失量，而且对流变性的影响极小。POLYPAC UL 推荐使用浓度为 5.7~11.4kg/m^3，并确保滤失量小于 6.0mL。

（5）MC-VIS。

MC-VIS 是黄原胶类生物聚合物，为增黏剂。MC-VIS 可使该钻井液表观黏度低、动塑比高、低剪切速率黏度高，具有良好的悬浮携砂能力，推荐使用的浓度为 1.42~4.28kg/m^3，具体情况取决于井径和井况。

2）维护要点

（1）流变性。

保持胶液的配制浓度始终高于所需维护体系的浓度，这样既可保持地面循环量，又能随着井的加深及时补充各种添加剂的消耗。合理配合使用固控设备，及时清除钻井液中的劣质固相。调节 MC-VIS 的浓度即可调整低剪切速率下的流变性，控制 $\Phi 6$ 的读数在 15~20 范围内，保持井眼的清洁。控制钻井液中膨润土的含量小于 22kg/m^3。

（2）抑制性。

如果振动筛的钻屑糊筛或泥包，表明钻井液浓度低或 ULTRACAP 含量不足，ULTRACAP 的加量应维持在 2.85~8.56kg/m^3 范围内，有利于钻屑的筛除。ULTRAHIB 浓度大约维持在 3%~4%；如果地层活度较低，ULTRAHIB 的浓度可逐渐减到 2%~2.5%。

（3）润滑性。

在钻头泥包和钻速较低时，可以加入 1.0%~3.0% ULTRAFREE 来改善。ULTRAFREE 可以直接加入循环系统，也可通过胶液维护。由于 ULTRAFREE 加量一直保持在较高的浓度，所以泥饼坚韧、致密而光滑。

（4）pH 值。

保持 ULTRADRILL 钻井液中 pH 值在 9.0~9.5，以减少黏土水化分散性。由于页岩包被剂 ULTRACAP 水化可能会释放氨，在该钻井液中禁止使用氢氧化钠和氢氧化钾。当需要降低 pH 值时，可使用柠檬酸或醋酸。该体系的碱度比其他常规水基钻井液高，这是由 ULTRAHIB 固有的碱度引起的。

（5）滤失量。

控制 API 滤失量，可以阻止水进入地层，减小对储层的损害。可酸溶的架桥粒子超细碳酸钙的加入极大地降低了该体系的瞬时滤失量，有效地形成了泥饼。可通过加入 RESINEX 或 THERMPAC UL 维持高温高压滤失量为 2~4mL。

（6）水泥污染。

钻水泥塞前应加入柠檬酸或醋酸和小苏打对 ULTRADRILL 钻井液进行预处理。尽管该体系对硬度有较高的承受力，但水泥的高碱度对聚合物 ULTRACAP 是有害的，在 pH 值大于 10 的条件下，ULTRACAP 会发生水解，不仅会消耗其浓度，而且还会产生氨气。

（二）VERSACLEAN 低毒油基钻井液体系

VERSACLEAN 油基钻井液为低毒环保钻井液，广泛应用于海洋钻井作业中，在中国南海和渤海也有使用。该钻井液体系是以无荧光低芳香烃矿物油为连续相、$CaCl_2$ 溶液为盐水相，与乳化剂、油润湿剂、增黏剂、降滤失剂等亲油胶体及碱度控制剂和加重材料配合使用控制性能，该钻井液主要性能为：油水比在 70∶30 左右，高温高压滤失小于 4.0mL（121.1℃），活度控制在 17800mg/L 以内，其基本配方见表 4-18，表 4-19 该钻井液的设计性能和现场使用性能。

表 4-18　VERSACLEAN 钻井液的基本配方

材料	功能	含量（kg/m^3）
钻井水	水相	30%（体积分数）
低毒矿物油	连续相	70%（体积分数）
Versamul	主乳化剂	11.4
Versacoat	润湿剂 / 乳化剂	5.7
95%$CaCl_2$	活度控制剂	92.5
Versatrol	降滤失剂	5.7
Lime	碱度控制剂	17.1
Barite	加重剂	231.9
VG-plug	主增黏剂	20.0

表 4-19　VERSACLEAN 钻井液的性能

性能	设计	实际最小值	实际最大值
密度（g/cm^3）	1.14~1.26	1.05	1.12
塑性黏度（mPa·s）	25~35	18	27
屈服值（Pa）	10.35~16.76	8.61	13.88
切力①（Pa）	N/A	4.3/8.6/8.6	9.6/13.4/14.4
高温高压滤失（mL）	＜ 4.0	2.4	3.8
滤饼厚度（mm）	N/A	0.79	1.19
油水体积比（%）	70：30	69/31	74/26
固相体积分数（%）	N/A	6.0	8.2
氯离子含量（mg/L）	N/A	36500	51500
碱度（0.1H_2SO_4）（mL）	N/A	0.9	3.0
水相盐度（mg/L）	＞ 178000	138811	166000
电稳定度（V）	＞ 600	626	972

① 10s/10min/30min 的切力。

1. 主要处理剂

1）Versamul

Versamul 是碱土金属脂肪酸盐，在油基钻井液中作主乳化剂，还具有润湿、增黏、降滤失和改善热稳定性的性能。

2）Versacoat

Versacoat 是聚酰胺类有机表面活性剂，是一种多功能油基钻井液处理剂，主要作用是乳化和润湿，具有改善钻井液热稳定性，控制高温高压滤失的性能。

3）VG-plug

VG-plug 是经长链胺基化合物处理的膨润土，油基钻井液增黏剂，用于增加钻井液的携屑性和悬浮性，悬浮加重剂和改善钻屑的清除效果，并有助于形成好的滤饼，改善滤失性。

4）Versawet

Versawet 是浓缩、高效的润湿剂，能有效地润湿重晶石和钻屑，降低钻井液受污染的逆转性。

5）Versatrol

Versatrol 是高温高压降滤失剂，增加油基钻井液的润滑性。

2. 其他处理剂

Lime 和石灰用来控制钻井液的碱度，同时提供 Ca^{2+}，增强乳化性能，维护要点如下。

（1）现场维护处理。

现场维护处理时，要控制各种处理剂在设计的范围内，以维护钻井液性能稳定。矿物油和海水控制在 70∶30 左右，既经济又能提高携屑能力。

高温高压滤失不能满足要求时，加磺化沥青或 Versatrol 降低滤失量。同时添加乳化剂 Versamul 和 Versacoat，并保持过量石灰在 4128~7113kg/m^3 范围内，以提高乳化性能。

应控制 $CaCl_2$ 的加量，否则会造成钻井液乳化性能降低，而且 $CaCl_2$ 不能和加重材料重晶石一起加入，否则会引起重晶石水润湿。

添加有机土 VG-plug 提高低剪切速率下的黏度维持 $\Phi3$ 和 $\Phi6$ 的值，以提高携屑能力，降低固相含量。

若钻进过程中出现摩阻和扭矩增大的情况，应适量提高油水比或添加磺化沥青，以提高钻井液及泥饼的润滑性，降低摩阻和扭矩。

在保持钻井液密度的前提下，尽量控制较低的固相含量。

现场使用油基钻井液时，除不可避免的地层水进入循环系统内以及调整钻井液性能时必须加水外，禁止其他类型的水进入循环系统。

（2）固相控制。

根据低毒油基钻井液的特点和以往固相控制经验，使用 4 台高速线性振动筛和 2 台高速离心机清除固相。除振动筛和离心机外，关闭所有其他固相控制设备，例如除砂器、除泥器等。

第三节　深水钻井液中天然气水合物防治措施

深水钻井遇到的重大潜在危险因素之一是浅层含气砂层所引起的气体水合物生成问题。在节流管线、钻井隔水导管、防喷器及海底的井口里可能形成气体水合物，一旦形成就会堵塞气管、导管、隔水管和海底防喷器等，从而造成严重的事故。对于非深水区钻井，在钻井液管线中发现生物气并不算大问题。但是，如果在深水区发现含气砂岩就可能会引起大问题，这是因为对于砂岩地层来说，浅层一般多是含有重油的非胶结性地层，而深层则是含有气体的低渗透层。

一、天然气水合物对深水钻井工程的影响

（一）井筒内天然气水合物的形成

国外学者研究水基钻井液中天然气水合物的形成时得到以下规律：

水深≤ 305m，可能没有水合物；

水深≤ 457m，如果没加水合物抑制剂，水合物形成的可能性较大；

水深≤ 610m，不加水合物抑制剂，必定生成水合物；

水深＞ 610m，经验较少，电解质抑制剂不起作用。

气体水合物形成的原因很多，其主要原因可以归纳为以下方面：气体中夹带有温度接近或低于露点的自由水、低温条件、高压条件。次要原因主要有以下几个方面：固体杂质、粗糙管壁、压力波动、各种搅拌的机械作用、混入小块水合物晶体。深水条件下钻井时，钻井液可提供自由水，海底会遇到低温（4.5~7.2℃），钻井液的静水压头将产生高压，在这种条件下，上述导致气体水合物形成的几项原因都将可能存在。

（二）天然气水合物对钻井及井控作业的影响

在深水钻井作业中，海底较高的静水压力和较低的环境温度增加了生成气体水合物的可能性，在节流管线、隔水管、防喷器及海底的井口里，一旦形成气体水合物，就会堵塞气管、导管、隔水管和海底防喷器（BOP）等，从而给正常钻进和井控工作带来严重影响。具体表现在以下方面：

（1）节流压井管线堵塞，无法恢复循环作业。

（2）防喷器或防喷器以下的空间发生堵塞，无法检测防喷器以下的井压；隔水管、防喷器或套管与钻具之间的环空形成堵塞，无法移动钻具；钻具与防喷器之间形成堵塞，使防喷器不能完全被关闭；被关闭的防喷器闸板腔中形成堵塞，不能完全打开防喷器。

（3）在钻井液中形成的气体水合物在上升过程中由于温度压力发生变化会逐渐分解，分解释放的大量气体会影响正常的井控工作，有可能发生井喷事故。

（4）钻井液气侵、套管损坏和井眼及海底的稳定性变差等。

（5）在深水钻井中，水合物的分解会引起气侵，气体进入井筒后由于压力温度变化而膨胀，超高压会导致井漏、井喷（严重时甚至发生爆燃）及套管损坏等事故。

（6）水合物的分解也会使得沉积物倒塌，造成井壁失稳等。

（三）天然气水合物对钻井液性能的影响

深水钻井钻遇浅层气时，大量气体进入到钻井液中，气体与钻井液一起循环，使钻井液密度降低，钻井压力增加；如果此时井筒内温度压力条件合适，就可能在钻井液内形成天然气水合物，使钻井液密度增加。同时，天然气水合物的形成是一个高度放热反应，它形成时会释放大量热能。天然气水合物开始分解，钻井液的温度就会迅速降低，而钻井液的性能随温度变化要发生一系列的改变。在低温条件下，钻井液的表观黏度和塑性黏度随着温度降低而增大，钻井液的静切力和动切力随着温度降低而增大，钻井液触变性有向着凝聚方向转化的趋势，同时钻井液密度会随着温度的降低而增加。

二、钻井液中天然气水合物的防治措施

（一）采用低密度钻井液和良好的井控措施

水合物是在一定的温度和压力下形成的，在海底提高钻井液的温度不现实，可通过调节钻井液密度来控制井筒中的压力，保持最低的安全钻井液密度有助于防止水合物的形成。然而，根据地层条件及钻井深度的需要，钻井液密度不能太低，所以，单纯靠调节钻井液密度控制水合物的形成的方法不可取。另外，当天然气进入井筒时才会发生水合物形成现象，只要实施良好的井控措施就不会形成水合物。

（二）油基钻井液

油基钻井液形成水合物的概率较小，而含水量超过 20% 时易形成水合物。采用油基钻井液可以降低钻井液中自由水的含量，从而防止水合物的形成。除非采用全油钻井液，否则海洋深水钻井作业仍有可能生成水合物。使用油基钻井液易控制天然气水合物的形成，但是，油基钻井液成本太高，回收工序复杂，推广受到限制。

（三）水合物抑制性钻井液

Hege Ebeiloft 等在北海油田水深达 2500m 的深水钻井中，对 6 种钻井液形成天然气水合物的过程进行了研究，结果见表 4–20。

表 4–20　不同钻井液形成水合物的温度

钻井液体系	ΔT（℃）
80∶20 合成基钻井液（30%$CaCl_2$）	没有形成
5%KCl+15%NaCl+10%EG 钻井液	17.8
5%KCl+15%NaCl+10%Aqua–ColTMS 钻井液	16.3
5%KCl+15%NaCl+ 钻井液	13.9
40% 甲酸钠钻井液	12.5
80∶20 合成基钻井液（15%$CaCl_2$）	11.0

在 667~2500m 的水深用 20% 盐水 / 聚合物钻井液钻井平均每口井有 1~2 次气侵。有一次事故发生在水深 967m 处，水下防喷器不能连接的情况被怀疑是由于水合物造成的。经专家们研究，没有遇到天然气水合物问题的原因如下：（1）良好的井控程序；（2）遇到很少或没有遇到气侵；（3）高循环速度和短关井时间。

在北海和墨西哥湾的深水钻井作业中，钻井液选择的一个主要考虑因素就是天然气水合物抑制能力，这方面的研究已经开展得较深入，并且有很多文献介绍了水合物抑制方法。水合物的抑制方法是加入水合物抑制剂到钻井液中，以使钻井液在发生气侵是关井等恶劣条件下仍能防止水合物形成。抑制水合物形成的添加剂可分为三大类：热力学抑制剂、动力学抑制剂和防聚集剂。

1. 热力学抑制剂

热力学抑制剂是指醇类剂无机盐抑制剂，包括甲醇、乙二醇、异丙醇、二甘醇、氨、氯化钙等，其作用时通过抑制剂分子与水分子的竞争力，可改变水溶液或水合物相的化学势，改变水和气体分子间的热力学平衡条件，使得水合物的分解曲线移向较低温度或较高压力，从而达到促使水合物分解的目的。

甲醇、乙二醇是应用最为广泛的热力学抑制剂，醇的添加会影响天然气水合物晶体的形态及结晶凝聚形态，分解效果取决于醇注入时间、注入速率、注入量等参数。研究表明，醇类在一定压力和浓度下，不仅不会降低反而会提高水合物生成的温度，只有在高浓度下才会降低水合物的形成和生长温度，在水溶液中浓度一般为 10%~60%（质量百分数）；低浓度（1%~5%）的热力学抑制剂实际上甚至可以促进水合物的形成和生长，而不能发挥抑制效果。随着醇类在水中浓度的增加，水的组织结构和笼形包含物受到破坏，从而减少了生成水合物的概率。传统的热力学抑制剂由于其本身用量多、成本较高，而且相应的运输、储存、泵送及注入成本也相应较高，而且污染环境，使用起来既不方便也不经济。目前工业生产中热力学抑制剂使用最多的是乙二醇。由于甲醇具有毒性，其应用面临着环境保护问题，造成污水处理费用的额外增加，乙二醇的高昂单位成本也限制了低级醇抑制剂的使用。

热力学抑制剂的盐类都是电解质，即它们的水溶液含的是离子，而且它们的电解度很高，约为 100%，具有很高的介电常数的水是最强的电解溶液。当固体盐溶于水中时，在溶液中同时出现带不同电荷的离子，这些离子的出现会引起水的结晶构成破坏和分子键能的变化，实验也表明水的结构状态对水合物生成过程具有影响。根据盐在水中的溶解度、稳定性、成本和抑制能力等方面来考虑，最合适的电解质有下列盐类：$LiCl$、$Mg(NO_3)_2$、$Al(NO_3)_3$、$MgCl_2$、Na_3PO_4、$MgSO_4$、$Al_2(SO_4)_3$、$CaCl_2$、$AlCl_3$、$NaCl$ 等。常见的是 $NaCl$，加入大量的盐可以降低水合物形成的温度，但是，通过加盐的方法抑制水合物的形成在实际操作中不是很理想，因为盐浓度较高时，钻井液的维护和钻井液成分的调控很困难。目前国外比较通用的方法就是在深水钻井作业过程中使用高盐的钻井液体系，这种体系一般可使形成天然气水合物的温度比采用淡水钻井液时降低 13.9~15.6℃。此外，为了进一步降低形成水合物的可能性，也可以在钻井液中加入一定量的醇类物质，这样可以使形成天然气水合物的温度再降低 5.6~8.3℃。通过以上措施，最终可以使形成气体水合物的温度总共降低 19.5~23.9℃。

除了上述的醇类、盐类抑制剂外，近十几年还有一些多效复合抑制剂相继问世。这些抑制剂除可降低天然气形成水合物温度外，还可以起到防腐等许多综合性作用。一种质量组成为聚合醇 50%、氯化铝 20%~28%、Kalapin（Ⅱ）1%~5%，其余为水的复合抑制剂。这种抑制剂的用量一般为 $2.8kg/1000m^3$。实验表明，该抑制剂可使水合物形成温度降低 31~41.5℃，防腐效率可达到 93.4%~99.6%，防止盐类沉积的效率为 25%~93.7%。

2. 动力学抑制剂

水合物动力学抑制剂（KI）是相对于传统的热力学抑制剂而言，是根据其对水合物成核、生长反化学作用而定义的，是指那些水溶性或水分散性的聚合物。水合物动力学抑制剂通过显著降低水合物的成核速率，延缓乃至阻止临界晶核的生成，干扰水合物晶体的优先生长方向及影响水合物晶体定向稳定等方式来抑制水合物的生成。在水合物成核和生长的初期，抑制剂吸附于水合物颗粒表面，活性剂的环状结构通过氢键与水合物晶体结合，从而防止和延缓水合物晶体的进一步生长。研究发现，少量动态抑制剂的添加将改变结构Ⅱ水合物的生长习性，在结构Ⅰ中添加抑制剂则会引起晶体的迅速分解。抑制剂浓度较高时（约为 0.1%），水合物晶体都停止生长。

为了有效指导水合物动力学抑制剂的研制和开发，国外在开发新型抑制剂的同时，也通过计算机分子模拟等研究水合物动力学抑制剂的作用机理。Rodger 等已证实，吡咯烷酮的环是活性中心，它们主要是通过吡咯烷酮的氧在水表面上形成两个氢键，从而吸附在水合物表面上。计算机模拟显示出，吡咯烷酮的环能结合到晶体表面，成为笼形水合物的一部分，吸附到水合物上的若干环联合作用，就可以防止水合物进一步生长。由于动力学抑制剂在整个水相或水界面上会相互作用，其活性似乎与含水量无关。Lederhos 等认为，PVP 及 PVCap 的分子结构中所含五元及七元内酰胺环，其大小与水合物笼形结构中的五面体及六面体相似，因此，当这些环通过氢键吸附于水合物的晶粒上时，可以产生空间位阻并抑制水合物晶粒的生长。此外，Ruoff 和 Lekvam 研究了动力学抑制剂作用的全过程，并将水合物的生成过程分为成核阶段、慢速生长阶段和快速生长阶段。动力学抑制剂应着重抑制水合物的快速生长阶段。

动力学抑制剂分子结构中含有亲水基团，可以与溶液中的水合物晶体中的水分子形成氢键，通过实验对聚合物、共聚物、醇、糖和表面活性剂进行研究，得出的结论是：在外加压力下，这些物质均不能防止水合物晶体的生成，包括聚 N—乙烯吡咯烷酮及其共聚物。然而，如果这些物质吸附在晶体和水的界面上，则可能控制水合物晶体的生长和聚集。

动力学抑制剂是根据分子作用的不同机理，将动力学抑制剂分为水合物生长抑制剂、水合物聚集抑制剂和具有双重功能的抑制剂。水合物生长抑制剂可以延缓水合物晶核生长速率，使水合物在一定流体滞留时间内不至于生长过快而发生沉积。水合物聚集抑制剂则通过化学和物理的协同作用，抑制水合物的聚集趋势，使水合物悬浮于流体中并随流体流动，不至于造成堵塞。最终的研究目标是找到既能大大延迟水合物生长的时间，又能防止聚集发生的抑制剂。动力学抑制剂大致包括表面活性剂和合成聚合物两大类。表面活性剂类抑制剂在接近 CMC 浓度下，对热力学性质没有明显的影响，但与纯水相比，可降低质量转移常数约 50%，从而降低水和客体分子的接触机会，降低水合物的生成速率。聚合物类抑制剂分子链的特点是含有大量水溶性基团并具有长的脂肪碳链，其作用机理是通过共晶或吸附作用，阻止水合物晶核的生长或使水合物微粒保持分散而不发生聚集，从而抑制水合物的形成。从应用现状来看，聚合物类抑制剂效能更好，应用更广泛。

3. 防聚集剂

防聚集剂（AA）多为聚合物和表面活性剂。防聚集剂的功效并依赖于热力学条件，因此它们应用的压力—温度范围较广，但其效率受到盐、聚合物和水等组分的影响。可用作防聚集剂的表面活性剂，包括烷基芳香族磺酸盐及烷基聚苷。Urdahr 等提出了采用烷基乙氧苯基化合物等表面活性剂作为防聚集剂。防聚集剂大致有烷基芳基磺酸盐、烷基配糖烷基苯基羟乙基盐、四乙氧基盐、胆汁酸类（如甘油胆汁酸），改性的糖类具有 AA 和 KI 的功效，聚丙烯酰胺的防聚效果很差。

防聚集剂的作用机理是改变水合物晶体的尺寸，通过抑制剂分子吸附于水合物笼上而改变其聚集形态。通常其防聚效果不像动力学抑制剂那样取决于过冷度的大小，因此，它们应用的温度—压力范围更广。但是，防聚集剂仅在水和油相同时存在时才能抑制水合物的生成。此外，其效果与油相组成、水的矿化度及含水量有关，这可能意味着不同的井流物需要采用不同的防聚集剂，而且还不能用于含水量高的井流物中。虽然采用这些化合物控制水合物的机理尚未见讨论，但对某些类型的防聚集剂来讲，在形成水合物之前使油水相乳化似乎是此法的关键。此时，防聚效果可能取决于注入点的混合过程和管线中的扰动情况。此外，由于水包油型的乳化剂中水是连续相，似乎更有利于水合物聚集，这也许是人们所要求的。将油相中的水分散成水滴可能是防止水合物聚集的一个好办法。加入的防聚集剂和油相一起，在水合物形成是可防止乳化液滴，在水合物形成后可保持水合物颗粒分散，因而就可防止水合物聚集。

水合物防聚集剂的缺点：分散性能有限，仅在油和水共存时才能防止气体水合物生成，其作用效果与油相组成含水量和水相含盐量有关，即防聚集剂与油气体系有相互选择性。

防聚集剂的抑制剂机理与动力学抑制剂是不同的，它只适用于油气共存体系。Behar

等（1991）在实验中发现，防聚集剂的加入能使水合物晶粒在流体内部悬浮流动。Makogon 对防聚集剂的抑制机理进行了假定：防聚集剂的加入导致水合物形成变形的晶格，这些晶格促进水合物的生成，但是由于晶体缺陷限制了晶粒的尺寸，从而使晶粒不能长大。同时由于防聚集剂的羟基形成了亲油壁垒，阻止了水扩散到水合物晶粒的表面。Monfort 等的实验研究对 Makogon 提出的假定给予了实验上的支持。

第四节　深水钻井液技术发展方向

针对深水钻井风险高、投入大、后勤及环保要求高的特点，重视天然材料及其改性产品，研发低毒性、低成本、低用量的高效处理剂和新型环保深水钻井液体系是未来深水钻井液技术的发展方向。

（1）天然气水合物生成与抑制机理研究。

目前对水合物动力学抑制剂的机理研究尚不深入，且该类抑制剂存在受过冷度限制和成本较高等问题。需进一步分析抑制剂的分子结构与其性能之间的关系，深入研究水合物抑制剂的作用机理，研发低用量、低成本、低毒性的高效动力学抑制剂，并开展动力学抑制剂和热力学抑制剂的协同作用机理研究，开发高效水合物抑制剂组合。

（2）深水井壁稳定机理与防塌对策研究。

深入分析深水地层特点，建立深水疏松地层和含水合物地层的室内模拟手段与井壁稳定性评价方法，优化钻井液防塌技术对策。可将纳米技术运用到深水钻井液处理剂的研发中。纳米颗粒具有独特的表面特性与力学性能，可进入深水疏松地层以及浅层水流砂层的孔隙中，通过吸附成膜和架桥封堵作用抑制海底泥页岩分散，提高地层强度，缓解井壁失稳、井漏以及浅层水—气流动等问题。

（3）深水钻井液低温流变性调控与井眼清洗技术研究。

建立深水低温环境下大环空低速梯度携岩与井眼清洗模拟实验设备与方法，对分别适用于水基钻井液和油基 / 合成基钻井液的流型调节剂进行优化，提高其使用温度范围。

（4）深水钻井液无害化处理与再利用技术研究。

加强钻井液无害化处理与再利用技术研究，尤其是油基 / 合成基钻井液的固液分离、回收与再利用及岩屑处理技术，是深水钻井液现场工艺的发展方向。

第五章　深水固井

第一节　深水固井面临的挑战

一、海底低温环境

海水温度并不是恒定不变的，它随着海水深度的增加而降低，且具有一定的规律性，如图 5-1 所示。在一些特殊的地区，当深度到达海底泥水分界面时，海水温度可能会降到 0℃左右。海洋泥线的低温环境给固井作业带来困难，对于大部分的水泥来说，温度对水泥的水化产生较大的影响，温度越低，水泥的水化越慢，在海水深度达到 2000m 的情况下，海洋泥线的温度可能低到 2℃以下，采用常规的 G 级硅酸盐水泥，其在 2℃的低温下，水化过程及其缓慢，水泥浆无法得到有效的水化凝固，无法形成强度，也就无法在一定的时间内释放和支撑套管并使钻井作业继续进行；低温下所引起的水泥浆的长期候凝将增加深水作业成本，特别是在目前深水平台日租金奇高的情况下，候凝时间的缩短可以相对降低整个作业费用。除此而外，即使水泥浆在低温下的凝固可以出现，但是在低温下的强度发展也极其缓慢，因此，海洋泥线的低温对水泥浆水化的影响，是深水固井作业中应该首先要解决的问题。

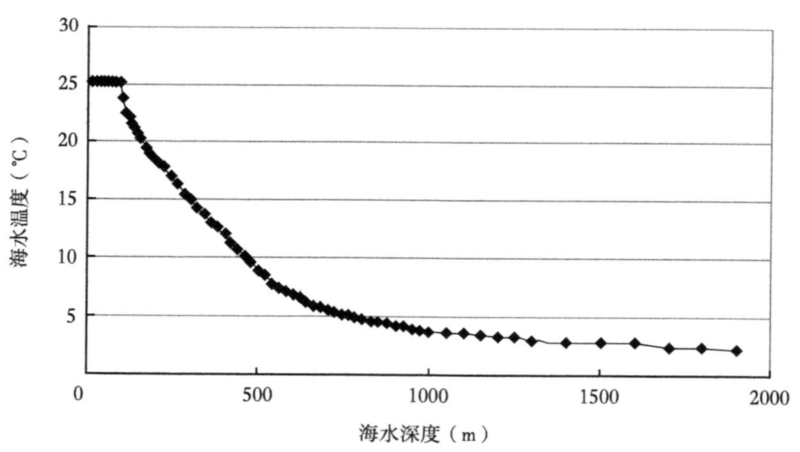

图 5-1　126.945N×19.283N 海洋水深与温度的关系

深水钻井，由于隔水管受海水的冷却段较长，从井底返出来的高温泥浆或完井液、地层流体等冷却的过程或时间相应加长，对其返出流体的性能不易控制。低温对钻井施工过程负面影响较大，可能导致套管中产生过高压力，造成泵压过高和高剪切速率下过高的井底压力。在深水钻井作业中，低温可能导致水泥浆长期得不到凝固，并引起水泥浆的强度发展缓慢。常规的固井水泥无法满足低温高强的要求，就需要对可以获得的水泥胶凝材料进行适应性研究，对已有的材料进行适应性改进或者对水泥外掺料、外加剂低温使用效果的改造。目前可以获得的水泥在硅酸盐水泥中就有 G 级油井水泥以及硫铝酸盐水泥、高铝酸盐水泥等水泥基础材料，这些材料不仅低温效果好而且具有较好的稠化凝固转化性能，因此，要从材料着手，研究满足中国南海深水勘探开发需要的固井水泥浆体系。

二、天然气水合物

天然气水合物（Natural Gas Hydrate，简称 Gas Hydrate），又称笼形包合物（Clathrate），它是在一定条件（合适的温度、压力、气体饱和度、水的盐度、pH 值等）下由水和天然气组成的类冰的、非化学计量的、笼形结晶化合物，其遇火即可燃烧，所以又称“可燃冰”。它可用 $M\cdot nH_2O$ 来表示，M 代表水合物中的气体分子，n 为水合指数（也就是水分子数）。组成天然气的成分如 CH_4、C_2H_6、C_3H_8、C_4H_{10} 等同系物以及 CO_2、N_2、H_2S 等可形成单种或多种天然气水合物。形成天然气水合物的主要气体为甲烷，对甲烷分子含量超过 99% 的天然气水合物通常称为甲烷水合物（Methane Hydrate）。

气体水合物是在低温、高压情况下，由水和天然气组成的类冰的、遇火即可燃烧的物质。在深水钻井作业过程中，气侵钻井液在一定的温度和压力条件下可能会生成水合物，从而会堵塞 BOP 管线、隔水管和水下井口头等，给井控带来风险。钻井作业中遇到水合物对作业是一种危害，但同时水合物又是未来勘探的一种资源。自然界中气水合物的稳定性取决于温度、压力及气—水组分之间的相互关系，这些因素制约着气水合物仅分布于岩石圈的浅部，地表以下不超过 2000m 的范围内，存在于永久冻结带上的地层以及大陆斜坡上的海底中。它可存在于零下，又可存在于零上温度环境。从所取得的岩心样品来看，气水合物可以以多种方式存在：

（1）巨大的岩石粒间孔隙；

（2）以球粒状散布于细粒岩石中；

（3）以固体形式填充在裂缝中；

（4）大块固态水合物伴随少量沉积物。

水合物的分解一般可通过改变水合物所在条件，使气体从水合物中分离出来。对确定成分的天然气水合物，有三种方法可使水合物分解：在某温度下降压使其压力低于相平衡压力；在某压力下升温使其温度高于相平衡温度；通过加入甲醇、乙二醇或电解质（如氯化钠、氯化钙等）改变水合物相平衡条件。

在深水钻井作业中，由于同时存在低温、高压、水、天然气这些必要条件，很容易产生天然气水合物。天然气水合物的产生会堵塞导管、隔水管和海洋防喷防喷装置，对钻井安全及深水钻井作业的顺利进行构成威胁，并导致灾难性后果。用没有抑制效果的水基钻井液进行深水钻进时，在井筒中可能发生气涌而导致深水井的关闭。深水钻井中，常采用合成基钻井液并在其中加入含 30% 氯化钙的水相或采用浓度为 20% 以上的氯化钠 / 聚合物水基钻井液以阻止气体水合物的生成。钻井过程中的水合物分解可能导致地层变弱，井眼扩大、固井失败以及井眼清洁方面的问题；在生产过程中，水合物的分解可能会引起井口支撑减弱而下陷。针对存在天然气水合物地层的固井作业应该采用低水化放热水泥浆体系。要求水泥浆应具有较好的防气窜性以及较快较好的低温强度发展情况。

三、孔隙压力 / 破裂压力窗口

对于相同沉积厚度的地层来说，随着水深的增加，地层的破裂压力梯度在降低，致使破裂压力梯度和地层孔隙压力梯度之间的窗口较窄，容易发生井漏等复杂情况。水具有较低的破裂压力梯度，如图 5-2 所示。

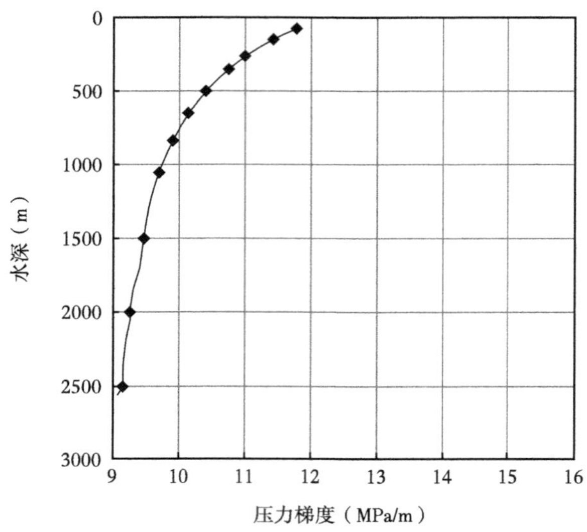

图 5-2　水深与破裂压力梯度的关系

海床以下的地层，主要由地质条件疏松的泥岩和页岩组成，疏松地层的破裂压力梯度很低，加上钻井液的影响、狭窄的套管井壁空间、低温下钻井液的黏度变化等因素，使得地层难以形成有效的支撑，容易发生漏失、坍塌，引起井下复杂情况，使固井作业增添了更多的不确定性，深水系统的低破裂压力梯度是由于上覆岩层压力梯度较少而引起的。这种情况在较深地层中不会明显发生。但是要保证高压下水泥浆产生的液柱压力与井身稳定的平衡，有效控制井控与漏失之间狭窄的操作安全窗口，就必须进行准确的孔隙压力预测。深水作业要求对井眼进行规划并对裂缝及压力梯度的连续数据进行精确的预测，以保证安全有效的作业。只有在精确预测的情况下，才能设计出相适应的低密度水泥浆，才能在目的层段获得到最佳封固效果。

四、浅层水气流的影响

海底特殊的地质条件，常常潜伏着大量的高压浅层水流。在深水盆地中的细粒沉积物包裹透镜体沙层后，通过压实作用将浅层气和盐水圈闭在这种透镜体沙层结构中，上部过重的承压使含水沙层变成一个过压载体，井眼穿过高压沙层时，为高压含水气沙层提供了一个释放通道，产生严重的事故。

浅层水流的成因可分为以下四个方面：（1）人为引起的地层破裂；（2）人为引起的地层能量积累；（3）异常压力砂体；（4）通过固井窜槽传递的异常压力。

浅层高压水层，一般深度为泥线到泥线下 800m。由于表层钻进所使用的钻井液密度的限制，一旦钻遇高压水层，如果液柱压力不能平衡水层压力，就会发生浅层水流井控。如果处理不好，会引发一系列的钻井问题，例如固井质量问题、表层套管损坏/下沉、BOP下沉、井漏等，甚至要移位重新开眼。强力浅层水流的失控可能引起油井及平台底座的损失。在钻井过程中，这种高压浅层水流需要1.08~1.32g/cm^{3}钻井液密度进行平衡，使钻井过程顺利进行，钻井过程所维持的钻井液比重大小与浅层流压力大小成比例。浅层水流可能关联产生漏失、井筒腐蚀、完井不好、基底不稳定性、气体水合物、套管弯曲、井眼报废等浅层灾害。在固井过程中，这种高压浅层流同样需要1.08~1.32g/cm^{3}流体密度进行平衡，使固井过程顺利进行。固井过程所维持的水泥浆比重大小与浅层流压力大小成比例，另外固井水泥浆应该具有良好的低温强度发展以及良好的防浅层流体窜流的能力。海洋深水具有不同的沉积环境，在深水区域，由于快速沉积所圈闭的疏松砂岩孔隙中的海水或者盐水，在深的海水所产生的液柱压力作用之下，将以高压地层和高压透镜体类的形式存在，这种海底特殊的地质条件使得许多的深水地层中都潜伏着大量的高压浅层盐水，压实作用将浅层水气圈闭在这种结构中，上部过重的承压使这种浊流沙层变成一个过压载体，当钻井作业打开这高压沙层时，就相当于为这个高压力的包含盐水的沙层提供了一个释放的通道，如果钻井作业没有预先采取措施，则将产生严重的浅层流喷发事故。而在固井作业中，水泥浆的密度在液态时可以有效的压住高压流体，但是，水泥浆在稠化过程中，可能由于稠化转化时间过长，导致水泥浆失重而产生严重的浅层流喷发，进而危及平台及作业人员的安全。

采用水泥浆封固深水地层的突出问题是水泥浆的水化凝固和对高压浅层流的抑制，水泥浆在所封固井眼穿过高压流体层时，在井筒中可能产生流体运移（gas migration）或漏失（gas leakage）。流体在水泥浆中的运移，是在井眼环空水泥浆中发生了较为复杂的物理化学过程。流体窜流可能在地层、水泥浆界面产生，也可能在水泥浆、套管界面和水泥石微缝隙中产生，大多数的流体窜流会在水泥浆替换到地层环空的几小时内发生。这种窜漏可能由于一系列因素导致：

（1）不良的钻井液顶替；

（2）在套管周围存在不完整的水泥鞋；

（3）在套管水泥界面由于收缩（contraction）产生的微孔道；

（4）水泥浆本体在水化固化过程中产生的水泥收缩；

（5）钻井液滤饼的去水化；

（6）在水泥浆固化过程中游离液的存在；

（7）由于气体在水泥浆中运移并伴随着水泥浆的固化而留下通道。

海洋深水由于低温环境的存在，使得水泥浆的稠化凝固等性能变得更加复杂，固井质量及流体窜流的控制变得更为困难。在深水情况下，水泥浆的低温性能和防止窜流产生的能力是水泥浆体系主要的基本的性能要求。水泥浆是一种反应性的悬浮液或说水泥颗粒在水中的分散体，水泥成分的化学水化导致液体水泥浆向固体的转化，水泥浆的固化提供了对环空的水泥密封或对套管及管线的支撑，水泥成分的水化随时间不断进行并由于在初始稠化阶段的大量放热或明显的凝胶强度发展来完成并得到加强。水泥水化贯穿整个水泥浆固化过程，水泥与水一接触，水化过程就立即开始，水泥颗粒经过初期快速水化并放热，颗粒表面吸附一层初始水化产物，游离水向水泥颗粒未水化部分进一步接近渗透变得困难，整个反应速度开始下降，反应速度下降标志着静止期（dormant）或诱导期

（induction）的开始，这个过程基本没有其他的水化反应发生，在固井作业中，就是在这个时期将水泥浆顶替进入环空，水泥浆的凝胶化作用在这个期间得到发展，水泥颗粒和添加剂之间的静电或化学作用也不断产生和对水泥浆体系产生进一步的影响。

水泥浆的水化固化过程常常伴随着明显的体积收缩，体积收缩是由于水泥水化产生的新物质的体积小于未水化水泥颗粒的体积而产生的。收缩对固化水泥的机械特性有明显影响，并可能产生流体窜流，水泥浆固化收缩有两种形式，体积或外观收缩以及内部收缩，外观收缩是水泥外观整体体积的降低，例如尺寸降低；内部收缩是在水泥水化过程中，在水泥母体或基质（cement matrix）中水泥黏结的体积降低，外观收缩可能大到7%。水泥收缩是固体沉降，水泥浆滤失，水泥水化以及内部收缩的结果。内部收缩和体积收缩都在水泥稠化和早期凝固过程发生，内部收缩在稠化期开始，体积收缩在静止（dormant）期产生，在稠化期间收缩速率上升，有些收缩可能在水泥丧失传递液柱压力的能力后产生，这使固化期间在环空中产生极大的压力损失。水泥浆内部收缩产生的孔隙具有自由孔隙特征，相互连通并增加水泥的渗透性。在海洋钻井作业中，研究这些问题很有意义，海洋钻井常常要在海床上安装海底设备，如果固井措施选择处理不当，就将使得问题变得更加复杂和严重，有可能由于发生流体窜而产生严重的安全事故。在海洋钻井作业中，有时可能要临时堵塞一个贯穿高压层带的井眼，例如，钻井过程中遭遇台风时，需要对井眼进行临时堵塞，这时在水泥塞中就不能产生流体通道以保证整个钻井作业的安全。

流体窜和流体压力的出现有几种途径，流体窜压力变化可能从 0~10000psi 甚至更高，地层越深可能产生的压力就越大，在海洋深水井中一般在 5000~9000psi。流体压力差异变化与某一特定地层的水泥浆柱的压力和地层压力的差值相关。在凝胶化或固化以前，地层压力通过水泥浆压力得到平衡，随着水泥压力的下降，或凝胶化或固化的开始，液柱压力难以传递，地层压力足以克服水泥浆的液柱压力而使地层流体向井眼运移，即使有 0.1psi 的压差，在地层中都有可能引起流体窜。但是钻井液和水泥浆滤饼的存在，使产生流体窜的压力经常高达 10~50psi，甚至 100~500psi。由流体显示的这种压力也可以在水泥固化以后出现，或在套管周围环空流体压力的增加过程中产生。如果在水泥浆中有一个流体运移的通道或者在套管和井壁界面存在流体通道，如果水泥体易于被流体穿透，就更容易使流体向上运移而显示压力，这个流体压力可能从小到 50psi 一直大到 1000~5000psi 甚至更高，从而破坏套管并导致危险和产生意外事故。

水泥浆凝固为坚硬的水泥以前，有两个过程可能导致水泥浆丧失传递液柱压力的能力。一个是水泥浆向地层的滤失，另一个是水泥浆静凝胶强度的发展。水泥浆失水将降低水泥浆传递水力压力的能力。当水泥浆注入井下并开始静止后，静凝胶强度（或单一凝胶强度）开始发展。这种凝胶强度并不是真正意义上的强度，不具备承托管柱的能力，随着水泥浆逐步变成具有一定强度的水泥石，水泥浆的凝固过程经历与气体或流体运移紧密相关的过程。在这个过程的第一个阶段，水泥浆中包含有大量的液体，使水泥浆具有一个真实液体的特征，因此在第一个阶段，水泥浆可以有效地传递液柱压力并防止流体运移或者说防止地层流体向井筒的运移；在这个阶段，水泥浆中的部分液体滤失，而水泥浆由于凝胶结构的形成开始变得越来越稠甚至坚硬，在滤失和凝胶结构形成的同步进行的过程中，凝固中的水泥浆保持了传递液柱压力的能力，只要水泥浆具有真实液体的特征，其凝胶强度的结构小于或等于某一个临界值，流体运移就可以得到有效制止，这个保持传递液柱压力的凝胶强度临界值即为第一临界值。

在水泥浆固化的第二阶段，水泥浆的凝胶强度超过了第一临界值，其强度将不断增长，水泥浆的滤失虽然比第一阶段要小得多，但是也在继续进行，在这个期间，水泥浆的凝固完全失去了传递液柱压力的能力，凝胶强度的发展，使得水泥浆凝胶强度太大以致不能完全传递液柱压力，可是这种凝胶强度又太小以致不能阻止地层高压流体向井筒和水泥浆的运移，而出现流体运移。这种状态一直持续到凝胶强度增长到某一个定值，也就是第二临界值，这个足够高的临界值可以防止地层流体或地层高压气体向水泥浆的传递或运移。

在水泥浆固化的第三个阶段，由于凝胶强度等于或大于第二临界值，流体运移被制止，水泥浆继续固化直到获得一个足够的强度，以保证后续的油井作业施工。按照上述的观点，为了降低流体运移，希望第一个阶段应该延续一个较长的周期，而第二个阶段应该在最短的时间完成，水泥浆获得第一临界值所要的时间为零凝胶期（Zero Gel Time），水泥浆获得第二临界值的时间为转化期（Transition Time），在海洋深水固井过程中，为了有效的防止浅层流对钻井作业的影响，需要一种固井水泥浆体系和固井施工方法以有效延长零凝胶期，使其有足够的时间维持滤失的定值，缩短转化期，提高固井作业的安全性。

国外实践中，在钻井过程中如果发现浅水流动的现象，一般都建议下套管到砂岩层顶面，然后在注水泥之前用干净液体进行封隔。浅水流动问题是在深水固井作业中所遇到的最主要的问题之一。为了缓解这个问题，也可以从以下几个方面采取措施，现场操作人员可以采用其中一个或是同时采用几个方法来缓解浅水流动问题。

（1）使用加重钻井液，通过正压差的方式来缓解浅水流动问题。

（2）在有可能发生浅水流动层段以上下入 20in 的导管（下入深度应确保在套管鞋处的地层强度能够使钻井液返到钻机处）。

（3）在 36in 套管处钻 30in 的井眼，并下入 26in 的管子通过浅水流动区，在这个区域地层完整性较差，不能使用防喷器以及海上隔水管。

（4）在没有隔水管的情况下钻井，允许压力过高使岩石流动到导管下入深度。

（5）在浅水流动区自始至终用加重钻井液，并在该区域使用顶部安装的 26in 的隔水管。

应当在钻井和套管作业中隔离潜在的浅水流动区域，并且采用特殊的固井操作。固井一般采用钻井液转化为水泥浆和泡沫水泥浆。在井壁上形成的泥饼也可以封堵住低压砂岩这类渗透区。此外，如果钻井液转化为水泥浆，其滤失液进入到裂缝中，其中的固相也可以起到封堵漏失的作用。这些方法可以在一定程度上改善或解决浅水流动问题，但并非总是成功的，对于更加严重的流动问题还需要其他的解决办法。稠度变化，降低了浅层水流和气流的发生几率，并且可以保证水泥浆在低温下，24h 内，具有足够的强度以保证导管或套管的释放支撑。国外早期的技术大量采用了高铝水泥配合泡沫的方法配制水泥浆，也采用了硅酸盐水泥封固低温深水油气井，这在解决早期深水固井作业问题方面是不可缺少的。技术的进步，促进了深水固井水泥浆技术及其体系的发展，目前，不同的公司及作业者业已开发了许多针对不同井场情况的深水水泥浆体系，为深水勘探的进一步开展打下了基础。

五、深水环境的保护

海洋深水是人类足迹没有涉足过的地方，与陆地的原始森林一样，是属于人类的共同财富，必须好好保护，钻井作业过程应使用无生物毒性、并且具有生物可降解性的物质。这样不至于对海洋生态产生影响。

在深水固井过程中，在海床面以下常常可能遇到过压浅层流地层，要在过压浅层流地层防止浅层流的影响，需要对导管和套管使用直角凝固水泥浆进行封固，而对于海洋深水低破裂压力的情况下来说，井下流体的密度过高，将压裂地层导致水泥浆的大量漏失，因此需要采用低密度甚至泡沫水泥浆进行封固。与常规水泥浆比较，泡沫水泥浆除具有较低的密度外也具有较好的直角凝固（RAS）特征。常规水泥浆的稠度和凝胶强度在临界水化时期渐渐变化和发展，其内部水泥结构发展较慢，水泥浆在一定时间内产生失重，如果地层压力足够大，就将发生流体交换和流动运移，地层流体进入环空。泡沫水泥浆在很短的时间具有快速的稠度变化，降低了浅层水流和气流的发生几率，并且可以保证水泥浆在低温下 24h 内，具有足够的强度以保证导管或套管的释放支撑。国外早期的技术大量采用了高铝水泥配合泡沫的方法配制水泥浆，也采用了硅酸盐水泥封固低温深水油气井，这在解决早期深水固井作业问题方面是不可缺少的。技术的进步，促进了深水固井水泥浆技术及其体系的发展，目前，不同的公司及从业者也已开发了许多针对不同井场情况的深水水泥浆体系，为深水勘探的进一步开展打下了基础。

第二节　国外深水固井水泥浆技术现状

为了解决深水固井的技术问题，解决深水高压、低温早强及浅层水气流对固井作业产生的影响，从 20 世纪 90 年代以来，国外有关机构和固井承包商对深水固井及其工艺进行了一系列的研究和现场应用，特别是国外三大固井服务商，BJ 服务公司、哈里伯顿公司和斯伦贝谢公司相继推出了属于自己的深水固井水泥浆体系及产品，以满足深水钻井和能源开发的需要。

1976 年，Halliburton 公司的 Shryock 等在美国专利 31937，282《在低温地层中的固井作业方法》中，介绍了一种在低温永久冻土层中固井的方法，该方法适用于井眼穿过低温地带的固井作业，所介绍的水泥浆含有水泥、石膏以及多价金属氯化物以及缓凝剂和水，这里介绍的配方中的水泥含量在每 75 份固体中含有 15~35 份，而石膏占水泥重量的比例为 1∶1 到 3∶1 左右，多价金属盐占固体 75 份比例为 1/75~3.5 份，缓凝剂占固体 1/7500~0.525 份 ，水的用量是干固体量的每 75 lb 加 3~5gal 水。这种水泥浆具有较好的低温性能，适合于冻土地带固井使用，易于产生较好的低温强度。

1989 年，Dowell Schlumberge 公司的 Cameron 等在美国专利 4，797，003《泡沫水泥发生器》中，提出了一种高压泡沫水泥浆发生器，该泡沫发生器包括水泥浆的浆源，气源，该专利也提供了混合浆源和气源的方法，其气体一般采用氮气，接受浆源和气源的混合室与多条通道均由一个连接器集成连接，其中一个通道是氮气的进口并与一系列多孔连接，氮气以高的速度喷射进入混合室并与水泥浆在混合室混合产生泡沫水泥浆。

1990 年，Dowell Schlumberge 公司的 Williamson 等在美国专利 4，911，241《黏度稳

定的泡沫》专利中，提出了稳定泡沫的方法。

1995 年，Halliburton 公司的 Kunzi 等在美国专利 5，447，198《低温井的固井水泥浆组成及固井作业方法》中，介绍了一种低温固井作业方法，受到封固的低温地层可能经受冷冻—解冻的多次往复，所介绍的水泥浆由水凝水泥、石膏水泥、飞灰、碱金属卤化物、水和醇类降凝剂组成。

1996 年，Dowell 公司的 Chan 等在美国专利 5，547，027《低温低流变合成水泥》中，介绍了一种低温低流变的合成水泥，该水泥包括一个环氧树脂、一个催化剂、一个固化剂，还有可能包括一个芳香溶剂，其芳香环侧链由氢或者 C_1 到 C_4 的烷烃组成。一个低温低流变固井水泥包含有一个环氧树脂、一个催化剂、一个固化剂，芳香溶剂的比例按照环氧树脂质量的 10%~100% 计算，将水泥泵送到井下，在温度低于 20℃的情况下，水泥具有足够低的黏度，继续将水泥泵送到环形空间封固管柱得到高韧性的封固效果。Halliburton 能源服务公司的 Griffith 等在美国专利 5，571，318《使用在寒冷地区的固井方法及组成》中介绍了一种在寒冷地区使用的固井水泥浆，该水泥浆特别适合于封固深水导管，该水泥浆由具有一定超细颗粒的水泥与相对较粗的颗粒的水泥混合组成，并用足够的水改善水泥浆的泵送性，且加入降滤失剂改善滤失控制效果。

1998 年，Schlumberge 技术公司的 Stiles 等在美国专利 5，806，594《固井水泥浆的组成以及固井方法》中，提出了一种泡沫水泥浆体系以及固井作业工艺及方法，所提出的水泥浆具有最佳的固体和液体的比例，该水泥浆的组成提供了特异的性能，具有快速凝固和水化的作用，特别适合于弱胶结地层的固井作业中。

1999 年，Halliburton 能源服务公司的 Chatterji 等在美国专利 5，897，699《泡沫油井水泥浆、添加剂及方法》中，介绍了改进的泡沫水泥浆，该水泥浆由海水或者淡水组成，含有泡沫和稳定剂，其稳定剂由含有烯烃磺酸盐表面活性剂或者甜菜碱类物质组成。

2000 年，BJ 服务公司的 Boncan 等在美国专利 6，145，591《使用在固井水泥浆中的方法及组成》中，介绍了在深水和寒冷地区以及在对钻井液侵污比较敏感的井眼情况下使用的含有硅酸铝的水泥浆，含硅酸铝的水泥也可以在各种不同的情况下用作高强低密度水泥配制固井水泥浆，该水泥浆典型的包括反应性的硅酸铝混合物和水泥，也可能包括一种或者几种外加剂，该水泥浆可以在发泡剂存在下或者进行施加辅助手段的情况下随意进行充气和发泡处理。Schlumberge 技术公司的 Villar 等在美国专利 6，060，535《固井水泥浆组成及其在油井固井中的应用》中，提出了一种建立在铝基水泥基础上的水泥浆，该水泥浆由铝土类水泥组成并结合超细颗粒、空心微珠、加入适量的水以使孔隙分布在 25%~50% 之间，另外加入分散剂、铝土水泥促凝剂、或者选择性的加入其他的传统添加剂，该水泥浆在北极或者深水作业中封固导管具有特殊的用途。Halliburton 能源服务公司的 Chatterji 等在美国专利 6，063，738《泡沫油井水泥浆、添加剂及方法》，介绍了改进的泡沫水泥浆，该水泥浆由海水或者淡水组成，含有泡沫和稳定剂，其稳定剂由含有氧乙烯醇醚磺酸盐表面活性剂或者烷基或者烷烯基氨基丙烷甜菜碱表面活性剂和烷烯基氨基丙烷二甲基氨基氧化物表面活性剂类物质组成。

2001 年，Halliburton 能源服务公司的 Brothers 等在美国专利 6，244，343《海洋深水井固井》中，提出了在海洋深水固井作业中的改进方法，该方法通过制备泡沫水泥浆来实现，该泡沫水泥浆含有高铝酸钙水泥、一个促凝剂、稠化时间调整剂、水、气体、以及一个形成泡沫的稳定剂及泡沫混合物，水泥浆泵送到井下后静止凝固成为不渗透的水泥石。Halliburton 能源服务公司的 Reddy 等在美国专利 6，273，191《海洋深水管柱的固井作业》中，介绍了海洋深水固井作业方法和一个制备水泥浆的步骤，所制备的水泥浆具有较短的转化时间，由水凝性水泥、减水剂、分散剂、强度改进剂、增强剂、缓凝剂和水组成。将水泥浆泵送到井下后可以快速凝固称为坚硬的非渗透水泥石。

2002 年，Halliburton 能源服务公司的 Reddy 等在美国专利 6，336，505《在海洋深水中封固管线》中，也提供了一种封固深水井的方法，提供了深水水泥浆的组成，所提出的水泥浆由水泥、水、气、起泡剂混合物、泡沫稳定剂类表面活性剂、水泥早期强度改进剂、温和的缓凝性分散剂组成。Halliburton 能源服务公司的 Reddy 等在美国专利 6，454，004《海洋深水管柱的固井作业》中，提供了一种改进的方法用于海洋深水固井作业，该方法包括一个水泥浆的制备步骤及水泥浆的组成。该水泥浆由水凝水泥、水、环境可以降解的减水剂或分散剂、环境可以降解的促凝剂和环境可以降解的增强剂和早强剂组成。该配方不仅适合于深水固井而且具有良好的环境保护效果。

2003 年，BJ 服务公司的 Go Boncan 等在美国专利 6，626，243《在寒冷环境下进行固井作业所使用的方法及水泥浆组成》中，介绍了用于低温情况下的固井作用方法及其相应的固井水泥浆体系，主要介绍了用于低温的水泥组成，该水泥由具有较高活性的反应性硅酸铝、硫酸铝和水泥组成，也许含有一二种其他的添加剂，该水泥组成与常规的水泥组成比较可以有效地降低水化热，并使其适合于在永久冻土地带使用，该水泥浆也可以配制成泡沫水泥浆使用。Drochon 等在美国专利 6，626，991《油井等固井用的低密度和低孔隙度水泥浆》，该专利介绍了固井水泥浆的密度调整方法，水泥浆的密度可以在 0.9~1.3g/cm^3 之间变化，水泥浆由固体物质和液体物质组成，水泥比例在 38%~50%，固体物质中混合有低密度颗粒物质、微细水泥以及选择性的波特兰水泥和石膏。该水泥浆虽然密度较低但是由于其非常低的孔隙而使其具有显著的机械性能。Halliburton 能源服务公司的 Chatterji 等在美国专利 6，547，871《泡沫油井水泥浆、添加剂及方法》中，介绍了改进的泡沫水泥浆，该泡沫水泥浆由水泥、足量的水构成，并形成可以有效泵送的水泥浆，可以加入足量的气体来形成泡沫，加入足量的含有水解角蛋白的外加剂将水泥浆发泡形成泡沫水泥浆。Halliburton 能源服务公司的 Reddy 等在美国专 6，630，021《在海洋深水井中封固管线》中，提供了一个在海洋深水地带固井的水泥浆配方及水泥浆配制方法，其组成和方法与美国专利 6，454，004 类似。

2007 年，日本 Nippon Shokubai 公司的 Yamashita 在美国专利 7，253，220《水泥混合物及水泥组成》中介绍了一种新型的水泥混物，该水泥混合物在低温环境下都可以提供足够的黏度降低能力和初始分散能力，同时即使是在高减水率范围内也可以提供高的分散能力和分散持续能力，从而改善了水泥的工作性能。这种水泥混合物含有四个组成，第一个共聚物（A）是由不饱和（聚）烯烃乙二醇醚组成的单元（I）和衍生自马来酸的单元（II）聚合得到的共聚物，第二个组成是特殊的不饱和（聚）烯烃乙二醇醚（a）；第三个组成是不带烯基的不可聚合的烯烃乙二醇（B），第四个组成为一个不同于聚合物（A）而有氧乙烯基团和聚氧乙烯基团和羧基的聚合物（C）。该特种水泥适合于低温环境使用。Halliburton 能源服务公司的 Vargo 等在美国专利 7，178，590《井下流体及其在井下应用中的使用方法》，介绍了一种含有空心微珠的井下流体，同时提供了改进的评价固井水泥浆的方法，介绍了降低环空压力的方法以及介绍了使用的该流体的组成，认为该流体特别适于使用于深水作业中。

除了上述的美国专利，在 SPE 文献中也出现了许多深水水泥浆的现场应用和风险分析研究。2004 年，斯伦贝谢的 Kenneth HAMPShire 等在 IADC/SPE 88012《克服在马来西亚东部南中国海深水固井作业中的挑战》中，提出了在南中国海的深水固井中所遇到的具体挑战，这些挑战包括气窜的挑战、水泥石收缩的挑战、浅层流灾害的挑战、低温和温度梯度预测的挑战以及低破裂压力梯度和后勤供应问题带来的挑战。文章中提到采用低温 PS-1D 水泥浆，该水泥浆具有低密度加上快速的强度发展，在凝固期间具有低水化热，降低了作业失败风险，节省机台作用时间。文章中比较了 PS-1D 水泥浆与泡沫水泥浆，认为采用 PS-1D 水泥浆时在各个不同密度下其强度得到提高，且由于低孔隙高固相（SVF），所以渗透率极低。文章认为，由于深水的低破裂压力梯度以及深水环境，需要低密度且低滤失的水泥浆进行固井作业。为了减少气体水合物的风险，水泥浆体系设计成为低孔隙度，并使用特殊的添加剂阻止气体运移。由于海床只有 1.7℃的低温，更需要特殊的添加剂，获得短期的水化转化时间（CHP），解决水泥浆的早期强度发展，低的水泥浆渗透率，低滤失，零自由液以及沉降稳定性等，并建立预测和模拟固井作业中的温度，使得固井作业顺利有效。

2006 年，P.K.Mishra 在 IADC/SPE 102042《超深水固井：挑战及措施》中，提出了超深水固井对水泥浆体系的要求，认为在超深水区域固井，水泥浆应该具有较好的综合性能和低密度，其低密度范围一般达到 1.3~1.4g/cm^3；水泥浆的滤失控制能力小于 50mL（7MPa·30min），其稠化转化时间（100~500lbf/100ft^2）短，且具有较低的水泥石渗透率，在低温下有能力有效凝固并可以得到高的强度，在固化凝固过程中体积零收缩，并是一套具有能够承受周期性载荷影响的韧性水泥体系，文章介绍了深水固井作业中，对于表层套管、尾管以及生产套管封固的挑战。介绍了斯伦贝谢的 PS-1D 水泥浆体系，该水泥浆配套防窜剂的使用可以抑制在深水上部井段的钻进过程中可能遇到的浅层危害，以及海床温度最低达到 2℃的情况下和范围狭窄的孔隙和破裂压力时是所遇到的挑战。并介绍了在 4 口井的生产套管封固中，由于非常狭窄的孔隙和破裂压力，通过采用 PS-1D 体系以及防窜剂而实现了完美的封隔的现场作业情况。R.F.Vargo 等在 IADC/SPE 99141，《改进深水固井实践以协助降低非生产作用时间》中，系统考察了钻井液的清除，温度模型及预测，并使用用于表层管释放的水泥石段塞来节省深水作业时间的方法，介绍了过去 4 年里，大约有 42 口井按照这种操作流程施工。此过程是为了改善水泥浆设计和减少在深水井上固井作业所花费的非生产时间。虽然有效的注水泥施工已经使用多年，但是，并不是所有这些做法都能用于深水井作业，尤其是隔水管部位。需要不断深化水泥浆设计作业加强温度预测和钻井液清除模型以及使用 SSR 表层释放水泥塞。文章介绍，水泥的选择使用可能在费用上会有较大的影响，与传统的 H 级水泥比较 A 级水泥具有更好的早期强度，水泥的选择不仅关系到设计的错误与否，更与后续服务作业有关。当深水作业越来越远离海岸向深海发展时，所需要的水泥浆体系需要涵盖涉及到的所有固井设计，从隔水导管到水泥塞都必须考虑到。该挑战涉及到处理可能存在的浅层水流，高温以及高压等。常规水泥浆以及泡沫水泥浆能被成功的使用在设计和充填中。尽管普遍接受的传统循环温度预测不适合在深水中使用，施工者意识到更好的水泥浆性能和更低的水泥浆费用是建立在正确地了解井眼温度环境基础上的。详细正确的计算机模拟数据关系到水泥浆的费用以及通过套管鞋的完整性用以衡量水泥浆性能的提高。通过有效的方法试验，与预期的 74% 成功率相比，新方法的成功率达到了 100%。

在低温深水水泥浆体系方面，到目前为止，几家国外服务商提供了针对现场的低温添加剂和相应的泡沫水泥浆体系，如 BJ 服务公司的 DeePS-1et 水泥浆体系，是一套可以解决水泥浆在海底养护时间缓慢、低温强度低和强力浅层流影响大的泡沫水泥浆体系。而斯伦贝谢的 DeepCEM 水泥浆体系，可以有效地解决强力浅水流和浅层坍塌。哈里伯顿服务公司在采用固井水泥浆解决深水固井的技术问题以及深水水泥浆体系和工艺研究方面进行了大量的工作，并建立了相应的添加剂体系，具有一些先进的固井水泥浆技术，其中 Deep Water Flo-Stop、ZONESEAL、DrillAhead 技术以及用于降低钻井及固井成本的添加剂和隔离液体系均是具有优异效果的特色技术。解决了泡沫水泥浆在低温下稠化时间长和强度低的问题。

第三节　国内深水固井水泥浆技术现状

最近几年，随着我国深水勘探开发的逐步展开，国内关于深水固井水泥浆的技术研究较为活跃，2004 年，许明标在中海油田服务股份有限公司的支助下，在国内率先推出了采用化学泡沫和固体填充相结合的双充填技术制备低温低密度水泥浆的方法，取得了较好的研究结果。与此同时许明标等也应用国内在材料和处理剂方面研究的现有基础，积极展开了采用纯固体填充的新的技术体系研究，也得到了较好的研究成果。与此同时探讨了采用机械发泡制备低密度水泥浆的方法。所开发的深水水泥浆体系具有较好的直角凝固（RAS）特征，与常规水泥浆比较，深水低密度水泥浆在很短时间的快速稠度变化，降低了浅层水流和气流的发生几率，并且保证水泥浆在一定时间以内，低温下，具有足够的强度以保证导管或套管的支撑。

2000 年，吴晓蓉等在《水泥》第 12 期《低温微细油井水泥的研制》一文中针对硅酸盐水泥在低温下早期强度发挥慢的缺点，对于井底温度 30~60℃的油气井修井工程，采用粒径小于 15μm 的硅酸盐和低温早强特种油井水泥熟料作为主要原材料而研制成低温微细油井水泥。该水泥 SO_3 含量应控制在一定范围，加入专用的外加剂后可以调整 3~5h 的稠化时间。该微细油井水泥具有长期强度稳定、耐硫酸盐腐蚀和微膨胀性。其主要水化产物为钙矾石、低硫型水化硫铝酸钙和铝胶，使用在 65℃以下，且一般低温微细油井水泥储存期不宜超过 6mon，储存时间超过 6mon 导致水泥稠化时间缩短、强度下降。低温微细油井水泥已在油田应用，无论修补套管节、水泥环以及堵水都取得较好效果。

2003 年，聂臻等在《钻井液与完井液》第 5 期《低温早强防气窜水泥浆体系的研究》中介绍了蓬莱 19-3 油田浅气层的固井方法，以紧密堆积理论和颗粒级配理论为指导，以漂珠低密度水泥浆为基础开发出了一种高性能的低温早强防气窜水泥浆体系。该体系具有浆体沉降稳定性好、游离液少、失水易控制、低温早强等特点，而且具有良好的防气窜性能，水泥石不收缩且具有良好的界面胶结性能。该水泥浆在蓬莱 19-3 油田已成功应用 10 余口井，固井质量良好。姚晓等在《钻井液与完井液》2003 年第 5 期《低温浅层稠油井固井水泥浆体系研究及应用》一文中针对稠油区块油藏埋深浅，油层温度低、孔隙度和渗透性高、碱敏性强、岩性疏松、底水丰富，且存在漏层的情况进行了研究。考虑到现有水泥浆体系存在滤失量不易控制、浆体收缩大、界面胶结质量较差或不理想等问题，设计了速凝早强低滤失水泥浆体系，以低滤失膨胀剂为主，辅以速凝早强材料，具有速凝、早强、低滤失、微膨胀和零析水的特性，显著提高了浅层稠油井的固井质量。邵晓伟等在《钻井液与完井液》2003 年第 5 期《低温浅层油气井固井技术》中针对低温浅层油气井固井易发生窜槽的问题，研究筛选出了具有初始稠度低，水泥浆流变性能好，早期抗压强度高的低温膨胀剂和水泥浆稠化时间短，初始稠度低，促凝效果好的低温促凝剂。配合固井工艺技术措施解决低温浅层油气井油气水窜，保证了固井质量。

2004 年，王铁军等在《钻井液与完井液》第 3 期《水泥低温降失水早强剂 DWA—Ⅱ的作用机理研究》一文中指出吉林油田 1000m 以下的调整井存在井温低，油层渗透率低，地层稳定性差，油气水窜问题严重等问题。使用由低温降失水早强剂 DWA—Ⅱ配制成的早强抗窜水泥浆，在保证水泥浆高流动性和良好顶替效率的同时，解决了水泥浆失水量大，凝结时间长，渗透率高，早期强度低等问题。郭宾等在《黑龙江交通科技》2004 年第 7 期《水泥混凝土的低温施工》指出混凝土路面应尽可能在高于 5℃的气温条件下施工，当昼夜平均气温在 −5~5℃之间，则应采取措施加以保护，并从混凝土的原材料选择，配合比，浇筑和养生四个环节介绍了混凝土的防冻措施。

2005 年，陈英等在《天然气工业》第 12 期《低温细微低密度水泥浆的实验研究》一文中提出在地层承受能力低的固井施工中，密度低于 1.5g/cm^3 的水泥石的强度往往达不到设计要求。需要研究提高低密度或超低密度体系在低温条件下的早期强度，研究一套温度低的超低密度水泥浆体系，采用微细水泥，在低温，低密度水泥浆中其对水泥石的早期强度有很好的增强作用，一般可以使早期强度增加 50%~100%，这为低密度，超低密度水泥浆在低温情况下的使用提供了有力的保障。且微细水泥浆在低温，低密度体系中对水泥浆体系的沉降稳定性有很大的改善。许明标等在《石油天然气学报》2005 年第 5 期《海洋深水水泥浆体系性能室内研究》一文中针对海洋深水温度低，压力高，地层破裂压力低以及常常伴生浅层流和天然气水合物的特点，为解决深水固井过程中所遇到的复杂情况，减少固井事故，提出了一种新型的化学发泡气体充填与固体充填减轻制备的低密度低温深水水泥浆体系，并对其在海洋深水环境下的性能进行了系统的室内评价研究。该体系具有较好的低温稳定性和较好的室温稠化可控制性。稠化转化期短，凝固曲线近直角凝固，满足深水固井抑制浅层流影响的需要，保证深水作业安全。在温度为 5℃时，水泥石的强度可以达到 12MPa 以上，低温强度发展较快，满足深水固井对水泥石强度的要求。步云鹏等在《石油钻采工艺》2005 年第 6 期《特种快凝早强水泥固低温浅井油层技术》一文中指出 API 系列油井水泥浆不能满足油田低温（油层温度 18℃）浅层稠油井固井施工技术要求，可以采用高硅率、高铝率矿物材料及微晶种、矿化剂双掺煅烧技术，研制开发了特种低温水泥浆，该快凝早强水泥浆能够实现低温速凝，初终凝时间间隔短，并适当控制了滤失量，水泥浆的流动性能好，早期抗压强度高，施工工艺简单，具备了低温条件固井水泥浆体系的技术要求，是一种新型的特种油井水泥浆，能够解决温稠油浅井固井作业中的技术难题，提高固井优质率。在现场低温地层 9 口井的现场试验中，应用效果良好。王建东等在《钻井液与完井液》2005 年第 6 期《国外深水固井水泥浆技术综述》一文中介绍了国外常见的几种深水固井水泥浆技术，包括快凝石膏水泥浆体系（水泥浆密度较高，井底温度相对较高的情况下），PS−1D 水泥浆技术（低密度低温型），高铝水泥（蒸汽吞吐井），充气水泥浆技术和其他水泥浆技术。

2006年，许明标等在《油田化学》第3期《海洋深水用双充填低温低密度水泥浆体系研究》一文中提出了采用固体和气体双充填制备低温低密度深水水泥浆的方法，所研究制备的水泥浆体系具有较好的低温强度和强度发展，具有较好的低温凝胶强度发展及稠化转化性能，满足深水作业的要求。王清顺等在《石油钻探技术》2006年第4期《海洋深水固井温度模拟技术》一文中针对随着水深的增加，海水温度逐渐降低的特点，探讨了深水固井注水泥过程中水泥浆的温度变化、水泥浆候凝期的水化热情况，介绍了模拟注水泥过程中和候凝期温度变化的方法和措施，用于以指导水泥浆设计。王成文等在《钻采工艺》2006年第3期《深水固井面临的挑战和解决方法》一文中指出由于深水所带来的低温，地层破裂压力低，浅层流体流动和高昂的深水钻井装置费用等问题，对进一步开发深水油气资源提出了严峻的挑战。提出了以准确预测深水注水泥温度为前提，以深水固井材料体系研究为基础，以新型钻井液固井液一体化技术为方向，以深水固井时可能存在的风险为指导，有针对性地优化深水固井水泥浆的性能和注水泥工艺，以有效解决深水固井中所面临的困难。通过以深水固井材料体系研究为基础，有针对性地优化深水固井水泥浆的性能和注水泥工艺解决深水固井中所面临的困难。将钻井与固井一体化考虑，淡化钻井液顶替理论，提出以形成高质量的滤饼或膜来提高地层—水泥环柱间的界面胶结强度，提高松软地层的胶结强度，增大浅层流体进入水泥环空的阻力来阻止流体窜流发生，研究了防止浅层流体窜流的机理和方法。

王清顺等在《石油天然气学报》2006年第3期《深水固井水泥浆技术研究》一文中分析了深水表层浅层流的危害及防窜机理，介绍了深水固井水泥浆设计原理，提出了室内开发的深水低温水泥浆体系要求。韩卫华等在《钻井液与完井液》2006年第3期《一种新型油井水泥低温早强剂》针对水泥石低温情况下强度发展缓慢，影响钻井周期的具体情况，研制开发了早强剂。该早强剂由多种无机化合物和有机化合物按一定的比例复合而成，具有双重早强作用，能明显地提高低温下水泥石的早期强度，并能改善水泥石结构，使之致密，渗透率降低。朱金根等在《大众科技》2006年第5期《用于煤层气井低温快凝早强水泥的固井技术与认识》一文中针对煤层气田井浅、温度低、特别在煤层段中瓦斯含量丰富，气层十分活跃，造成在钻井过程中，易发生溢流、井壁垮塌、漏失，导致出现井下复杂等情况，采用低温快凝早强水泥固井技术结合施工工艺方面的改进，选择合适的低温水泥添加剂形成低失水量、高早强、短候凝的膨胀钻井液体系，有效提高煤层气井的固井质量。

2007年，许明标等在《石油天然气学报》第3期《适于海洋深水固井的零稠化转化时间低温水泥浆体系研究》一文中指出开发低温低密度高强早强水泥浆体系，形成低温浅层流高效封固水泥浆体系及其配套固井工艺，是保证海洋深水勘探开发有效开展的关键和难点所在。通过研究形成了一种新型的用于海洋深水低温浅层流固井作业用的零稠化转化时间低密度水泥浆系，该水泥浆体系采用新型高强快速凝固水泥制备。具有良好协同作用。通过调节缓凝剂和促凝剂的加量调整，可以有效解决水泥浆低温强度及现场温度的安全拌混问题，满足深水作业要求。所研究配制的低密度水泥浆体系具有良好的直角稠化性能，稠化转化时间2min，近零稠化转化，能足深水固井作业中抑制浅层流，防止浅层流灾害的需要。

许明标等还在《石油钻探技术》2007年第3期《海洋深水表层固井壁面剪切及胶结强度室内实验研究》一文中针对海洋深水温度低，压力大，地层破裂压力小，对固井作业产生较为严重的影响的问题进行了研究。在分析深海环境特点的基础上，利用自行设计的界面剪切胶结强度测定仪，研究了地层岩性及表面性质，套管壁面性质，水泥浆性能等对界面强度的影响，详细深入地分析了水泥浆密度，水泥浆滤失性能，水泥石强度对界面强度的影响。并在此基础上，分析了水泥浆体系，钻井液体系，冲洗隔离液体系及注水泥工艺，提出了合理的钻井及固井工艺措施，以全面提高，界面的剪切及胶结强度。张清玉等在《石油钻探技术》2007 年第 3 期《一种低温油井水泥膨胀剂的研究和应用》一文中指出水泥浆硬化后环空水泥石的体积收缩会形成微缝隙导致层间窜流，严重影响界面的胶结质量的问题，研制了新型膨胀剂。该膨胀剂具有优良膨胀性能来自膨胀源与水泥水化产物的共同作用，其膨胀驱动力源于膨胀性成分反应产物的结晶生长压，在受限状态下可以改善水泥石孔的分布，降低水泥石的孔隙度和渗透率，以提高抗压强度和降低水泥石的渗透率；通过控制膨胀材料的反应活性，可以使水泥浆产生体积膨胀，以利于防止窜流；采用该膨胀性水泥浆体系，可以改善第二界面胶结，提高固井质量，有效解决了北部扎齐油田的表层水，气窜问题。

刘云华等在《长江大学学报》2007 年第 4 卷《LW4-1-1 井深水固井技术应用研究》一文中介绍了由哈斯基投资的在我国南海海域荔湾 3-1 气田进行的我国第一口深水井的固井作业情况，讨论了 LW4-1-1 井固井段温度的测定以及低温低密水泥浆体系的表层固井情况。针对深水浅层固井低温，浅层流，地层破裂压力和孔隙压力低，且二者压力差小等显著特点，水泥浆体系在低温条件下不仅应具有很好的凝固特性，而且还要有很好的密封性和防窜能力，能有效支撑套管，封隔地层，防止浅层流，因此，荔湾 3-1-1 表层固井采用了由国外公司提供的微粒填充水泥。固井现场表明，低温低密水泥浆体系可对深水浅层进行有效的封固。在深水低温固井中，准确预测和模拟注水泥和候凝期水泥浆温度变化非常重要，是保证施工安全和固井质量的首要条件。

张清玉等在《油田化学》2007 年第 2 期《国外深水固井水泥浆技术进展》一文中讨论了深水固井中存在的问题，认为深水固井其循环和静止温度一般比较低，地层孔隙压力和破裂梯度之间的窗口比较窄，地层易漏，容易发生水气窜等。针对这种情况，目前国外常用的几种深水固井水泥浆体系基本都侧重在低温强度的改进，凝胶强度的快速发展以及低密度的有效充填方面，采用了水泥浆粒径优化技术，利用粒径优化技术提高水泥浆颗粒的堆积密度，使水泥浆具有高固相含量和良好的流变性，从而提高水泥浆的综合性能。采用高铝水泥配制水泥浆，实现深海或寒冷环境和易发生流体侵入的环境的高早期强度。另外采用快凝石膏水泥浆技术来促进水泥早期强度的发展以及采用泡沫水泥浆技术来实现较低的密度和良好的抗压强度。

王晓亮等在《石油钻探技术》2010 年第 6 期《深水表层固井硅酸盐水泥浆体系研究》中，介绍了一种密度可调（1.20~1.80kg/L）的低温低密度 G 级硅酸盐水泥浆体系。对低温低密度 G 级硅酸盐水泥浆体系的设计原理与水泥浆组分以及不同密度水泥浆配方进行了详细的论述，并对该水泥浆体系在深水环境下的性能进行了评价。该低温低密度 G 级硅酸盐水泥浆体系在低温环境下具有较高早期强度、低失水量以及良好的流变性和稠化性能，其中密度为 1.20kg/L 的水泥浆在 3℃温度下的稠化时间≤ 560min，稠化过渡时间≤ 60 min，API 失水量≤ 70mL，水泥石在 5℃温度下养护 24h 后的抗压强度≥ 3.5MPa。表明低密度 G 级硅酸盐水泥浆体系具有良好的低温性能，能够满足海洋深水表层套管固井作业要求。

王景建等在《石油天然气学报》2011 年第 2 期《ASDD 试验井深水表层固井水泥浆体系研究与应用》中简要介绍了海洋深水表层固井水泥浆体系所处的复杂情况，并针对 ASDD 试验井深水低温等复杂情况，开发出一套适合于深水表层固井的低温低密度高强水泥浆体系，并对其性能进行了详细的评价。最后介绍了现场作业情况。研究表明，开发的水泥浆体系满足了 ASDD 试验井固井技术要求，水泥石在低温下有足够的强度，水泥环与 20in 套管间的剪切胶结力远远大于浮筒产生的浮力，套管被拔起的可能性很小，保证了 ABS 的试验成功。

屈建省等在《石油钻探技术》2011 年第 2 期《深水油气井浅层固井水泥浆性能研究》中，针对深水油气井浅层固井存在的逆向温度场，对水泥浆在低温下的稠化时间、抗压强度和流变性能进行了分析，结果显示，在低温下水泥浆的稠化时间明显延长，抗压强度发展缓慢，流变性能变差。因此，针对深水固井试验中温度模拟方法与陆地固井的不同，文章介绍了深水固井循环温度和静止温度的确定方法，设计了可以用来测试深水固井水泥浆性能的稠化试验装置及静胶凝试验装置。同时设计了不同密度的深水固井水泥浆配方，并对其性能进行了测试，结果表明，所设计的不同密度深水固井水泥浆，在低温条件下早期强度发展快（4MPa/16h），流变性好，防气窜能力强，沉降稳定性能好，能满足深水表层套管固井的需要。

贾延东在《科技向导》2011 年第 15 期《深水固井水泥浆低温促凝与降失水控制技术的研究与应用》中介绍了深水固井水泥浆中新研制的一种低温促凝剂，对水泥浆的水化热影响较小，促凝效果明显，较好地满足深水水合物层的要求，失水控制剂能将水泥浆的失水量控制在 50mL 左右，具有较高的热稳定性和良好的配伍性。

国内对深水固井水泥浆的相关的研究成果基本上沿袭了国外早中期的技术路线，其低密度水泥浆的性能在可以达到较低密度的同时，也存在着不同井深密度变化较大，沉降稳定性较差，强度较低，现场施工作业后勤工作量大，前期设备投入庞大的问题。

第四节　国内深水固井水泥浆体系介绍

一、低密度高强水泥浆体系

低密度高强水泥浆体系以漂珠为减轻材料，辅以增强材料和多种外加剂配制而成，具有密度低、强度高的特点。体系以线性堆积模型和固体悬浮模型为基础，以紧密堆积技术为基本理论，提高了单位体积水泥浆中固相含量，增强了水泥石的致密性。利用合理材料改善物料的表面性质，减少物料颗粒间的充填水和表面的润滑水，使水泥浆有良好的流变性，改善了水泥浆的整体性能。

（一）低密度高强水泥浆体系组成

（1）油井水泥：G 级。

（2）减轻材料：PC-P61（漂珠）。

（3）增强剂：PC-BT1 或 PC-BT2。

（4）缓凝剂：PC-H21L。

（5）分散剂：PC-F41L。

（6）固结增强剂：PC-B10。

（7）消泡剂：PC-X60L。

水泥浆组成不只局限于以上材料，根据现场要求可以添加其他材料或更改部分材料，使其性能达到要求。

（二）低密度高强水泥浆体系特点

（1）水泥浆密度可调控在 1.4~1.7g/cm^3 范围。

（2）该体系适用温度 27~110℃，有良好的流变性能，失水量可控制在 40mL 以内，水泥浆稠化曲线良好，可调。

（3）水泥石强度高，24h 抗压强度可过 20MPa。

（4）良好的水泥浆沉降稳定性能。

（5）良好防漏失性能。

（6）由于采用了颗粒级配原理，水泥石致密，渗透率低，有良好的防气窜性能。

（7）可用海水配浆，CF-42L 能有效改善水泥浆流变性，消除触变现象。

（8）该水泥浆体系与 PEM 钻井液和冲洗液隔离液相容性较好。

（三）典型水泥浆配方性能

低密高强水泥浆基本配方：400g 水泥 +320g 海水 +9gFS02+100g 漂珠＋ 106g 增强剂＋ 4gCF42L＋ 4gCH218L+1.5gC×603L；其性能见表 5-1。

表 5-1　低密高强水泥浆性能

密度（g/cm^3）	温度（℃）	稠化时间（min）	流变仪读数 Φ600/Φ300/Φ200/Φ100/Φ6/Φ3	API 失水量（mL）	抗压强度 72℃（MPa/24h/48h）
1.50	60	155	156/110/89/60/23/17	30	30.4/39.6

二、聚乙烯醇水泥浆体系

聚乙烯醇水泥浆体系是以聚乙烯醇（PVA）类降失水剂为主剂配制而成的体系，具有防气窜好、价格低的特点，有预交联型、抗污染型、防冻型等类型，适合于不同的条件，最高使用温度 120℃。该水泥浆体系主要通过交联作用形成贯穿整个体系的交联网络，在水泥与地层间存在一定压差时，在界面处形成一层致密坚韧的滤膜，降低了水泥浆的失水量，同时也有效地阻止气窜的发生。

（一）聚乙烯醇水泥浆体系的组成

（1）油井水泥：G 级。

（2）降失水剂：PC-G70L、PC-G71L、PC-G72L，加量 3%~9%。

（3）分散剂：PC-F41L、PC-F44L，加量 0.3%~2.5%。

（4）消泡剂：PC-X60L、PC-X61L，加量 0.05%~0.3%。

（5）根据对水泥浆性能的具体要求，可向水泥浆中加入以下可选材料。

（6）缓凝剂：PC-H21L。

（7）促凝剂：PC-A90L。

（8）膨胀剂：PC-B10。

（9）防气窜剂：PC-GS1。

（10）交联剂：PC-J10S、PC-J12L。

以及其他外加剂。

（二）体系使用、维护要求

（1）使用温度不超过 110℃。

（2）存在门限加量，必须大于 5%（BWOC）以上才能控制好失水量。

（3）有轻微的触变性，适当提高分散剂的加量。

（4）加入微膨胀剂防止水泥石收缩。

（5）抗污染能力差，配混合水时注意不要被其他液体污染，注水泥时使用良好的冲洗液、隔离液，防止水泥浆被污染。

（三）水泥浆体系特点

（1）水泥浆体系适用于 30~100℃井况。

（2）API 失水量可控制在 50mL 以内。

（3）有一定的抗盐能力，能用海水配浆。

（4）稠化时间可调，抗压强度高，适应各种水泥浆密度，而且沉降稳定性良好。

（5）通过与特殊的调凝剂复配，可使过渡时间小于 10min，呈直角稠化。

（6）具有良好的防漏、防气窜性和非渗透性。

（7）价格便宜，性能比较稳定。

（8）适用于低温、中温井段，易窜、易漏失地层，调整井固井施工。

（四）典型配方性能

聚乙烯醇水泥浆配方：100% 水泥 +0.3%PC-X60L+0.3%PC-F41L+3%PC-G71L+0.25%PC-H21L+41.3% 海水，其性能见表 5-2。

表 5-2　聚乙烯醇水泥浆性能表

密度（g/cm^3）	井底静止温度（℃）	井底循环温度（℃）	稠化时间（min）	API 失水量（mL）	12h 抗压强度（MPa）	24h 抗压强度（MPa）
1.93	61	46	133	＜ 50	15.46	21.45

三、聚合物水泥浆体系

聚合物水泥浆体系由 PC-G80L、PC-G83L 等 AMPS 类降失水剂为主剂，辅以相配伍的其他外加剂配制而成。AMPS 降失水剂是以 AMPS（2—丙烯酰胺基—2—甲基丙烷磺酸）为主要单体的二元或多元共聚物材料，具有抗温、抗盐、体系稳定的特点。向聚合物水泥浆中加入具有特殊功能的外加剂可以配成有相应功能的的水泥浆体系，以适应不同井况的固井需求。

（一）聚合物水泥浆体系的组成

（1）油井水泥：G 级。

（2）降失水剂：PC-G80L、PC-G83L、PC-G84L 等，加量 3%~6%（BWOC）。

（3）分散剂：PC-F41L、PC-F44L，加量 0.3%~2.5%。

（4）消泡剂：PC-X60L、PC-X61L，加量 0.05%~0.3%。

（5）混浆水：淡水或海水。

根据对水泥浆性能的要求，可向水泥浆中加入可选材料。

（1）缓凝剂：PC-H21L、PC-H32L、PC-H34L 等。

（2）促凝剂：PC-A90L、PC-A93L。

（3）膨胀剂：PC-B10、PC-B40、PC-B60 等。

（4）防气窜剂：PC–GS1、PC–GS2。

（5）外掺料：PC–P61、PC–C81L、PC–C82L 等。

以及其他外加剂。

（二）体系使用及维护要点

（1）30~110℃推荐使用 PC–H21L、PC–H32L 中温缓凝剂，加量 0.3%~2%。

（2）温度大于 110℃推荐使用与降失水剂相配伍的 PC–H34L 等高温缓凝剂，加量 1%~5%。

（3）30~110℃的海水水泥浆体系推荐使用 PC–G80L、PC–G83L。

（4）温度大于 110℃的体系推荐用 PC–G84L，并用淡水配浆。

（5）流变性好的情况下，可以不使用分散剂。

（6）在 80~90℃存在自缓凝现象，要进行温度敏感实验评价。

（7）不推荐在密度低于 1.65g/cm^3 的漂珠水泥浆体系中使用。

（三）水泥浆特点

（1）良好的失水控制性能，游离液零。

（2）优秀的抗温抗盐能力。

（3）很好的普适性，可在 26~180℃的温度范围内使用。

（4）具有良好的分散作用，在一些情况下，不加分散剂，也有良好的流变性。

（5）抗污染能力强。

（6）水泥石强度发展好。

（7）可以与其他外加剂配伍制成具有特殊功能的水泥浆体系。

（四）典型水泥浆配方性能

聚合物水泥浆配方：100%“G”水泥 + 海水 +4%~5% 海水降失水剂 +0.25%~0.8% CH211L，其性能见表 5–3。

表 5–3　聚合物水泥浆性能表

密度（g/cm^3）	温度（℃）	稠化时间（min）	流变性 Φ600/Φ300/Φ200/Φ100/Φ6/Φ3	API 失水量（mL）	抗压强度（MPa）
1.9	80℃	224	208/130/95/55/8/4	32.8	24.6

四、乳胶水泥体系

胶乳水泥浆是用胶乳为主剂，辅以稳定剂和其他外加剂配制而成的。油井水泥用的胶乳一般为丁苯胶乳和羧基丁苯胶乳，胶粒直径 200~500nm，均匀分散在黏稠的胶体体系中。胶乳水泥浆主要是靠胶乳颗粒填充水泥颗粒间隙来降低失水量，加量较大，有很好的防气窜作用。

（一）胶乳水泥浆的组成

（1）油井水泥：G 级。

（2）胶乳：PC–GR1、PC–GR5，加量 4%~15%。

（3）稳定剂：PC–J50S，加量 0.3%~1.0%。

（4）分散剂：PC–F41L，加量 0.3%~2.0%。

（5）消泡剂：PC-X88L，加量 0.05%~0.3%。

根据对水泥浆性能的具体要求，可向水泥浆中加入以下可选材料。

（1）缓凝剂：PC-H21L、PC-H32L、PC-H34L。

（2）促凝剂：PC-A90L、PC-A93L。

（3）膨胀剂：PC-B10、PC-B40。

（4）CO_2 防腐剂：PC-B80。

（5）以及其他外加剂。

（二）体系使用、维护要点

（1）使用温度 35~150℃。

（2）性能不是很稳定，要通过反复实验调整，保证施工安全。

（3）普通消泡剂不适用，要用专门的胶乳消泡剂或抑泡剂，以抑泡为主、消泡为辅。

（4）抗盐性较差，盐的侵入可能会破坏胶粒的分散稳定性，减弱控失水性能，因此不能用盐水配浆并防止盐水的侵入。

（5）打两种水泥浆时，注意与其他水泥浆的相容性，相容性差的不适用。

（6）PC-GR5 可用海水配浆，其他品牌不能用海水配浆。

（三）胶乳水泥浆体系性能特点

（1）具有良好的防气窜性能。

（2）有良好的流动性和控失水性能。

（3）有效降低水泥石渗透率，提高抗地层水腐蚀能力。

（4）减小水泥环体积收缩，改善水泥环与套管，地层间的胶结状况。

（5）提高水泥石抗拉强度，使之具有良好的弹性，降低射孔时水泥石的破裂度。

（6）适用于气井、调整井、高温高压井固井。

（四）典型水泥浆配方性能

胶乳水泥浆配方：100% 水泥 +1%PC-F41L+4.5%PC-GR5+0.3%PC-J50S+0.08%PC-H21L+ 海水；其性能见表 5-4。

表 5-4　胶乳水泥浆性能表

密度（g/cm^3）	井底循环温（℃）	稠化时间（min）	API 失水量（mL）	24h 抗压强度（MPa）	PV（mPa·s）	YP（Pa）
1.9	85	204	26	21	0.03	7.9

五、聚合物乳胶水泥浆体系

聚合物胶乳水泥浆体系是将 AMPS 聚合物与胶乳结合配制而成的水泥浆体系。这种水泥浆兼有聚合物水泥浆和胶乳水泥浆的优点，具有更好的性能，可适用于较复杂的地层固井。聚合物对水泥颗粒的吸附作用和胶乳颗粒对水泥空隙的填充作用这两种机理共同起作用，使体系具有更好防气窜和降失水性能，水泥石更加致密，渗透率更低，能有效提高固井质量、延长油井使用寿命。

（一）水泥浆组成

（1）油井水泥：G 级。

（2）降失水剂：PC-G83L、PC-G84L，加量 3%~5%。
（3）胶乳：PC-GR1，加量 4%~15%。
（4）分散剂：PC-F41L、PC-F44L，加量 0.3%~2.0%。
（5）消泡剂：PC-X88L，加量 0.05%~0.3%。
根据对水泥浆性能的具体要求，可向水泥浆中加入以下可选材料：
（1）缓凝剂：PC-H30S、PC-H21L、PC-H32L、PC-H34L。
（2）稳定剂：PC-J50S。
（3）促凝剂：PC-A90L、PC-A93L。
（4）膨胀剂：PC-B10、PC-B40。
（5）防腐剂：PC-B80。
（6）外掺料：PC-C81、PC-C82。
以及其他外加剂。

（二）体系使用、维护要点

（1）使用温度 35~150℃。
（2）普通消泡剂不适用，选用专用胶乳消泡剂。
（3）不推荐用海水或盐水配浆。
（4）注意检查与钻井液的相容性，使用前做相容性实验。
（5）为防止水泥石的收缩，可考虑加入一定量的微膨胀剂。
（6）加入防腐材料可用于高含硫气井、防二氧化碳腐蚀固井。

（三）水泥浆特点

（1）良好的降失水和防气窜性能。
（2）水泥石较致密具有良好的非渗透性。
（3）水泥浆稳定性好，上下密度差小。
（4）适用于气井、调整井、易气窜井、特殊井、复杂井等固井。

（四）典型水泥浆性能配方

聚合物胶乳水泥浆配方：100% G 级水泥 +35% 硅粉 +3%PC-G83L+10%PC-GR6+1%PC-F41L+PC-H30S+0.5%PC-J50S+PC-X62L，其性能见表 5-5。

表 5-5 聚合物胶乳水泥浆性能表

密度（g/cm^3）	温度（℃）	稠化时间（h：min）	API 失水量（mL）	24h 抗压强度（MPa）
1.9	150	5：18	35.7	22.3

六、低温低密度高强水泥浆体系

低温低密度高强水泥浆体系以低温水化性能良好的特种水泥为胶结材料，辅以相配伍的外加剂配制而成。该体系在低温（5℃）条件下强度发展良好，适用于深水表层固井。

（一）水泥浆组成

（1）水泥：特种硅酸盐水泥。
（2）降失水剂：PC-G83L，加量 3%~5%。

（3）分散剂：PC-F41L，加量 1%~5%。

（4）消泡剂：PC-X60L，加量 0.05%~0.3%。

根据具体要求可加入其他外加剂。

（1）缓凝剂：PC-H21L，加量 0.1%~2%。

（2）早强剂：PC-A90L，加量 1%~5%。

（3）以及其他外加剂。

（二）水泥浆使用及维护要求

（1）水泥和漂珠的比例对水泥浆的性能影响较大，根据实验结果适当调整两者的比例。

（2）水泥浆体系较稠，适当增加分散剂的加量。

（3）考虑多种情况，测试水泥浆的稠化时间，保证施工安全。

（4）每隔 5℃测试水泥石的抗压强度。

（三）水泥浆特点

（1）具有良好的低温水化性能，在较低的温度（5℃）也有强度发展。

（2）稠化时间可调性好，对温度差异无太强的敏感性，保证了固井施工安全。

（3）随着缓凝剂的加量增加，稠化时间有规律的延长，有很好的重复性。

（4）体系稳定，水泥石上下密度差小，不收缩。

（5）体系结构简单，普通外加剂即可满足要求。

（6）该体系的不足之处是水泥浆有一定的触变性，初始稠度较高，稠化过渡时间长。

（7）适用于深水低温表层套管的固井施工。

（四）典型水泥配方性能

低温低密度高强水泥浆配方：100% 水泥 +20%PC-P61+4.8%PC-F41L+5%PC-G83L+3%PC-A90L+0.35% PC-X61L+63.33% SW，其性能见表 5-6。

表 5-6　低温低密度高强水泥浆性能

密度（g/cm³）	温度（℃）	初始稠度（Bc）	稠化时间（h：min）	游离液（%）	API 失水量（mL）
1.45	30/20	35	5：19	0	36
六速读数（30℃养护 1h）					
Φ600	Φ300	Φ200	Φ100	Φ6	Φ3
240	155	121	82	47	37
抗压强度（MPa）					
5℃	10℃	15℃	20℃	25℃	30℃
0/24h 3.7/48h	1.9/24h 7.9/48h	5.0/24h	6.2/24h	9.5/24h	11.4/24h

七、常用前置液体系

（一）常用清洗液体系

（1）PC-W21L 清洗液。

PC-W10L 清洗液系普通型清洗液，主要在使用水基泥浆的井内使用。

（2）PC-W14L 清洗液。

PC-W20L 清洗液系普通型清洗液，主要在使用油基泥浆的井内使用。

（3）PC-W14L 清洗液。

PC-W20L 清洗液系普通型清洗液，具有防止井壁坍塌功能。

（4）PC-W30L 清洗液。

PC-W30L 清洗液系双作用冲洗液，它具有冲洗和隔离功能，主要在使用高密度水泥浆的井中使用。

（二）常用隔离液体系

（1）PC-S23S 隔离液体系。

PC-S23S 隔离液能很好提高液相黏度，有效隔离钻井液与水泥浆。

（2）PC-S22S 隔离液体系。

PC-S22S 隔离液同时具有冲洗和隔离功能，有效冲洗井壁及隔离钻井液与水泥浆。

（3）PC-S30S 隔离液体系。

PC-S30S 隔离液同时具有冲洗和隔离功能，有效冲洗井壁及隔离钻井液与水泥浆，主要在使用高密度水泥浆井中使用。

（三）PC-S23S 隔离液

1. 配方组成

（1）钻井水：F/W。

（2）消泡剂：PC-X60L。

（3）隔离剂：PC-S23S。

（4）冲洗液：PC-W21L。

（5）重晶石：Barite。

2. 特点

隔离液的成分不只局限于以上材料，应根据现场情况添加、更改或删除部分材料，使其性能达到要求。其特点有：

（1）通过调整重晶石的加量可以调整隔离液密度范围：1.2~1.8g/cm^3。

（2）通过调整隔离剂的加量可以调整隔离液漏斗黏度。

（3）有效隔开钻井液与水泥浆，防止两者相互接触污染。

（4）与钻井液的相容性好，能够稀释钻井液，降低钻井液的黏度和切力。

（5）与水泥浆的相容性好，水泥浆不发生变稠、絮凝、闪凝等现象。

（6）对固相具有一定的悬浮能力，既可以悬浮加重剂，有利于隔离液体系稳定，同时可防止钻井液固体颗粒及冲刷下来的泥饼沉降和堆积。

（7）具有一定的控制失水能力，失水量可控制小于 150mL/30min，7MPa，以控制井下不稳定地层，防止井壁坍塌。

3. 典型配方性能

PC-S23S 隔离液基本配方：100g F/W+0.5g PC-X60L+5.3g PC-S23S+5g PC-W14L+76.7g Barite，其性能见表 5-7。

表 5-7　PC-S23S 隔离液性能表

密度（g/mL）	BHCT（℃）	不加冲洗液漏斗黏度（mPa·s）	加冲洗液漏斗黏度（mPa·s）	30min 失水量 /7MPa（mL）
1.45	55	98	93	75

第五节 深水固井工具和套管附件介绍

固井工具和套管附件是为了高效、优质地完成固井注水泥工序所必须的部件。固井工具主要有地面工具（水泥头、循环头等）、井下工具（SSR胶塞组平衡阀等），套管附件主要包括浮鞋、浮箍、扶正器等。

一、地面工具

（一）水泥头

水泥头是注水泥浆施工过程的井口联接装置，用于联接套管（或钻杆）和注水泥管汇；水泥头还用来安装胶塞，通过胶塞释放挡销机构控制胶塞的释放，并根据胶塞释放指示销判断胶塞是否释放。

1. 钻杆水泥头

钻杆水泥头由提升短节、本体、旋转轴承机构、挡销机构、释放指示销、胶塞腔、钻杆联接短节和阀门管汇等部分组成，如图5-3所示。

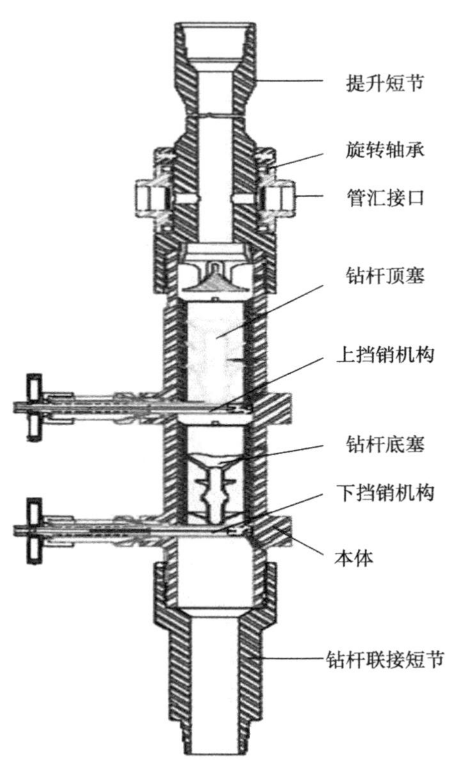

图5-3 Weatherford钻杆水泥头示意图

钻杆水泥头主要用于使用SSR胶塞固井的半潜式钻井平台，提升短节用来方便顶驱提升钻杆水泥头及其下部连接的套管送入管柱，而旋转轴承机构可以防止水泥头与钻杆连接的螺纹发生脱扣。释放SSR底塞时，旋转下挡销机构的手轮使下挡销从钻杆底塞内腔收回，钻杆底塞便在泵送液体推动下离开底塞所在内腔（释放指示销有显示），沿钻杆内壁落到 SSR 底塞座上，在泵压的作用下剪切释放 SSR 底塞。同样地，释放 SSR 顶塞时，旋转上档销机构的手轮使上挡销从钻杆顶塞内腔收回，在顶替液的推动下离开顶塞所在内腔（释放指示销有显示），沿钻杆内壁落到 SSR 顶塞座上，在泵压的作用下剪切释放 SSR 顶塞。

2. 尾管水泥头

尾管水泥头由提升短节、本体、旋转轴承机构、钻杆塞挡销机构、投球机构、钻杆联接短节和阀门管汇等部分组成，如图 5-4 所示。

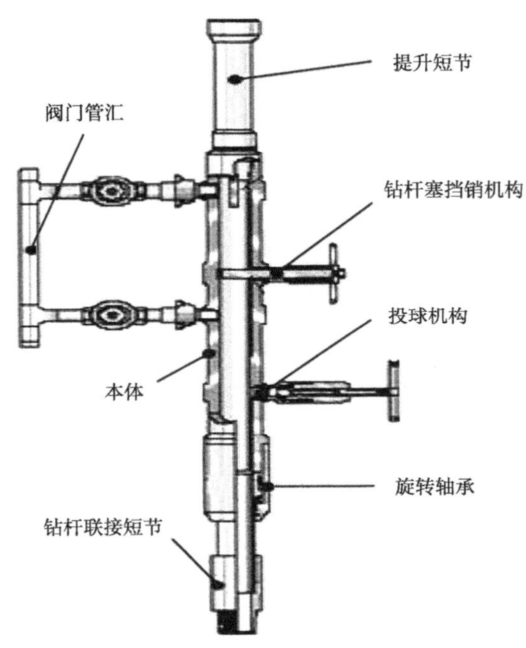

图 5-4　尾管水泥头示意图

尾管水泥头主要用于尾管固井，提升短节和旋转轴承机构的作用同钻杆水泥头的对应机构相同。坐挂尾管悬挂器时，旋转投球机构的手柄，顶杆便将球从投球机构内腔顶出，球在重力和泵送液体的推动下，沿钻杆内腔落到悬挂器球座上，在泵压的作用下使尾管悬挂器实现坐挂。释放尾管胶塞时，旋转钻杆塞挡销机构的手柄，使挡销从钻杆塞内腔收回，钻杆塞便在泵送液体的推动下离开钻杆塞所在内腔，沿钻杆内壁落到尾管胶塞座上，在泵压的作用下剪切释放尾管胶塞。

3. 水泥头的常见故障与不良影响

1）水泥头联接短节的螺纹损坏

因水泥头联接短节与管柱连接时错扣或在运输搬运中碰伤螺纹，造成水泥头无法与固井管柱相连接。使用前应检查、清洗干净螺纹，涂上螺纹脂或黄油并戴上护丝。

2）密封圈损坏

由于密封圈老化或组装时刮伤，可能引起固井过程中刺漏。使用前应检查密封圈并清洗干净，涂上少许螺纹脂或黄油。

3）水泥头管汇通道变窄、阀门开启困难

由于固井后未冲洗干净残留水泥，可能带来固井泵泵压过高、泵送排量低、固井管线蹩漏、设备高负荷运转等不良影响。固井前应检查、清理水泥头管汇及阀门的残留水泥并检查阀门开关是否灵活。

4）水泥头管汇阀门压力试压困难

阀门密封或阀芯损坏，造成固井时地面管线无法试压，未能达到固井过程中对地面管线的安全要求。

5）挡销机构或投球装置进退不灵活

机构缺乏润滑或密封损坏，可造成无法正常退挡销或投球，影响固井作业进行。对于套管水泥头，挡销过紧，在投胶塞时，由于投胶塞动作慢，胶塞在套管内强大吸力作用下，有可能斜卡在水泥头内，又由于胶塞周围有空隙，所以在替钻井液时，胶塞没有下去，不易被发现，造成替空事故。使用前应从挡销黄油嘴上注入黄油保证挡销进退自如，并在水泥头内腔挡销表面涂抹适当的润滑油。

6）胶塞释放指示销不灵

有水泥固死腔内活动杆，造成无法判断胶塞是否真正释放。使用前应检查指示销活动是否灵活，清理水泥头内腔活动杆处充填物，润滑活动轴。

4. 循环头

循环头是在下套管或尾管中途连接于下入套管或尾管柱上建立循环的井口工具。

1）循环头工作原理

当套 / 尾管下入中途或下入套 / 尾管过程中遇阻时，将循环头下端的套管扣或分体短节连接于套管顶部，循环头上端的接头连接于钻台至钻井泵的管线上，建立钻井液循环。常用循环头结构如图 5-5 所示。

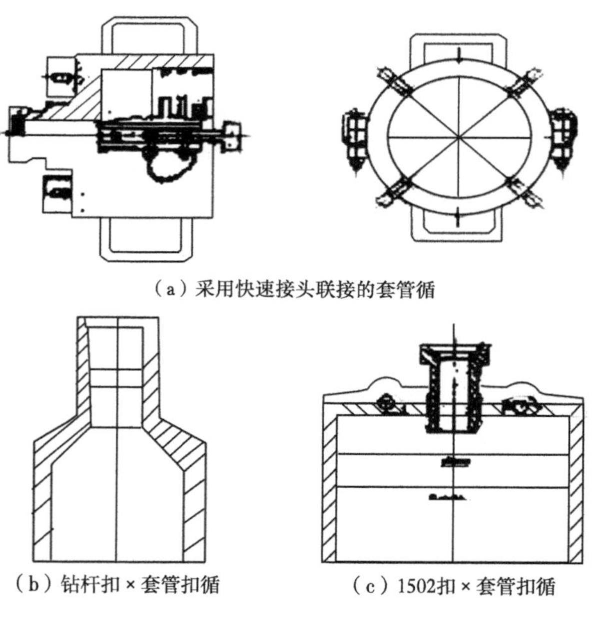

（a）采用快速接头联接的套管循

（b）钻杆扣 × 套管扣循

（c）1502扣 × 套管扣循

图 5-5　常用循环头结构示意图

2）循环头的常见故障与不良影响

循环头的螺纹损坏或快速接头连接部位被碰变形、锈蚀，可能引起循环头与套管连接错扣和无法连接。使用前应检查快速接头连接部位或连接螺纹是否完好，清洗干净，涂上螺纹脂或黄油并戴好护丝。

二、井下工具

（一）浮鞋、浮箍

套管浮鞋（图 5-6）装在套管柱底部引导套管柱入井，防止套管柱底部插入井壁后遇阻。套管浮箍（图 5-7）装在浮鞋以上 2~3 根套管处，为胶塞提供碰压位置，当上胶塞到达浮箍时，泵压会突然升高，这时候说明胶塞已碰压，固井替浆结束。不管浮鞋 / 箍，两者都具有一个单流阀机构（图 5-8），该阀可防止固井结束后套管环空内的流体进入套管内，同时，在管串入井时还可减少大钩载荷。

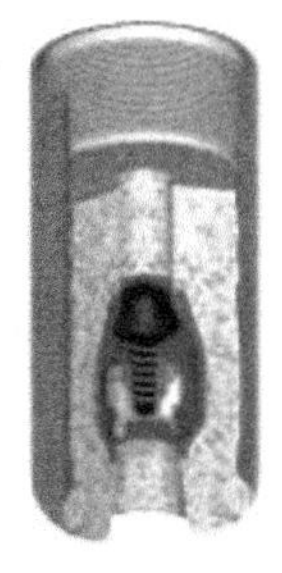

图 5-6　浮鞋

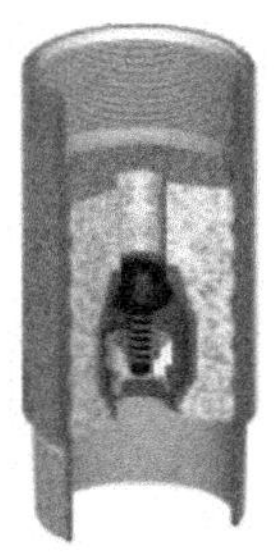

图 5-7　浮箍

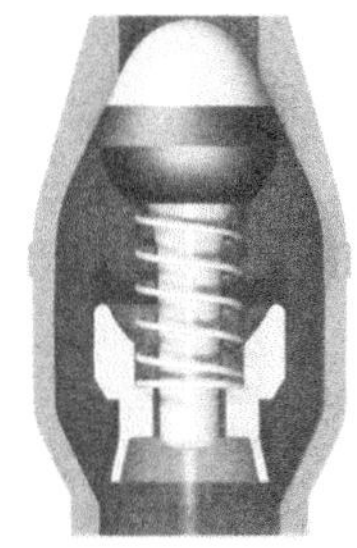

图 5-8　单流阀

（二）胶塞

（1）SSR 胶塞组。

SSR 胶塞组（图 5-9）主要用于半潜式平台的套管固井，它允许通过钻杆把水泥浆泵送到井内而不需要从钻台到海底全部下入套管。钻杆胶塞通过钻杆水泥头进行投放，可刮去钻杆内的水泥浆并剪切释放 SSR 套管胶塞，SSR 套管胶塞的作用同前述套管胶塞。

（2）尾管胶塞组。

尾管胶塞（图 5-10）连接在尾管送入工具中心管下端的接箍上，钻杆胶塞通过尾管水泥头进行投放，刮去钻杆内的水泥浆并与尾管胶塞复合后，剪切释放尾管胶塞。尾管胶塞下行顶替水泥浆至球座后碰压。

图 5-9　SSR 胶塞组胶塞组

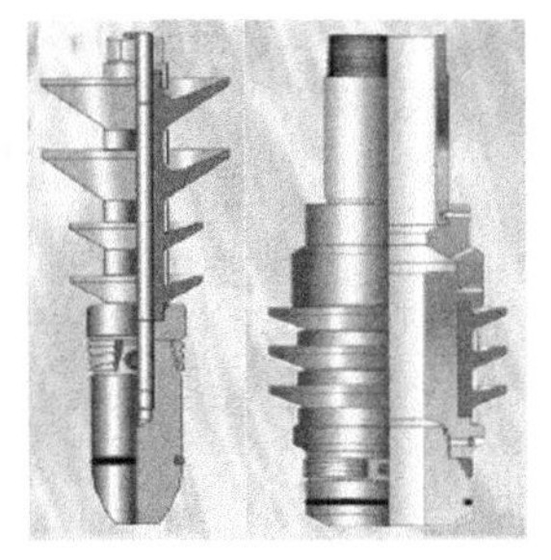

图 5-10　尾管胶塞组

（3）套管扶正器。

套管扶正器（图 5-11）有弹性和刚性之分，它们的作用是扶正套管，提高套管在井眼中的居中度，使套管与井壁环空的水泥浆充填均匀，保证固井质量。套管扶正器通常安放在油层、水层上下，井径不规则处，浮鞋、浮箍的上下，尾管重叠段等位置。

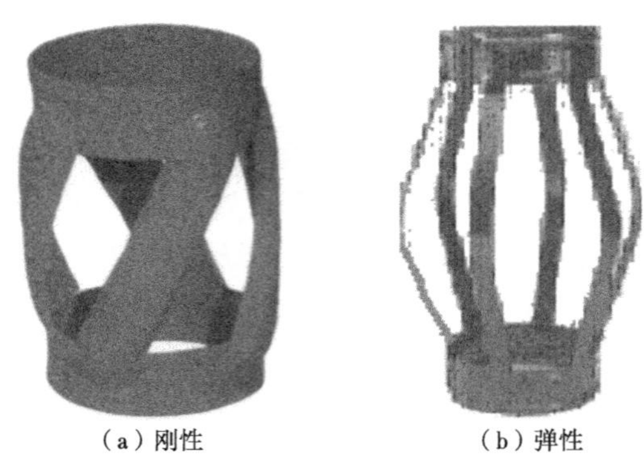

（a）刚性　　（b）弹性

图 5-11　套管扶正器

（4）扶正器止动环。

图 5-12 所示为多种类型的扶正器止动环。止动环装在套管本体上，限制套管扶正器上下活动，确保水泥浆重点封隔范围。

图 5-12　扶正器止动环

（5）尾管悬挂器。

SYX-A 型 ϕ244.5mm×ϕ177.8mm（$9\frac{5}{8}$in×7in）尾管悬挂器为单液缸、双锥体、双排卡瓦、液压坐挂式悬挂器。它主要由以下几部分组成：

① 悬挂器本体总成：由锥体、液缸、活塞、卡瓦等件组成，如图 5-13 所示。

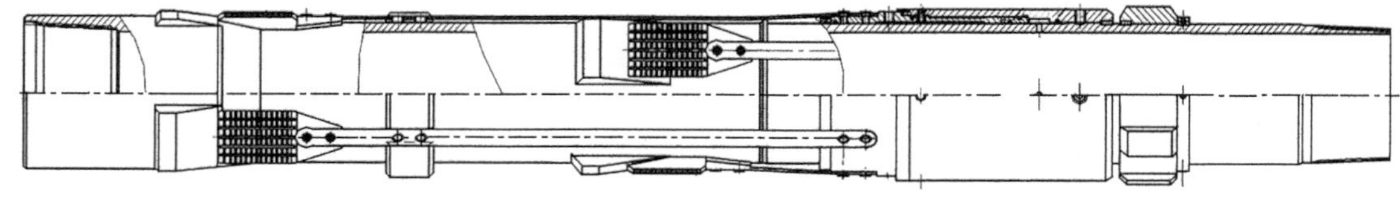

图 5-13　尾管悬挂器示意图

② 送入工具总成：该工具可重复使用，由防砂罩、提升短节、倒扣总成及中心管组成，如图 5-14 所示。

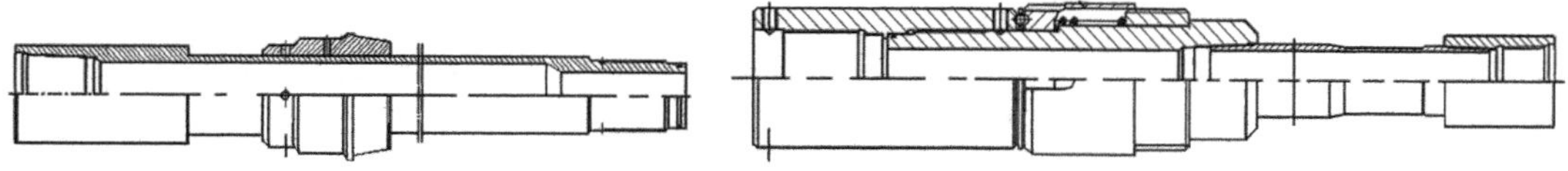

图 5-14　尾管悬挂器送入工具示意图

③ 密封总成：由密封外壳和密封芯子组成，如图 5-15 所示。

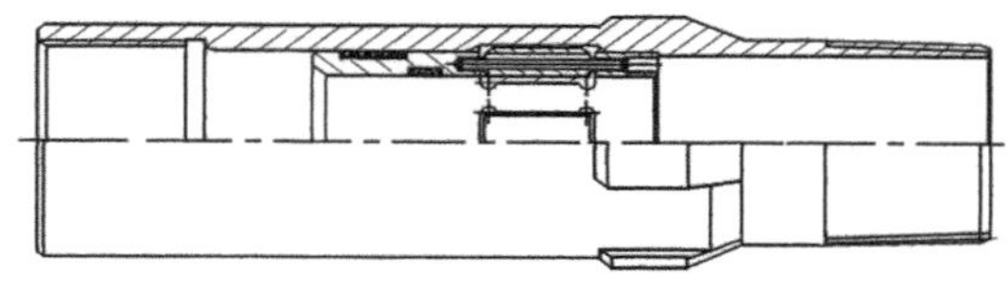

图 5-15　密封总成示意图

④ 回接筒，如图 5-16 所示。

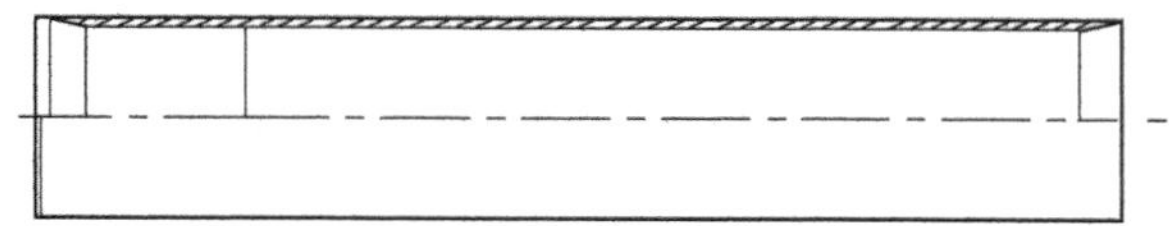

图 5-16　回接筒示意图

⑤ 胶塞：包括钻杆胶塞和尾管胶塞，如图 5-17 所示。

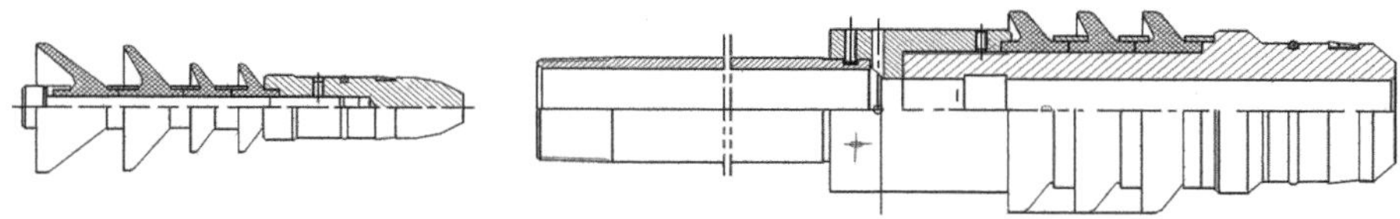

图 5-17　钻杆及尾管胶塞示意图

⑥ 球座总成，如图 5-18 所示。

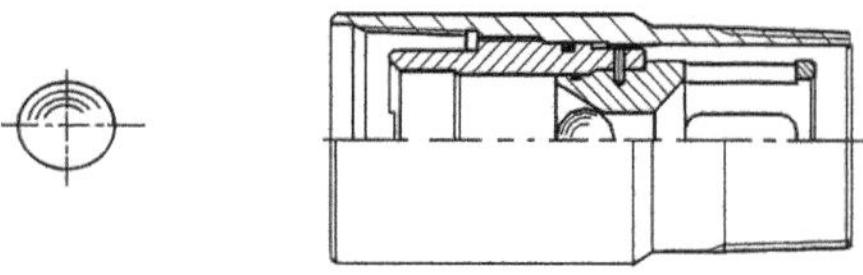

图 5-18　球座示意图

⑦ 浮箍、浮鞋，如图 5-19 所示。

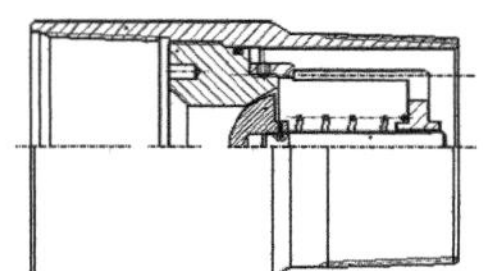

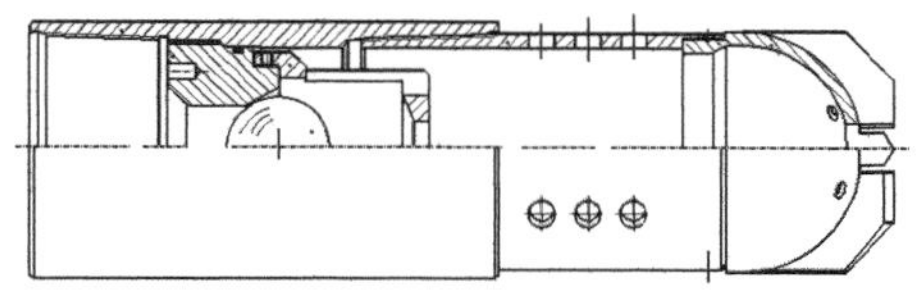

图 5-19　浮箍、浮鞋示意图

工作原理：SYX−A 型 ϕ244.5mm×ϕ177.8mm（9⅝in×7in）尾管悬挂器为液压式，采用投球憋压的方式实现坐挂。使用时配合专用的送入工具，将尾管悬挂器及尾管下入到井内设计深度。投球，当球到达球座后憋压，压力通过悬挂器本体上的传压孔传到液缸内，压力推动活塞上行，剪断液缸剪钉，再推动推杆支撑套，并带动卡瓦上行，卡瓦沿锥面涨开，楔入悬挂器锥体和上层套管之间的环状间隙里，当钻具下放时，尾管重量被支撑在上层套管上。继续打压，憋通球座，建立正常循环。然后进行倒扣、注水泥、替浆作业。最后将送入工具和密封芯子提离悬挂器并循环出多余水泥浆，起钻，候凝。

第六章　深水表层喷射钻进

第一节　喷射钻进技术概况

在当前石油大形势下，近海很多油田已经进入生产中末期，开采难度逐年增大，可以开采的油气储量越来越少。在全球范围内，各大石油公司不约而同的把目光投向了蔚蓝的深海。近年来，深水油气勘探开发在全球范围内广泛开展并已成为石油公司勘探的重点业务。

据油气资源评价资料显示，南中国海是世界四大油气聚集地之一，石油地质储量约为（230~300）$\times 10^8$t，占我国油气总资源量的三分之一，其中70%蕴藏于153.7$\times 10^4$km^{2}的深海区，具有良好的开发前景。如果可以将这些油气资源合理利用起来，我国建成“海上大庆”的目标指日可待。

但是与浅水钻井作业相比，深水钻井作业面临着以下多重挑战：

（1）水深的挑战。

随着水深的增加，需要下入的隔水管数目也随之增加，这就对平台的承载能力、钻机载荷、甲板空间等提出了更高的要求。同时，海底的各种设备也要能承受更高的温度和压力。

（2）海底泥线不稳的挑战。

与近海相比，在越过大陆架之后，水深徒然增加，海底多是较厚、松软、高含水且未胶结的地层。海床的不稳定和大的坡度都会促使海底形成滑坡等地质灾害，从而给深水钻井导管和水下井口系统的设计与施工带来了更大的挑战。

（3）低温带来的挑战。

海水温度随着深度的增加而逐渐降低，从而会给钻井作业带来一系列的问题。例如，在低温环境下，钻井液的黏度和静切力会大幅升高，会形成显著的胶凝现象，也比较容易形成天然气水合物。如若表层采用先开钻后固井的形式下表层导管的话，进行钻井液和固井设计师必须要考虑到低温对其对的影响。

（4）作业窗口窄带来的挑战。

海底表层都是松软的泥层，形成时间短，未经压实，缺乏足够的上覆岩层。随着水深的增加，地层破裂压力梯度降低，使得地层破裂压力梯度与地层孔隙压力梯度之间的窗口变窄，容易引发井喷、井漏等复杂情况。

（5）恶劣的环境带来的挑战。

深水环境下，经常会出现季节性风暴，并且还有不易监测到的内波流产生。风急浪大，会引起钻井平台移位，导致隔水管变形，并使得起下管柱等作业变得异常困难。

因此在深水环境下，表层钻进作业困难重重：水的深度增大，表层导管需要承受更高的压力；表层土壤强度低，井眼易冲蚀、易坍塌；海底温度低，固井难度高，对水泥浆性能要求高；表层导管尺寸大，与井壁接触摩阻大，难以下入；风浪以及内波流则给表层导管的下入增加了不小的难度，经常出现导管无法对准海底已钻的井眼，有时甚至会将井眼报废。所以，在深水钻井中一般采用喷射钻进技术，它是解决深水浅层钻井难题的技术之一。

一、喷射钻进的定义

喷射导管钻井技术是采用底部动力钻具以喷射方式，钻进的同时下入导管，套管在其自重和钻具等的重力作用下随钻头钻出的领眼下沉并挤压周围海底地层直至设计深度，喷射到位后利用周围地层的黏附力和摩擦力稳固，其过程如图 6-1 和图 6-2 所示。最后送入工具脱手，起出管内钻具或继续下井段钻进作业。

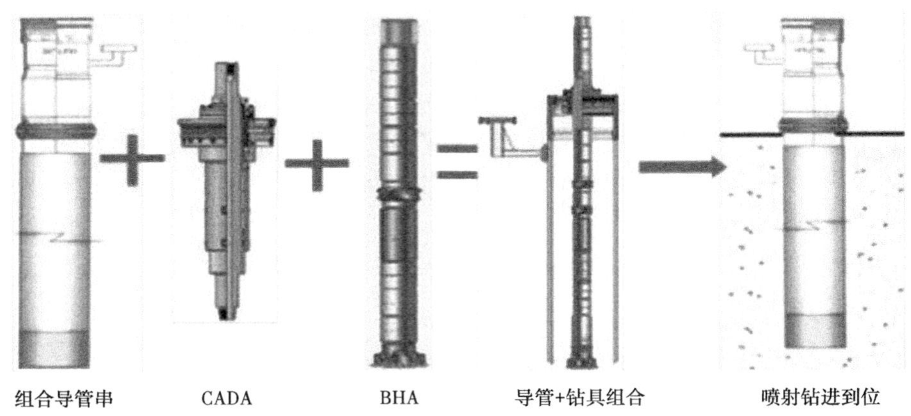

图 6-1　喷射钻进钻具组合示意图

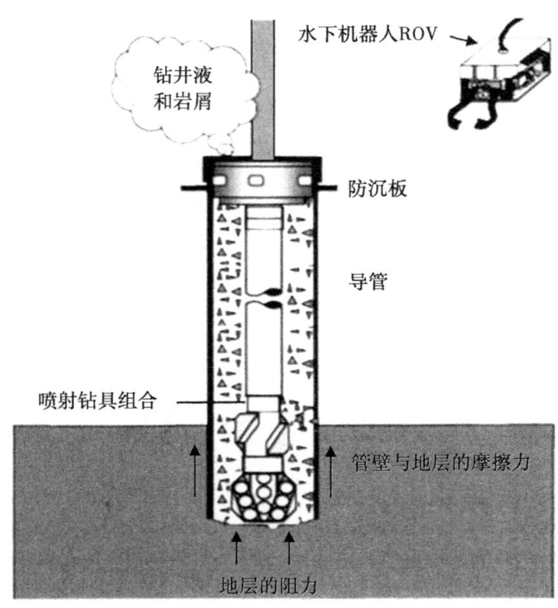

图 6-2　喷射钻进过程示意图

二、喷射钻进所具有的优势

与传统的表层钻进后再下入隔水导管的方法相比，喷射钻进有如下优势：

（1）深水区海底表层土壤比较松软，存在泥线不稳定、表层井壁易坍塌等因素，喷射导管作业可以规避常规程序表层作业风险；

（2）在喷射钻进的同时下导管，解决了深水表层钻眼后下导管不容易找到井口的难题；

（3）喷射结束后无需固井，避免固井水泥浆压漏地层的风险；同时亦可避免低温等因素影响固井质量而造成井口下沉；

（4）直接进行下一井段钻进作业，可以减少一趟起下钻，提高作业时效，对于综合日费上百万美元的深水钻井来说，效益可观。

三、喷射钻进的要求

喷射钻进虽然有很多的优点，并可以解决上述的诸多问题，但是在进行喷射钻进时，其同样有很多的要求需要满足，否则不但无法达到预期的目的，甚至可能造成事故，直接导致该井报废。一般有以下几点要求需要满足：

（1）表层导管应能够在继续进行的下一井段的钻井作业过程中依靠表层土壤的黏附力支持其本身及低压井口头的浮重；

（2）表层导管应能够支撑水下高压井口头及其连接套管的浮重；

（3）低压井口头的出泥高度有一定的限制，一般的高度为 3.0~4.5m；

（4）无论是在喷射钻进的过程中，还是最终表层导管下到位，表层导管的倾斜度都不能大于 1.5°。

四、喷射钻进的相关经验

目前表层喷射钻进作业已经在国外进行了很多年，技术较为成熟，通过查阅一些相关资料，我们可以发现其中有很多的作业经验值得借鉴。

（1）控制合适的排量。为了避免表层导管倾角过大的情况出现，在导管入泥 0.5~1m 时就开泵钻进。在最开始时，将泵排量维持在在较低的水平，以避免管外返出。在钻进一定深度，井眼稳定后，再逐渐提高泵排量，以高排量钻进。前 20~30m 是控制导管垂度的关键，此后，可以适度地以高排量和较高的钻压进行钻进。

（2）控制合理的钻头出管鞋尺寸。国际通行的惯例是钻头伸出管鞋 4~8in，在该伸出范围内，能最大限度的冲刷泥体，并保证岩屑及时返出，提高下入速度。相反如果伸出尺寸过多，会对井眼造成冲蚀，钻出的井眼不够规则；伸出尺寸太少，则会导致钻头底部土体无法得到充分冲刷或泥屑在管鞋处堵塞，从而减低时效甚至喷射失败。对于没有马达的喷射钻具，钻头可以不伸出管鞋。

（3）控制钻压。超过限度的钻压会导致钻具折损，因此，钻压的控制是表层钻进井下安全的关键。使其保持在一个适度的值，既可以以最大的速度钻进，又能保证钻具不受损坏。

（4）适时地活动导管。这样做可以降低管外的摩阻，从而提高钻进速度。在喷射钻进到最后一段时要减少上下活动，以使形成好的吸附。

（5）导管上最好不带接箍。导管上带接箍虽然可以提高下导管速度，但是增加了管外返出的风险，而外壁不带接箍可以提高成功率。

（6）控制斜度是保证喷射钻进成功的最高目标。斜度超标会造成下一开钻进时导管承受较高的侧向力，增加了导管下沉的风险，在钻进过程中一定要严格将其控制在 1.5º 以内。

（7）时刻关注海底情况。海底的泥层有利于喷射钻进作业的实施，而砂质多则不利于作业以及后续的导管吸附。

（8）喷射过程中减少没必要的接立柱次数。接立柱时也要锁好转盘，打好大钳，防止钻具正转，以免送入工具提前解脱造成事故。并且在喷射过程中要锁好顶驱同时要考虑到喷射到位后转盘面之上有足够的方余。

第二节　喷射钻进基本流程

喷射钻进是一个庞大的工程，它往往需要基地和现场等各方人员共同合作才能保证作业的最终完工。大体上可以将其分为三个阶段：钻前准备、正常作业、后续工作。

一、钻前准备

（1）根据设计的导管入泥长度，在基地码头准备 36in 导管，丈量导管长度、编号：低压井口头以下 4m 的导管外壁刷白漆，每米以黑色油漆标志并标注相应长度；导管鞋 5m 以上的导管串外壁每米以黄色油漆标志并标注相应长度；36in 导管鞋以上 5m 的外壁刷白漆，每米以黑色油漆标志并标注相应长度；导管鞋以上 0.5m 的内壁刷黄漆（图 6–3）。

图 6–3　喷射钻前准备

（2）在平台拖航过程中，井队保养钻台设备、钻柱补偿器、钻井泵等；平台确认动态压井系统处于可用状态；水下部门全面保养 BOP 组；中海辉固保养 ROV，确保其表层作业中的工作持续性。

（3）平台拖航到位后，ROV 检查完毕即入水（图 6–4）进行海底井位定位，并安放定位 Mark，以便于开钻前钻头迅速到达开钻井位及喷射过程海底浑浊时确定泥线位置。期间 ROV 还需进行海底扫描，排查海底障碍物、光缆、管道等，结束后移船至井位下流方向 100m。

图 6-4　ROV 检查合格，准备入水

（4）井口工程师和定向井工程师复查 36in 导管长度和场地号。井口工程师负责检查保养 36in 导管送入工具及备用的送入工具（图 6-5），检查 36in 井口头密封面是否完好，检查各导管丝扣等，确保工具完好。

图 6-5　36in 导管送入工具 CADA（图左）和 DAT（图右）

（5）井队负责在钻台进行 36in 导管下入准备，更换吊耳、吊卡，安装机械扶正钳头及下导管工具。在月池处提前将防沉板、井斜传感器、水平仪、井口返出管、球阀等吊至月池活动门（采油树叉车）上，并注意水平仪朝向船艉，检查水平仪（图 6-6）。

图 6-6　检查防沉板（Mudmat）

（6）套管领队负责检查、准备下 36in 导管工具，包括：6 个卸扣，2 根直径 2in 的钢丝绳，2 个 44 片卡瓦，2 副 36in 皮带钳，气动扳手等。

（7）随钻工程师在甲板提前检查 MWD 及 LWD 工具，丈量长度，根据套管及送入工具长度，配长 26in 钻具。

（8）钻井液工程师准备密度为 8.5~8.7lb/gal，黏度＞ 100sc/qt 的高黏钻井液作为清扫液。并根据地层压力系数，水深确定合适密度的钻井液作为下套管前井眼的填充钻井液，黏度 60~100sc/qt，数量为井眼容积的 1.5 倍。而对于初探井或有浅层水、浅层气等浅层地质灾害提示的井，应准备两倍井眼体积的 16.0lb/gal 压井钻井液，如没有钻遇浅层气 / 浅层水等，该压井钻井液可以稀释用为下套管前填充井眼的垫浆。

二、正常钻进

（一）组合下入表层导管

按照导管表的顺序连接 36in 导管（图 6-7），穿过 Mudmat，注意核对场地号。其中导管头上最大外径 38⅝in，此处将与 Mudmat 工具相连。井口头上有四个 4in NPT 扣型的洞，将作为钻进和固井时钻井液和水泥浆的返出口。

在连接导管的同时，还需要注意以下几点，以保证作业顺利进行：

（1）需要两名焊工切割 36in 导管吊耳，必须平滑切割，防止导管卡在 Mudmat 中（图 6-8）。如若是采用螺栓安装的可拆卸式吊耳，则只需将其拆下即可。在拆下吊耳的过程中要保护好“T”型支撑板以免掉落。

（2）下导管过程注意检查 36in 导管密封圈及锤入防转销（图 6-9），使用轻质润滑油或机油润滑。

（3）下导管结束后要对导管称得悬重。

最后，连接送入工具与 36in 导管头，下放至 BOP 叉车，再连接导管头与 Mudmat，解脱送入工具并立于钻台。

图 6-7　连接导管

图 6-8　平整切割吊耳

图 6-9 安装防转销

（二）组合喷射钻具

在组合完表层导管并将其与 Mudmat 连接好之后，下一步就是组合钻具。通常喷射钻进中都是采用 26in 牙轮钻头 +36in 导管组合，利用送入工具实现一开双眼，缩短作业时间、降低作业风险。其中 26in 牙轮钻头一般采用三牙轮铣齿钻头，用黄油漆将其涂成黄色以便于在水下观察，并提前设计好伸出量（4~8in），在钻头上相应的地方涂上白色线，用做钻头出套管鞋标准长度的参照（图 6-10）；其余的钻具一般还有 9⅝in 马达、LWD、MWD、近钻头扶正器和一个 25⅞in 的扶正器。近钻头扶正器作用是防斜打直，25⅞in 的扶正器是为了使二开钻进钻柱居中，有效防止井眼的倾斜情况。

一个典型的表层喷射钻进钻具组合如下：26in 牙轮钻头 +9⅝in 马达 +9½in 浮阀接头 +9inARC+9inTelescope900+9½in 无磁钻铤 +25⅞in 扶正器 +3 根 9½in 钻铤 +8in 变扣接头（731×630）+8in 震击器 +2 根 8inSteel DC+LOWER/UPPER CADA+2 根 8in 钻铤 + 变扣接头（631×6⅝in FH VAM EIS BOX）+19 根 5½in 加重钻杆。图 6-11 为现场组合钻具。

其中，ARC 和 Telescope900 为斯伦贝谢公司的两个随钻工具，CADA 为 Drill-Quip 公司的送入工具，是实现喷射下导管和不起钻二开钻进的关键设备。在现场可以根据不同的需求更换不同的服务工具。

按照设计的钻具组合顺序组合喷射钻具（图 6-11），连续下入钻具至 36in 导管内，记录钻具重量和长度。在此过程中，应当注意在下至送入工具时，在送入工具接头处画一条 2in 宽白色竖线便于 ROV 观察工具转动情况（图 6-12）；下放喷射管串至低压井口头上后，反转 6 圈连接送入工具和低压井口头（图 6-13）；在园井甲板处安装导管水平仪，调节导管水平仪与 Mudmat 水平仪一致并朝向平台船艉，锁住顶驱及转盘，防止转动。

图 6-10　平整切割吊耳

图 6-11　安装防转销

图 6-12　送入工具刷白线

图 6-13　连接送入工和低压井口头

最后，记录导管、泥线防沉板及喷射钻具的总重量，钻头出导管鞋长度，导管水平仪和泥线防沉板水平仪的读数，确认一切无误后，组合表层钻具的任务就完成了（图 6-14），接下来就可以准备下一步的下钻工作了。

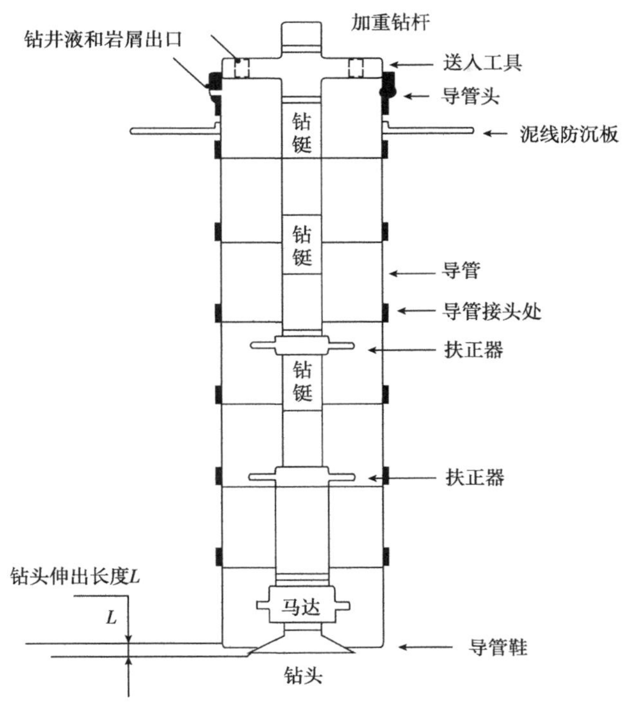

图 6-14　组合好的钻具

（三）下钻探泥线

接好 36in 导管及 26in 钻具后，下钻 5 柱左右，ROV 观察确认钻头出导管鞋长度符合要求（图 6-15），并对马达和随钻测井仪器进行功能测试，注意记录多少排量下马达开始旋转。

下喷射钻具及导管至泥面以上 30m 左右。观察管鞋与 MARK 标志的相对位置，如果偏离位置较远，则移动平台，一般离 MARK 标志 2m 左右。

下钻期间注意事项：

（1）每 500m 灌浆一次，下钻及接立柱过程中，锁住顶驱和转盘，防止送入工具正转解锁；

（2）下钻过程中对管柱配长，确保最后两根导管喷射过程中不接立柱，整个喷射钻进过程中尽量少接立柱，第一次接立柱前有足够的导管入泥深度，喷射到位后有足够的活动空间，在导管到位后转盘面之上留有一个单根的方余；

（3）海事部门提供未来 5d 潮汐海况表，提供未来 10h 内天气海况预报及内波流预报。

之后，开始探泥线（图 6-16）。探泥线时，缓慢下放钻具，以较小的排量（一般为 10 每分钟泵冲数）开泵，在 ROV 的观察下探泥线，根据潮差记录实际水深，释放一定悬重后，记录硬泥面的实际深度。根据实际水深，配长钻具，确保喷射钻进至后面 20m 不接立柱。ROV 靠近钻头，进行钻前井口初步定位，检查 CADA 工具锁紧及导管倾斜情况，当低压井口头和 Mudmat 水平仪读数均小于 0.5° 时（图 6-17），可开始进行喷射钻进。

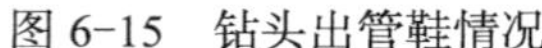
图 6-15　钻头出管鞋情况

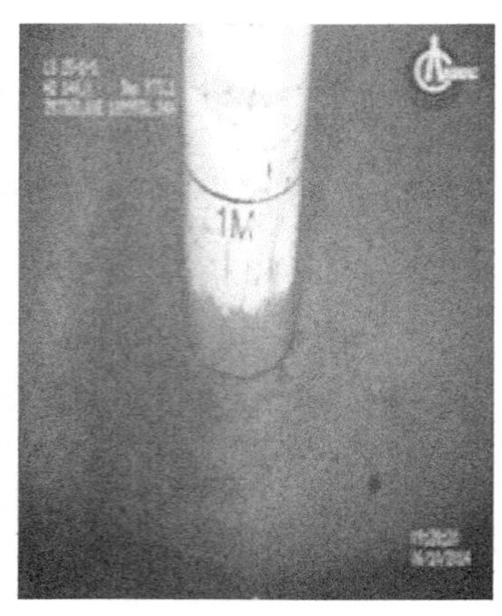

图 6-16　下钻探泥线

图 6-17　读取水平仪读数

（四）喷射钻进

（1）以 20 冲次 /min 左右的泵速开泵，缓慢释放一定套管柱重量，利用自重进尺，并逐步增大排量（每钻进 1m 增加 10 冲次 /min 左右）。控制钻压不能超过入泥导管浮重的 80%（不包括 BHA 重量），控制钻井泵泵入高黏稠浆，每 10m 扫 8m^3。每进尺 1m 在钻杆上做标记，并与 ROV 观察读数对比，直至喷射钻进结束。

（2）在喷射至入泥 20m 时，锁紧补偿器，ROV 密切观察 36in 导管外围的地层冲刷情况和水平仪：确保读数在 1° 或小于 1°，如果倾斜角增量超过 1° 要及时通知钻井监督，随钻工程师监测 MWD 井斜数据，变化超过 1° 汇报要及时钻井监督。

（3）接立柱时，上下活动管柱，停泵，确保转盘处于锁紧状态，座卡瓦，卸开顶驱，接立柱，确保下部钻柱不能转动，之后，以接立柱前的参数恢复喷射钻进。

（4）另外，正常情况下每下入 0.5 根导管（6m 左右）也要上下活动管柱一次，活动幅度 3~5m，如果有上提下放遇阻现象，则可增加活动次数至 2~3 次，活动幅度也可增加至 3~10m。如果释放 50% 的套管浮重能够继续喷射下入就不要上下活动管柱，上下活动管柱应最小化以避免冲刷套管外的井壁。

（5）喷射至最后 3m 时，打开补偿器并释放 90% 的喷射钻柱（36in 导管 +BHA）重量，在定向井工程师的指导下降低排量；喷到设计深度后，降低排量，泵入 20m^3 高黏度清扫浆，循环一个导管内容积，清洗 36in 导管内岩屑。

（6）ROV 观察送入工具，确保其不处于受压状态，同时观察导管是否有下沉迹象；停泵，沉浸导管，等待地层土壤和导管之间的黏结力形成，具体沉浸时间根据实际喷射情况确定，推荐 2~4h。

（7）吸附期间用 ROV 观察并记录低压井口头的出泥高度和水平度。

（8）吸附结束后，释放全部泥线以下管柱重量，用 ROV 监测是否有下沉情况发生，如果并无下沉，中海辉固进行最终定位并提交定位报告，ROV 观察水平仪，记下喷射结束后的井口倾斜角，泥线防尘板水平仪读数以及最终的井位坐标。之后，表层喷射结束，释放导管串送入工具，继续下部井段的钻进。

喷射钻进过程如图 6-18 所示。

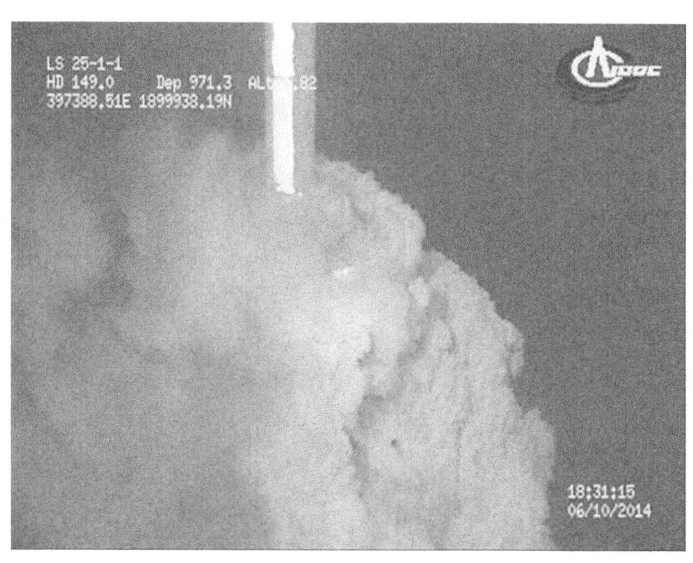

图 6-18　喷射钻进过程

第三节　喷射钻进中的关键点

一、钻具方面

（一）钻头尺寸选择

选择的主要依据由导管尺寸和二开井眼尺寸决定的。在一定结构导管尺寸情况下，一般钻头尺寸越大，射流影响到的范围越接近管外地层，在伸出长度一致的情况下，对地层冲刷越严重，并有利于下一开继续钻进。小尺寸的钻头在喷射过程中对地层冲刷小，影响到喷射效率以及下一开不能继续钻进。因此，根据一般井深结构，喷射钻进表层作业宜采用 26in 牙轮钻头。

（二）钻头出管鞋尺寸选择

喷射钻进中，钻头与导管的相对位置和伸出尺寸的多少是喷射钻进的关键。因为钻井液是在钻具和导管间的环空中建立循环的，若钻头伸出导管鞋长度过多，水眼露出导管鞋外，钻井液将会过度冲刷导管鞋底部土壤，泥屑从导管外侧返出，导致井眼扩径不规则，喷射到位后周围土体回填困难，井壁对导管的吸附力下降，影响水下井口稳定性甚至导致吸附固井失败。若钻头在导管中过多，钻井液的射流将部分或全部作用在导管内壁，不能充分破碎土壤以及清洁井底，因此不适合打硬度过大的地层，且钻进效率过低、影响钻进时效。

一般而言，决定钻头是否伸出导管鞋，或伸出导管鞋长度的多少取决于所使用的导管尺寸、钻头尺寸以及区域经验。新区块第一口井一般保守选取 4~7in，后续评价井若浅层地质条件一致，根据喷射效率及情况做一定优化。目前大多数作业者选择将钻头伸出导管鞋，同时保持钻头水眼在导管鞋内，这样可以利用水力冲开岩屑，提高作业时效，但又不会造成钻井液外窜流。

二、导管方面

（一）导管外径、壁厚选择

深水表层导管一般选用 36in 导管，与 30in 导管相比，36in 导管的表面积增加 44%，而重量只增加 21%。根据承载力公式，在扰动土壤平均抗剪强度不变的条件下，同一入泥深度的 36in 导管所提供的支撑力是 30in 导管的 1.44 倍，因此使用 36in 导管可以有效避免区域地层沉积和土壤性质差异带来的风险。但 36in 导管的表面积比较大，与周围土层的吸附摩阻增加，在提供更高承载能力的同时降低了喷射钻进的速度，特别是随着喷射深度的增加而不断下降，所以对钻进时效有所影响。

而关于壁厚的选择，通用的做法是：井口头及其以下单根采用 1.5in 壁厚导管，其余几根采用 1in 壁厚导管。这样既满足井口强度要求，又减轻了导管整体重量，增加井口承载能力。导管横向偏移在导管顶端处最大，且随钻井船偏移增大而增大。从图 6-19 可以看出，井船偏移对导管的作用主要集中在泥线下大约 20m 的管柱，对此以下的管柱几乎没有影响。因此通常设计导管串顶部两根导管壁厚 1.5~2in，其余导管壁厚 1in。

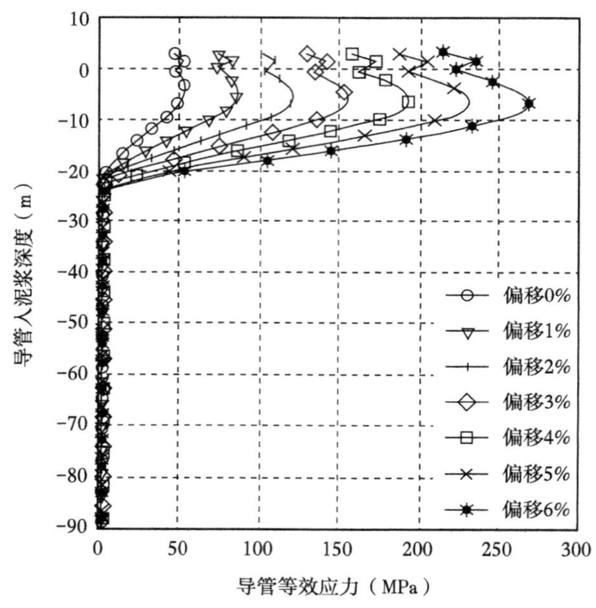

图 6-19　导管入泥深度、受力以及平台偏移量的关系

（二）导管入泥深度

导管入泥深度设计是喷射钻进作业中最为关键的一环，入泥深度过大将容易造成导管喷射下入遇卡，影响作业时效。入泥深度过浅，导管外表面的摩擦力和黏附力不足而导致导管轴向承载能力不足，井口下沉。导管入泥深度一般为 40~130m 不等，但与井位所处的水深并没有直接联系，主要由土壤性质、固井井口载荷以及导管静置时间决定的。对于新区块，一般选取比较保守的深度，但如果深度太保守，导致进尺慢，可能有喷射不到位的风险，所以导管入泥深度的选择对喷射钻进十分关键。

目前，南海海域一般入泥深度 60~80m，南海东部的最高记录为入泥 82m。研究表明，导管外径越大，沉浸时间越长，所需下入深度相应减小。

（三）导管沉浸时间

导管沉浸时间的选择一般可以根据以下四个原则来选择：

（1）最小入泥深度越小沉浸时间越长。

（2）现场作业可根据喷射完成之前上下活动钻具的过提量来确定，过提量越大，即地层的支撑力与摩擦力越大，所需沉浸时间越短，一般不小于 4h，如图 6-20 所示。

① 喷射钻进机械钻速越快，沉浸时间相对长一点，反之，可短一点。

② 如果装了泥线防沉板，沉浸时间可以比不装的短一点。

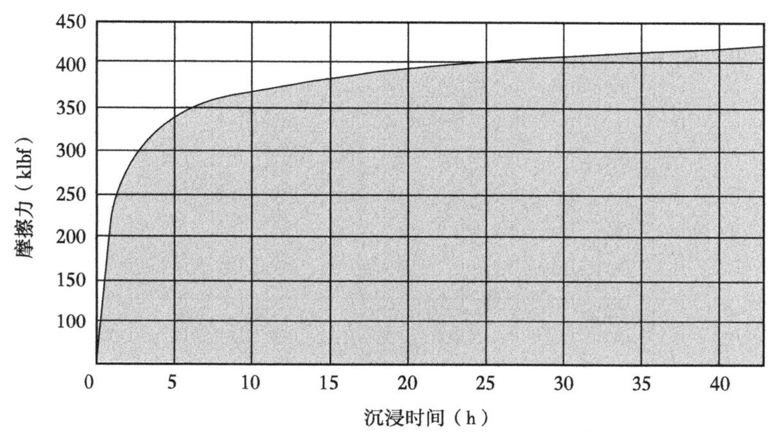

图 6-20　南海沉浸时间与摩擦力的关系图

从图中可以看出，在喷射完成后的前两个小时里，表层的摩擦力已经达到了 50% 以上。根据经验，在现场一般沉浸时间选择在 5~7h 内比较合适。

三、钻进参数方面

（一）钻压的选择

钻压设计的原则：钻压应大于导管的下入阻力以保证导管能够顺利进入地层，并小于管柱发生纵横弯曲变形失稳的最大钻压以防止管柱发生屈服破坏。

在深水喷射法下表层导管过程中，钻压参数的选择对钻进速度影响非常显著。（1）如果在喷射过程中钻压施加的很大，瞬时机械钻速高，井眼外扩直径不够，导致表层套管外表面与海底土之间的摩擦力较大，表层套管下入阻力增大，下入速度就较慢，而且可能造成井斜过大，影响井身质量，也有可能造成马达憋跳而导致送入工具倒开。（2）如果喷射过程中钻压过小，机械钻速小，由于钻头水眼较长时间喷射井眼，致使井眼直径扩大较大，表层套管外表面与海底土之间的摩擦力较小，井口失稳，形成管外窜流；增加导管沉浸时间长，影响整个钻井进度。因此，合理的钻压对作业的完成十分重要。

如图 6-21 所示，为了控制井斜，防斜打直，前面几米尽量采用低钻压，喷射钻压均不能超过浮重（导管及钻具）的 80%，保证中心点不能在送入工具上方，在钻进过程中逐步释放浮重。喷射钻进至最后 3~5m，利用 90% 的浮重喷射钻进，确认地层对导管的黏附力，从而根据最后 3~5m 的承压情况来确定沉浸时间。喷射钻进过程中，注意送钻均匀，不可猛放，尤其是因为内部钻具带有马达，如果钻压加得太猛，容易蹩马达，造成工具反转倒开送入工具。钻进过程中，如果进尺变慢，可以适当上提下放活动导管。

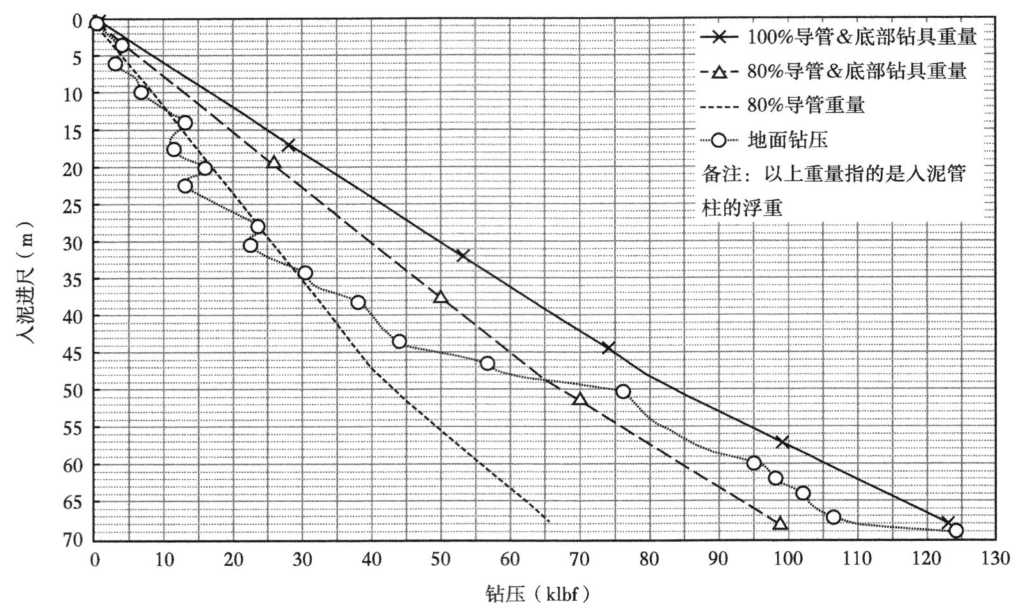

图 6-21 喷射钻进钻压控制图

（二）泵速和排量的选择

喷射钻进刚开始时，可开泵可不开泵，主要依靠导管自身重力进入地层。开泵时，一般以较小的泵速开泵，这样可以避免冲刷和冲大井眼，有助于尽快建立钻具和导管之间的循环体系。之后，逐渐增大排量，每钻进 1m 增加 10 冲次 /min 左右，喷射钻进至中途增大排量至最大，喷射钻进至最后时恢复到较小水平，这样可以增大导管与井壁间的摩阻，使其产生一个足够强的摩擦力，以防止导管下沉，并泵入高黏度清扫浆循环清洗表层导管内的岩屑，缓慢释放泥线以下管柱总浮重的 100%，沉浸导管。

第四节 喷射钻进小结

（1）喷射钻进是一种适合深水表层钻进的一种技术。它极大地规避了之前表层钻进时的种种难点，增进了作业时效，为日费上百万美金的深水作业极大地节约了成本。

（2）为保证作业连续性，喷射钻进前应及时检测和保养各类工具和设备，并选择在平潮期开钻，气象部门也应加强未来十几个小时的气象监测，还应提前为钻柱配长，减少起下钻次数。

（3）喷射过程中，ROV 应实时监测水下井口返出情况，密切关注井口头和防沉板上的水平仪读数，保证倾斜程度在可控的范围内，全程严防送入工具正转脱手。

（4）喷射钻进时间紧凑，现场作业要求人员分工明确、配合密切，而且材料准备必须及时，以避免工期的延误。

第七章　深水弃井

第一节　基本概念

在弃井作业中，弃井可分为临时弃井和永久弃井。临时弃井指尚未完成钻完井作业或已经投入开发的，因故又临时终止作业的井，或已完成钻完井作业需保留待以后开发的井，需要保留井口而进行临时封堵井眼、戴井口帽并设置井口标志作业。永久弃井指对要废弃的井进行永久性封堵井眼。

第二节　基本要求

（1）弃井作业后，无地层流体泄漏至海底泥面的通道，并至少有两道有效的屏障；

（2）应有效封隔油气层和其他渗透性地层，不同压力层位间不能相互窜通；

（3）射孔段、裸眼以上套管内或尾管悬挂器上方第一个水泥塞应候凝，探水泥塞并试压合格；

（4）永久弃井最后一个水泥塞长度应不小于 50m，且水泥塞顶面位于海底泥面下 4~30m；

（5）残留海底的井口设施，不得妨碍其他海洋主导功能的使用；

（6）对保留的井口装置应当按照国家有关规定向政府主管部门申报备案；

（7）各层套管环空都应封固；

（8）应遵照 Q/HS 2025—2010《海洋石油弃井规范》。

第三节　负压试压

为了保证深水弃井作业质量和井下安全，应在井筒内进行负压试压。对套管或尾管完成井，应在固井质量检测合格后，替出井内钻井液前进行。根据计算得到的所需负压，在钻杆内使用适当体积的钻井液基油或其他低密度液体进行负压试压，以确保油气井具有整体可靠的封隔效果。负压试压所需负压值应不小于油气层或最后一层套管（尾管）鞋处地层压力与海水静液柱压力之差。所需要的钻井液基油或其他低密度液体泵入量计算方法如下：

（1）分别计算出油气层和最后一层套管（尾管）鞋处所需负压。

计算公式：

$$\Delta p_{\mathrm{r}} = p_{\mathrm{r}} - p_{\mathrm{f,\,hydro}} \tag{7-1}$$

式中　Δp_{r}——油气层所需负压，MPa；

p_r——油气层压力，MPa；

$p_{f,\,hydro}$——油气层垂深（TVDSS）处海水静液柱压力，MPa。

$$\Delta p_c = p_{f,\,casing} - p_{c,\,hydro} \tag{7-2}$$

式中 Δp_c——最后一层套管（尾管）鞋处所需负压，MPa；

$p_{f,\,casing}$——最后一层套管（尾管）鞋处地层压力，MPa；

$p_{f,\,hydro}$——最后一层套管（尾管）鞋处海水静液柱压力，MPa。

$$\Delta p = \max(\Delta p_c,\ \Delta p_r) \tag{7-3}$$

（2）根据"U"型管原理和钻井液基油或其他低密度液体的压力梯度，计算出将钻井液基油或其他低密度液体顶替至钻杆内的深度。

计算公式：

$$\Delta p = p_f - D_{displ} \times \rho_{f1} \times g - \left(D - D_{displ}\right) \times \rho_m \times g \tag{7-4}$$

$$D_{displ} = \frac{D \times \rho_m \times g - (p_f - \Delta p)}{(\rho_m - \rho_{f1}) \times g} \tag{7-5}$$

式中 Δp——所需负压，MPa；

p_f——所选深度地层压力，MPa；

D_{displ}——顶替深度，m（以转盘面为基准）；

D——所选深度，m（以转盘面为基准）；

ρ_m——钻井液密度，g/cm^3；

ρ_{f1}——钻井液基油或其他低密度液体密度，g/cm^3。

根据现场作业的需求，计算出钻井液基油或其他低密度液体顶替深度，然后换算成需要的泵入量。

一、具体作业程序

（1）下钻到作业指令中设计的进行负压测试的位置，准备进行负压测试；

（2）将立管管汇（图 7-1）与装海水的钻井液池的钻井泵接通，打开立管汇与阻流管汇（图 7-2）中的阀门，再将防喷器上阻流管线中的水下事故阀门关闭；

（3）向钻杆内注入测试低密度液体时，将钻井泵冲数清零；

（4）记录向钻柱内顶替测低密度试液冲数，停泵后立管压力保持停泵的泵压；

（5）打开钻柱补偿器；

（6）调整钻柱接头位置，调好关闭压力，关闭试压闸板或万能防喷器；

（7）关闭立管汇上从泵房到钻台的阀门，以免灌注泵继续泵海水到立管汇；

（8）打开连通到小计量罐的阀门，倒阀门到小计量罐，慢慢打开阻流管线上的遥控阻流阀，泄压；

（9）确认立管汇压力是否增加，钻井监督及钻台人员到小计量罐确认是否有回流；

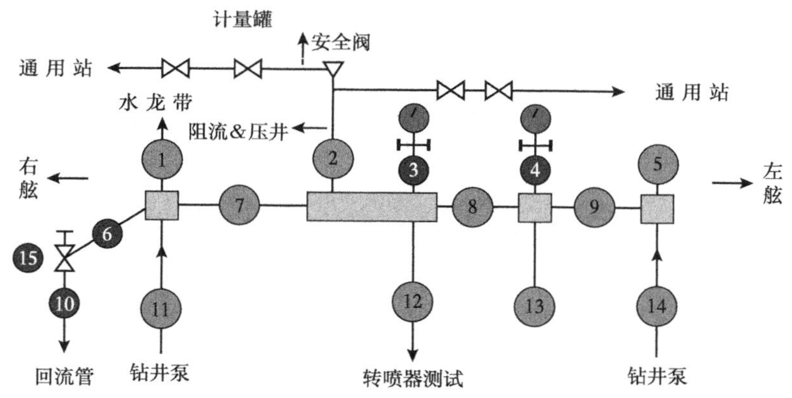

图 7-1　立管管汇

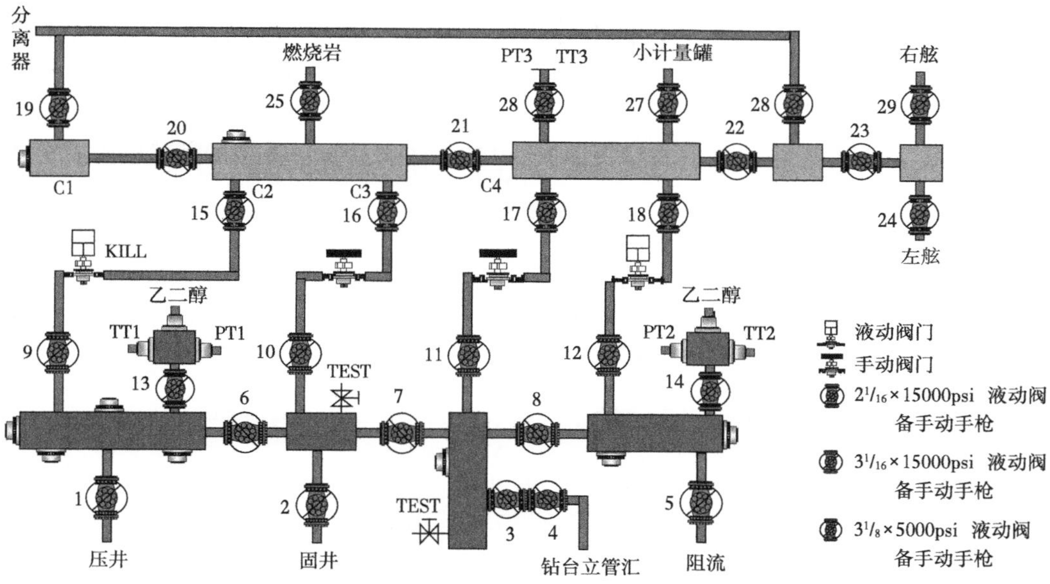

图 7-2　阻流压井管汇

（10）保持 15min，如果没有回流，立管汇压力没有增长，负压测试成功；

（11）打开水下事故阀门；

（12）关闭遥控阻流阀门，把阻流管汇的阀关闭，打开与立管管汇连通的阀门；

（13）关闭 IBOP ；

（14）打开试压闸板或万能防喷器；

（15）负压测试结束。

负压试压合格后，进行井筒及隔水管内油基 / 合成基钻井液顶替与回收作业提前准备好具体的井筒及隔水管内油基 / 合成基钻井液顶替与回收作业程序。提前做好具体的钻井液池分配计划和负责配制顶替隔离液，所有相关人员召开现场作业风险分析会及制订出应急措施方案，防止钻井液落海、溢流井喷等事故发生。

顶替与回收作业过程中，首先泵入基油或其他前置液，然后泵入顶替隔离液，最后泵入抑制性海水。在顶替隔离液到达地面之前，应尽可能提高钻井泵排量来顶替油基 / 合成基钻井液，顶替隔离液到达地面时，逐渐降低排量直到油基 / 合成基钻井液回收完毕。

顶替与回收作业过程中，同时对阻流、压井、增压管线及地面流程管线进行抑制性海水顶替和清洗。

第四节　临时弃井

通过参照《海洋石油弃井规范》（Q/HS 2025—2010）“5 临时性弃井作业”的相关内容可知，对于套管、尾管射孔完成井、裸眼完成井、筛管完成井及开发井，在临时弃井时对下桥塞的深度及注水泥塞的长度要求不一致。

一、套管或尾管射孔完成井

应在每组射孔段顶部以上 15m 内下可钻桥塞封隔油气层并试压合格。试压合格后在其上用电测的倾倒筒倾倒长度不小于 1m 的水泥塞。最上部的射孔段应在桥塞试压合格后，在其上注长度不小于 100m 的水泥塞。地层系数不小于 1.3g/cm^3 天然气井和含腐蚀性流体的井，在顶部可钻桥塞上注长度不小于 150m 的水泥塞。每组桥塞都应按规定试压至合格。

尾管射孔完成井，最后顶部的水泥塞应该返到尾管悬挂器以上至少 50m，否则应补注水泥塞。

在技术套管内表层鞋位置处或分级箍以下 30m 位置，注一个长度不小于 100m 的水泥塞。候凝、探完水泥塞面后应按规定试压至合格。

二、裸眼完成井或筛管完成井

在裸眼井段或筛管内充填保护油气层的完井液后，在裸眼与套管鞋接口深度或筛管与套管接口深度以上 20m 内坐封两只可钻桥塞后应按规定试压至合格，或不下双桥塞在套管鞋以上注长度不小于 100m 的水泥塞，候凝、探完水泥塞面后应按规定试压合格。

对于地层压力系数不小于 1.3g/cm^3 天然气井和含腐蚀性气体的井，应在裸眼与套管鞋接口深度或筛管与套管接口深度以上 15m 内坐封一只可钻桥试压合格后，在其上注长度不小于 150m 水泥塞。候凝、探完水塞泥塞面后应按规定试压合格。

在技术套管内表层套管鞋位置，注一个长度不小于 100m 的水泥塞。候凝、探完水泥塞面后应按规定试压至合格。

三、开发生产井

自喷井在生产管柱内投入堵塞器，打开循环阀进行压井作业观察后，起出生产管柱。非自喷井起出抽油泵后，投入堵塞器。

自喷井在起出生产管柱后，或非自喷井在投入堵塞器后，应关井进行试压。

试压结束后，在堵塞器以上填高 2m 的砂子后，注入高黏度、高切力的完井液以保护堵塞器不被水泥或其他固相物质埋没，完井液返到表层套管鞋位置处。

地层系数不小于 1.3g/cm^3 天然气井和含腐蚀性流体的井，在技术套管内表层套管鞋位置处座封一只可钻桥塞，并在其上注长度不小于 100m 的水泥塞。候凝、探完水泥塞面后应按规定试压至合格。

在平台保留井口，完成最后一个弃井水泥塞作业后，在水泥塞面以上至井口通常注满防腐液，并盖上带有防腐棒的井口帽。根据要求，报当地政府主管部门备案。

四、浮式平台永久弃井作业

（一）浮式平台切割与回收 ϕ244.48mm 和 ϕ339.73mm 套管

（1）切割工具组合。

① 切割 ϕ244.48mm 套管时：ϕ209.55mm 割刀体（装 C9-8-12 刀臂）加重钻杆（5 柱）+ 水下水龙头（装 ϕ406.4mm 支撑架）钻杆。

② 切割 ϕ339.73mm 套管时：ϕ298.45mm 割刀体（装 C13-8-19 刀臂）+ 加重钻杆 + 水下水龙头（安装 ϕ406.4mm 支撑架）+ 钻杆。

（2）接好刀体，根据套管切割位置，提前安装好刀臂后，接顶驱开泵进行功能试验。

（3）扎紧刀臂，配好割刀壁支撑架的钻具长度后下割刀。

（4）下钻到水下水龙头接近水下井口前，打开升沉补偿器，缓慢坐支撑架在井口防磨补心内，并加压 20~50kN。

（5）先旋转，后缓慢开泵。转速 60~70r/min，根据扭矩大小适当控制泵排量，注意扭矩不宜过大。

（6）观察扭矩变化，判断是否割断套管。扭矩变化将由开始的平稳，到割断时的不断变化，直至割断后的平稳。切割期间，要注意观察钻井液量变化情况，防止套管环空存在压力造成井涌。

（7）割断套管后，起出割刀工具。根据割刀臂上的痕迹，判断套管是否已割断。

（8）回收防磨补心。

（9）根据井口装置的性能，确定是否需提前回收密封总成，如需要则提前回收，如不需要则与套管及其悬挂器一起回收。下入套管捞矛回收套管，捞矛进入套管前，打开升沉补偿器，捞住套管后，先用补偿器提起套管。

（10）收套管时，悬挂器起到防喷器组和隔水管伸缩节处，要小心上提，防止刮卡。

（11）卸下套管悬挂器，回收套管。

（12）按设计在套管割口上下注水泥塞。

（二）浮式平台起 ϕ476.25mm 防喷器组

（1）在 ϕ339.73mm 套管割口上下注完水泥塞后，起钻杆到井口头，反循环冲洗钻杆，然后用海水顶替出隔水管内的钻井液。

（2）起出光钻杆，甩下多余的钻杆。

（3）卸掉转喷器。

（4）下放隔水管伸缩节内筒，锁在外筒上。

（5）打开井口头连接器，用 ROV 或水下电视检查开关指示杆。

（6）用升沉补偿器上提防喷器组，确认井口连接器是否打开。

（7）起出隔水管伸缩节、隔水管、防喷器组。

（8）将防喷器组固定于底座上。

（三）浮式平台切割与回收 ϕ508mm 套管和 ϕ762mm 导管

（1）组合切割工具：导引头 + 钻杆 +ϕ298.45mm 割刀体（安装 C13-8-42 刀臂）+RSP13 套管捞矛体（带 RSP13-22-2 卡瓦捞矛）+ 水下旋转头 + 钻铤 + 加重钻杆。需要说明是，RSP13-22-2 卡瓦捞矛是坐在 ϕ476.25mm 井口头内的悬挂支撑环上，配切割工具长度时要加以注意。

（2）割刀组装好后，做功能试验然后扎紧刀臂。

（3）将割刀体上涂以白色油漆涂。

（4）在刀体上方 3m 左右，系上导向软绳以便引导割刀进入井眼。进井眼前，打开升沉补偿器，用 ROV 观察。

（5）坐支撑架在井口头内的悬挂支撑环上，加压 40kN，缓慢旋转，开泵，逐步使转速达到 60~70r/min。根据扭矩大小适当控制泵排量，注意扭矩不宜过大。

（6）套管割断后，用补偿器上提捞矛试拉，确认割断，适当上提井口，接固井管线并注水泥帽。

第五节　永久弃井

一、套管或尾管射孔完成井

在每组油气层射孔段以上 15m 内坐封桥塞并试压合格，用电测倾倒筒倾倒长度不小于 1m 的水泥塞，最后一个桥塞上部注不小于 100m 的水泥塞。对于地层压力系数不小于 1.3g/cm^3 的天然气井和含腐蚀性流体的井，应在桥塞顶部注长度不小于 150m 的水泥塞。

尾管射孔完成井的水泥塞应返到尾管悬挂器以上 50m，否则应补注水泥塞。

在技术套管内表层套管鞋位置处，注一个长度不小于 100m 的水泥塞。候凝、探完水泥塞面后应按规定试压合格。

对于地层压力系数不小于 1.3g/cm^3 天然气井或含腐蚀性气体的井，在技术套管内表层套管鞋位置或分级箍以下 30m 内坐封一只桥塞并按规定试压，试压合格后在其上注长度不小于 100m 的水泥塞。

二、裸眼完成井或筛管完成井

用水泥塞封堵裸眼井段或筛管井段的油、气、水等渗透地层，水泥应返至油、气、水层顶部以上 50m 处。

从套管鞋与裸眼接口或筛管与套管接口位置以上 15m 内坐封一只桥塞并试压合格后，再注长度不小于 150m 的水泥塞。候凝后探水泥塞面。

在技术套管内表层套管鞋或分级箍以下 30m 内位置坐封一只桥塞应按规定试压，试压合格后在其上注长度不小于 100m 的水泥塞。

三、开发生产井

对于非自喷井，起出抽油泵，经过刮管或高压喷射清洗套管壁后，在生产筛管悬挂封隔器以上 10m 内座封一只挤水泥封隔器。通过挤水泥封隔器，采用间断挤水泥的方法向油气层挤水泥，固死封隔器以下的油气层和生产管柱。挤水泥结束后，在封隔器上注长度不小于 100m 的水泥塞。候凝、探水泥塞面应按规定试压至合格。

对于自喷井，经过钢丝通径作业后，在无法解封的封隔器以上 10m 内避开接箍割断生产管柱进行压井作业。提出生产管柱后，在距生产管柱割断位置 2~5m 座封挤水泥封隔器。通过挤水泥封隔器，采用间断挤水泥方法进行挤水泥作业，最高挤入压力为油气层原始破裂压力。

第六节 深海套管切割技术

随着我国海洋事业的迅猛发展，渔业、海洋资源勘探开发、国防等各方面对深海海床清洁环境的要求越来越高，越来越严格。国际上的通常做法，一般不要求切割、回收井口。根据国际惯例和我国的规定，800m 水深以内的油气井，或者水深超过 800m，只要国家有要求，海洋石油钻井完成后，基于安全环保、法规和政府的要求，必须进行切割及回收。但对于深水井来说，由于受到水下工况的影响，用传统的切割方法回收海底井口变得非常困难。

一套完整的水下井口系统大致可以分为如下几部分：（1）座在海底支撑井口装置的导向基座；（2）连接 30in（1in=25.4mm）或 36in 等尺寸导管并锁紧在导向基座上的低压井口头；（3）连接 20in 表层套管并座挂在低压井口头内的高压井口头；（4）高压井口头内组装各层套管、套管挂和密封总成、防磨套等附件；（5）通过 H-4 液压连接器将防喷器（BOP）系统组装在高压井口头上。以上装置的严密组合，就形成了深水钻井水下井口系统，如图 7-3 所示。

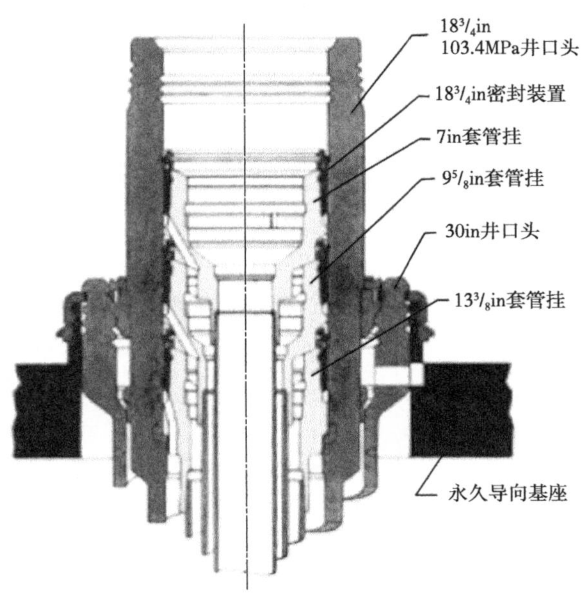

图 7-3 水下井口系统图

目前水下切割技术主要包括热切割和冷切割两大类。其中，氧化切割、熔化切割和一氧化碳切割等属于热切割；而爆破式切割和机械切割等非爆破式切割属于冷切割。考虑到安全、可操作性以及深海环境等因素的影响，可以应用于深海套管切割的技术主要有以下几种。

一、聚能切割技术

聚能切割技术主要是靠炸药爆破的破坏作用将套管炸断。切割时将聚能切割刀放入须切割管柱处，当火药引爆后，在高温高压作用下，高压气流喷出，将管子切断，断口不规则。

二、化学切割技术

化学切割技术是利用切割工具（图 7-4）内的化学药剂发生反应，产生高温高压的化学腐蚀剂将管柱割断。切割套管时，将化学喷射割刀下置须切割处，利用高温高压下喷出的氢氟酸液体进行切割。燃烧室内装有固体燃料，引燃后其高压气体推动活塞使 3 个支撑结构向外扩张，并与管壁接触，起扶正作用。同时，高压气体经活塞中孔眼推动惰性气室内的氟气，使氟气下行将垫片压破，氟气与液氢室内的液氢化合，形成高温高压气体将紫铜垫击穿，再经过聚能室向小孔喷出将管柱割断。此种方法切割的管柱口整齐光滑，管口外径较原管外径稍大，其成功率约为 65%。

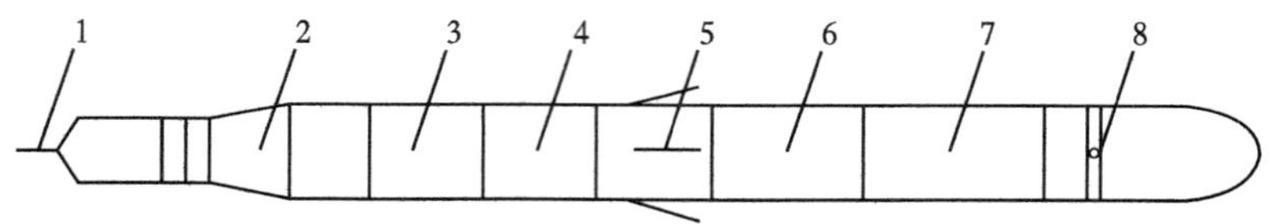

图 7-4　化学喷射切割器

1—电缆；2—接头；3—定位器；4—燃烧室；5—卡爪；6—氖气室；7—液氢室；8—气孔

三、金刚石切割绳技术

金刚石切割绳技术是利用内嵌有金刚石颗粒的钢丝绳切割钢材、水泥以及复合材料。这种技术不受尺寸、材料和水深的限制。工作时，将切割工具固定在被切割件上，然后用地面马达驱动工具进行切割。金刚石切割绳模块既适用于切割水平管道，又适用于切割垂直管道，可用于切割外径 203.2~914.4mm（8~36in）范围内的任何口径的管道。这种切割技术只适用于从外表面进行切割，在切割过程中还需要控制好工具的进给速度和钢丝绳的切割速度。另外，切割后的管件会产生许多毛刺，需要对管件进行二次处理。

四、磨料水射流技术

磨料水射流技术是近年来发展很迅速的一种新型技术，其原理是将一定粒度的磨料粒子（石英砂、石榴石和碳化硅等）混合到高压水射流当中，利用高速磨料颗粒的硬度和动能冲蚀材料表面，实现对物料的切割。磨料水射流切割分为外部切割和内部切割。外部切割需要由潜水员下水操作回收工具，内部切割则由油管钻杆直接送入套管内进行切割，此种方法广泛应用于水下切割。磨料水射流切割是一种非爆破式切割，切割时不会产生冲击波，对周围的环境也不会产生不利的影响。

五、机械切割技术

机械切割是一种比较传统的套管切割方法，应用于深海的机械切割技术与陆地上使用的铣刀、车刀或砂轮片切割的原理是一样的。套管机械割刀一般使用碳化钨割刀，将 3 个刀片固定在管状类的结构上。不工作时，刀片置于管状结构内；工作时，通过钻机将切割装置置于套管内进行切割。传统的机械切割刀主要有机械式割刀和水力式割刀两种。机械式割刀是利用卡瓦固定在管类内径上的。工作时钻具正转，扶正壳体与心轴相对运动，外径增大与被割管子内壁咬合，将刀片向外推出与被割管子相接触，转动钻具，刀片即可在此位置完成切割任务。水力式割刀则是利用泵压振动水力锚定位，工作时利用循环钻井液的液力来推动割刀进行管内切割。

第七节　几种典型的套管切割工具

一、ND-S114 型套管内割刀

ND-S114 型套管内割刀装置是一种典型的水力式割刀（图 7-5），工具总长 1100mm，本体外径 114mm，质量 80kg，割刀伸出最大外径 170mm，适用套管直径 140mm，可广泛应用于油田井下套管切割。该切割工具利用水力学原理，从井下套管柱内部切割套管，可在任意井深位置切割及打捞井下落鱼套管和套管附件。采用 ND-S114 型套管内割刀进行切割作业时，将切割工具接到钻柱下部并将刀具下放到切割位置，向钻柱内投球，刹死刹把，启动转盘，并向钻柱内泵入钻井液。此时割刀内溢流阀关闭，钻柱憋压，活塞下移，活塞杆推动 3 只刀片外伸并切割套管。割断套管后，溢流阀开启，钻柱内泄压。活塞靠大弹簧推动而复位，上提钻柱，刀片收缩到本体内，起钻起出内割刀。

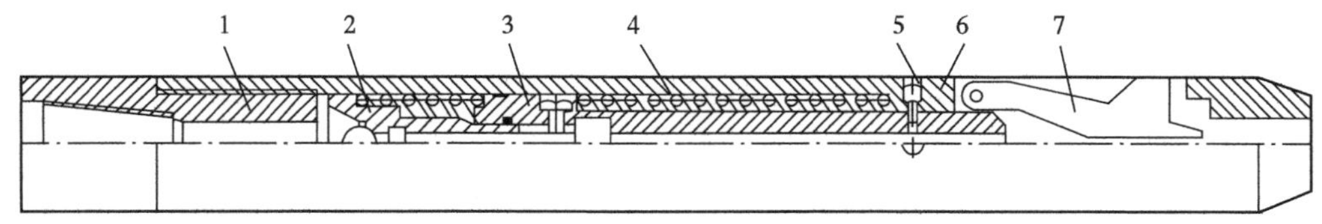

图 7-5　ND-S114 型套管内割刀结构示意图

1—上接头；2—溢流阀总成；3—活塞总成；4—大弹簧；5—剪销；6—割刀本体；7—刀片总成

二、井下电动切割工具

英国 Sondex 公司研制了井下电动切割工具。该电动切割工具是一款智能型的管道切割工具，能够满足高精度和高可靠性要求，避免了爆炸切割和化学切割所产生的危险以及损坏。切割作业时，该仪器通过标准电缆被送入井下，通过地面控制装置面板选择合适的参数来控制仪器锚固在管壁内部，然后切割头周向旋转进行切割。地面控制装置还能检测切割头的旋转速度和切割深度，保证切割过程能够顺利进行。该切割工具有一系列的尺寸标准，适用于切割外径为 76~177.8mm（2.992~7in）的套管，是一种安全、清洁、准确及可控的精细切割工具，如图 7-6 所示。

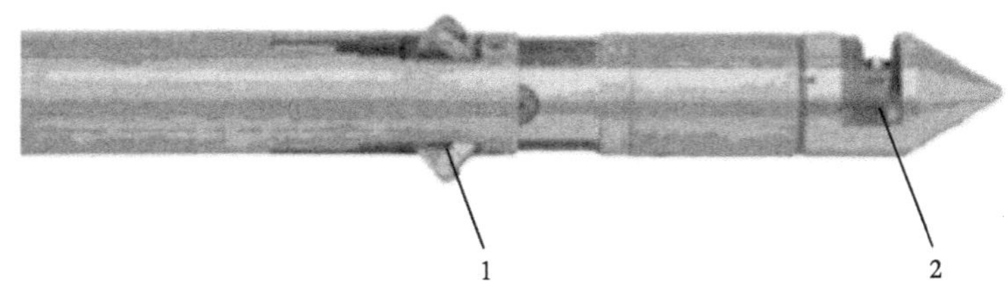

图 7-6　井下动力切割工具

1—锚固结构；2—切割头

三、高聚能镁粉火炬切割系列工具（RCT）

RCT 切割技术是 Weatherford 石油公司的一项专利技术，它不同于聚能切割和化学切割，操作比较安全，切割效率高，切口质量比较好。在工作时，用电缆将 RCT 切割工具送达管内预定位置，通过电缆传输电流到热发生器，加热混合粉末并释放氧气燃烧，使内压不断增加，一旦压力超过井筒液柱压力，喷嘴上的滑动套筒就下滑，使喷嘴暴露在井筒中，高能等离子体通过喷嘴释放离子，使 90% 的离子作用在管内壁上，进行切割作业，整个切割过程在 25ms 内完成。切割结束后，RCT 工具将通过电缆起出，其中的压力平衡器和热发生器可清洗后重复使用。该工具的井下工作条件比较苛刻，工作压力达 68.9MPa（10000lbf/in^2），工作温度为 260℃（500℉）。其适用范围较广，可以用于 193.7mm（7in）及以下所有尺寸的油、套管，以及 88.9mm（3in）钻杆、120.7mm（4in）钻铤管内切割。该技术是一项成熟的切割技术，已在世界各油田得到广泛应用。

四、活塞喷嘴式水利割刀

活塞喷嘴式水力割刀既能保证流体通过喷嘴形成对割刀片的冷却并循环出铁屑，又能通过喷嘴形成的压差使活塞受压下行顶压刀杆，使割刀片张开，在旋转力带动下对井口管实施切割作业。当然，机械切割和螺杆动力切割对水力压降要求不同，配置喷嘴直径也不同。随着深水井井身结构变化，导管已不是单一的 30in，而是用到 36in 甚至 42in 导管。对割刀刀杆长度的合理匹配设计也是必不可少的，原则是一副刀片可以完成切割 20×30in 或 20×36in 两层管。其余切割钻柱的引导头、非旋转扶正器、配长短节等当然也是不可少的工具，必须配套完成。当以上设备加工完成后，必须对工具系统进行地面和井下的试验和作业实践，通过实践发现问题，改进、提高、完善后才能逐步迈向工程化应用。

五、水力自旋式可控磨料射流切割装置

中国石油大学杨立平等发明了一种水力自旋式可控磨料射流切割装置。该装置主要用于海上废弃井口的切割，主要包括增压系统、磨料射流发生装置、井下扶正器和切割头等。其创新之处在于切割头设计了 2 个偏置的磨料射流喷嘴，在磨料射流时形成反作用力的作用对切割头产生一个旋转扭矩，推动切割头及中心轴旋转。通过切割头上的 4 个磨料射流喷嘴射出的磨料射流对油井套管沿其周向割断。旋转速度由充填在中心轴以及外筒之

间增黏剂的黏滞力的大小来控制。该套切割装置可以置入水深为360~500m的废弃井内将套管割断，不受水下复杂切割环境的限制。

六、深水井口头切割回收工具

深水井口头切割回收工具MOST Tool是由美国Weatherford公司开发的。它的核心是有一套结构复杂、功能多样且技术含量很高的先进切割回收工具。工具靠特制的外悬挂器卡在水下井口头上，上部钻柱处于受拉状态，钻柱旋转时永远处于垂直状态，甩动半径小，作业平稳。它完全克服了坐压式切割的各种弊端，作业安全、稳当和高效。这一方法被称为弃井作业的一次革命。该切割回收工具的卡瓦可以承受2669kN（600000 lbf）的重力，对中性比较好，偏差小于5mm。工具的钻井液马达要求大扭矩低转速，扭矩要大于44.5kN·m（10000 lbf·ft），转速为40~100r/min。该切割回收工具具有很高的切割效率，可以适用于不同系列尺寸的套管。

传统座压式切割，捞矛打捞回收，如图7-7所示，在切割钻柱受压弯曲的环境条件下，靠钻柱一部分质量压住旋转头压在高压井口头上，靠钻柱转动带动割刀实施对井口导管的机械切割。

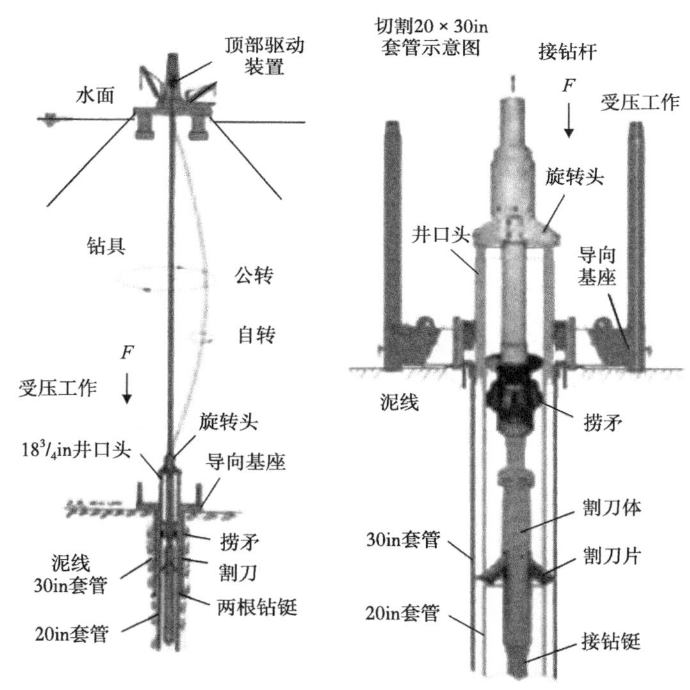

图7-7 压弯钻具座压式切割图

对于深水水下井口系统切割回收技术，国外以威德福公司发明的MOST（Mechanical Outside Trip）外悬挂深水水下井口切割回收工具为代表，形成两套系列：在MOST上部加1400MS旋转头组合的水下机械切割（图7-8）；MOST配套螺杆马达的动力切割（图7-9）回收技术，在墨西哥湾作业水深达到2133m。该工具切割效率高，不会出现椭圆切口和井口割断倾倒的问题。高压井口头内密封面得到很好保护，不会有磨损撞击破坏密封面问题发生。中途换刀方便安全，提升回收安全可靠，风、浪、流对该切割工具影响小，提高了对恶劣天气条件的适应性，减少非生产时间。

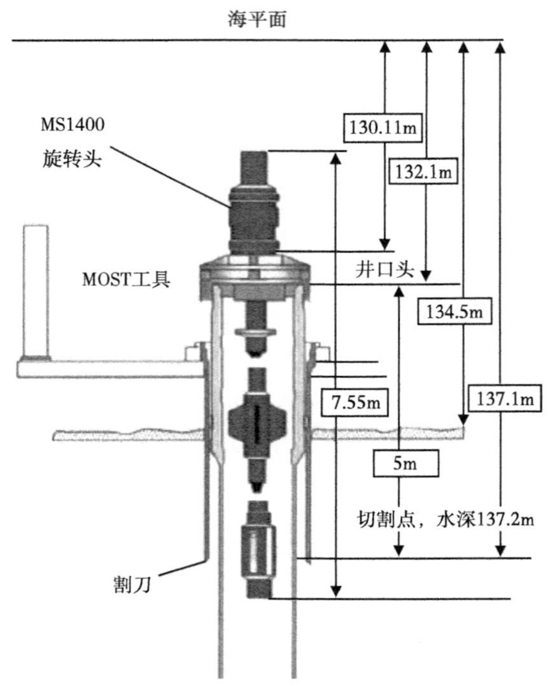

图 7-8　水下机械切割工具

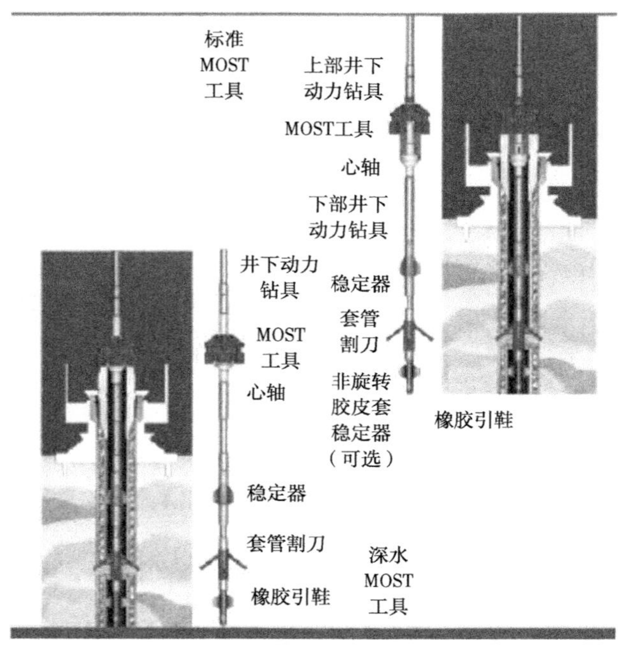

图 7-9　动力切割

七、外悬挂器

外悬挂器（图 7-10）是弃井操作中最关键的一套设备，也是抓牢高压井口头使切割钻柱实现受拉状态拉直切割的关键设备，同时外悬挂器还是组配水下切割工具的关键设备。切割方式不同，配套装备也不同。深水机械切割由外悬挂器配合水下旋转头带动割刀切割，深水动力切割其外悬挂器组配螺杆钻具做动力，带动割刀切割。

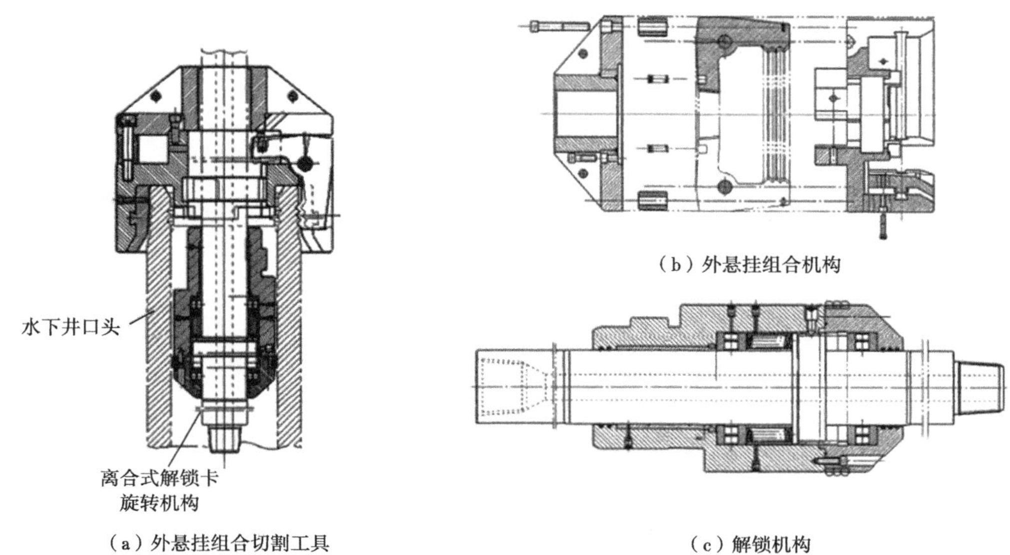

（a）外悬挂组合切割工具

（b）外悬挂组合机构

（c）解锁机构

图 7-10　深水机械切割工具示意图

第八节　作业注意事项

（1）选择合适切割位置、扭矩，防止蹩断钻具、蹩坏顶驱等；

（2）合理组合钻具，高压井口内密封面处不应有扶正器等物件，以免旋转时造成撞击破坏；

（3）提拉过程必须牢靠安全，防止井口被涌浪冲击而松脱落海，外悬挂工具必须有锁紧装置；

（4）因对井口困难，宜使用导向装置；

（5）割井口前使用 ROV 检查井口附近的海床，对井口周围 100m 范围内进行检查、摄影，对 100m 以外的地方进行声纳扫描，做好记录。

第八章　深水钻井船检验及深水防台风作业

第一节　深水钻井船检验

一、概述

深水钻井具有高风险、高投资的特点，深水钻井船为深水钻井作业的载体，因此深水钻井船的检验作业对于深水钻井作业有至关重要的作用，只有一艘经过严格标准检验过的深水钻井船才能保障深水钻井作业的安全有效进行。

（一）检验目的

通过对深水钻井船的全面系统检验，包括船体、轮机、电气、钻井设施、设备的全面检验及 HSE 管理体系的运行情况检查，以评价深水钻井船的安全状况及其 HSE 管理体系运行状况。

（二）检验范围

根据 API 相关标准，厂家的设备说明书要求，评估分析设备的状况和设备的维护保养水平。

对主要设备零部件进行拆检（当有要求时），对齿轮，轴承、链条和辅助部件进行详细检查，检查其是否存在过度磨损，损坏，裂纹和其他缺陷，并测量其间隙。如现场不具停车场拆检条件，可检查以前的拆检记录。

适用时，对船上所有关键的钻井设备进行功能试验、压力测试、负荷试验和绝缘检查。“压力测试、负荷试验和绝缘检查”等项可查阅记录。

检查防止事故发生和设备失效的适当安全设备是否被安装并处于有效工作状态。

评价预防保养体系实施状况及效果。

评价 HSE 体系的符合性、适宜性和有效性。

（三）检验依据

（1）COSL HSE 和 ISM 管理体系文件。

（2）CNOOC HSE 管理体系文件。

（3）CCS《钢质海船入级规范》（2009）。

（4）CCS《船舶与海上设施起重设备规范》（2007）。

（5）CCS《海上移动平台入级与建造规范》（2005）。

（6）CCS《钻井装置发证指南》。

（7）DNV《船舶建造和入级规范》。

（8）中华人民共和国海事局《船舶与海上设施法定检验规则》（2008）。

（9）IMO MODU CODE《海上钻井装置建造和设备规则》IMO。

（10）SOLAS 公约综合文本（2008）。

（11）MARPOL73/78 公约。

（12）STCW78/95 公约。

（13）API 相关标准。

（14）国际电工委员会《危险区域电气装置的检查和维护标准》（IEC 60079—17—2013）。

（15）中华人民共和国安全生产法、中华人民共和国海洋环境保护法、海洋石油作业安全管理规定等其他适用的法律、法规、船旗国政府、船级社等颁布的法律法规等。

（16）国际海事承包商协会（IMCA）的要求。

（四）检验方法

为达到全面、系统检验深水钻井船的目的，检验组拟对深水钻井船采取抽样的方式，从两个方面进行检验 / 查，即一方面从执行 HSE 管理体系的符合性方面检查深水钻井船的管理状况；另一方面从各专业的角度检验 / 查深水钻井船的实际管理效果特别是技术状况。通过评估深水钻井船结构、设备、设施的实际技术状况，来核实 HSE 管理体系在深水钻井船执行的成效或验证 HSE 管理体系的有效性。具体方法如下：

（1）采用查看记录、与深水钻井船相关操作人员（含船员、生产人员）交谈以及必要的实际操作验证等方式，检查深水钻井船执行公司 HSE 管理体系及相关法律法规的符合情况。

（2）采用现场勘验方法，检验 / 查受审海上设施的结构、轮机设备、电气设备、钻井设备的技术状况，并提出整改意见。

（五）检验 / 查步骤

（1）收集、分析 CNOOC HSE 管理体系文件及深水钻井船的相关技术资料等。

（2）制订检验计划。

（3）制定各专业详细的检查表。

（4）根据检验计划及检查表并结合业主的相关计划安排实施。

（5）根据检验情况，提交报告。

二、检验方案及主要内容

检验方案为按专业依据检查表的形式进行。具体检验内容详见表 8-1 至表 8-9。

（一）体系检查表

1. 基础管理

表 8–1 基础管理表

	项目	检验人	检验要点	检验结论
1	证书和技术资料			
	基本参数		见附件《钻井船参数》	
	证书		见附件《证书索引》 ① 企业法人营业执照（工商局）； ② 所有权证书； ③ 国籍证书（海事局）； ④ 电台执照（无委会）； ⑤ 钻井船登记证明 / 钻井作业许可证（安监局）； ⑥ABS 船级证书； ⑦CCS 船级证书； ⑧ 国际吨位证书（1969）（CCS）； ⑨ 海上移动式钻井平台安全证书（CCS）； ⑩ 国际载重线证书（CCS）； ⑪ 国际防止油污染证书（CCS）； ⑫ 国际防止生活污水污染证书（CCS）； ⑬ 国际防止船舶污水污染证书（CCS）； ⑭ 国际防止空气污染证书（CCS）； ⑮ 起重设备检验和试验证书 / 起货设备薄（CCS）； ⑯ 最低安全配员证书（CCS）； ⑰ 安全管理证书（CCS）； ⑱ 符合证明 DOC（复印件）（海事局）； ⑲ 国际船舶保安证书（CCS）； ⑳ 船舶卫生证书（适用时）； ㉑PREE PRATIQUE 船舶入境检疫证（有时）； ㉒ 保险证书（适用时）； ㉓ 动力定位设备、主发电机组、推进器驱动马达等重要设备的产品证书（CCS）等； ㉔ 相应手册、计划及记录； ㉕ 完整稳型手册、破舱稳性手册、系固手册等； ㉖ 船上油污应急计划及油类记录薄、垃圾管理计划及记录薄、保安计划及批准书； ㉗ 工作环境检测报告； ㉘ 连续概要记录等	
	技术图纸资料		① 是否编目管理、是否齐全、是否与实际一致	
	专业设备证书和检验报告		检查是否编目管理、是否有效，包括：12 类的专业设备检验证书 / 检验报告 ① 海上结构检验检测； ② 采油设备检验检测； ③ 海上锅炉和压力容器检验检测； ④ 钻井和修井设备检验检测； ⑤ 起重和升降设备检验检测； ⑥ 火灾和可燃气体探测系统检验检测； ⑦ 报警及控制系统检验检测； ⑧ 安全阀检验检测； ⑨ 救生设备检验检测； ⑩ 消防器材检验检测； ⑪ 钢丝绳等系物与被系物检验检测； ⑫ 电气仪表检验检测	
	体系文件		是否全、是否有效	
	有效文件清单		是否最新有效、文件是否配备齐全	

续表

	项目	检验人	检验要点	检验结论
2	HSE 管理			
	应急中心联系方式		是否明确	
	内部沟通是否有效		是否有统一的语言或如何保证命令或信息有效传递	
	药品和酒精的控制		是否有政策、如何监控	
	安全管理的全员参与情况		查安全会议记录、查参加人员、提出的问题的关闭证据	
	与公司 HSE 体系的符合性		主要人员熟悉职责情况、是否有足够经培训的可处理紧急状况的人员、人员数量的配备、安全标示和相关安全信息的张贴、吸烟条例等	
	个人防护设备		政策是否有、配备情况	
	登临平台和装置人员的安全管理		是否有培训、安全指引、基本安全注意事项	
	变更管理		是否有、管理符合性	
	材料管理		是否符合体系文件要求	
3	工作 / 生活环境管理			
	平台上的工作环境管理状况		是否有规定、是否按规定执行	
	办公室		是否整洁、卫生	
	起居室			
	餐厅和厨房			
	卫生间			
	淋浴室			
	医务室		是否整洁、卫生、设施配备是否符合要求	
	淡水系统		功能是否正常、是否有泄漏等	
	通风系统		功能是否正常	
4	与业主配合协作情况		有否投诉等	
5	对承包方管理情况		对照体系文件查记录	

2. 船员管理

表 8-2 船员管理表

序号	项目	检验人	检验要点	检验结论
1	船员配备		船员动态表是否与实际一致、船员资格是否满足最低配员要求	
2	岗位职责与培训			
	船员熟悉并履行岗位职责		按职责内容检验	
	船长 / 高级队长理解其在安全管理方面的职责和权力		询问了解	
	船员理解并执行公司的质量安全和环境保护方针		询问了解	
	船员熟悉指定人员（如有时），正常、紧急情况下的联系方式		询问了解	
	船员熟悉平台 / 船舶安全与防污操作方案以及主要设备操作规程		询问了解	

续表

序号	项目	检验人	检验要点	检验结论
3	船舶是否实施公司制定的培训、训练计划		查训练计划及记录	
4	船员管理与考核			
	持证情况		按附录四表记录	
	船员管理制度		查文件 了解执行情况	

3. 安全操作

表 8–3 安全操作表

序号	项目	检验人	检验要点	检验结论
1	风险评估		① 是否对船上人员进行过风险评估培训； ② 是否对工作现场进行评估（工前 / 后安全会及工具说明制度）； ③ 是否对视频、射线、噪声、手工操作、起重设备、交叉作业等建立对健康有潜在危害的评估	
2	作业许可证制度		① 是否有覆盖的工作类型； ② 如何标示国； ③ 是否进行许可检验； ④ 人员是否接受许可证制度的培训； ⑤ 如何与风险评估联系起来等执行情况	
3	直升机接送、机坪设施安全规定		根据体系文件的要求检查验证	
4	拖航作业安全规定			
5	起重作业安全规定			
6	热工作业安全规定			
7	高空和舷外作业安全规定			
8	封闭空间作业安全规定			
9	电气作业安全规定			
10	清洗油舱作业安全规定			
11	油漆作业安全规定			
12	靠船、平台加油安全规定			
13	危险品安全管理规定			
14	安全活动日制度			

4. 应急反应

表 8–4 应急反应表

序号	项目	检验人	检验要点	检验结论
1	台风来临时的应急技术计算资料		如：台风条件下悬挂隔水管航行速度计算评估 **（本次验船只检查船上是否有相应的报告）**	
2	应急计划		查记录	
3	应急机构		是否存在	
4	救助设施（公司或作业者）		是否符合体系文件的要求、是否完好等	
5	应急部署		是否有、人员是否熟悉职责及应变	
6	演习和训练		与计划对应查记录	

5. 结构及设备维护

表 8-5　结构及设备维护表

序号	项目	检验人	检验要点	检验结论
1	结构和设备的维护保养机制		① 是否制订维护保养计划； ② 是否按计划实施、有实施记录； ③ 发现的不符合是否报告、是否有纠正措施、是否关闭； ④ 是否制定强台风下的安全应对措施，及强台风过后的检测、检查措施及应对强台风的能力评估	
2	关键设备的维护保养		是否明确关键设备及具体的维护保养要求	

6. 不合格、事故、险情处理

表 8-6　不合格、事故、险情处理表

序号	项目	检验人	检验要点	检验结论
1	是否建立了不符合报告体系		查记录	
2	不符合报告是否行及时关闭			
3	不符合处理是否按程序执行			
4	事故处理记录			
5	险情处理记录			

（二）结构专业现场检查表

表 8-7　结构专业现场检查表

序号	项目	检验人	检验要点	检验结论
1	船体及设备			
	主甲板		① 检查所有露天甲板有无裂纹蚀耗变形等情况，特别应注意应力集中及易腐蚀部位。当检验发现甲板处有损坏时，应注意其甲板下部构件的检查，通常开口线内甲板板较薄应特别注意其腐蚀情况，如验船师认为必要时可以要求测厚； ② 检查主甲板涂层状况，确定主甲板结构是否处于有效的防腐保护下； ③ 检查所有露天甲板舱口舱口盖及其风雨密关闭设施，并确认其自上次检验后没有做过未经认可的变更； ④ 检查通风筒围板和风雨密关闭设施空气管及其关闭设施通风筒有无严重蚀耗以及风雨密关闭设施的可靠性和方便性、开关标志清楚对通风筒的档板应做操作试验； ⑤ 检查空气管及其关闭装置，包括所有双层底舱柜； ⑥ 抽查机械操作的舱口盖的操作试验：a. 开启状态下的存放和系固；b. 关闭准确的定位夹紧试验和密封设备的有效性；c. 液压系统动力部件钢索链子和驱动连接的操纵试验	

续表

序号	项目	检验人	检验要点	检验结论
	立柱		① 检查立柱外壳结构、斜支撑外壳有无裂纹、显著的损耗、凹陷皱折、焊缝蚀耗等缺陷； ② 检查过渡结构连接处，如局部加强连接点、连接板的有无裂纹、显著的损耗、凹陷皱折、焊缝蚀耗等缺陷； ③ 如有可能，检查立柱内部结构、水平撑内部结构的整体状况，有无裂纹、显著的损耗、凹陷皱折、焊缝蚀耗等缺陷； 注：如发现有缺陷或疑似缺陷，以要求船方提供方便条件接近缺陷部位进行近观检查并注意内部结构的情况	
	下浮体		① 检查壳体有无变形、凹陷、腐蚀等缺陷，特别应注意飞溅区； ② 注意检查水中可视部分，看是否有明显可见的变形、凹陷、或其他撞击痕迹	
	直升机甲板		① 检验甲板板列的腐蚀情况； ② 检验甲板横梁的腐蚀情况； ③ 检验支持甲板的撑杆的腐蚀情况； ④ 检验连接平台主体与直升机甲板之间的直升机甲板支持构件及焊缝的腐蚀情况，有怀疑时可进行 MT； ⑤ 风向指示。指在直升机平台附近飞行员易看到处应有一个按规定尺寸制成的风袋，检验时应注意附近是否有气流影响，夜间有没有照明； ⑥ 标志。确认直升机甲板的标志是否按规定标画。包括：直升机甲板上用 1m×1m 的字和数字表示的白色船名是否清晰；深灰色或深绿色的降落区周缘是否用宽度为 0.4m 的白漆清晰勾画；宽度为 1m，内径为 6m 的黄色降落环是否清晰； ⑦ 指示灯、探照灯及其电源。检验为飞行员判断平台障碍物而装设的全方位红灯是否被遮蔽的情况，灯具是否损坏；为降落区配备的夜间使用的按照灯的安装位置是否变化，灯光的照射角是否妨碍飞行员的视线和操作，灯光的亮度是否能调节，光束是否能照射在降落环节心；降落区四周的黄蓝交替灯是否良好； ⑧ 防滑网； ⑨ 直升机甲板表面没有障碍物； ⑩ 安全网，注意完整性及腐蚀情况； ⑪ 埋头桩系点。注意腐蚀情况； ⑫ 排水。注意不能积水； ⑬ 脱险通道。注意不能有障碍物堵塞	
	吊机结构		① 检查左 / 右舷吊机、软管装卸吊机等与主船体连接结构状况，看有无裂纹、变形、腐蚀等缺陷； ② 检查各吊机主结构状况，看有无变形情况； ③ 其他吊机设备检查见吊机设备检查表	
	生活楼		① 检查上层建筑围壁与甲板连接处的焊缝有无腐蚀和裂纹以及上层建筑风雨密门窗的状态如何等。验船师若认为必要时可以要求进行冲水试验并应特别注意未经认可的开孔如排水孔等； ② 检查艏楼桥楼艉楼甲板室和升降口的端壁板甲板确认有无裂纹腐蚀凹陷皱折等缺陷； ③ 检查相关风雨密关闭装置以及人孔与平舱口及其水密关闭设施； ④ 检查船体或上层建筑未发生将影响确定载重线位置的计算的任何改变	
	钻台		① 检验钻台上下底座的结构是否有机械损伤及底座螺栓状况； ② 检验钻井区域的结构及各种开口，注意钻台底座以及导轨与甲板的连接焊缝是否有裂纹； ③ 检验堆放套管、隔水管等钻井设备的固定管架结构和防滚动固定装置	
	救生艇艇架结构		检查左右舷救生艇架状况，看有无明显的变形、裂纹或严重腐蚀情况	
	ROV 月井支撑结构		检查 ROV 月池支撑结构状况	

续表

序号	项目	检验人	检验要点	检验结论
	大型设备的支撑结构（底撬）		① 检查平台上大型设备的支撑结构（底撬）有无变形、腐蚀等缺陷； ② 检查涂层是否完好； ③ 检查设备底部下排水情况，注意不能积水	
	锚泊系统		① 检查锚、锚链、锚机、锚机座系缆、柱绞缆装置和拖索等； ② 对于锚泊设备的检查应特别注意锚机的链轮刹车和离合器的磨损情况以及刹车和离合器的实际操作情况，同时注意锚和锚链可见部分的蚀耗、锚链横档的脱落以及弃链器的可靠性等； ③ 检查系泊设备系船索的数量、规格，以及钢丝索是否有断丝、压扁、蚀耗等严重现象，导缆钳系、缆桩有否损坏而影响缆绳牵引和系紧功能以及导缆轮的转动情况； ④ 检查锚链控制系统和辅助机械装置，应按认可的程序进行检验	
	拖曳设备及附件		检验拖曳设备及附件，如： ① 桥缆，龙须缆（链）、卸扣，三角眼板是否磨损过量，如果最大耗蚀量超过原尺寸的 10% 或有裂纹或有明显变形者，则不许继续使用； ② 过桥缆，龙须缆是否有断丝，如果在 10 倍直径范围内有 5% 的钢丝折断者，必须换新	
	防撞舱壁和其他水密舱壁		① 检查平台防撞舱壁和其他睡眠舱壁及舱壁甲板有无变形、屈曲、锈蚀等状况。舱内需要检查的部位有： a. 侧板； b. 肋骨； c. 舱壁； d. 与其他结构相连的管路； e. 测量管 ② 检查水密分舱舱壁上所有水密门的耗蚀和变形情况以及其水密的可靠性，其中包括轴隧上或主副机舱间的滑动式或闸门式的水密门，同时应对这些门进行就地和遥控启闭试验确认关闭装置及其相关的指示器各种报警装置处于有效状态； ③ 应尽可能地检查水密舱壁上的贯通件，如轴管路通风管电缆等的水密状况，并确认无未经认可的贯穿装置如临时电缆等； ④ 在所能观察到的情况下，检查防撞舱壁和其他水密舱壁及舱壁甲板以上进行控制的阀是否存在变形、屈曲、锈蚀等状况； ⑤ 检查和试验（就地和遥控）水密舱壁上所有的水密门（效能试验及水密性检查）	
	舱底泵效		检查每台舱底泵并且确认每个水密舱室的舱底排水系统都合格	
	通风筒和空气管		检查通风筒和空气管，包括其围板和关闭装置，特别应检查空气管和甲板间连接焊缝及所有露天甲板上的空气管头的外部	
	防火网		检查所有燃油舱、含油压载舱、含油污水舱柜和空舱透气管上的防火网	
	舷侧开口		检查干舷甲板以下的任何舷侧开口的关闭装置的水密完整性	
	泄水孔、进水孔和排水孔		检查泄水孔、进水孔和排水孔	
	舷窗和风暴盖		目视检查舷窗和风暴盖	
	舷樯		目视检查检查舷樯，包括排水舷口的位置，应特别注意任何装有盖板的排水舷口	
	保护栏杆舷墙通道安全绳及其他保护船员的类似设施		① 检查舷墙和栏杆，确认舷墙的高度、围壁、面板支撑及舷墙下端开口距上甲板上的净空高度和栏杆高度、横杆、支撑及下一根横杆距上甲板上的净空高度等应保持良好和有效状态。检查有无变形折断缺损等缺陷。原则上舷墙变形只要仍起到保护船员的作用是可以接受的，但是舷墙肘板的变形或与甲板连接处出现裂纹及过度腐蚀是不允许存在的，必须采取修理措； ② 检查所有梯道走道的状况，如从起居处所内以及由起居处所通往各工作处所（包括露天工作和围闭工作处所）的扶梯和走道，必须保持畅通不受阻挡。各梯道、走道的扶手、踏板支撑均应完好。安全绳一般指从起居处所前端壁至首楼后端壁上及上甲板上的船员。保护设备还包括端壁上的眼板，甲板的上的插座支撑柱绳及告示牌等应检查其有效性和完整性	

续表

序号	项目	检验人	检验要点	检验结论
	结构防火		① 确认防火控制图已按规定张贴和存放； ② 确认结构防火无实质性变化； ③ 检查所有的手动和自动防火门的完整性和有效性（如有时）； ④ 确认起居处所、机器处所和其他处所的脱险通道处于满意状态	
	消防设备		① 检查消防泵、消防总管、消防栓、消防水带、水枪和国际通岸接头，并且核查每台消防泵包括应急消防泵是否都能够单独操作，以保证在船舶任何部位的两个不同的消火栓能提供两股水柱而消防总管仍保持所需压力； ② 检查便携式和非便携式灭火器的配备并随机抽查其状态； ③ 确认消防员装备和应急逃生呼吸装置齐全，且处于良好状态，并且所需的自给式呼吸器的储气瓶包括备用储气瓶均适当地充气； ④ 检查灭火系统的操作是否准备就绪及其维护状态； ⑤ 适当时，检查机器处所、装货处所、特种处所的固定式灭火系统，并确认其操作装置已予以明确标记； ⑥ 检查机器处所内灭火设备布置，并在适当时尽可能地确认用于开启和关闭天窗、排烟口、关闭烟囱和通风开口、关闭动力操作的和其他类型的门、停止通风和锅炉机械通风及抽风机，以及停止燃油泵和其他排放易燃液体的泵的遥控装置的操作功能； ⑦ 尽可能检查并且在可行时试验探火和失火报警系统； ⑧ 检查起居和服务处所内带有油漆和 / 或易燃液体以及深油烹饪设备的处所的灭火系统； ⑨ 检查直升飞机平台设施； ⑩ 检查并试验通用应急报警系统	
	压载舱		如可能进行内部检查	
	其他甲板设备		① 核查甲板泡沫系统包括泡沫浓缩剂的供给，并且当系统处于运行状态时，试验在消防总管达到所要求的压力时能产生的最少水柱股数。确认甲板洒水系统处于良好的工作状态； ② 救生艇及其属具检查；核查具有空气维持系统的全封闭救生艇的水雾和供气系统的状况和操作是否良好； ③ 尽实际可行检查其首尾应急拖带装置，并确认其处于良好的工作状态； ④ 检查安全通往船首的步桥或通道； ⑤ 检查碳氢化合物气体浓度连续监测系统（如适用）； ⑥ 检查油位指示系统、危险区域内的所有电气设备及货油舱的管路和截止阀	
2	起货设备与升降设备			
	吊车、吊机		对平台吊车、关节吊机、BOP 吊机和采油树吊机进行以下检查： ① 证书有效性检查； ② 功能测试； ③ 整体结构外观检查； ④ 检查主要结构焊缝探伤报告； ⑤ 检查钢丝绳 MTC 检测报告； ⑥ 控制室或操作台测试； ⑦ 主要运动部件外观检查； ⑧ 各限位器及报警装置检查； ⑨ 机房和操作房消防设施配备情况检查	
	电梯		对井架电梯、散货电梯、生活楼电梯、被服电梯进行以下检查： ① 功能测试； ② 证书有效性检查； ③ 整体外观检验； ④ 传动部件检验； ⑤ 动力部件检验； ⑥ 刹车部件检验； ⑦ 各控制开关检验； ⑧ 电气控制线路检查； ⑨ 各报警器限位器功能测试	

续表

序号	项目	检验人	检验要点	检验结论
	叉车		① 证书有效性检查； ② 整体外观检验； ③ 传动部件检验； ④ 动力部件检验； ⑤ 刹车部件检验； ⑥ 各控制开关检验； ⑦ 载荷功能测试； ⑧ 叉车臂探伤报告检查	
	载人绞车		① 证书有效性检查； ② 整体外观检验； ③ 绞车传动部件检验； ④ 绞车动力部件检验； ⑤ 绞车刹车部件检验； ⑥ 各控制开关检验； ⑦ 载荷功能测试； ⑧ 钢丝绳 MTC 检测报告检查； ⑨ 溢流阀证书有效性检查	

（三）轮机、电气专业现场检查表

表 8–8　轮机、电气专业现场检查表

序号	项目	检验人	检验要点	检验结论
1	轮机及设备			
	主发电机组（柴油机）		① 检查柴油发电机组维护保养记录； ② 检查报警装置定期检查记录； ③ 如条件允许拆检以下活动零部件（气缸、气缸盖、阀及其传动装置、活塞、活塞杆、连杆、导板、十字头、曲轴及其所有轴承、曲轴箱门的紧固件、防爆设施、扫气系统、安全设施、扫气泵、扫气鼓风机、增压器及其空气冷却器、空压机及其中间冷却器、滤器 / 或分油机和安全设施、燃油泵及附件、凸轮轴及传动装置以及平衡块、扭振阻尼器或减振器、弹性联轴器、离合器、倒车机构、高压油泵、机带泵和冷却器等）； ④ 机座、机架及其螺栓、垫片检查； ⑤ 检查轴承间隙（如条件允许） ⑥ 检查曲轴臂距差（如条件允许） ⑦ 检查主柴油机调速器、超速保护装置、紧急停车、滑油低压、冷却水高温报警等装置，尽可能进行效用试验或模拟试验； ⑧ 负载运转测试； ⑨ 检查油、水、气管线运行情况，检查热表面隔热保护情况； ⑩ 检查重要备件配备情况	
	应急发电机组（柴油机）		检查设备维护保养记录； ① 检查调速器、超速保护装置、紧急停车、滑油低压、冷却水高温报警等装置； ② 尽可能进行效用试验或模拟试验； ③ 检查油、水、气管线运行情况； ④ 起动运转试验（包括应急起动检查）； ⑤ 检查热表面隔热保护情况； ⑥ 检查重要备件配备情况	
	推进系统		① 航行状态下推进器功能测试； ② DP 状态下推进器功能测试； ③ 按照 DP3 check list 检查 DP 系统各项功能	
	空压机组		① 运转测试； ② 充压能力测试； ③ 安全保护装置功能测试； ④ 检查压力管线密封性； ⑤ 检查设备维护保养记录； ⑥ 检查备件配备情况	

续表

序号	项目	检验人	检验要点	检验结论
	为主机、轴系等服务的主要泵组		① 燃油供给泵运转及自动切换检查； ② 海水冷却泵运转及自动切换检查； ③ 淡水冷却泵运转及自动切换检查； ④ 主滑油泵运转及自动切换检查	
	主消防泵、应急消防泵		① 检查本地起停及所有遥控起停功能； ② 效用试验； ③ 检查消防水压力，不能低于入级规范要求	
	系统管线及阀件等		对燃油系统、滑油系统、海水冷却系统、淡水冷却系统、消防水系统、CO_2 系统、压载及舱底水系统、压缩空气系统、惰气系统、空调及冷藏冷剂管系、液压油系统、生活供水及排水系统、消防喷淋及水雾系统等进行以下检查： ① 检查管系标识是否齐全； ② 检查外表是否有过度腐蚀及变形损坏情况； ③ 检查管系上的阀件是否工作正常； ④ 检查管系上的压力表、温度计等附件是否定期校验	
	油柜速闭阀系统		① 检查所有速闭阀本地操作是否正常； ② 检查所有速闭阀远控操作是否正常； ③ 检查速闭阀操作规程及示意图是否正确； ④ 检查速闭阀控制气瓶压力是否正常； ⑤ 检查速闭阀控制气瓶安全阀开启及闭合功能	
	油水分离器		① 检查油水分离器运行记录及排油排水记录； ② 油水分离器功能测试； ③ 油份探头测试； ④ 高油份与排出阀联锁功能测试	
	污水及垃圾处理		① 检查污水处理装置功能及各报警装置是否正常； ② 检查垃圾处理装置运转功能是否正常； ③ 检查焚烧炉运转功能是否正常	
	压力容器		① 检查压力容器注册登记及检查记录； ② 检查压力容器安全附件（安全阀、压力表、压力传感器、温度表、温度传感器、液位计、液位传感器等）年度检查情况； ③ 目视检查压力容器及安全附件有无损坏、过度腐蚀等情况	
	空调机组		① 运转效用测试； ② 进风口如有可能会有可燃气体或硫化氢气体时，进风口要配备可燃气体和硫化氢探头	
	冷藏机组		① 运转效用测试； ② 冷库打冷测试（如有条件）； ③ 冷库误锁报警系统检查	
	机械处所通风		① 自然通风设施检查； ② 机械通风设施检查（包括风机、风闸等）	
2	电气			
	主发电机组		① 外观检查； ② 了解使用运行使用情况； ③ 运行状态下检查	
	应急发电机组		① 自动起动试验：自动起动时应急发电机应能在主电源失电后 45s 内自动起动并向应急电路供电，当主源恢复时能自动切断；同时应检查临时应急电源（UPS）的供电情况，当主电源失电后，UPS 就能立即供电，供电时间不小于 30min； ② 人工起动试验：应急发电机时应能在 30min 内连续起动三次	
	蓄电池充放电板		① 充放电功能试验； ② 供电测试； ③ 供电时间不少于 18h	

续表

序号	项目	检验人	检验要点	检验结论
	配电板		① 对主配电板、应急配电板、分配电板进行外观检查及发解使用情况； ② 了解发电机并联运行、负荷分配等情况； ③ 查验电压、电流、功率、频率、同步等仪表的精准度	
	照明系统		① 对正常照明和应急照明完整性和可靠性进行全面检查； ② 危险区域内的照明要符合防爆要求； ③ 室外及井架上的灯具要做好防坠落保护	
	电机马达及控制装置		① 对以下电机马达及控制装置进行外观检查并了解使用情况：推进器、锚机、操舵装置、主消防泵、应急消防泵、钻井泵、固井泵、振动筛、主滑油泵、主海水冷却泵、总用泵、空压机、压载泵、潜水泵 、水泥泵、注水泵、起重机、绞盘、顶驱等； ② 必要时对上述电机马达进行运转测试	
	危险区域电气检查		① 检查危险区域内电机、灯具、电缆等电气设备的防护完好性和防爆安全可靠性； ② 确认所有电气设备保持原有的防护形式； ③ 确认电气设备外壳无严重腐蚀及变形损坏； ④ 检查本质安全型电路电缆的接地及与其他电缆的距离是否符合要求； ⑤ 检查正压防爆处所及正压防爆设备报警装置及信号指示的有效性	
	报警系统		① 通用报警系统效用试验； ② 火警系统效用试验； ③CO_2 释放报警系统模拟效用试验； ④ 可燃气体探测系统检查，探头校验； ⑤H2S 探测系统检查，探头校验； ⑥ 便携式气体探测仪检查	
	水密门		① 检查水密门的关闭警告信号状况； ② 水密门开头效用试验； ③ 效用试验时尽可能会应急电源或临时电源进行测试	
	自动喷淋系统和水雾灭火系统		① 检查供水泵电机及其控制装置的工作可靠性； ② 检查报警探头功能； ③ 检查自动喷淋及水雾效果	
			① 检查广播系统功能及覆盖全面性； ② 检查内部	
	广播及内通		① 检查广播系统功能及覆盖全面性； ② 检查内部通讯系统的有效性	
	自动防火门		① 关闭动作测试； ② 检查开关位置状态指示是否正确； ③ 检查报警装置功能	
	绝缘		① 对以下设备进行一般性检查并向操作人员了解使用情况，必要时进行效用试验； ② 找平台电气师提供近期的电气设备绝缘电阻测量记录	
	无线电通讯导航设备		① 对以下设备进行一般性检查并向操作人员了解使用情况，必要时进行效用试验； ②VHF、MF、MF/HF 无线电设备； ③ 国际海事卫星通信 INMARSAT C/A 站； ④ 航行电传接收机（NAVTEX）； ⑤ 应急卫星示位标（EPIRB）； ⑥ 雷达应答器（SART）； ⑦ 甚高频双向无线电话（TWO-WAY VHF）； ⑧ 与直升飞机通信、导航的甚高频无线电设备； ⑨ 为直升飞机导航的中频无线电设备； ⑩ 船令广播设备、雷达、测深仪等	

（四）钻井专业现场检查表

表 8-9　钻井专业现场检查表

序号	项目	检验人	检验要点	检验结论
4	钻井部分			
4.1	绞车（DRAW WORKS）		1. 检查水冷却系统阀门、管线及其他管附件是否堵塞或泄漏； 2. 检查高低速离合器的传动环磨擦盘释放弹簧以及气囊是否有严重磨损及损坏； 3. 检查空气系统的管线、阀门等是否有堵塞、泄漏及损坏； 4. 检查各处油封及盘根的密封情况； 5. 检查高速离合器擦片磨损情况； 6. 检查捞砂滚筒离合器片厚度测量记录； 7. 检查钻井马达及司钻操作箱充压防爆系统工作情况； 8. 上次大修记录和 NDT 检查记录； 9. 检查刹车带刹车片和刹车连杆系的磨损情况； 10. 钻井大绳的磨损情况，是否有足够的备用； 11. 测试猫头扭矩，检查上扣猫头链条和卸扣猫头绳； 12. 检查钢丝绳派绳回位轮子状况； 13. 检查润滑油压力（低速 20psi，高速 50psi）； 14. 检查电缆和接线箱状况	
4.2	天车（CROWN BLOCK）		1. 润滑油路是否畅通； 2. 滑轮转动是否良好； 3. 固紧滑轮的螺栓是否松动变形、锈蚀； 4. 检查滑轮槽磨损情况及是否存在裂纹； 5. 检查轴承 Z 座温升； 6. 检查气动绞车滑轮灵活性； 7. 检查轴承和密封件情况； 8. 检查滑轮支座焊缝磁粉检测记录；并对滑轮槽进行测深	
4.3	游动滑车（TRAVELLING BLOCK）		1. 润滑油路是否畅通； 2. 滑轮转动是否灵活； 3. 游车各螺栓是否松动变形； 4. 检查滑轮槽磨损及裂纹，测量滑轮槽深度值； 5. 检查游动滑车和大钩提环接触面半径及提环销的磨损情况； 6. 磁粉检测游动滑车和大钩提环连接部位的记录检查； 7. 检查侧护罩的平整性、有无弯曲现象	
4.4	大钩（HOOK）		1. 游动滑车扶正机构的滚轮油路是否畅通； 2. 滚轮紧固螺栓、螺帽是否松动弯曲； 3. 检查钩体减振器油位、油质； 4. 钩身旋转是否灵活自如； 5. 大钩提环在横梁耳销上摆动是否灵活； 6. 大钩舌头的开闭装置灵活性及安全； 7. 两侧钩端端部的保险螺栓是否安全可靠； 8. 大钩钩弯部分圆弧是否合适； 9. 磁粉检测大钩钩体和吊耳耳环的记录检查； 10. 检查滑轮槽磨损情况； 11. 检查大钩的复位情况	
4.5	钢丝绳		1. 外观检查； 2. 检查检测记录、合格证等	

续表

序号	项目	检验人	检验要点	检验结论
4.6	水龙头（SWIVEL）		1. 检查中心管及接头螺纹； 2. 检查提环截面的磨损； 3. 对提环顶部及销子柄部位进行磁粉检测； 4. 检查轴承工作时有无噪声及振动； 5. 检查中心管的旋转是否灵活、平稳、均匀； 6. 检查冲管下部是否有钻井液的泄漏和渗漏； 7. 检查油池液面是否足够、清洁； 8. 检查密封有无异常、漏油、漏水； 9. 检查鹅颈管最大冲蚀程度，测量壁厚是否合乎要求	
4.7	转盘（ROTARY TABLE）		1. 检查链条齿式联轴节润滑是否正常，有无噪声；并进行磁粉检测； 2. 检查转盘内是否进入钻井液及污水； 3. 检查齿轮传动啮合时有无噪声及平稳性； 4. 传动装置惯性刹车是否灵活可靠； 5. 检查换档是否灵活、到位固定可靠； 6. 检查钻井马达的充压防爆状况； 7. 磁粉检测转盘面及补心面的记录检查	
4.8	钻井泵（SLUSH PUMP）		1. 动力端； A. 人字齿传动平稳性 B. 主轴承温升 C. 连杆大轴承温升 D. 十字头轴承 E. 润滑油温升 F. 十字头导板间隙 G. 人字齿是否有点蚀或斑蚀 2. 液力端； A. 钢套固定部分是否可靠 B. 拉杆冷却润滑泵工作是否正常，压力是否在规定范围之内 C. 空气包是否工作正常 D. 轴承链条、十字头等润滑油路是否畅通 E. 安全阀调整是否正确，工作是否可靠 F. 检查机座地脚固定螺丝是否转动 G. 对钻井泵的内部构件和外露紧固件固紧情况进行外观检查 H. 检查钻井马达的充压防爆状况 I. 测量驱动轴、曲轴轴承间隙及十字头与导板间隙 J. 驱动轴、曲轴及大小齿轮、中心拉杆、合子等进行磁粉检测 3. 检查安全阀状况； 4. 检查安全阀泄压管线是否有向下的斜度； 5. 检查高低压滤子； 6. 检查大于两寸的高压管线上是否有 NPT 丝扣连接； 7. 检查直流马达状况，上次大修记录； 8. 检查电缆和接线箱	
4.9	井架		1. 有无损坏及变形的杆件； 2. 固紧螺栓有无松动； 3. 各个销子及其连接部位； 4. 对井架结构进行外观检查，并记录腐蚀情况； 5. 对井架底座焊缝、起升缸底座焊缝、二层台承载部位焊缝进行磁粉检测的记录检查； 6. 检查灯光是否足够； 7. 检查井架防坠落装置； 8. 检查二层台的应急套上装置及其钢丝绳； 9. 检查井架梯子及二层台是否有洗眼站； 10. 检查航行指示灯； 11. 检查油车悬挂绳	

续表

序号	项目	检验人	检验要点	检验结论
4.9	井架		1. 检查上次井架检查记录，有没有检查程序； 2. 检查灯光是否足够； 3. 检查井架防坠落装置； 4. 检查二层台的应急套上装置及其钢丝绳； 5. 检查井架梯子及二层台是否有洗眼站； 6. 检查航行指示灯； 7. 检查油车悬挂绳	
4.10	顶驱（Top Drive）		1. 吊耳及吊耳销的磨损及裂纹检查； 2. 扭矩臂、滑车及扭矩管目视检查变形、磨损情况； 3. 鹅颈管及支架：目视检查有害的伤痕；绊根盒的密封情况；鹅颈管的壁厚检查记录； 4. 螺丝的松紧情况； 5. 空心轴和中心管的目视检查； 6. 联结短节的目视检查； 7. 轴承的间隙检查及磁粉检查记录； 8. 液压装置检查； 9. 检查上次的大修记录； 10. 保护罩的状况； 11. 直流电机状况，是否有备用的直流电机； 12. 是否有备用的水龙带； 13. 电缆和接线箱的状况	
4.11	涡磁刹车（Brake）		1. 离合器功能检查； 2. 循环冷却系统的功能检查、泄漏检查、水温检查等； 3. 整流箱的油质油位检查； 4. 定转子的间隙检查记录； 5. 线圈的电阻值检查； 6. 操纵开关的松动和换档情况检查； 7. 检查上次解体和更换轴承的记录； 8. 检查连接器花键状况； 9. 检查电缆和接线箱的状况； 10. 检查备用电池系统	
4.12	小绞车和滑轮系		1. 离合器功能检查； 2. 循环冷却系统的功能检查、泄漏检查、水温检查等； 3. 整流箱的油质油位检查； 4. 定转子的间隙检查记录； 5. 线圈的电阻值检查； 6. 操纵开关的松动和换档情况检查； 7. 检查上次解体和更换轴承的记录； 8. 检查连接器花键状况； 9. 检查电缆和接线箱的状况； 10. 检查备用电池系统	
4.13	铁钻工		1. 棍子的间隙； 2. 旋转马达状况； 3. 操控盘、压力表、操控杆状况； 4. NDT 检查吊耳记录； 5. 液压系统状况，是否漏油； 6. 电缆和接线箱状况	
4.14	立管管汇		1. 是否有 MWD 传感器的备用接口； 2. 是否存在丝扣连接在大于 2 寸的管线； 3. 是否有备用的钻井液软管； 4. 壁厚检测记录； 5. 阀门的保养记录； 6. 压力表状况； 7. 阀门的手柄是否齐全； 8. 阻流管汇和立管管汇上的隔离阀	

续表

序号	项目	检验人	检验要点	检验结论
4.15	振动筛		1. 备用筛布； 2. 支撑胶皮状况； 3. 通风及灯光状况； 4. 电缆和接线箱	
4.16	离心泵		5. 是否有泄露； 6. 能效测试； 7. 震动和噪声情况； 8. 电缆和接线箱状况	
4.17	桥式吊车		1. 上次负荷测试记录及测试证书； 2. 钢丝绳状况及证书； 3. 手动导链状况； 4. BOP 组提升结构的状况； 5. 钩和横梁的 NDT 检查记录	
4.18	套管扶正台		1. 总的状况； 2. 上次 NDT 检查记录； 3. 动态和静态负荷测试； 4. 钢丝绳状况； 5. 机械式防坠落装置； 6. 内部的轮子的状况； 7. 应急停止装置	
4.19	司钻控制台		1. 全部仪表的工作状况； 2. 任何常亮的报警灯； 3. 正压防爆系统，上次测试记录； 4. 司钻到二层台和套管扶正台的视线情况； 5. 电缆和接线箱是否防爆	
4.20	钻井液池和钻井液罐		1. 通风和灯光状况； 2. 电缆和接线箱是否防爆； 3. 是否有压力警报系统	
4.21	司钻远程控制和队长控制盘		1. 储能器压力表； 2. 控制阀位置指示； 3. 警报系统	
4.22	BOP 闸板		4. 上次大修时间； 5. 是否适用于硫化氢环境； 6. API 证书； 7. 控制管线状况； 8. 上次 NDT 检查记录； 9. 空腔测量记录； 10. 备件的质量和数量	
4.23	环形防喷器		1. 上次大修时间； 2. 备用环形胶心和密封包； 3. 控制管线内径应大于 1in	
4.24	阻流管汇		1. 上次大修时间； 2. 压力级别是否与 BOP 闸板一致； 3. 大于 2in 的管线上没有丝扣连接； 4. 壁厚测试； 5. 压井软管的证书； 6. 钻台遥控阻流系统状况	

续表

序号	项目	检验人	检验要点	检验结论
4.25	BOP 的液压动力系统		1. 蓄能器容量测试； 2. 没有使用软管作为蓄能器的供给管线； 3. 隔离阀； 4. 旁通阀状况； 5. 油箱低油位和储能器低压报警； 6. 最少两套独立的泵； 7. 没有隔离阀在泵和安全阀之间； 8. 在电泵和气泵出口管线上没有安装回流阀； 9. 电缆和接线箱	
4.26	柴油发动机		1. 是否有漏油漏水； 2. 上次大修时间和下次大修计划； 3. 油料消耗； 4. 安全装置的测试； 5. 上次由钻台停止发动机的测试记录； 6. 排气管的隔离； 7. 二氧化碳和泡沫消防装置； 8. 电缆和接线箱	
4.27	应急发电机		1. 确认能够在全黑的状态下启动； 2. 是否漏油漏水； 3. 皮带、风机和散热器状况； 4. 仪表状况； 5. 每周的测试，包括自动启动； 6. 应急盘的布局； 7. 电缆和接线箱	
4.28	空压机及安全阀		1. 多大容量； 2. 独立的固井空压机； 3. 安全阀的证书； 4. 干燥器的容量； 5. 电缆和接线箱； 6. 应急空压机； 7. 安全阀的排放口是否在安全区域	
4.29	固控设备		除砂器、除泥器、除气器和离心分离机等的功能及外观检查	
4.30	其他钻井设备及附件		1. 死绳固定器（DEADLINE ANCHOR）的外观腐蚀目视检查及受力部位的磁粉检测记录检查； 2. 吊环（ELEVATOR LINK）、吊卡（ELEVATOR）、猫头（CATHEAD）、大钳（TONG）、指梁（FINGER BOARD）等的受力部位的磁粉检测记录检查	
4.31	散料系统		1. 空气管线接头、阀门处的密封状况； 2. 遥控空气阀门的功能检查； 3. 出料管线弯头处的壁厚测厚记录检查； 4. 储料灌内帆布的透气、密封状况检查	
4.32	控制系统		对动力机、绞车、转盘、钻井泵等的启动、停车、调速、并车、换向等进行控制的有效性检查	
4.33	井控设备		防喷器、阻流管汇、压井管汇、钻井液—气体分离器等的功能有效性及外观检查	

续表

<table>
<tr><th>序号</th><th>项目</th><th>检验人</th><th>检验要点</th><th>检验结论</th></tr>
<tr><td rowspan="8">4.34</td><td rowspan="8">防火安全</td><td></td><td>逃生及脱险路线检验
（1）检查逃生通道的畅通性；
（2）检查脱险路线是否有障碍，标志是否清晰</td><td></td></tr>
<tr><td></td><td>结构防火检验
（1）检查防火墙及甲板的技术状况及完整性是否完好；
（2）对防火门、防火闸及各种贯穿件进行检查；
（3）对防火门及防火闸做关闭试验</td><td></td></tr>
<tr><td></td><td>灭火控制室、灭火剂站室及防火控制图检查
（1）检查控制室各控制盘、仪表是否正常；
（2）检查灭火控制室及灭火剂站室通风及整洁情况；
（3）检查灭火控制站点的操作说明是否完好；
（4）检查防火控制图是否完好以及贮存和张贴情况</td><td></td></tr>
<tr><td></td><td>消防水灭火系统检验
（1）对所有的消防泵进行运转试验；
（2）检查消防总管的技术状况；
（3）检查隔离阀的技术状况；
（4）检查消防栓、消防水带，水枪的技术状态；
（5）选择部分水枪做喷水喷雾试验；
（6）检查国际通岸接头的配备及技术状态</td><td></td></tr>
<tr><td></td><td>水喷淋灭火系统检验
（1）对供水泵做启动，运转试验；
（2）对喷水报警进行试验；
（3）对雨淋阀进行检查并做开启动作试验；
（4）对管路阀件及喷嘴的技术状况进行检验；
（5）查看湿管部分的水压；
（6）检查压力水柜的技术状况
泡沫灭火系统检验
（1）对供水泵及泡沫浓缩液泵进行启动、运转试验；
（2）检查泡沫浓缩液的数量和质量及更换记录；
（3）检查泡沫浓缩液贮存装置的技术状况及贮存环境是否合适；
（4）检查泡沫溶液比例混合器及泡沫的空气比例混合器的技术状况；
（5）检查管路及阀件的技术状况；
（6）检查软管，喷枪及泡沫的技术状况；
（7）对高倍泡沫系统的风机进行运转试验</td><td></td></tr>
<tr><td></td><td>高压 CO_2 系统
（1）检查 CO_2 贮瓶及启动瓶是否有腐蚀及漏泄迹象；
（2）检查自动启动系统及手操施放装置的技术状态；
（3）检查各分配阀的技术状态及铭牌是否正确；
（4）做施放前的报警试验；
（5）检查管、管件、阀件、仪表及其他部件是否正常；
（6）检查灭火剂的称重记录</td><td></td></tr>
<tr><td></td><td>低压 CO_2 系统检验
（1）检查贮存装置的隔热绝缘及隔热层真空是否合格；
（2）核查贮存装置上的安全阀的技术状态；
（3）检查安全阀前的截止阀的技术状态；
（4）对分配阀及其遥控和手控装置进行检验；
（5）检查液位计的状况并核定贮液量；
（6）对低液位报警进行试验；
（7）对高、低压传感器进行报警和启动制冷机试验；
（8）对制冷机组进行手动启、停试验；
（9）检查施放前的报警试验；
（10）检查管路、喷嘴及其他部件是否正常；
（11）对制冷机组进行转换试验；
（12）对灭火控制及各处所释放时间进行检查与核定；
（13）检查释放操作说明书是否完好</td><td></td></tr>
</table>

续表

<table>
<tr><th>序号</th><th>项目</th><th>检验人</th><th>检验要点</th><th>检验结论</th></tr>
<tr><td rowspan="4">4.34</td><td rowspan="4">防火安全</td><td></td><td>大型和手提灭火器检验
（1）根据防火控制图检查各处所灭火器的配备数量和位置是否正确；
（2）核查处所内所配灭火器的种类是否适合；
（3）检查灭火器的驱动压力是否合格；
（4）检查灭火剂的更换日期；
（5）检查干粉灭火器是否有板结现象；
（6）检查灭火器上的阀件、仪表、管子，释放机械是否完好</td><td></td></tr>
<tr><td></td><td>消防员装备检查
（1）检查个人防护设备的状况是否完好，尺寸是否合适；
（2）检查呼吸器的数量及压力是否合格；
（3）检查消防员装备的配备数量及配备地点是否合适</td><td></td></tr>
<tr><td></td><td>探火系统检查
（1）检查探头的布置及状况；
（2）对自动探火系统，选择部分探头做失火报警试验，如有推动关断和释放灭火剂功能的，则做关断和释放动作试验；
（3）对手动按钮进行检查，并做手动报警试验；
（4）对失火控制盘进行检查</td><td></td></tr>
<tr><td></td><td>风、油切断及开口关闭装置的检查
（1）对燃油速闭阀进行外部检验并做关断试验；
（2）对燃油泵做关停试验；
（3）对风机做关停试验；
（4）对被保护处所的一切开口进行关闭试验；
（5）对于高倍泡沫保护的处所当释放泡沫时要有足够的透气，用做透气的开口不能关闭，用做透气的风机当释放完成时才能关闭</td><td></td></tr>
<tr><td rowspan="3">4.35</td><td rowspan="3">防爆安全</td><td></td><td>可燃气体探测系统检验
（1）检查探头是否有损及是否有脏堵现象；
（2）用样气做报警及关断动作试验；
（3）检查控制板的技术状况；
（4）检查手提探测器的数量及技术状态</td><td></td></tr>
<tr><td></td><td>危险区内引爆源的排除检验
（1）检查危险区内是否有明火、表面高温、磨擦和撞击火花存在的可能；
（2）检查危险区内是否存在表面高温；
（3）检查原油泵舱内所有泵浦在临近轴承处的外壳上以及泵的转动轴穿过舱壁的填料函处的高温报警装置是否正常；
（4）检查危险区内防静电引爆的措施；
（5）检查危险区内是否有防止杂散电流电弧引爆的措施；
（6）检查危险区内是否防止无线电频率诱发火花引爆的措施；
（7）检查在危险区内是否存在自燃及其他化学反应所产生的引爆源</td><td></td></tr>
<tr><td></td><td>对防爆电气设备进行下列检验：
（1）对防爆电气设备的技术状态进行一般外观检查；
（2）核对防爆电气设备的型式、等级、级别及温度组别是否合适；
（3）检查防爆电气设备的外壳防护是否合适；
（4）检查防爆电气设备的安装情况；
（5）防爆电气设备的年度检验的详细要求应按国际电工委员会《危险区域电气装置的检查和维护》标准（IEC 60079—17—2013）中所指明的外观检查（V）和近观检查（C）的项目进行</td><td></td></tr>
</table>

续表

序号	项目	检验人	检验要点	检验结论
4.35	防爆安全		**对防爆电缆进行下列检验：** （1）检查电缆的选型是否正确； （2）对电缆的布置、安装及其技术状况进行外观检查； （3）对绝缘电阻进行抽查测量	
			对设在危险区内的柴油机进行下列检验： （1）对表面高温的消除措施及可靠性进行检查； （2）对火星消除设备进行检查； （3）对排气管的密封性进行检查； （4）对高温报警装置进行试验； （5）对电控线路的防爆性能进行检查	
			对认可的有火压力容器进行下列检验： （1）对高温报警和停止装置进行试验； （2）对阻火器、火星消除器进行检查； （3）对火焰故障探测进行报警及关断试验； （4）对燃油管路上的高低压传感器进行报警及关断试验； （5）对通风流量或压力低传感器做报警和关断试验	
4.36	直升机设施		（1）对甲板防滑网、识别标志、埋头系固点、着陆灯、探照灯、排水口应急通道、应急备品； 以及安全网的技术状况进行检查； （2）检查扇形区内障碍物以及起重机、天线等障碍物的标志和照明； （3）检查计测风向风速的设备； （4）检查和试验为直升机服务的通讯导航设备； （5）对加油设施进行检验和试验； （6）消防设施的检验详见防火安全检验项目	
4.37	测井、录井设备		（1）燃烧臂、录井仪的证书有效性检查； （2）燃烧臂及所属各管路结构锈蚀、变形等情况检查； （3）电缆及控制开关外观及绝缘性检查； （3）燃烧臂、录井仪功能测试	
4.38	吊篮		(1) 对吊篮进行检查和吊重试验； (2) 检查吊篮的维修，保养及吊重试验记录； (3) 检查吊篮操作程序或手册	

第二节　深水钻完井防台风作业

一、概述

（一）概况

深水钻完井作业需要面对非常恶劣的海况，尤其在台风季节，钻完井期间防台风作业为深水钻完井作业环节中极为重要的一部。

根据深水钻完井防台风应急处理方案规定，风力中心为25m/s以上，并可能袭击作业区时，应撤离人员，并须在风暴中心进入 750km 以内海域前全部撤离完毕或将平台驶离该区域；当风力中心在 25m/s 以下时，可不撤离人员。

（二）防台原则

（1）最大限度保护全体作业人员生命安全；

（2）最大限度保护井下安全；

（3）最大限度保护平台财产安全。

二、风力分级及警戒区划分

（一）风力分级表

风力的分级见表 8-10。

表 8-10　风力分级表

风力级数	名称	高度 10m 处的风速（m/s）
0	静稳	0~0.2
1	软风	0.3~1.5
2	轻风	1.6~3.3
3	微风	3.4~5.4
4	和风	5.5~7.9
5	清劲风	8.0~10.7
6	强风	10.8~13.8
7	疾风	13.9~17.1
8	大风	17.2~20.7
9	烈风	20.8~24.4
10	狂风	24.5~28.4
11	暴风	28.5~32.6
12	飓风	32.7~36.9
13	—	37.0~41.4
14	—	41.5~46.1
15	—	46.2~50.9
16	—	51.0~56.0
17	—	56.1~61.2

（二）警戒区划分

第一阶段（警惕状态）：当暴风的前沿距离设施大于 1750km 或 72h 的路程，并正在向设施靠近，并且其处前沿距撤离准备警戒线（1500km）还有 24h 的路程，如图 8-11 所示；

第二阶段（绿色警戒区）：当风暴前沿距离设施在 1500km 以内，但大于 1250km；

第三阶段（黄色警戒区）：风暴前沿距设施在 1250km 以内但大于 750km 或 T-time+36h 路程（撤离非必要人员），平台驶离台风影响区域；

第四阶段（红色警戒区）当风暴前沿距设施小于 750km 或少于 36h 路程，平台驶离台风影响区域；

第五阶段避台后恢复工作。

备注：（1）风暴前沿是指八级大风。

（2）T-time 定义为将下部钻具组合起出井筒，处理井眼，完成钻井装置和井口脱离，回收隔水管，做好钻井装置撤离准备、航行至安全区域所需要的时间。

根据深水钻井装置防台撤离的两种方法，现场需计算两种 T-time 时间：

（1）处理井眼，回收全部隔水管，航行至安全区域，计算时间为 T_1；

（2）处理井眼，悬挂隔水管，航行至安全区域，计算时间为 T_2。

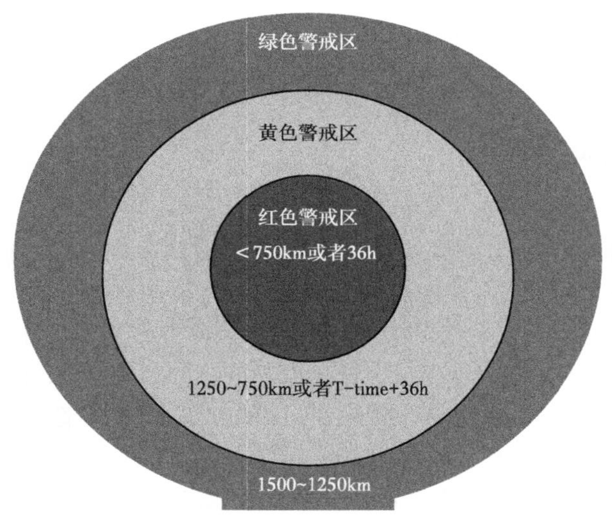

图 8-1　防风警戒区划分

（三）人员分类及防台步骤表

1. 人员分类

第 1 类人员：撤离后不影响其他作业安全的人员，如学习和参观人员。

第 2 类人员：非必要的生产作业人员，含第三方服务商的人员。

第 3 类人员：保证进行主要作业安全的人员。

第 4 类人员：保障平台航行所需的操船人员、设备维护人员和钻进作业及应急所需的最低人员。

2. 防台步骤表

防台步骤见表 8-11。

表 8-11　防台步骤表

作业设施	第一阶段	第二阶段	第三阶段	恢复作业
	绿色警报	黄色警报	红色警报	
钻井平台	① 停止正常作业，正式启动台风撤离工作，处理井眼； ② 撤离 1 类人员； ③ 进行可移动物品的固定工作； ④ 钻井平台稳性计算，卸载货物	① 实施最后阶段的台风撤离作业如：解脱井口、起隔水管、升船到航行吃水、关闭所有水密门、通风口、完成安全检查等； ② 完成撤离 2 类人员； ③ 检查推进器及主机工作状况，确保所有设备处于“撤离”状态（防雾标志、障碍物指令灯、备用电源能能作用等）	① 完成撤离 3 类人员； ② 驶离至安全区域	① 钻井平台返回井位，检查平台，尽快向陆上作业负责人报告 ② 按程序安排撤离人员返回，并尽快恢复作业
基地 / 库房	① 安排协调飞机飞行计划，进行人员撤离； ② 通知供应船台风的级别及动向； ③ 开始陆地库房的防台工作	① 安排协调飞机飞行计划，进行人员撤离； ② 继续撤台人员后勤安排； ③ 通知供应船台风的级别及动向	① 通知供应船到安全水域或锚地避风； ② 跟踪钻井平台情况	① 协调飞机安排人员返回钻井平台； ② 调度供应船返回钻井平台所在海域

三、防台程序阶段分解

（一）第一阶段：绿色警报

（1）钻井总监和 OIM 开始根据每个作业环节需要的时间制定一份详细的防台撤离工作计划，每 12h 更新一次；

（2）船长根据钻井平台现场作业状态，核算平台稳性，上报钻井总监和 OIM ；

（3）根据具体钻完井现场作业情况，开始做一些防台准备工作，以便现场的全面撤离；

① 检查救生艇是否稳固，若能晃动则需用手摇机构收紧救生艇，直到救生艇稳固为止；

② 检查救生筏吊机是否固定；

③ 检查救生筏的存放机构是否正常，使用麻绳或吊带加固救生筏；

④ 将甲板上一些小件设备器材搬入舱内或库房；

④ 整理并加固甲板和舱内的松散设备及器材；

⑥ 计算平台稳性，确保平台稳性满足防台要求，根据作业情况将非必要的物料卸下拖轮；

⑦ 检查平台水密系统，关闭不影响作业的水密舱盖、水密门、小通风孔盖、水密窗；

⑧ 检查锚泊系统，DP 系统、航行系统，确保工作正常。

（4）以钻井总监为组长，OIM 为副组长的现场管理协调小组开始运作，根据当前作业内容以及热带气旋发展情况，制定钻完井作业台风应急计划（包括防台作业计划和人员撤离计划），报送项目组、钻完井部审核后，报送应急指挥中心审查和备案；

（5）检查各种设施、通讯设备是否正常；

（6）检查准备需要的各种防台物资（如水泥、桥塞、工具接头、封隔器及风暴阀等），做好井下处理的准备工作；

（7）加强通信联系和气象观察，保持与湛江分公司钻完井部基地应急小组联系；

（8）保持与值班船通信联系。

（二）第二阶段：黄色警报

结合现场作业的具体情况制定相关应急预案，并根据应急计划开始进行井眼处理、撤离非必要人员工作：

（1）用飞机或拖轮撤离非必要人员；

（2）固定甲板货物；

（3）如果其他井下情况（如井下事故等）：依据井下具体情况，处理时间，气旋强度以及到达平台的时间，研究决定每一种情况的处理措施。

1. 表层喷射钻进作业

（1）若隔水导管送入途中或喷射钻进作业期间，发现台风有可能威胁到作业区域，需要进行防台风应急行动。

（2）第一种情况：隔水导管送入途中进入黄色警报。

起出 36in 导管和 26in 喷射钻具组合，甲板、钻台固定货物，平台升船至航行吃水，航行至安全区域，见表 8-12。

表 8-12　表层喷射钻进防台计划（按照水深 1500m）

序号	作业内容	计划时间		
		小时（h）	累计（h）	备注
1	起出 36in 导管和 26in 喷射钻具组合	10	10	
2	甲板、钻台固定，平台升船至航行吃水	10	20	
3	航行至安全区域	13	33	航离井位 50n mile，航行速度 4kn

第二种情况：喷射钻进作业期间进入黄色警报。

喷射钻进到位，浸泡 36in 导管，解脱 CADA 工具，起钻完，甲板、钻台固定货物，平台升船至航行吃水，航行至安全区域，见表 8-13。

表 8-13　表层喷射钻进防台计划（按照水深 1500m）

序号	作业内容	计划时间		
		小时（h）	累计（h）	备注
1	喷射钻进到位	5	5	
2	浸泡 36in 导管	4	9	
3	解脱 CADA 工具	1	10	
4	起钻完	3	13	
5	甲板、钻台固定，升船至航行吃水	10	23	
6	航行至安全区域	13	36	航离井位 50n mile，航行速度 4kn

2. 钻 26in 井眼作业

（1）若钻 26in 井眼期间，发现台风有可能威胁到作业区域，需要进行防台风应急行动。

（2）26in 井段钻进期间进行的防台工作：停止钻进，循环井眼干净，井筒内垫满稠般土浆，起钻完。期间起出已预接的 20in 套管。

（3）进行地面设备及材料的固定，平台升船至航行吃水 8.2m。

以上步骤见表 8-14。

表 8-14　26in 井段钻进期间防台计划（按照设计井深 2180m）

序号	作业内容	计划时间		
		小时（h）	累计（h）	备注
1	循环，垫稠般土浆	10	10	
2	起钻完	6	16	起钻，从 36in 井口头脱手耗时 1h
3	起出已预接的 20in 套管	0.0	16	并行
4	甲板、钻台固定，平台升船至航行吃水	10	26	
5	航行至安全区域	13	39	航离井位 50n mile，航行速度 4kn

3. 下 20in 套管固井作业

考虑 26in 井眼井壁稳定性，为了保护井眼，无论 20in 套管是否出 36in 导管鞋，都应尽快继续下入 20in 套管至井底，作业计划见表 8-15。

表 8-15　下 20in 套管期间防台计划（按照设计井深 2180m）

序号	作业内容	计划时间		
		小时（h）	累计（h）	备注
1	下 20in 套管准备工作	2	2	部分时间并行
2	下固井内管柱	2	4	
3	钻杆送 20in 套管到位	6	10	
4	坐 18¾in 高压井口头，连接水泥头及固井管线	0.5	10.5	
5	循环钻井液	1.0	11.5	
6	20in 套管固井作业	5	16.5	
7	拆甩水泥头及固井管线	0.5	17	
8	起出内管柱及送入钻杆	4.5	21.5	期间大排量冲洗内管柱时间 0.5h
9	卸载货物到拖轮，甲板、钻台固定，平台升船至航行吃水	10	31.5	
10	航行至安全区域	13	44.5	航离井位 50n mile，航行速度 4kn

4. 下隔水管作业

若下隔水管期间，发现台风可能威胁到作业区域，需进行防台风应急行动，作业计划见表 8-16。

表 8-16　下隔水管期间防台计划（按照本井预计水深 1455m）

序号	作业内容	计划时间		
		小时（h）	累计（h）	备注
1	起隔水管	27	27	起 BOP 速度 65m/h，下 BOP 直接转入起 BOP 作业，准备时间 0h，移 BOP 耗时 3h
2	卸载货物到拖轮，甲板、钻台固定，平台升船至航行吃水	0	27	并行
3	航行至安全区域	13	40	航离井位 50n mile，航行速度 4kn

5. 17½in × 20in 井段钻井作业

第一种方法计算 T_1（表 8-17）：

（1）处理井眼，保证井眼安全。

（2）下大尺寸风暴阀，试压，合格，起钻完。

（3）关防喷器，解锁 LMRP 连接器，起出 LMRP 并固定好，期间撤离无关人员。进行地面设备及材料的固定，平台升船至航行吃水 8.2m；

（4）航行至安全区域。

表 8-17　17½in × 20in 井段作业防台计划 T_1（按照设计井深 2730m）

序号	作业内容	计划时间		
		小时（h）	累计（h）	备注
1	循环，短起下，循环调整钻井液	12	12	
2	起钻完	6	18	裸眼段 200m/h，套管内 560m/h
3	下入大尺寸风暴阀	6.5	24.5	试压耗时 0.5h
4	关防喷器，替隔水管为海水，解锁隔水管组上连接器，起出 LMRP 并固定好；期间撤离无关人员	49	73.5	起隔水管速度 65m/h，准备时间 22h，移 LMRP 时间 3h
5	卸载货物到拖轮。甲板、钻台固定，平台升船至航行吃水	0	73.5	并行
6	航行至安全区域	13	86.5	航离井位 50n mile，航行速度 4kn

第二种方法计算 T_2（表 8-18）：

（1）处理井眼，保证井眼安全；

（2）下大尺寸风暴阀，试压，合格，起钻完；

（3）关防喷器，解锁 LMRP 连接器，软悬挂隔水管及 LMRP，期间撤离无关人员；

（4）进行地面设备及材料的固定，平台升船至航行吃水 8.2m；

（5）航行至安全区域。

表 8-18　17½in × 20in 井段作业防台计划 T_2（按照设计井深 2730m）

序号	作业内容	计划时间		
		小时（h）	累计（h）	备注
1	循环，短起下，循环调整钻井液	12	12	
2	起钻完	6	18	裸眼段 200m/h，套管内 560m/h
3	下入大尺寸风暴阀	6.5	24.5	试压耗时 0.5h
4	关防喷器，替隔水管为海水，解锁 LMRP，软悬挂格式管及 LMRP	9	33.5	参照 LW2-1-1 井悬挂隔水管速度
5	卸载货物到拖轮。甲板、钻台固定，平台升船至航行吃水	0	33.5	并行
6	航行至安全区域	50	83.5	航离井位 20n mile，航行速度 0.3kn

6. 下 16in 套管固井作业

第一种方法计算 T_1（表 8-19）：

（1）下 16in 套管到位，坐挂，固井，坐封，撤离无关人员；

（2）起出送入管柱及内管柱；

（3）关防喷器，解锁隔水管组上连接器，起出 LMRP 并固定好；

（4）进行地面设备及材料的固定，平台升船至航行吃水 8.2m；

（5）航行至安全区域。

表 8-19　下 16in 套管作业防台计划 T_1（按照设计井深 2730m）

序号	作业内容	计划时间		
		小时（h）	累计（h）	备注
1	下入 16in 套管	4	4	14 根 /h，准备时间 0.5h
2	更换 5⅞in 吊卡，下内管柱	2	6	
3	更换 6⅝in 吊卡，接套管挂及钻杆	1	7	
4	钻杆送 16in 套管	7.5	14.5	300m/h
5	接水泥头，坐套管挂	1	15.5	
6	循环	1.5	17	
7	16in 套管固井	3.5	20.5	
8	坐密封总成，试压	1.5	22	
9	倒开送入工具，大排量冲洗钻杆	1.5	23.5	
10	拆固井管线，起甩送入工具及内管柱	6	29.5	
11	关防喷器，替隔水管为海水，解锁隔水管组上连接器，起出 LMRP 并固定好；期间撤离无关人员	49	78.5	起隔水管速度 65m/h，准备时间 22h，移 LMRP 时间 3h
12	卸载货物到拖轮。甲板、钻台固定，平台升船至航行吃水	0	78.5	并行
13	航行至安全区域	13	91.5	航离井位 50n mile，航行速度 4kn

第二种方法计算 T_2（表 8-20）：

（1）下 16in 套管到位，坐挂，固井，坐封，撤离无关人员；

（2）起出送入管柱及内管柱；

（3）关防喷器，解锁隔水管组上连接器，软悬挂隔水管及 LMRP，期间撤离无关人员；

（4）进行地面设备及材料的固定，平台升船至航行吃水 8.2m；

（5）航行至安全区域。

表 8-20　下 16in 套管作业防台计划 T_2（按照设计井深 2730m）

序号	作业内容	计划时间		
		小时（h）	累计（h）	备注
1	下入 16in 套管	4	4	14 根 /h，准备时间 0.5h
2	更换 $5^7/_8$in 吊卡，下内管柱	2	6	
3	更换 $6^5/_8$in 吊卡，接套管挂及钻杆	1	7	
4	钻杆送 16in 套管	7.5	14.5	300m/h
5	接水泥头，坐套管挂	1	15.5	
6	循环	1.5	17	
7	16in 套管固井	3.5	20.5	
8	坐密封总成，试压	1.5	22	
9	倒开送入工具，大排量冲洗钻杆	1.5	23.5	
10	拆固井管线，起甩送入工具及内管柱	6	29.5	
11	关防喷器，替隔水管为海水，解锁 LMRP，软悬挂格式管及 LMRP	9	38.5	参照 LW2-1-1 井悬挂隔水管速度
12	卸载货物到拖轮。甲板、钻台固定，平台升船至航行吃水	0	38.5	并行
13	航行至安全区域	50	88.5	航离井位 20n mile，航行速度 0.4kn

7. $14^3/_4$in × $17^1/_2$in 井段钻井作业

第一种方法计算 T_1，见表 8-21。

表 8-21　$14^3/_4$in × $17^1/_2$in 井段作业防台计划 T_1（按照设计井深 3262m）

序号	作业内容	计划时间		
		小时（h）	累计（h）	备注
1	循环调整钻井液	4	4	
2	倒划眼起钻至管鞋，起钻至 1000m	13	17	井底悬挂钻具 1000m
3	组合、下大尺寸风暴阀	4.5	21.5	
4	座封封隔器，并对封隔器试压	1.5	23	
5	起钻完	3	31	
6	关防喷器，替隔水管为海水，解锁隔水管组上连接器，起出 LMRP 并固定好；期间撤离无关人员	49	80	起隔水管速度 65m/h，准备时间 22h，移 LMRP 时间 3h
7	卸载货物到拖轮。甲板、钻台固定，平台升船至航行吃水	0	80	并行
8	航行至安全区域	13	93	航离井位 50n mile，航行速度 4kn

（1）处理井眼，保证井眼安全。
（2）在 20in 套管内下入大尺寸风暴阀，座封并试压合格，起钻完。
（3）关防喷器，解锁隔水管组连接器，起出 LMRP 并固定好，期间撤离无关人员。
（4）进行地面设备及材料的固定，平台升船至航行吃水 8.2m。
（5）航行至安全区域。
第二种方法计算 T_2 见表 8-22：
（1）处理井眼，保证井眼安全。
（2）在 20in 套管内下入大尺寸风暴阀，座封并试压合格，起钻完。
（3）关防喷器，解锁隔水管组连接器，软悬挂 LMRP，期间撤离无关人员。
（4）进行地面设备及材料的固定，平台升船至航行吃水 8.2m。
（5）航行至安全区域。

表 8-22　14¾in × 17½in 井段作业防台计划 T_2（按照设计井深 3262m）

序号	作业内容	计划时间		
		小时（h）	累计（h）	备注
1	循环调整钻井液	4	4	
2	倒划眼起钻至管鞋，起钻至 1000m	13	17	井底悬挂钻具 1000m
3	组合、下大尺寸风暴阀	4.5	21.5	
4	座封封隔器，并对封隔器试压	1.5	23	
5	起钻完	3	31	
6	关防喷器，替隔水管为海水，解锁 LMRP，软悬挂格式管及 LMRP	9	40	参照 LW2-1-1 井悬挂隔水管速度
7	卸载货物到拖轮。甲板、钻台固定，平台升船至航行吃水	0	40	并行
8	航行至安全区域	50	90	航离井位 20n mile，航行速度 0.4kn

8. 下 13⅜in 套管固井作业
若下套管深度超过 800m，选择将套管下到位并固井的作业方案。
第一种方法计算 T_1，见表 8-23。
（1）下套管过程中有可能受到台风影响，将套管下到位。
（2）接固井管线，循环，固井。
（3）起出送入管柱。
（4）关防喷器，解锁隔水管组连接器，起出 LMRP 并固定好，期间撤离无关人员。
（5）进行地面设备及材料的固定，平台升船至航行吃水 8.2m。
（6）航行至安全区域。

表 8-23　下 $13\frac{3}{8}$in 套管作业防台计划 T_1（按照设计井深 3262m）

序号	作业内容	计划时间		
		小时（h）	累计（h）	备注
1	下 $13\frac{3}{8}$in 套管	4	4	下套管 250m/h
2	更换吊卡，接套管挂及钻杆	1	5	
3	钻杆送 $13\frac{3}{8}$in 套管	7.5	12.5	5 柱 /h
4	接水泥头，坐套管挂	1	13.5	
5	循环	3	16.5	
6	$13\frac{3}{8}$in 套管固井	4	20.5	
7	坐密封总成 / 试压	1	21.5	
8	起套管送入工具	3	24.5	
9	关防喷器，替隔水管为海水，解锁隔水管组上连接器，起出 LMRP 并固定好，期间撤离无关人员	49	73.5	起隔水管速度 65m/h，准备时间 22h，移 LMRP 时间 3h
10	卸载货物到拖轮。甲板、钻台固定，平台升船至航行吃水	0	73.5	并行
11	航行至安全区域	13	86.5	航离井位 50n mile，航行速度 4kn

第二种方法计算 T_2，见表 8-24。

（1）下套管过程中有可能受到台风影响，将套管下到位。

（2）接固井管线，循环，固井。

（3）起出送入管柱。

（4）关防喷器，解锁隔水管组连接器，软悬挂 LMRP 并固定好，期间撤离无关人员。

（5）进行地面设备及材料的固定，平台升船至航行吃水 8.2m。

（6）航行至安全区域。

表 8-24　下 $13\frac{3}{8}$in 套管作业防台计划 T_2（按照设计井深 3262m）

序号	作业内容	计划时间		
		小时（h）	累计（h）	备注
1	下 $13\frac{3}{8}$in 套管	4	4	下套管 250m/h
2	更换吊卡，接套管挂及钻杆	1	5	
3	钻杆送 $13\frac{3}{8}$in 套管	7.5	12.5	5 柱 /h
4	接水泥头，坐套管挂	1	13.5	
5	循环	3	16.5	
6	$13\frac{3}{8}$in 套管固井	4	20.5	
7	坐密封总成 / 试压	1	21.5	
8	起套管送入工具	3	24.5	
9	关防喷器，替隔水管为海水，解锁 LMRP，软悬挂格式管及 LMRP	9	33.5	参照 LW2-1-1 井悬挂隔水管速度
10	卸载货物到拖轮。甲板、钻台固定，平台升船至航行吃水	0	33.5	并行
11	航行至安全区域	50	83.5	航离井位 20n mile，航行速度 0.4kn

若下套管深度未超过 800m，选择起出套管，下大尺寸风暴阀方案如下。

第一种方法计算 T_1，见表 8-25。

（1）起出井内 13⅜in 套管。

（2）在 20in 套管内下入大尺寸风暴阀，座封并试压合格，起钻完。

（3）关防喷器，解锁隔水管组连接器，起出 LMRP 并固定好，期间撤离无关人员。

（4）进行地面设备及材料的固定，平台升船至航行吃水 8.2m。

（5）航行至安全区域。

表 8-25　下 13⅜in 套管作业防台计划 T_1（按照设计井深 3262m）

序号	作业内容	计划时间		
		小时（h）	累计（h）	备注
1	起 13⅜in 套管	5	5	立回套管速度 5 柱 /h
2	组合、下大尺寸风暴阀	4.5	9.5	
3	座封封隔器，并对封隔器试压	1.5	11	
4	起钻完	3	14	
5	关防喷器，替隔水管为海水，解锁隔水管组上连接器，起出 LMRP 并固定好，期间撤离无关人员	49	63	起隔水管速度 65m/h，准备时间 22h，移 LMRP 时间 3h
6	卸载货物到拖轮。甲板、钻台固定，平台升船至航行吃水	0	63	并行
7	航行至安全区域	13	76	航离井位 50n mile，航行速度 4kn

第二种方法计算 T_2，见表 8-26。

（1）起出井内 13⅜in 套管。

（2）在 20in 套管内下入大尺寸风暴阀，座封并试压合格，起钻完。

（3）关防喷器，解锁隔水管组连接器，软悬挂 LMRP，期间撤离无关人员。

（4）进行地面设备及材料的固定，平台升船至航行吃水 8.2m。

（5）航行至安全区域。

表 8-26　下 13⅜in 套管作业防台计划 T_2（按照设计井深 3262m）

序号	作业内容	计划时间		
		小时（h）	累计（h）	备注
1	起 13⅜in 套管	5	5	立回套管速度 5 柱 /h
2	组合、下大尺寸风暴阀	4.5	9.5	
3	座封封隔器，并对封隔器试压	1.5	11	
4	起钻完	3	14	
5	关防喷器，替隔水管为海水，解锁 LMRP，软悬挂格式管及 LMRP	9	23	参照 LW2-1-1 井悬挂隔水管速度
6	卸载货物到拖轮。甲板、钻台固定，平台升船至航行吃水	0	23	并行
7	航行至安全区域	50	73	航离井位 20n mile，航行速度 0.4kn

9. 12¼in 井段钻井作业

第一种方法计算 T_1，见表 8-27。

处理井眼，保证井眼安全。

在 13⅜in 套管内下入风暴阀，座封并试压合格，起钻完。

关防喷器，解锁隔水管组上连接器，起出 LMRP 并固定好，期间撤离无关人员。

进行地面设备及材料的固定，平台升船至航行吃水 8.2m。

航行至安全区域。

表 8-27　12¼in 井段作业防台计划 T_1（按照　设计井深 3561m）

序号	作业内容	计划时间		
		小时（h）	累计（h）	备注
1	循环	5	5	
2	倒划眼起钻至管鞋，起钻至 1600m	20	25	井底悬挂 1600m 钻具
3	组合、下 13⅜in 风暴阀	6	31	
4	座封封隔器，并对封隔器试压	2	33	
5	起钻完	3	36	
6	关防喷器，替隔水管为海水，解锁隔水管组上连接器，起出 LMRP 并固定好，期间撤离无关人员	49	85	起隔水管速度 65m/h，准备时间 22h，移 LMRP 时间 3h
7	卸载货物到拖轮。甲板、钻台固定，平台升船至航行吃水	0	85	并行
8	航行至安全区域	13	98	航离井位 50n mile，航行速度 4kn

第二种方法计算 T_2 见表 8-28。

（1）处理井眼，保证井眼安全。

（2）在 13⅜in 套管内下入风暴阀，座封并试压合格，起钻完。

（3）关防喷器，解锁隔水管组上连接器，软悬挂 LMRP，期间撤离无关人员。

（4）进行地面设备及材料的固定，平台升船至航行吃水 8.2m。

（5）航行至安全区域。

表 8-28　12¼in 井段作业防台计划 T_2（按照　设计井深 3561m）

序号	作业内容	计划时间		
		小时（h）	累计（h）	备注
1	循环	5	5	
2	倒划眼起钻至管鞋，起钻至 1600m	20	25	井底悬挂 1600m 钻具
3	组合、下 13⅜in 风暴阀	6	31	
4	座封封隔器，并对封隔器试压	2	33	
5	起钻完	3	36	
6	关防喷器，替隔水管为海水，解锁 LMRP，软悬挂格式管及 LMRP	9	45	参照 LW2-1-1 井悬挂隔水管速度
7	卸载货物到拖轮。甲板、钻台固定，平台升船至航行吃水	0	45	并行
8	航行至安全区域	50	95	航离井位 20n mile，航行速度 0.4kn

10. 电测作业

第一种方法计算 T_1，见表 8-29。

（1）停止电测作业，保证井眼安全。

（2）在 13⅜in 套管内下入风暴阀，座封并试压合格，起钻完。

（3）关防喷器，解锁隔水管组上连接器，起出 LMRP 并固定好，期间撤离无关人员。

（4）进行地面设备及材料的固定，平台升船至航行吃水 8.2m。

（5）航行至安全区域。

表 8-29　电测作业防台计划 T_1（按照　设计井深 3561m）

序号	作业内容	计划时间		
		小时（h）	累计（h）	备注
1	起出电测仪器	3	3	3500m 左右
2	组合、下 13⅜in 风暴阀	5	8	
3	座封封隔器，并对封隔器试压	1.5	9.5	
4	起钻完	3	12.5	
5	关防喷器，替隔水管为海水，解锁隔水管组上连接器，起出 LMRP 并固定好，期间撤离无关人员	49	61.5	起隔水管速度 65m/h，准备时间 22h，移 LMRP 时间 3h
6	卸载货物到拖轮。甲板、钻台固定，平台升船至航行吃水	0	61.5	并行
7	航行至安全区域	13	74.5	航离井位 50n mile，航行速度 4kn

第二种方法计算 T_2，见表 8-30。

（1）停止电测作业，保证井眼安全。

（2）在 13⅜in 套管内下入风暴阀，座封并试压合格，起钻完。

（3）关防喷器，解锁隔水管组上连接器，软悬挂 LMRP，期间撤离无关人员。

（4）进行地面设备及材料的固定，平台升船至航行吃水 8.2m。

（5）航行至安全区域。

表 8-30　电测作业防台计划 T_2（按照设计井深 3561m）

序号	作业内容	计划时间		
		小时（h）	累计（h）	备注
1	起出电测仪器	3	3	3500m 左右
2	组合、下 13⅜in 风暴阀	5	8	
3	座封封隔器，并对封隔器试压	1.5	9.5	
4	起钻完	3	12.5	
5	关防喷器，替隔水管为海水，解锁 LMRP，软悬挂格式管及 LMRP	9	21.5	参照 LW2-1-1 井悬挂隔水管速度
6	卸载货物到拖轮。甲板、钻台固定，平台升船至航行吃水	0	21.5	并行
7	航行至安全区域	50	71.5	航离井位 20n mile，航行速度 0.4kn

11. 下 $9^5/_8$in 套管固井作业

若下套管深度超过 800m，选择将套管下到位，固井方案如下。

第一种方法计算 T_1，见表 8-31。

（1）下套管过程中有可能受到台风影响，将套管下到位。

（2）接固井管线，循环，固井。

（3）起出送入管柱。

（4）关防喷器，解锁隔水管组连接器，起出 LMRP 并固定好，期间撤离无关人员。

（5）进行地面设备及材料的固定，平台升船至航行吃水 8.2m。

（6）航行至安全区域。

表 8-31　下 $9^5/_8$in 套管作业防台计划 T_1（按照设计井深 3561m）

序号	作业内容	计划时间		
		小时（h）	累计（h）	备注
1	下 $9^5/_8$in 套管	5	5	下套管 250m/h
2	更换吊卡，接套管挂及钻杆	1	6	
3	钻杆送 $9^5/_8$in 套管	7.5	13.5	5 柱 /h
4	接水泥头，坐套管挂	1	14.5	
5	循环	3	17.5	
6	$9^5/_8$in 套管固井	4	21.5	
7	坐密封总成 / 试压	1	22.5	
8	起套管送入工具	4	26.5	
9	关防喷器，替隔水管为海水，解锁隔水管组上连接器，起出 LMRP 并固定好，期间撤离无关人员	49	75.5	起隔水管速度 65m/h，准备时间 22h，移 LMRP 时间 3h
10	卸载货物到拖轮。甲板、钻台固定，平台升船至航行吃水	0	75.5	
11	航行至安全区域	13	88.5	航离井位 50n mile，航行速度 4kn

第二种方法计算 T_2，见表 8-32。

（1）下套管过程中有可能受到台风影响，将套管下到位。

（2）接固井管线，循环，固井。

（3）起出送入管柱。

（4）关防喷器，解锁隔水管组连接器，软悬挂 LMRP，期间撤离无关人员。

（5）进行地面设备及材料的固定，平台升船至航行吃水 8.2m。

（6）航行至安全区域。

表 8-32　下 9⅝in 套管作业防台计划 T_2（按照设计井深 3561m）

序号	作业内容	计划时间		
		小时（h）	累计（h）	备注
1	下 9⅝in 套管	5	5	下套管 250m/h
2	更换吊卡，接套管挂及钻杆	1	6	
3	钻杆送 9⅝in 套管	7.5	13.5	5 柱 /h
4	接水泥头，坐套管挂	1	14.5	
5	循环	3	17.5	
6	9⅝in 套管固井	4	21.5	
7	坐密封总成 / 试压	1	22.5	
8	起套管送入工具	4	26.5	
9	关防喷器，替隔水管为海水，解锁 LMRP，软悬挂格式管及 LMRP	9	35.5	参照 LW2-1-1 井悬挂隔水管速度
10	卸载货物到拖轮。甲板、钻台固定，平台升船至航行吃水	0	35.5	并行
11	航行至安全区域	50	85.5	航离井位 20n mile，航行速度 0.4kn

若下套管深度未超过 800m，选择起出套管，下临时弃井 13⅜in 风暴阀方案如下。

第一种方法计算 T_1，见表 8-33。

（1）起出井内 9⅝in 套管。

（2）在 13⅜in 套管内下入风暴阀，座封并试压合格，起钻完。

（3）关防喷器，解锁隔水管组连接器，起出 LMRP 并固定好，期间撤离无关人员。

（4）进行地面设备及材料的固定，平台升船至航行吃水 8.2m。

（5）航行至安全区域。

表 8-33　下 9⅝in 套管作业防台计划 T_1（按照设计井深 3561m）

序号	作业内容	计划时间		
		小时（h）	累计（h）	备注
1	起甩 9⅝in 套管	5	5	回立套管速度 5 柱 /h
2	组合、下 13⅜in 风暴阀	4	9	
3	座封封隔器，并对封隔器试压	2	11	
4	起钻完	3	14	
5	关防喷器，替隔水管为海水，解锁隔水管组上连接器，起出 LMRP 并固定好，期间撤离无关人员	49	63	起隔水管速度 65m/h，准备时间 22h，移 LMRP 时间 3h
6	卸载货物到拖轮。甲板、钻台固定，平台升船至航行吃水	0	63	并行
7	航行至安全区域	13	76	航离井位 50n mile，航行速度 4kn

第二种方法计算 T_2，见表 8-34。

（1）起出井内 9⅝in 套管。

（2）在 13⅜in 套管内下入风暴阀，座封并试压合格，起钻完。

（3）关防喷器，解锁隔水管组连接器，软悬挂 LMRP，期间撤离无关人员。
（4）进行地面设备及材料的固定，平台升船至航行吃水 8.2m。
（5）航行至安全区域。

表 8-34 下 $9^5/_8$in 套管作业防台计划 T_2（按照设计井深 3561m）

序号	作业内容	计划时间		
		小时（h）	累计（h）	备注
1	起甩 $9^5/_8$in 套管	5	5	回立套管速度 5 柱 /h
2	组合、下 $13^3/_8$in 风暴阀	4	9	
3	座封封隔器，并对封隔器试压	2	11	
4	起钻完	3	14	
5	关防喷器，替隔水管为海水，解锁 LMRP，软悬挂格式管及 LMRP	9	23	参照 LW2-1-1 井悬挂隔水管速度
6	卸载货物到拖轮。甲板、钻台固定，平台升船至航行吃水	0	23	并行
8	航行至安全区域	50	73	航离井位 20n mile，航行速度 0.4kn

12. 弃井作业

若裸眼注水泥塞作业，方案如下。

第一种方法计算 T_1，见表 8-35。

（1）注裸眼水泥塞，起钻至 1300m，下入 $13^3/_8$in 风暴阀。
（2）关防喷器，解锁隔水管组连接器，起出 LMRP 并固定好，期间撤离无关人员。
（3）进行地面设备及材料的固定，平台升船至航行吃水 8.2m。
（4）航行至安全区域。

表 8-35 弃井注裸眼水泥塞作业防台计划 T_1（按照设计井深 3561m）

序号	作业内容	计划时间		
		小时（h）	累计（h）	备注
1	注裸眼水泥塞	1	1	
2	均匀起钻 7 柱	1	2	
3	大排量冲洗钻杆	2	4	
4	起钻至 1300m	5	9	
5	组合下人 $13^3/_8$in 风暴阀	4	13	
6	座封封隔器，并对封隔器试压	2	15	
7	起钻完	3	18	
8	关防喷器，替隔水管为海水，解锁隔水管组上连接器，起出 LMRP 并固定好，期间撤离无关人员	49	67	起隔水管速度 65m/h，准备时间 22h，移 LMRP 时间 3h
9	卸载货物到拖轮。甲板、钻台固定，平台升船至航行吃水	0	67	并行
10	航行至安全区域	13	80	航离井位 50n mile，航行速度 4kn

第二种方法计算 T_2，见表 8-36。

（1）注裸眼水泥塞，起钻至 1300m，下入 $13^3/_8$in 风暴阀。

（2）关防喷器，解锁隔水管组连接器，起出 LMRP 并固定好，期间撤离无关人员。

（3）进行地面设备及材料的固定，平台升船至航行吃水 8.2m。

（4）航行至安全区域。

表 8-36　弃井注裸眼水泥塞作业防台计划 T_2（按照设计井深 3561m）

序号	作业内容	计划时间		
		小时（h）	累计（h）	备注
1	注裸眼水泥塞	1	1	
2	均匀起钻 7 柱	1	2	
3	大排量冲洗钻杆	2	4	
4	起钻至 1300m	5	9	
5	组合下入 $13^3/_8$in 风暴阀	4	13	
6	座封封隔器，并对封隔器试压	2	15	
7	起钻完	3	18	
8	关防喷器，替隔水管为海水，解锁 LMRP，软悬挂格式管及 LMRP	9	27	参照 LW2-1-1 井悬挂隔水管速度
9	卸载货物到拖轮。甲板、钻台固定，平台升船至航行吃水	0	27	并行
10	航行至安全区域	50	77	航离井位 20n mile，航行速度 0.4kn

若进行 $13^3/_8$in 套管切割作业，方案如下。

第一种方法计算 T_1，见表 8-37。

（1）回收 $13^3/_8$in 套管，注割口水泥塞，起钻完。

（2）关防喷器，解锁隔水管组连接器，起出 LMRP 并固定好，期间撤离无关人员。

（3）进行地面设备及材料的固定，平台升船至航行吃水 8.2m。

（4）航行至安全区域。

表 8-37　弃井切割套管作业防台计划 T_1（按照设计井深 3561m）

序号	作业内容	计划时间		
		小时（h）	累计（h）	备注
1	$13^3/_8$in 套管切割作业	1	1	
2	回收 $13^3/_8$in 套管及割刀钻具	5	6	
3	拆甩 $13^3/_8$in 套管	3	9	
4	关防喷器，替隔水管为海水，解锁隔水管组上连接器，起出 LMRP 并固定好，期间撤离无关人员	49	58	起隔水管速度 65m/h，准备时间 22h，移 LMRP 时间 3h
5	卸载货物到拖轮。甲板、钻台固定，平台升船至航行吃水	0	58	并行
6	航行至安全区域	13	71	航离井位 50n mile，航行速度 4kn

第二种方法计算 T_2，见表 8-38。

（1）回收 13⅜in 套管，注割口水泥塞，起钻完。

（2）关防喷器，解锁隔水管组连接器，软悬挂 LMRP，期间撤离无关人员。

（3）进行地面设备及材料的固定，平台升船至航行吃水 8.2m。

（4）航行至安全区域。

表 8-38　弃井切割套管作业防台计划 T_2（按照设计井深 3561m）

序号	作业内容	计划时间		
		小时（h）	累计（h）	备注
1	13⅜in 套管切割作业	1	1	
2	回收 13⅜in 套管及割刀钻具	5	6	
3	拆甩 13⅜in 套管	3	9	
4	关防喷器，替隔水管为海水，解锁 LMRP，软悬挂格式管及 LMRP	9	18	参照 LW2-1-1 井悬挂隔水管速度
5	卸载货物到拖轮。甲板、钻台固定，平台升船至航行吃水	0	18	并行
6	航行至安全区域	50	68	航离井位 20n mile，航行速度 0.4kn

（三）第三阶段：红色警报

（1）钻井总监及时向湛江分公司钻完井部、分公司应急指挥中心汇报平台防台工作进展情况；

（2）完成井下安全处理工作，完成固定平台剩余设备及器材；

（3）根据当时所处的海区以及当时的移动路径，选择避风区域和最佳路径将平台驶离台风影响区域；开动平台驶离台风影响区域。

（四）第四阶段：台风经过

按照防台应急部署进行本职工作，加强对平台状况的监测，加强对撤离人员的安全管理工作。

（1）平台航行期间须处于 24h 守听状态，保持与岸基的通信联系，接收气象预报及防台指令。

（2）全体船员应不分班次，严格遵守纪律，服从指挥，严格控制人员到室外，安排专人加强巡视平台四周，如发生意外，立即进行抢修或抢救并报告。

（3）台风袭击中，每小时须记录风速、风向、涌浪、气压等气象数据。

（4）接待、安排好撤离回陆地的人员的交通，食宿和集结待命等问题。

（5）根据北半球台风在行进路径的右半圆为“危险半圆”的规律，平台应该选择台风行进方向的左后方向行驶。

（6）如果由于受到主、客观各种因素的影响，平台在海上不能避开或不能完全避开台风时，船长根据台风的移动路径和发展趋势正确地驾驶平台。

① 当平台处于危险半圆（右半圆）时航法：

必须使平台与台风路径成直角顶风驶离台风中心。船艏右舷顶风，尽量保持风向在右舷 10°~15°，以后随着风向顺时针方向的变化，相应将航向逐渐向右变动，直至离开大风区。

如果风浪猛烈，使平台无法继续往前航行时，则必须采用滞航的方法，调整航速和航向，使平台尽可能保持右舷有一个较合适的受风角，保持平台基本上处于既不前进又不后退的状况，随着台风中心的前移，平台将逐渐远离台风大风区。

如果前方有障碍物阻挡，使平台无法或不宜继续往前航行时，保持风舷角不变，绕离障碍物后继续航行。

如果风浪过于猛烈，或因主机、推进器发生故障使平台失去控制，视水深情况抛出应急锚。

② 平台处于可航半圆（左半圆）时航法：

必须使平台与台风路线成直角方向以船尾右舷受风驶离台风中心，风舷角的大小约为30°~40°。

如果前方有障碍物阻挡，使平台无法或不宜继续往前航行时，保持风舷角不变，绕离障碍物后继续航行。

如果主机、推进器发生故障使平台失去控制，视水深情况抛出应急锚。

③ 在台风进路时航法：

应采用与在左半圆相同的航法，即以船尾右舷受风顺航，迅速离开台风的进路，驶进左半圆范围内，直至气压回升，离开大风区为止。

（五）第五阶段：恢复作业

开动平台驶回井位，钻井总监组织人员、船舶等返回平台，检查设备、排除潜在隐患、恢复生产准备、汇报情况、恢复钻井作业。

（1）当风力减弱到六级以下并且确认天气将逐渐变好后，钻井总监根据应急中心的指令，组织协调作业人员返回平台；

（2）钻井总监组织必要作业人员返回现场后，应进行安全检查，消除一切不安全因素，排除隐患，之后组织所有人员尽快开展恢复作业；

（3）现场恢复人员及时将检查情况和恢复生产的情况报告湛江分公司钻完井部、分公司应急指挥中心，由湛江分公司应急指挥中心下达解除应急状态的命令，恢复正常生产；

（4）继续安全地进行正常的各项作业。

（六）防土台风程序

1. 热带扰动

热带扰动是热带地区的重要天气系统。广义上的热带扰动，泛指热带地区大气中各种尺度的扰动，如热带辐合区波动、热带气旋、季风低压、东风波、赤道波等，它们在地面天气图上有的并无闭合等压线，仅呈现风的气旋性旋转或切变。

发展为热带气旋条件：

（1）充足的地转偏向力（科氏力）。一般而言，一个热带扰动位于南北纬5°之外，方有机会发展为一个热带气旋。当然亦有特例，如2001年在新加坡附近形成的热带气旋画眉，和2004年在北印度洋形成的气旋阿耆尼，都生成在北纬0.7°处。表层海水温度在26.5℃以上。

（2）表层海水温度越高，水滴所蕴含的能量越高，有利于一个热带气旋的发展。

（3）较强的水平风切变。

（4）微弱的垂直风切变。

（5）良好的低空辐合及高空辐散。

2. 撤离行动

（1）平台已抵达井位、平台已正在抛或抛完信标、平台正在组合喷射钻进钻具、平台开始下喷射钻进钻具时，分析和判断热带扰动可能发展为一个热带气旋，就应立即停止作业，并将平台航行到安全区域。

（2）平台正在喷射钻进时，若喷射钻进到位，判断地层是否可以承载导管重量，若没有，即可解脱和回收工具后将平台航行到安全区域；若不成，则继续等待，直到地层可承载导管重量后解脱和回收工具，将平台航行到安全区域。

（3）平台在 26in 钻进作业、下 20in 套管作业及其固井作业期间，分析和判断热带扰动可能发展为一个热带气旋，就应在固完 20in 套管作业后，并将平台航行到安全区域。

（4）平台在下防喷器组和 / 或隔水管作业时，分析和判断热带扰动可能发展为一个热带气旋，就应立即停止作业，并回收防喷器组和 / 或隔水管，然后将平台航行到安全区域。

（5）平台在 13⅜in 和 12¼in 钻井作业时，分析和判断热带扰动可能发展为一个热带气旋，就应立即停止作业，在泥线以下 100~300m 范围内座风暴阀，用海水顶替隔水管内的钻井液，起钻的同时关闭 BOP 剪切闸板，完成起隔水管前的各项准备工作，解脱 LMRP，起隔水管，若有时间就将全部隔水管起出；若没有，就尽量多起出几根隔水管，然后携带隔水管向深水方向，将平台航行到安全区域。

（6）平台在电测作业时，分析和判断热带扰动可能发展为一个热带气旋，就应立即停止电测作业，起出电测仪器后下钻到在泥线以下 100~300m 范围内座风暴阀，用海水顶替隔水管内的钻井液，起钻的同时关闭 BOP 剪切闸板，完成起隔水管前的各项准备工作，解脱 LMRP，起隔水管，若有时间就将全部隔水管起出；若没有，就尽量多起出几根隔水管，然后携带隔水管向深水方向，将平台航行到安全区域。

平台在弃井时，分析和判断热带扰动可能发展为一个热带气旋，待打完水泥塞后立即停止打下一个水泥塞的作业，若裸眼段尚未被水泥封固，起出固井管柱后下钻到在泥线以下 100~300m 范围内座风暴阀，用海水顶替隔水管内的钻井液，起钻的同时关闭 BOP 剪切闸板，完成起隔水管前的各项准备工作，解脱 LMRP，起隔水管，若有时间就将全部隔水管起出；若没有，就尽量多起出几根隔水管，然后携带隔水管向深水方向，将平台航行到安全区域；若裸眼段已被水泥封固，起出固井管柱，用海水顶替隔水管内的钻井液，起钻的同时关闭 BOP 剪切闸板，完成起隔水管前的各项准备工作，解脱 LMRP，起隔水管，若有时间就将全部隔水管起出；若没有，就尽量多起出几根隔水管，然后携带隔水管向深水方向，将平台航行到安全区域。

第九章　深水井环空压力管理技术

深水井在测试及后期生产过程中，井筒温度场变化会引起井内流体热胀冷缩（温度效应），导致环空带压。油气上升过程中井筒温度会升高，但升高的幅度受油气产量的影响较大。对于高压高产气井来说，井筒温度升高幅度较大。同时，关井前后的压力差引起环空管柱的鼓胀效应也会导致环空带压。除了温度和鼓胀效应，窜流也是形成环空带压的主要原因之一，井内温度发生变化会导致水泥拉伸形成微裂缝，从而形成环空流体的窜流通道。套管和油管漏失、井口密封组件泄漏也会形成窜流的通道。水泥封固质量如果不理想，会使高压地层的流体流向低压地层形成层间窜流，或者在水泥内形成窜流通道使流体进入井内环空，如果套管收缩，会在水泥环和套管之间形成小的环空，引起环空带压。环空带压问题在深水气井中显得尤其重要，深水井环空压力难以监测，环空带压给现场安全带来了极大的隐患。深水井合理的环空压力管理技术是保证深水井安全生产的核心技术之一。

第一节　井筒温度场计算模型研究

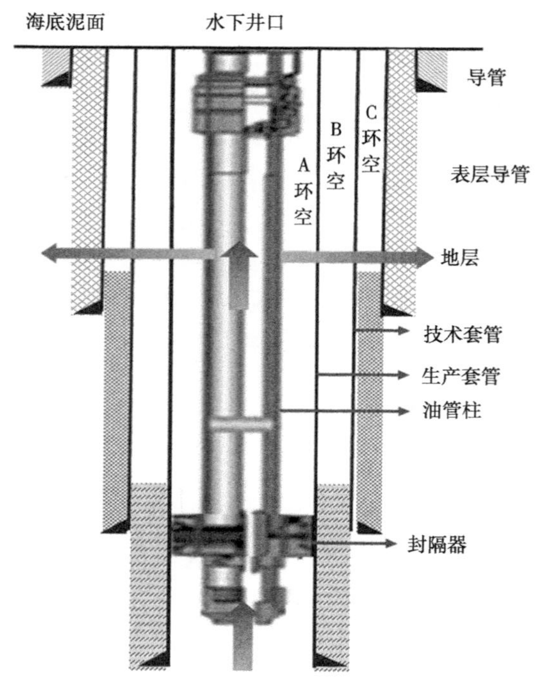

图 9-1　井筒温度传递过程示意图

形成环空带压原因主要有三种，作业者对套管环空施加压力、套管环空温度变化以及鼓胀效应导致流体和膨胀管柱变形造成环空带压、由于环空气体窜流导致的环空带压。深水油气井开采过程中，井筒温度升高，导致环空带压现象较为明显。本部分首先建立了环空温度场的精细计算模型，研究了油套管材料和环空流体的热力学特性，建立了温度诱发环空带压计算模型，并开展了实例计算。

通过井筒传热机理模型研究，综合考虑了油管、套管、地层及海水之间的传热效应、温度和压力耦合关系等因素的影响，建立了开采过程中井筒温度场和压力场的预测模型。温度场计算时，考虑了油管、套管、环空流体的热力学特性参数，得到了不同环空的温度分布。环空温度传递过程如图 9-1 所示。

一、海水温度场

海水温度高低，标志着海水内部分子热运动平均动能的强弱。水温高低取决于辐射过程、大气与海水之间热交换和蒸发等因素。由于我国深水油气资源主要分布在南海，因此主要对南海地区深水温度环境进行研究。在垂向上可大致将海水的温度分为三层：

（1）混合层，一般在海水表层100m以内，由于对流和风浪引起强烈的海水混合，水温趋于均匀；

（2）温跃层，水温随深度增加而急剧降低；

（3）恒温层，在温跃层以下直到海底，水温一般变化很小，常在2~6℃间，尤其在水深2000~6000m的海区，水温约为2℃。当海底深度较浅时，海底泥线处的温度较高；当海底的深度较深时，海底泥线处的则温度较低，但随着水深的增加海水温度变化也越来越小，最后趋于恒定。但对深水钻井而言，海水深度在500~1500m左右时，海底温度一般在2~9℃之间。根据1994年Levitus的数据库，可求得海洋水温分布式，如下：

$$T_{\text{sea}} = 2.31 + 37.09 \Big/ \left[1 + e^{\left(h_{\text{sea}} + 130.14\right)/402.73} \right] \tag{9-1}$$

式中　T_{sea}——海水温度，℃；

　　　h_{sea}——海水深度，m。

二、井筒非线性温度和压力分布预测模型

井筒压力剖面计算依赖于井筒温度剖面的预测，常规方法假设井筒温度剖面线性化，井筒流体温度与时间无关，这种处理方式适合于稳定生产状态，但油气井不稳定测试流量、压力、温度都处于不稳态过程，沿用常规方法估计井筒温度误差较大。

本研究针对长期稳定生产过程，采用解析方法建立井筒稳态传热模型，预测的非线性井温剖面，针对试油测试的短期过程，建立井筒非稳态传热模型，预测不同测试制度和时间下的井温剖面。

（一）稳态传热温度预测模型

井筒流体能量平衡机制如图9-2所示，井筒与水平面的夹角为θ，并且深度坐标z取向上为正。

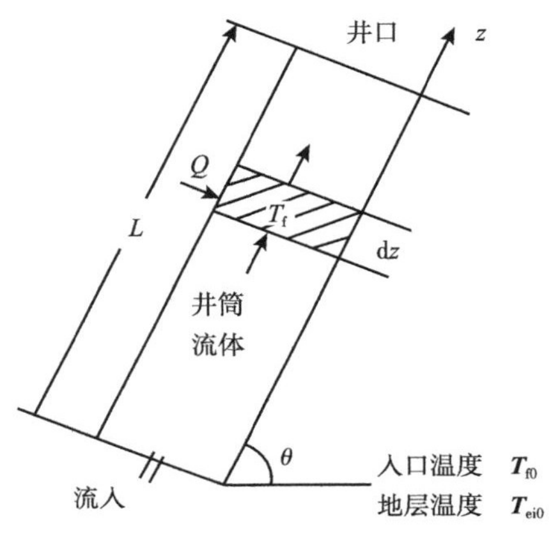

图9-2　井筒流体能量平衡机制

能量平衡式用单位长度控制体积的地层吸收热流量 Q、流入流出的对流能量表示。以流体内能 E、流体焓 H、流体质量流量 w、控制体积的流体质量 m 表示的能量平衡式为：

$$\frac{\mathrm{d}}{\mathrm{d}z}\left[w\left(H+\frac{1}{2}v^2+gz\sin\theta\right)\right]-Q=0 \tag{9-2}$$

式中 g——重力加速度，9.8m/s^2；

v——流体流动速度，m/s；

w——流体质量流量，kg/s。

$$Q\equiv wc_{\mathrm{p}}\left(T_{\mathrm{ei}}-T_{\mathrm{f}}\right)L_{\mathrm{R}} \tag{9-3}$$

式中 T_{ei}——任意深度处的原始地层温度，K；

T_{f}——油管中流体温度（随井深变化），K；

c_{p}——油管流体比热，J（kg·K）；

L_{R}——松弛距离参数。

$$L_{\mathrm{R}}=\frac{2\pi}{c_{\mathrm{p}}w}\left[\frac{r_{\mathrm{to}}U_{\mathrm{to}}K_{\mathrm{e}}}{K_{\mathrm{e}}+\left(r_{\mathrm{to}}U_{\mathrm{to}}T_{\mathrm{D}}\right)}\right] \tag{9-4}$$

式中 K_{e}——为地层导热系数，W/（m·K）；

r_{to}——为油管外径，m；

U_{to}——为井筒系统总传热系数，J（s·m^2·K）。

T_{D} 为无因次温度，可表达为：

$$T_{\mathrm{D}}=\ln\left[\mathrm{e}^{-0.2K_{\mathrm{e}}t/\left(\rho_{\mathrm{e}}c_{\mathrm{e}}r_{\mathrm{w}}^2\right)}+\left(1.5-0.3719\mathrm{e}^{-K_{\mathrm{e}}t/\left(\rho_{\mathrm{e}}c_{\mathrm{e}}r_{\mathrm{w}}^2\right)}\right)\sqrt{K_{\mathrm{e}}t/\left(\rho_{\mathrm{e}}c_{\mathrm{e}}r_{\mathrm{w}}^2\right)}\right] \tag{9-5}$$

式中 r_{w}——井眼半径，m；

ρ_{e}——地层岩石密度，kg/m^2；

K_{e}——地层热扩散系数，m^2/s；

c_{e}——地层岩石比热，J/（kg·K）；

t——热扩散时间，s。

T_{f} 是井深的函数，满足以下关系：

$$\frac{\mathrm{d}T_{\mathrm{f}}}{\mathrm{d}z}=L_{\mathrm{R}}\left(T_{\mathrm{e0}}-z\cdot g_{\mathrm{G}}\sin\theta-T_{\mathrm{f}}\right)+Fc-\frac{g\sin\theta}{c_{\mathrm{p}}} \tag{9-6}$$

地层段的流体温度表达式为：

$$T_{\mathrm{f}}=T_{\mathrm{ei}}+\frac{1-\mathrm{e}^{(z-L)L_{\mathrm{R}}}}{L_{\mathrm{R}}}\left(g_{\mathrm{G}}\sin\theta+\varphi-\frac{g\sin\alpha}{c_{\mathrm{p}}}\right)=T_{\mathrm{ei}}+\frac{1-\mathrm{e}^{(z-L)L_{\mathrm{R}}}}{L_{\mathrm{R}}}\psi \tag{9-7}$$

式中 L——垂直井筒总长度，m。

$$\psi = g_{\mathrm{G}}\sin\alpha + \varphi - \frac{g\sin\theta}{c_{\mathrm{p}}} \tag{9-8}$$

海水段的环境温度梯度 g_{sG} 不同于地层段，假设 $T_{\mathrm{f}}\big|_{z=0} = T_{\mathrm{f0}}$ ，并且 $T_{\mathrm{f0}} \neq T_{\mathrm{ei0}}$ ，T_{f0} 是井筒入口温度，求解式（9-7）获得稳定流动情况下的流体温度表达式：

$$\begin{aligned} T_{\mathrm{f}} &= T_{\mathrm{ei}} + \frac{1-\mathrm{e}^{-zL_{\mathrm{R}}}}{L_{\mathrm{R}}}\left(g_{\mathrm{sG}}\sin\theta + Fc - \frac{g\sin\theta}{c_{\mathrm{p}}}\right) + \mathrm{e}^{-zL_{\mathrm{R}}}\left(T_{\mathrm{f0}} - T_{\mathrm{ei0}}\right) \\ &= T_{\mathrm{ei}} + \frac{1-\mathrm{e}^{-zL_{\mathrm{R}}}}{L_{\mathrm{R}}}\psi_{\mathrm{s}} + \mathrm{e}^{-zL_{\mathrm{R}}}\left(T_{\mathrm{f0}} - T_{\mathrm{ei0}}\right) \end{aligned} \tag{9-9}$$

这里，定义组合参数 ψ_{s} 为；

$$\psi = g_{\mathrm{sG}}\sin\theta + Fc - \frac{g\sin\theta}{c_{\mathrm{p}}} \tag{9-10}$$

（二）瞬态传热温度预测模型

井筒流体能量平衡机制如图 9-2 所示，以流体内能 E、流体焓 H、流体质量流量 w、控制体积的流体质量 m 和井筒系统的内能和质量项（$m'E'$）w 表示的能量平衡式为：

$$Q = \frac{\mathrm{d}(mE)}{\mathrm{d}t} + \frac{\mathrm{d}(m'E')_{w}}{\mathrm{d}t} - \frac{\mathrm{d}}{\mathrm{d}z}\left[w\left(H + \frac{1}{2}v^{2} - gz\sin\theta\right)\right] \tag{9-11}$$

从地层中吸收的热量（或向地层释放的热量）Q 见式（9-4）。

对于深井在稳定流动情况下，井筒流体温度随深度变化，（$\mathrm{d}T_{\mathrm{f}}/\mathrm{d}z$）等于地层地温梯度 $g_{\mathrm{G}}\sin\theta$，但是在初期（$\mathrm{d}T_{\mathrm{f}}/\mathrm{d}z$）项与深度弱相关，稳定传热情况下流体温度表达式为：

$$T_{\mathrm{f}} = T_{\mathrm{ei}} + \frac{1-\mathrm{e}^{(z-L)L_{\mathrm{R}}}}{L_{\mathrm{R}}}g_{\mathrm{G}}\sin\theta + \varphi - \frac{g\sin\alpha}{c_{\mathrm{p}}} = T_{\mathrm{ei}} + \frac{1-\mathrm{e}^{(z-L)L_{\mathrm{R}}}}{L_{\mathrm{R}}}\psi \tag{9-12}$$

$$\psi = g_{\mathrm{G}}\sin\alpha + \varphi - \frac{g\sin\theta}{c_{\mathrm{p}}} \tag{9-13}$$

井筒瞬变温度分布为：

$$T_{\mathrm{f}} = -\frac{b}{a}\mathrm{e}^{-at} + T_{\mathrm{ei}} + \frac{b}{a} \tag{9-14}$$

$$T_{\mathrm{f}} = T_{\mathrm{ei}} + \frac{1-\mathrm{e}^{-at}}{L_{\mathrm{R}}}\left[1-\mathrm{e}^{(z-L)L_{\mathrm{R}}}\right]\psi \tag{9-15}$$

式中　a——温度随时间变化的衰减系数。

对于非常大的时间值 t，$e^{-at}\to 0$，式（9-15）给出的井筒流体瞬变温度 T_f 与式（9-8）的稳态温度表达式相同。

三、井筒径向传热

井筒流体从井底流至地面的过程中，热量不断从油管径向流向井筒周围地层。计算井筒流体热损失，关键是如何确定具体井身结构条件下的总传热系数。它涉及在环空液体或气体的热对流、热传导及热辐射都存在条件下，如何准确计算出环空传热系数。影响环空传热系数的因素较多。此外，油井的无因次生产时间也是影响井筒流体热损失的因素之一。

井筒流体向周围地层岩石传热须克服油管壁、油管隔热层、油套环空、套管壁、水泥环等产生的热阻，井筒径向温度分布如图 9-3 所示。这些热阻串联，除油套环空外，其他部分均为导热传热，其传热系数差别很大，使井眼温度分布呈非线性变化。

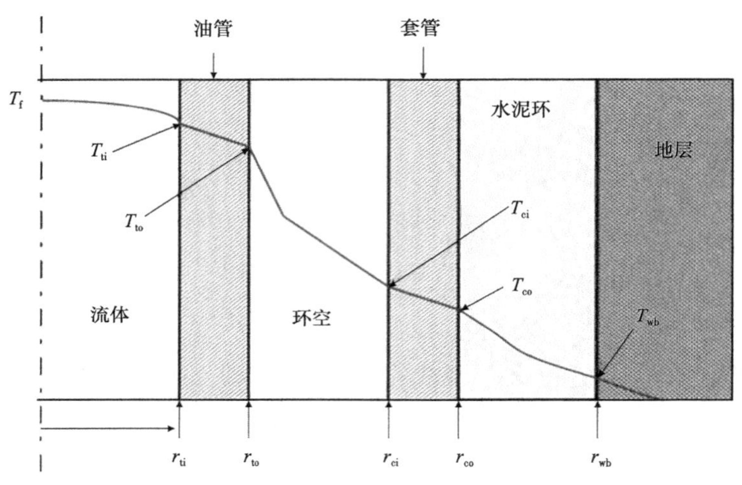

图 9-3　典型井眼径向温度分布

为计算方便，定义井筒总传热系数 U_{to}。

$$Q=-2\pi r_{to}U_{to}\left(T_f-T_{wb}\right) \tag{9-16}$$

它表示以上各串联热阻的总热阻，由传热机理导出其表达式为：

$$\frac{1}{U_{to}}=\frac{1}{h_c}+\frac{r_{to}\ln\left(r_{to}/r_{ti}\right)}{k_{tub}}+\frac{r_{to}\ln\left(r_{co}/r_{ci}\right)}{k_{cas}}+\frac{r_{to}\ln\left(r_{wb}/r_{co}\right)}{k_{cem}} \tag{9-17}$$

式中 h_c——环空流体对流传热系数，W/(m²·℃)；

k_{tub}——油管导热系数，W/(m²·℃)；

k_{cas}——套管导热系数，W/(m²·℃)；

k_{cem}——水泥环导热系数，W/(m²·℃)；

r_{ti}，r_{to}——油管内、外径，m；

r_{ci}，r_{co}——套管内、外径，m；

r_{wb}——井眼半径，m。

式（9-17）包括测试管壁、测试管与套管间环空，套管壁，水泥环产生的总热阻。

由于钢材热阻相对较小，可忽略测试管、套管对井眼总传热系数影响。式（9-17）可简化为：

$$\frac{1}{U_{to}}=\frac{1}{h_c}+\frac{r_{to}\ln(r_{wb}/r_{co})}{k_{cem}} \tag{9-18}$$

环空充满气体时，传热机理应包括辐射和自然对流，非热采情况下辐射传热可忽略。通常大多数井环空两侧的温差较小，考虑对流（自然对流）传热的影响就显得十分重要。但至今还没有考虑垂直环状空间自然对流传热计算方法，通常采用 Dropkin 和 Sommerscales 关于两垂直平板间自然对流传热系数相关式来近似代替：

$$h_c=\frac{0.049(GrPr)^{1/3}Pr^{0.074}k_{an}}{r_{to}\ln(r_{ci}/r_{to})} \tag{9-19}$$

其中，葛拉晓夫数（Grashof）Gr 表示为：

$$Gr=\frac{(r_{ci}-r_{to})^3 g\rho_{an}^2\beta(T_{to}-T_{ci})}{\mu_{an}^2} \tag{9-20}$$

式中　ρ_{an}——环空流体密度，kg/m^3；

μ_{an}——环空流体黏度，Pa·s；

β——环空流体热膨胀系数，1/K。

普朗特数定义为：

$$Pr=\frac{c_{pan}\mu_{an}}{k_{an}} \tag{9-21}$$

式中　k_{an}——环空流体导热系数，W/(m·℃)；

c_{pan}——环空流体定压比热，J/(kg·K)。

海水防水管结构，仅考虑油管与防水管环空内的对流传热，$U_{to}=h_{cr}$

$$Gr=\frac{(r_{ri}-r_{to})^3 g\rho_{an}^2\beta(T_{to}-T_{ri})}{\mu_{an}^2} \tag{9-22}$$

$$h_{cr}=\frac{0.049(GrPr)^{1/3}Pr^{0.074}k_{an}}{r_{to}\ln(r_{ri}/r_{to})} \tag{9-23}$$

式中　r_{ri}——防水管内半径，m；

r_{to}——油管外半径，m。

四、井筒多相流压力计算

采用计算模型解耦、数值耦合方式预测流动压力与温度，将管柱离散，分段计算压力、温度，修正 PVT 物性和热物性，以迭代方式将温度与压力剖面耦合，并可进一步推广应用于大斜度井及水平井情况。

压力梯度计算模型：在假设气液混合物既未对外作功，也未受外界功的条件下，单位质量气液混合物稳定流动的机械能量守恒式为：

$$\frac{-\mathrm{d}p}{\mathrm{d}Z}=\rho g\sin\theta+\rho\frac{\mathrm{d}E}{\mathrm{d}Z}+\rho v\frac{\mathrm{d}v}{\mathrm{d}Z} \tag{9-24}$$

式中 p——压力，Pa；

ρ——气液混合物平均密度，kg/m^3；

g——加速度，m/s^2；

v——混合物平均流速，m/s；

$\mathrm{d}E$——单位质量的气液混合物的机械能量损失；

Z——流动方向；

θ——管线与水平方向的夹角，rad。

式（9-24）右端三项表示了气液两相管流的压力降消耗于三个方面：位差、摩擦和加速度，即：

$$-\frac{\mathrm{d}p}{\mathrm{d}Z}=\left(\frac{\mathrm{d}p}{\mathrm{d}Z}\right)_{\text{位差}}+\left(\frac{\mathrm{d}p}{\mathrm{d}Z}\right)_{\text{摩擦}}+\left(\frac{\mathrm{d}p}{\mathrm{d}Z}\right)_{\text{加速度}} \tag{9-25}$$

以上已经建立了钻井液循环和静止时的温度模型，求解该模型可得井筒内的温度分布。由于模型较复杂，无法用解析方法求出，只能采用数值求解的方法。

第二节　油套管材料、流体的热力学特性

一、油套管材料的热力学特性

（一）13CrS –110ksi

超级 13Cr 是典型的马氏体不锈钢，马氏体不锈钢适用于 CO_2 环境（普通碳钢和低合金钢在含 CO_2 环境中可能会发生局部腐蚀），见表 9-1。

表 9-1　13CrS–110ksi 热物理、强度性能

性能	单位	25℃	50℃	100℃	150℃	200℃	250℃
密度	kg/m^3	7720	7710	7700	7690	7680	7670
杨氏模量	GPa	202	201	198	196	193	189
泊松比	—	0.30	0.30	0.29	0.30	0.30	0.29
抗拉强度	%	100.0	96.5	92.8	89.0	87.2	85.4
屈服强度	%	100.0	96.3	92.2	89.4	87.0	85.1
热扩散系数	$10^{-6}m^2/s$	4.67	4.71	4.87	4.99	4.99	5.00
热容量	$10^6J/(m^3 \cdot ℃)$	3.37	3.38	3.46	3.58	3.72	3.87
热导率	W/(m·℃)	15.7	15.9	16.8	17.8	18.5	19.3
比热容	J/(kg·℃)	436	438	449	465	484	504

（二）22Cr-125ksi

22Cr 双相不锈钢的显微组织由 50% 铁素体和 50% 奥氏体组成，适用于 CO_2、微量 H_2S 及 Cl^- 环境，见表 9-2。

表 9-2　22Cr-125ksi 热物理、强度性能

性能	单位	25℃	50℃	100℃	150℃	200℃	250℃
密度	kg/m³	7796	*	7770	7760	7740	7720
杨氏模量	GPa	203	*	*	*	*	*
泊松比	—	0.19	*	*	*	*	*
抗拉强度	%	100.0	*	90.6	86.3	84.3	82.4
屈服强度	%	100.0	*	90.4	85.9	84.3	81.9
热扩散系数	$10^{-6}m^2/s$	3.72	*	*	*	*	*
热容量	$10^6J/(m^3\cdot℃)$	3.69	*	*	*	*	*
热导率	W/(m·℃)	13.7	*	*	*	*	*
比热容	J/(kg·℃)	469	*	*	*	*	*

（三）C110

C110 热物理、强度性能见表 9-3。

表 9-3　C110 热物理、强度性能

性能	单位	25℃	50℃	100℃	150℃	200℃	250℃
密度	kg/m³	7750	7740	7730	7720	7700	7680
杨氏模量	GPa	212	211	209	206	203	200
泊松比	—	0.30	0.30	0.30	0.30	0.29	0.29
抗拉强度	%	100	96.3	94.3	95.2	95.2	95.2
屈服强度	%	100	95.8	93.8	92.3	88.2	86.8
热扩散系数	$10^{-6}m^2/s$	11.9	11.9	11.5	11.0	10.3	9.74
热容量	$10^6J/(m^3\cdot℃)$	3.49	3.61	3.72	3.83	3.97	4.17
热导率	W/(m·℃)	41.5	42.9	42.8	42.1	40.9	40.6
比热容	J/(kg·℃)	450	466	481	496	516	543

（四）T95

T95 热物理、强度性能见表 9-4。

表 9-4　T95 热物理、强度性能

性能	单位	25℃	50℃	100℃	150℃	200℃	250℃
密度	kg/m³	7800	7790	7780	7760	7750	7730
杨氏模量	GPa	213	211	209	206	203	200
泊松比	—	0.30	0.29	0.29	0.29	0.29	0.28
抗拉强度	%	100	98.3	95.5	94.4	94.7	94.7
屈服强度	%	100	99.3	96.4	91.7	90.3	88.2
热扩散系数	$10^{-6}m^2/s$	12.3	12.3	11.9	11.3	10.6	9.96
热容量	$10^6J/(m^3\cdot℃)$	3.61	3.79	3.83	3.97	4.15	4.34
热导率	W/(m·℃)	44.4	46.7	45.6	44.8	44.0	43.3
比热容	J/(kg·℃)	463	487	492	511	535	562

（五）N80

N80 钢级材料热物理、强度性能见表 9-5。

表 9-5 N80 钢级材料热物理、强度性能

性能	单位	25℃	50℃	100℃	150℃	200℃	250℃
密度	kg/m^3	7800	7790	7780	7760	7750	7730
杨氏模量	GPa	213	211	209	206	203	200
泊松比	—	0.30	0.29	0.29	0.29	0.29	0.28
抗拉强度	%	100	98.3	95.5	94.4	94.7	94.7
屈服强度	%	100	99.3	96.4	91.7	90.3	88.2
热扩散系数	$10^{-6}m^2/s$	12.3	12.3	11.9	11.3	10.6	9.96
热容量	$10^6J/(m^3\cdot℃)$	3.61	3.79	3.83	3.97	4.15	4.34
热导率	W/(m·℃)	44.4	46.7	45.6	44.8	44.0	43.3
比热容	J/(kg·℃)	463	487	492	511	535	562

（六）油套管材料的热力学性能

统计分析了上述材料的热扩散系数、热容量、导热率、比热容、热膨胀系数等热力学性能随温度的变化情况。

图 9-4 为材料热扩散系数随温度的变化情况。由图可以看出，随着温度的升高，超级 13Cr-110ksi 的热扩散系数略有增加，而其余五种钢级材料的热扩散系数大小基本一样且都随温度逐步减小，但是减小的幅度不大。

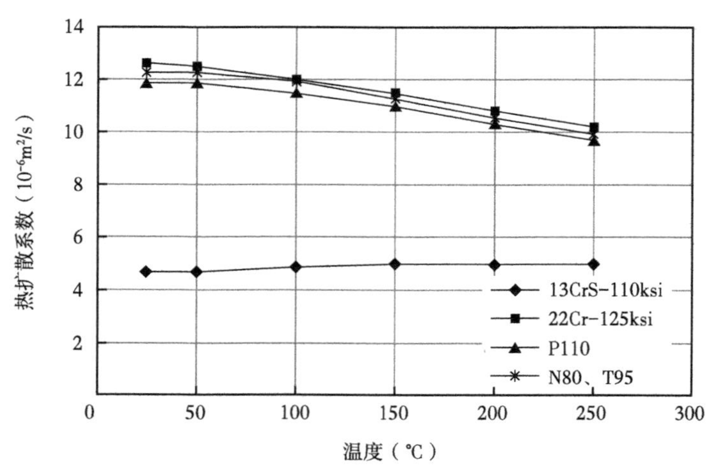

图 9-4 材料热扩散系数随温度变化情况

图 9-5 为材料热容量随温度的变化情况。由图可以看出，这六种材料的热容量都随着温度的增加而增大。

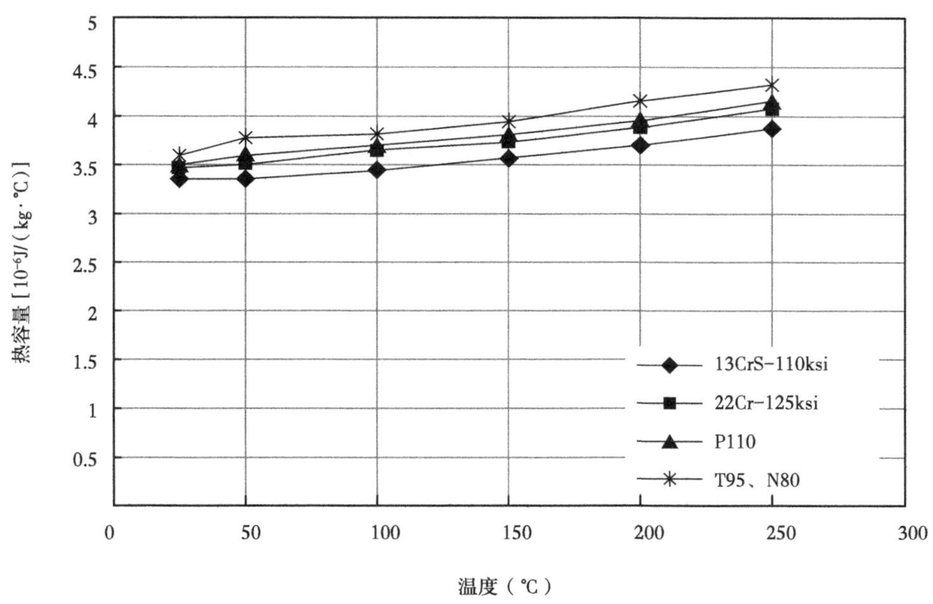

图 9-5 材料热容量随温度变化情况

图 9-6 为材料导热率随温度的变化情况。由图可以看出，随着温度的升高，超级 13Cr-110ksi 的热导率略有增加，而其余五种钢级材料的热导率变化基本一样，都随温度增加略有减小，但是减小的幅度不大。

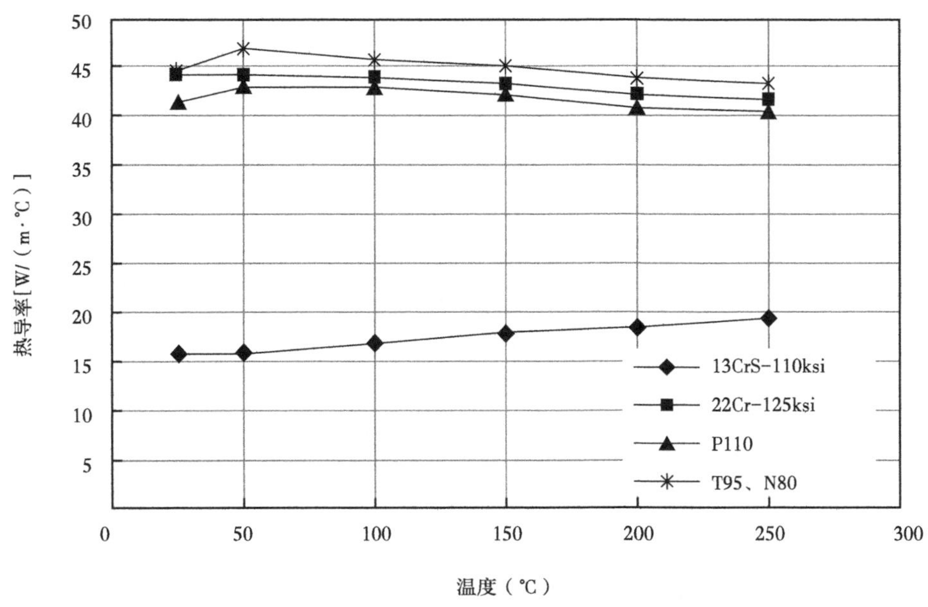

图 9-6 材料导热率随温度变化情况

图 9-7 为材料比热容随温度的变化情况。由图可以看出，这六种材料的比热容都随着温度的增加而增大。

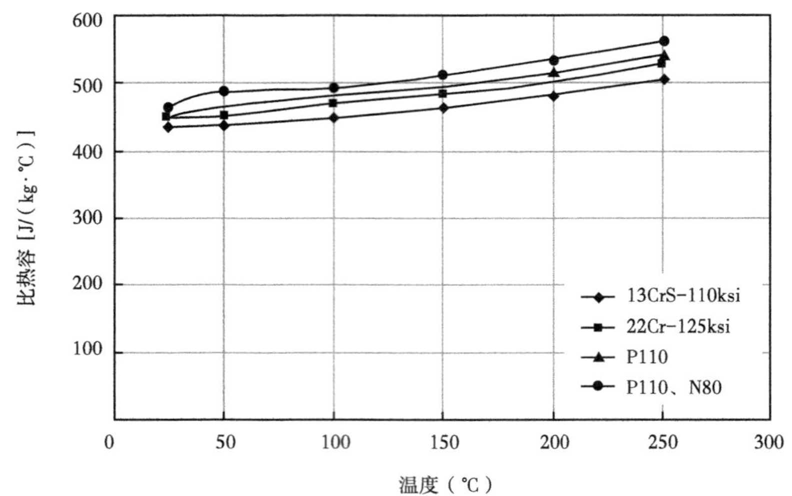

图 9-7　材料比热容随温度变化情况

二、环空流体的热力学性能

针对环空带压温度效应计算的需要，研究了环空流体的热力学特性，主要分析了环空流体的热膨胀系数、压缩系数等参数与体系压力和温度之间的关系

（一）比热

不同密度的钻井液体系 A（聚合物钻井液）的比热随温度的变化情况如图 9-8 所示。图中可以看出：同一温度条件下，聚合物钻井液的比热随相对密度的增加而减小；同一密度条件下，钻井液的比热随温度的增加而增加。

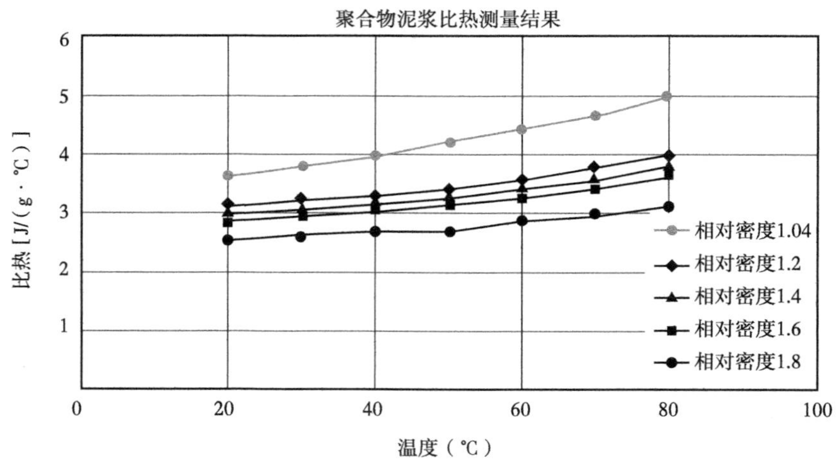

图 9-8　钻井液体系 A 的比热随温度的变化情况

不同密度的钻井液体系 B（聚磺物钻井液）的比热随温度的变化情况如图 9-9 所示。图中可以看出：同一温度条件下，聚磺钻井液的比热随密度的增加而减小；同一密度条件下，钻井液的比热随温度的增加而增加。

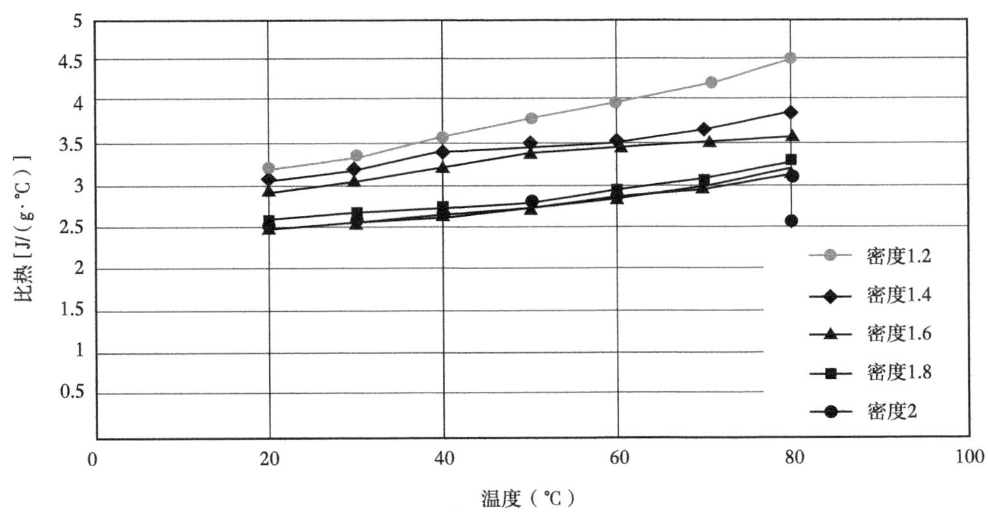

图 9-9　钻井液体系 B 的比热随温度的变化情况

（二）导热系数

不同密度的钻井液体系 A（聚合物钻井液）的导热系数随温度的变化情况如图 9-10 所示。图中可以看出：同一温度条件下，聚合物钻井液的导热系数随密度的增加而增加；同一密度条件下，钻井液的导热系数随温度的增加而增加。

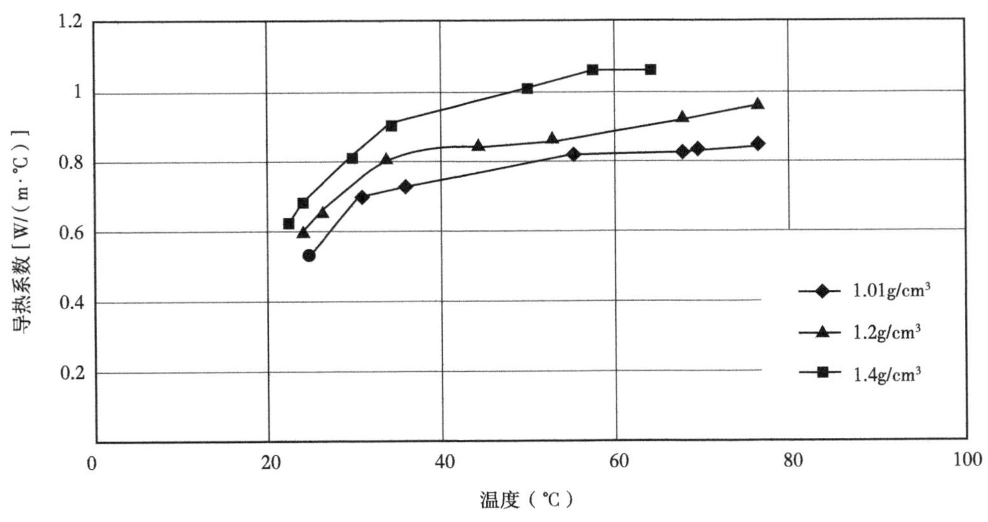

图 9-10　钻井液体系 A 的导热系数随温度的变化情况

不同密度的钻井液体系 B（聚磺钻井液）的导热系数随温度的变化情况如图 9-11 所示。图中可以看出：同一温度条件下，聚磺钻井液的导热系数随密度的增加而增加；同一密度条件下，钻井液的导热系数随温度的增加而增加。

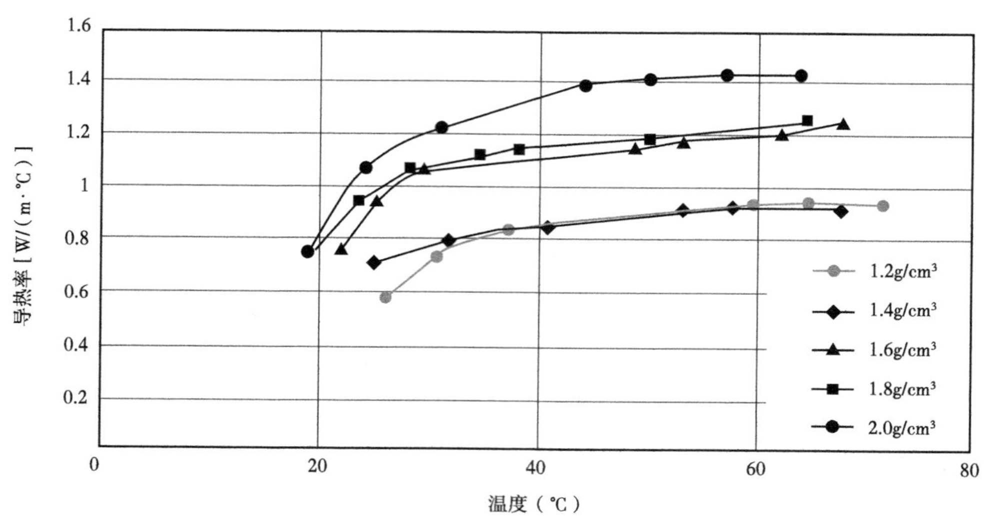

图 9-11　钻井液体系 B 的导热系数随温度的变化情况

（三）热膨胀系数

不同温度条件下，环空流体的热膨胀系数与压力的变化关系如图 9-12 所示。图中可以看出：在同一压力条件下，高温时环空流体的热膨胀系数高于低温情况；在同一温度条件下，环空流体的热膨胀系数随压力增加而减小。

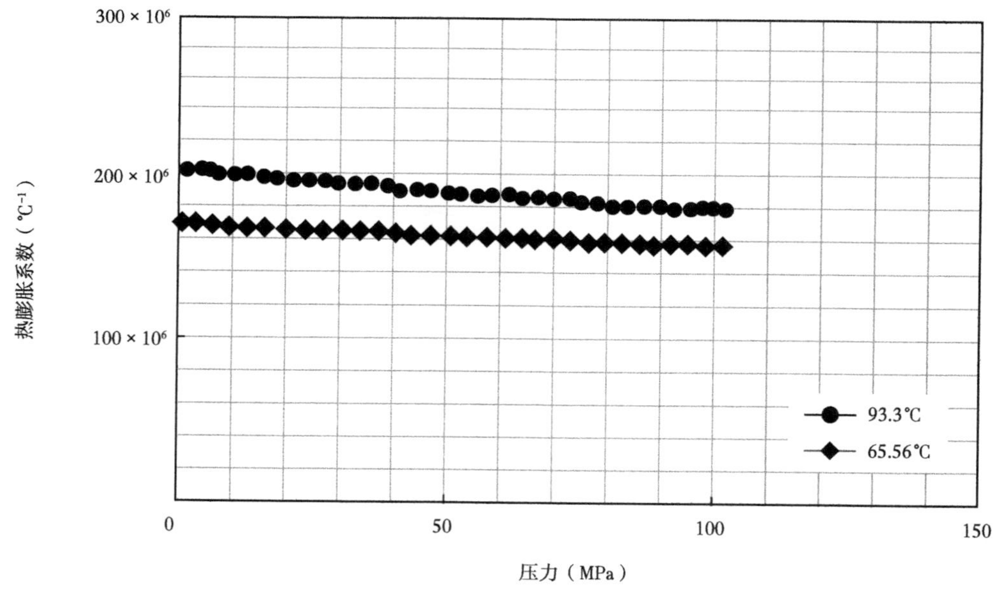

图 9-12　不同温度条件下，环空流体的热膨胀系数与压力的变化关系

不同密度条件下，环空流体的热膨胀系数与压力的变化关系如图 9-13 所示。图中可以看出：在同一压力条件下，高密度环空流体的膨胀系数低于低密度流体；在同一密度条件下，环空流体的膨胀系数随压力增加而减小。

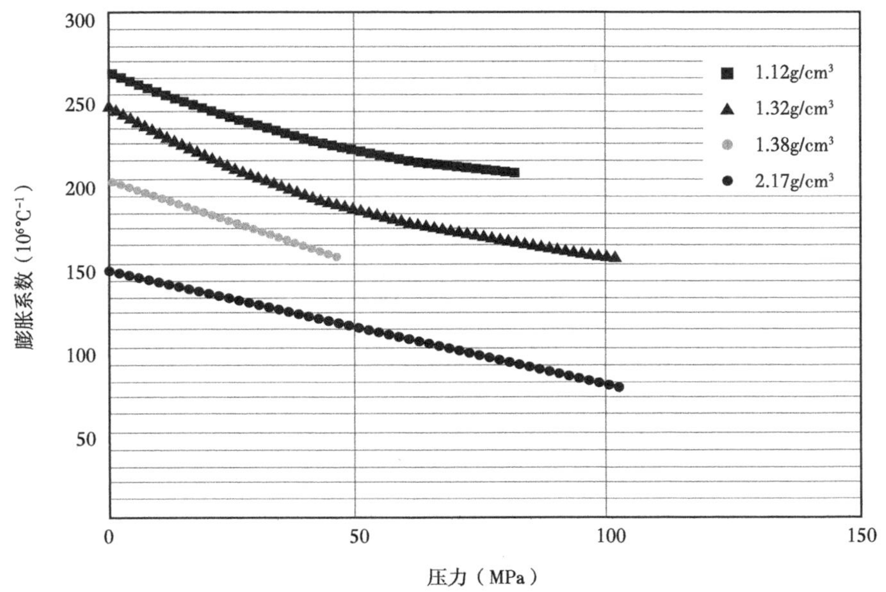

图 9-13　不同密度条件下，环空流体的膨胀系数与压力的变化关系

不同热膨胀系数下环空流体的压力增加值和温度增加值的的变化关系如图 9-14 所示。图中可以看出：当环空流体温度增加值相同时，环空流体热膨胀系数越大则其压力增加值越大。

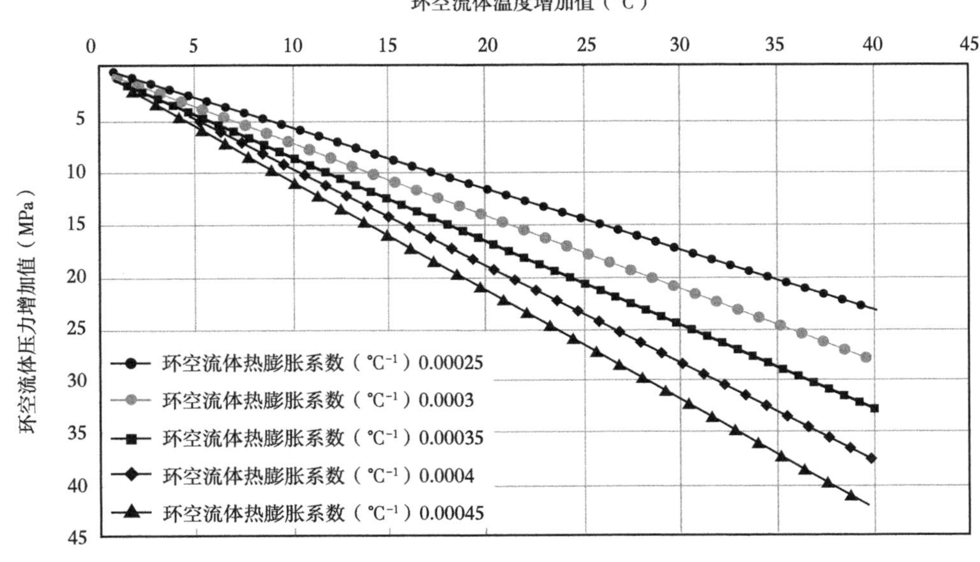

图 9-14　不同热膨胀系数环空流体的压力增加值和温度增加值的变化关系

不同等温压缩系数下环空流体的压力和温度的增加值的变化关系如图 9-15 所示。图中可以看出：当温度增加值相同时，环空流体的等温压缩系数越大则其压力增加越大。

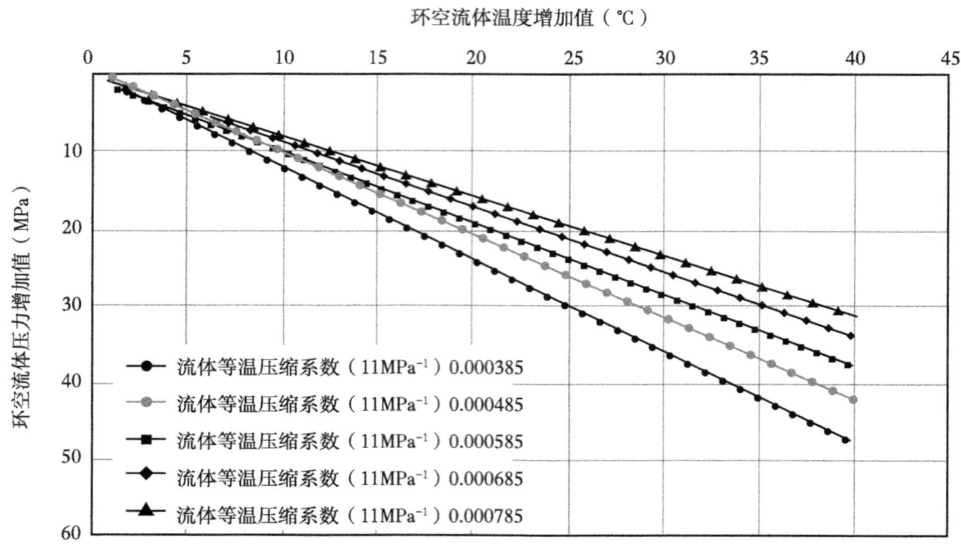

图 9-15　不同等温压缩系数环空流体压力增加值和温度增加值的变化关系

（四）压缩系数

不同温度条件下，环空流体的压缩系数与压力的变化关系如图 9-16 所示。图中可以看出：当压力相同时，环空流体的压缩系数随温度的增加而增加。

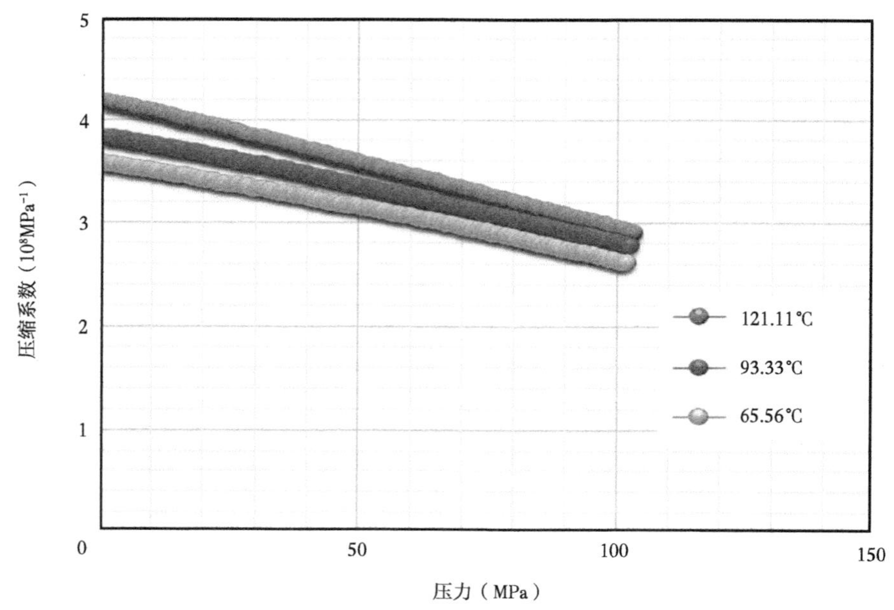

图 9-16　不同温度条件下，环空流体的压缩系数与压力的变化关系

不同密度条件下，环空流体的压缩系数与压力的变化关系如图 9-17 所示。图中可以看出：在当密度相同时，环空流体的压缩系数随压力增加而减小。

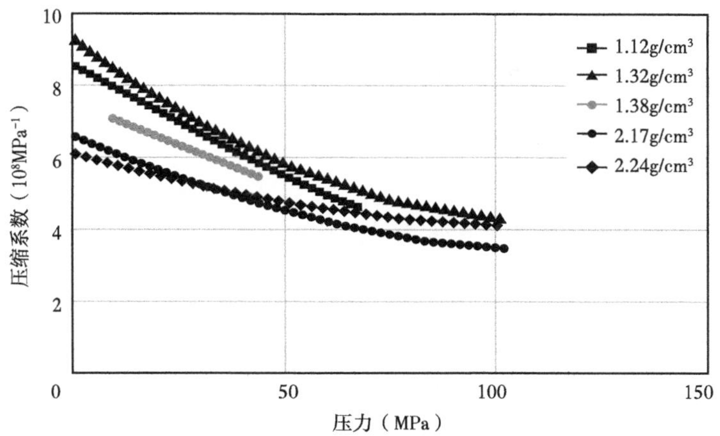

图 9-17 不同密度条件下，环空流体的压缩系数与压力的变化关系

三、环空圈闭压力计算

（一）环形空间的定义和环空的构成

1. 井筒完整性与环空带压定义

2003 年、2014 年挪威石油工业协会 NORSOK D-010 标准将井筒完整性定义为：采用有效的技术、管理手段来降低开采风险，保证油气井在成功废弃前的整个开采期间的安全。

井筒完整性由若干层 / 道屏障组成，它们的集合称为井筒屏障系统，必须同时有两个井筒屏障。安全屏障定义为井筒组件及所采取的技术，可有效阻止不希望出现的地层流体流动，如地层流体泄漏、井喷或地下窜流。

2. 环空带压的螺纹失效原因分析

大都分特殊扣不能稳定的通过或尚未执行《石油天然气工业套管及油管螺纹连接试验程序》第 IV 级密封检测标准；现有密封结构不适应振动工况，密封面的应力松弛或蠕变、接触疲劳等造成密封压力降低，可能由此发生渗漏；即使按 ISO 13679 第 IV 级密封检测标准通过或下油管时逐根对螺纹连接进行了氦气密封检测通过，也不能保证投产或完井测试不泄漏。国外气密封检测螺纹泄漏情况见表 9-6。

表 9-6 国外气密封检测螺纹泄漏情况（Loomis 公司 2008 年）

扣型	总井数	总泄漏点	泄漏井数	所占百分比（%）
FOX/BEAR	133	145	36	27.1
VAM Ace/VAM Top	130	143	34	26.2
Two-Step	692	428	127	18.4
DSS，NK3SB，TDS，TC-II，TC-4S 等	101	315	41	40.6
总 计	1056	1031	238	22.5

3. 井筒完整性与环空带压标准发展历程

井筒完整性技术的研究是最近今年世界高温高压井研究的重点，挪威、英国、美国技术发展迅速。发展历程为：

1977 年，全球首次提出井筒完整性概念；

1996 年，挪威北海（PSA）开始井筒完整性系统研究；

2004 年，挪威国家工业协会（OLF）颁布全球第一个井筒完整性标准 D-010-R3《钻井及作业过程中井筒完整性》；

2006 年，API 首次发布 RP90《海上油田环空压力管理推荐做法》；

2007 年，挪威首次发布井筒完整性管理软件（WIMS），成立 -IF 井筒完整性协会；

2009 年，美国墨西哥湾全面借鉴挪威经验，API 发布 HFl《水力压裂作业的井身结构及井筒完整性准则》，ISO RP100-1；2010 年，美国石油学会发布 API 65-2《Isolating Potential Flow Zones During Well Construction》，即建井中的潜在地层流入封隔；2011 年，挪威石油工业协会发布 OLF 井筒完整性推荐指南，《OLF COMMENDED GUIDELINES FOR WELL INTEGRITY》；2012 年，挪威石油工业协会发布《DEEPWATER HORIZON Lessons learned and follow-up》，即深水地平线教训及改进措施；

2011 年，OLF 发布（NORSOK 井筒完整性指导意见》（第四版）；

2012 年，英国石油公司发布《Well Integrity guidelines 英国高温高压井井筒完整性指导意见》；

2012 年，挪威发布 D-010 修订征求意见，共 45 条；

2013 年，NORSOK D010 rev4《钻井及作业过程中井筒完整性》正式发布；

2013 年，ISO 16530《井筒完整性与环空带压》正式发布；

2013 年，API 96《Deepwater Well Design and Construction》深水井筒设计与建井。

挪威、英国、ISO 在井筒完整性技术和管理方面的差异见表 9-7。

表 9-7　挪威、英国、ISO 在井筒完整性技术和管理方面的差异

体系类型	体系关键技术	技术支撑标准	管理模式	技术特点
挪威	NORSOK OLF 007 井筒完整性指导意见 D-010 钻井及作业过程中的油气井完整性	Norsok 全套的技术标准体系	OLF 挪威石油工业联合会起草；PSA 国家石油安全局监督执行	全生命周期两个屏障
英国	120730UK 英国井筒完整性指南	英国自有或 ISO	英国海上油气联合会制定；英国能源和气候变化部强制执行	全生命周期：两个屏障 + 压力容器边界
ISO/API	lSO 16530-2 运行阶段井的完整性；API RP 100—1 水力压裂操作一井身结构和井筒完整性准则性；API RP 90 海上油气井环空压力管理	ISO/API（大约 20 个）		参照挪威：目前只定义了生产阶段、压裂对建井要求的标准
中国	只有零散的技术标准，没有统一的标准	部分企业标准	HSE、井控、操作或作业技术部门交叉管理	安全、技术没有有效的结合，单独运行

一般的生产井都是由很多层套管组成的，因而也存在好几个环形空间。根据环空所处位置不同。

可以将环空依次表示为“A”环空、“B”环空、“C”环空等。“A”环空表示油管和生产套管之间的环空，“B”环空表示生产套管和与之相邻的上一层套管之间的环空。之后往上按字母顺序依次表示每层套管和与之相邻的上一层套管之间的环空，如图 9-18 所示。

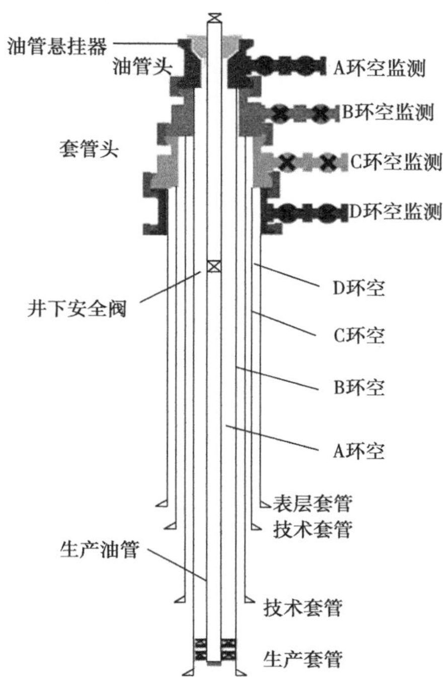

图 9-18　环空示意图

根据水泥的填充情况又可以将环空分为以下几种：(1) 水泥未封固到井口的套管段，水泥之上有环空液柱，如图 9-19 所示 II 和 III 环空就是这种情况 [简化示意图如图 9-20 (b) 所示]；(2) 水泥封固到井口的套管段，即环空水泥返到井口的情况 [简化示意图如图 9-20 (a) 所示]。

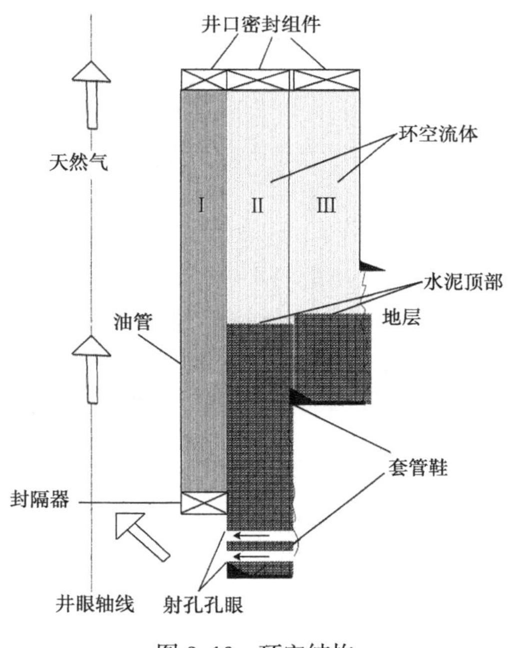

图 9-19　环空结构

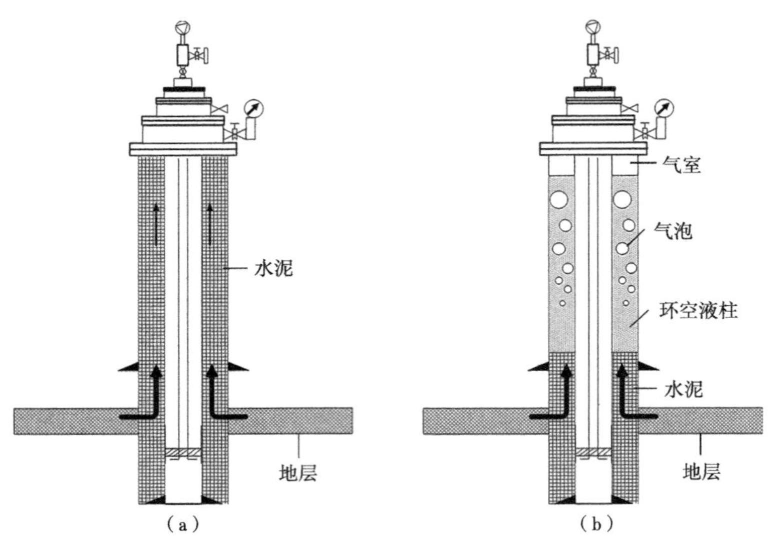

图 9-20　环空水泥填充情况

环空带压是指井口环空压力表非正常起压，而在正常情况下环空压力表指数应该为零或者几乎为零。如果该压力在经井口放喷阀门放喷后，关闭套管环空放喷阀门压力又重新上升到一定的程度，这种情况国际上通常称作持续套管压力 SCP（sustained casing pressure）或持续环空压力 SAP（sustained annular pressure）。前面曾经提到，根据环空带压引起的原因可以将其分为：作业施加的环空压力，受温度、压力变化使环空和流体膨胀引起的环空压力以及由于油气从地层经水泥环和环空液柱向上窜流引起的环空压力（即环空带压）。作业施加的环空压力和受温度变化使环空流体膨胀引起的环空压力在井口泄压后可以消除，但是气窜引起的环空带压在井口泄压后有可能会继续存在并形成环空带压。环空密封部分失效导致油气从地层经水泥隔离层和环空液柱向上窜流是形成环空带压的主要原因。当产生压力的来源是生产层或有能力产生油气的地层时，它的危险性比非生产层引起的压力要高得多。原因是由于生产层的压力相对比较高，并且生产层比其他高压或低压地层有更持续的流动能力，但是通常经过很长一段时间后地层的流动能力就非常有限了。

4. 温度压力变化引起的环空带压情况

温度变化会引起井内流体热胀冷缩（温度效应），导致环空带压。油气开采过程中井筒温度会升高，但升高的幅度受油气产量的影响较大。对于高压高产气井来说，井筒温度升高幅度较大。所有的气井在最初进行开采时都会发生温度效应引起的环空带压现象。长期关井后的突然恢复正常生产，或者开采过程中的突然关井，会引起井筒温度发生较大的波动，从而导致环空带压值发生比较的明显的变化。同时，关井前后的压力差引起环空管柱的鼓胀效应也会导致环空带压。

5. 井下作业施加的压力

对气井进行各种作业施工（包括气举，热采管理，帮助监测环空压力或其他的目的），可能会对套管环空施加压力。本文不考虑这种原因形成的环空带压。

6. 环空气窜引起的环空带压

环空带压通常是由于井的某一部分发生泄漏使得流体穿过井内控制隔离层流动而造成

的，例如：油管连接处漏失，封隔器漏失等，或者由于没有封固的地层（或者封固质量差）或者封固层被破坏。环空带压也有可能是由受压地层造成的，包括承压的含油气的地层、承压的水层、浅层气地层、浅水层或古生物层。

除了温度和鼓胀效应，窜流也是形成环空带压的主要原因之一，如图 9-21 所示。井内温度发生变化会导致水泥拉伸形成微裂缝，从而形成环空流体的窜流通道。套管和油管漏失、井口密封组件泄漏也会形成窜流的通道。水泥封固质量如果不理想，会使高压地层的流体流向低压地层形成层间窜流，或者在水泥内形成窜流通道使流体进入井内环空。如果套管收缩，会在水泥环和套管之间形成小的环空，成为流体流动的通道。

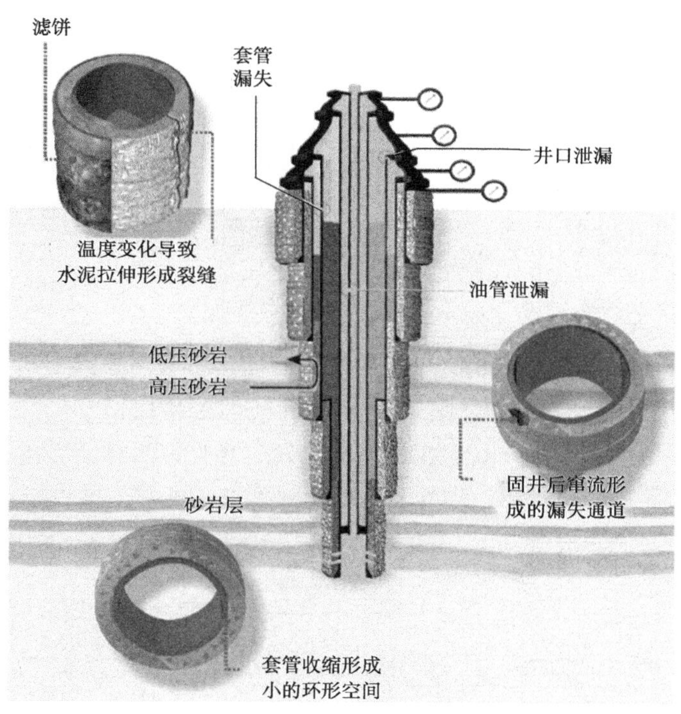

图 9-21　环空带压可能的原因

（1）“A”环空的环空带压。

“A”环空内的环空带压通常是由产层的生产管柱漏失造成的，漏失会使流体从油管柱内流向“A”环空。“A”环空内的环空带压也有可能是由生产套管漏失造成的，尽管这种情况不是很常见。

（2）其他环空的环空带压。

如果外部环空密封失效与地层（包括承压油气层，浅水层，浅层气层等）间发生窜流，有可能会造成外部环空内的环空带压。

不同环空的环空带压的原因不同。对于第一级环空，也就是“A”环空，应排除“A”环空带压不是环空保护液升温造成的。“A”环空形成环空带压的可能的路径如图 9-22 所示。“A”环空形成环空带压的原因可能是由于井下油管串的接头发生漏失；井下油管串腐蚀穿孔；气举工作筒、化学注入筒、井下安全阀和控制管线等井下组件失效而发生漏失；

油管封隔器密封失效；尾管悬挂器密封失效；油管挂密封失效；采油树的密封、穿孔、接头漏失；生产尾管顶部完整性失效等原因引起的。

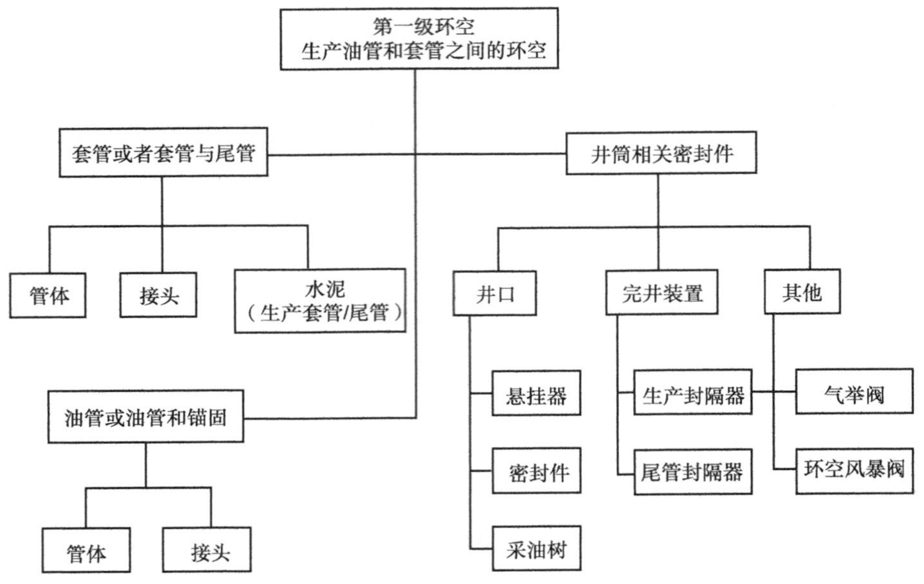

图 9-22　第一级环空带压可能的路径

而对于第二级环空，也就是“B”、“C”等其他环空带压可能路径（图 9-23）包括：内外环空水泥环发生气窜；生产套管螺纹密封失效或套管管体腐蚀穿孔；固井质量欠佳或水泥环遭到破坏，导致环空气窜；内外套管柱密封失效；套管头密封失效等。

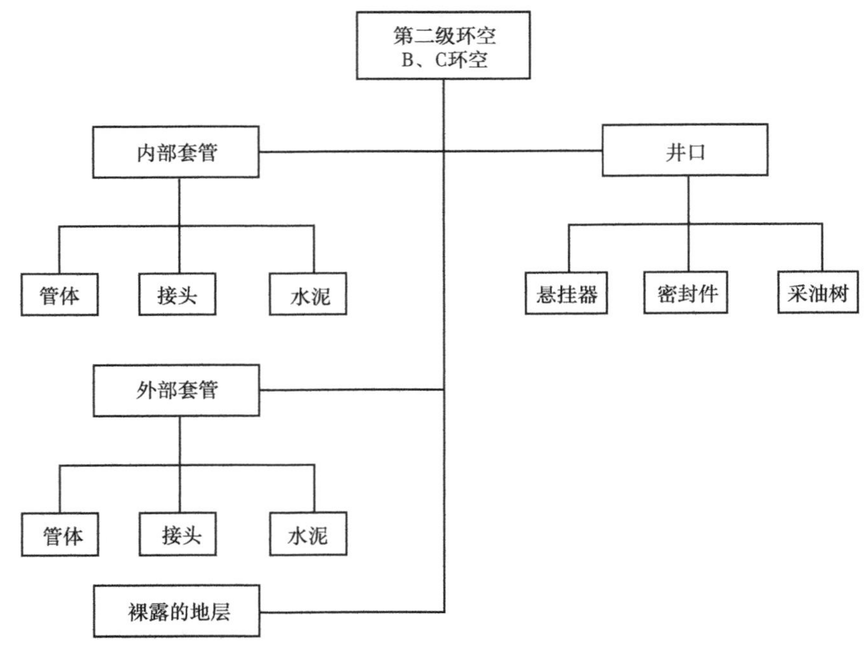

图 9-23　第二级环空带压可能的路径

（二）国际上油气井环空带压情况

“A REVIEW OF SUSTAINED CASING PRESSURE OCCURRING ON THE OCS”报告介绍了美国外大陆架区域油气井环空带压情况。该报告指出该区域大部分油气井均存在严重的环空带压现象，如美国外大陆架区域，该区域大约有 8000 多口井存在一个或多个环空同时带压情况。

“BEST PRACTICES FOR PREVENTION AND MANAGEMENT OF SUSTAINED CASING PRESSURE”进一步对该地区的情况作了统计。该文中统计了固井候凝期环空气窜的问题。统计发现许多井在固井后数小时内发生气窜。下表 9–8 为美国海湾地区统计情况。

表 9–8　海湾地区统计表

序号	日期	平台类型	地区	上层套管鞋深度（m）	套管鞋深度（垂深，m）	松井口后时间（h）	井口环空开始流出的时间（h）
1	1965.09.16	固定平台	S M	98	822	—	0
2	1972.12.14	固定平台	SS	193	762	—	—
3	1975.10.01	钻井船	EI	336	1246	—	—
4	1976.03.15	固定平台	EI	315	828	5.5	5.5
5	1977.07.06	钻井船	S M	244	1435	5	10.5
6	1978.02.14	自升式	MI	305	610	—	3.5
7	1979.06.01	钻井船	W D	298	1067	—	1.0
8	1983.05.26	自升式	M C	589	1256	—	0
9	1983.10.21	自升式	GI	379	1216	—	5.5
10	1989.01.08	自升式	M P	407	422	0.3	2.3
11	1991.05.08	自升式	B A	305	1201	—	—
12	1992.11.22	自升式	EI	337	1457	7.0	8.0
13	1993.02.25	自升式	M P	162	252	4.5	7.0
14	1993.04.18	自升式	SS	309	1387	4.0	6.0
15	1994.03.27	自升式	PN	305	1665	1.5	2.5
16	1994.07.19	自升式	ST	431	1014	—	5.5
平均值					1040		4.6

图 9–24 统计的是 8122 口环空带压井中的 11498 个环空带压套管段，从图中可以看出：

（1）环空带压约有 50% 是发生在生产套管和油管间的环空；

（2）环空带压约有 10% 是发生在中间套管和生产套管间的环空；

（3）环空带压约有 30% 是发生在表层套管和中间套管间的环空中。

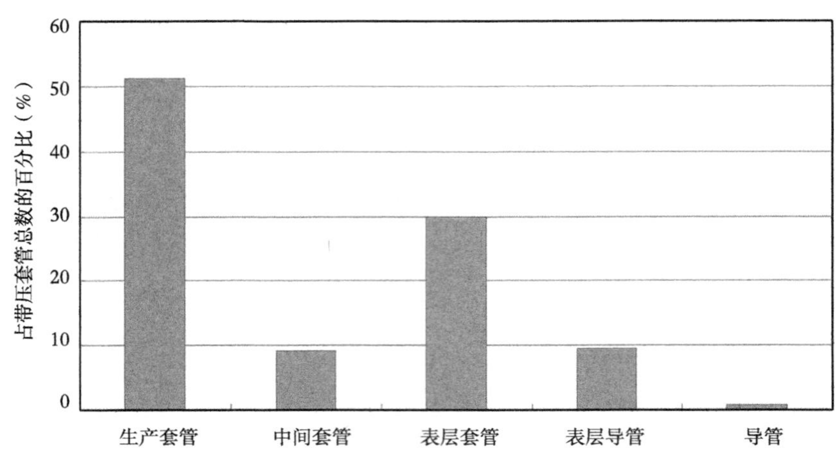

图 9-24　该地区各层套管带压的情况统计

图中表明该地区油气井中生产套管和油管间的环形空间环空带压情况比较严重。在这 8000 多口井中有三分之一的环空带压井是正在生产的井。所观察到的环空带压情况中有 90% 的带压值不超过 6.9MPa。

该报告还进一步调查了开采过程中油气井不同的开采阶段的环空带压情况。

在统计的 15500 口井中，至少有 6692 口井有一层以上套管外环空带压，其中，生产套管外环空带压占 47.1%，表层套管外环空带压占 26.2%，技套外环空带压占 16.3%。15 年后 50% 的井环空带压。

美国矿产部还统计了开采期对该地区油气井环空带压的影响情况，如图 9-25 所示。

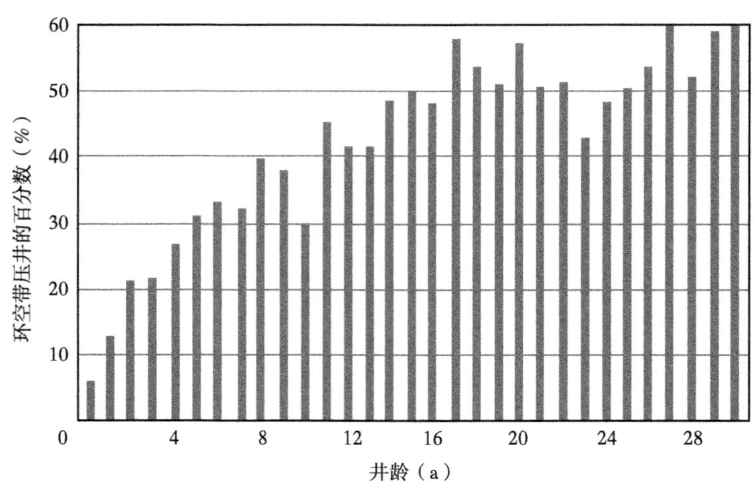

图 9-25　美国海湾大陆架井口环空带压的井数随井龄增长图

“ANALYSIS OF DIAGNOSTIC TESTING OF SUSTAINED CASING PRESSURE IN WELLS”报告了美国墨西哥湾地区某油气田的 26 口井油气井开采期的环空带压情况。在这 26 口井中，有 22 口井（占总数的 85%）存在环空带压问题。根据套管类型不同所总结的环空带压分布情况见表 9-9。

表 9-9　根据套管类型不同所总结的环空带压分布情况

	生产套管			中间技术套管			表层套管			表层导管	
井号	$6\frac{5}{8}$in	7in	$7\frac{5}{8}$in	$8\frac{5}{8}$in	$9\frac{5}{8}$in	$10\frac{3}{4}$in	$11\frac{3}{4}$in	$13\frac{3}{8}$in	16in	16in	20in
1		NA			NA			Y			N
2		Y			N			Y			Y
3		Y			Y			Y			N
4		Y			Y			N			N
5		Y			Y			N			N
6		NA			NA				N		N
7		N			N			N			N
8		Y			Y			Y			N
9		Y			Y			Y			Y
10		Y			Y			Y			N
11	N			N			Y			Y	
12		Y			Y			Y			N
13		N			N			N			N
14		N			Y			N			N
15		N			N			N			N
16		NA				Y	NA			NA	
17		NA				NA	NA			Y	
18		NA				Y	NA			NA	
19		NA				Y	NA			NA	
20		NA				Y	NA			NA	
21		NA				Y	NA			NA	
22		NA				NA		Y		NA	
23		N				Y			N	N	
24			N			Y				N	
25			N			Y				N	
26			N			Y				N	
带压井总数	0	8	0	0	8	9	1	8	0	2	2
带压比例 %	21			45			24			15	

注：Y 表示环空带压，N 表示环空不带压力，NA 表示未知。

从表中数据可以观察到：

（1）环空带压约有 21% 是发生在生产套管和油管间的环空；

（2）环空带压约有 45% 是发生在中间套管和生产套管间的环空；

（3）环空带压约有 14% 是发生在表层套管和中间套管间的环空。

统计分析表明该地区油气井的中间套管环空带压情况比较严重。

对于存在环空带压的套管柱，不同套管柱的环空带压值大小也有很大的差异。图 9-26 表示的是对于不同类型套管柱存在的环空带压压力大小的累积出现频率曲线。大约 50% 的生产套管和 35% 的中间套管的环空带压压力小于 6.9MPa，对比 GOM-MMS 的数据库在其中有大约 80% 生产套管和中间套管存在环空带压。对于其他套管柱，超过 90% 的管柱的环空带压压力小于 3.45MPa。

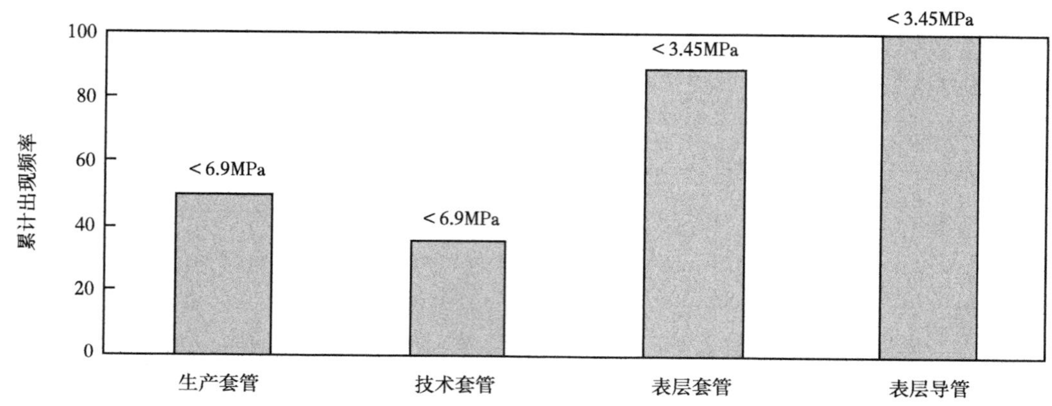

图 9-26 不同类型套管柱存在的环空带压压力大小的累计出现频率曲线

在加拿大，许多天然气井或油井存也在环空带压的现象。南阿尔伯特的浅层气井、东阿尔伯特的重油井和 ROCKY 山麓的深层气井，都不同程度的存在环空带压问题。加拿大环空带压问题绝大多数是由于环空封固质量不好导致天然气窜至井口造成的，在某些情况下甚至出现地层原油或者地层盐水沿着窜流通道窜到地面现象。

（三）环空带压值计算模型

当环空的压力和温度发生变化时，管柱和环空状态会发生变化以达到新的力学和热学的平衡状态。如果这个变化超出了极限，就会使管柱出现裂缝从而形成漏失的通道，同时也会使环空流体发生运移以达到新的平衡。通常环空任意一点的压力都是流体质量、体积和温度的函数，表达如下：

$$p_{\mathrm{ann}}=(m,V_{\mathrm{ann}},T) \tag{9-26}$$

如果环空充满流体（不可压缩的液体或者气液混合物），则环空的压力变化就取决于流体的状态变化（如密度和温度的变化）。环空压力变化受下列某一种或几种因素影响：

（1）由于环空几何形状的变化（例如，油管发生鼓胀效应等）引起的环空容积的变化。

（2）环空有流体侵入或者流出。

（3）井筒流体温度的变化（环空流体的热胀冷缩效应的影响）。

环空体积的变化是由热膨胀或者环空内外压力的变化或者油管柱的轴向膨胀导致的。如果环空未封闭则在上面（2）和（3）因素的作用下压力不会增加。

环空压力与环空体积变化有以下关系：

$$\Delta p_{\mathrm{ann}} \propto \frac{\left(\Delta V_{\mathrm{therm.exp}}^{\mathrm{fluid}} + \Delta V_{\mathrm{influx/outflux}}^{\mathrm{fluid}}\right) - \Delta V_{\mathrm{thermal/ballooning}}^{\mathrm{ann}}}{\Delta V^{\mathrm{ann}}} \tag{9-27}$$

式中　Δ——表示变化量；

V——表示环空的体积；

p——表示环空的压力。

式的右边表示体积的变化（分母表示环空原始的体积）。从该式可以看出，某个环空的环空带压值的变化量与环空体积的变化量成正比。环空体积的变化与环空温度和压力的变化有关，还取决于环空水泥环上部未封固井段流体的等温体积弹性模量和等压体积弹性模量。

流体的等温体积弹性模量 B_{T} 表示当温度保持不变时单位压力增量引起的流体体积的变化量，可以用下式表示：

$$B_{\mathrm{T}} = \left.\frac{\Delta p}{(\Delta V / V)}\right|_{\mathrm{T}} \tag{9-28}$$

因此，可以得到：

$$\begin{aligned}\Delta p_{\mathrm{ann}} &= -B_{\mathrm{T}}\left.\left(\frac{\Delta V}{V}\right)\right|_{\mathrm{T}} \\ &= B_{\mathrm{T}}\frac{\left(\Delta V_{\mathrm{therm.exp}}^{\mathrm{fluid}} + \Delta V_{\mathrm{influx/outflux}}^{\mathrm{fluid}}\right) - \Delta V_{\mathrm{thermal/ballooning}}^{\mathrm{ann}}}{\Delta V^{\mathrm{ann}}} \\ &= B_{\mathrm{T}}\frac{\Delta V_{\mathrm{therm.exp}}^{\mathrm{fluid}}}{\Delta V^{\mathrm{ann}}} + B_{\mathrm{T}}\frac{\Delta V_{\mathrm{influx/outflux}}^{\mathrm{fluid}}}{\Delta V^{\mathrm{ann}}} - B_{\mathrm{T}}\frac{\Delta V_{\mathrm{thermal/ballooning}}^{\mathrm{ann}}}{\Delta V^{\mathrm{ann}}}\end{aligned} \tag{9-29}$$

Oudemann 和 Bacarezza（1995）对上式进行了化简，得到了环空压力变化的计算模型。

$$\Delta p_{\mathrm{ann}} = \left(\frac{\partial p_{\mathrm{ann}}}{\partial m}\right)_{V_{\mathrm{ann,T}}}\Delta m + \left(\frac{\partial p_{\mathrm{ann}}}{\partial V_{\mathrm{ann}}}\right)_{\mathrm{m,T}}\Delta V_{\mathrm{ann}} + \left(\frac{\partial p_{\mathrm{ann}}}{\partial T}\right)_{\mathrm{m},V_{\mathrm{ann}}}\Delta T \tag{9-30}$$

上式右边第一项表示由于环空流体的流入和流出造成的环空压力变化，右边第二项表示密闭环空体积变化导致的环空压力变化情况，右边最后一项表示温度变化引起的环空压力的变化情况。

1. 井下管串形状变化（鼓胀效应）诱发的环空体积变化

假设一口井内有 N 个环空，其中的第 i 个环空如图 9-27 所示。该环空的外管柱和内管柱的半径分别为 r_{i+1} 和 r_i。在这里假设内外管柱在同一个中心，没有发生偏心现象，并且假设管柱壁厚很薄。

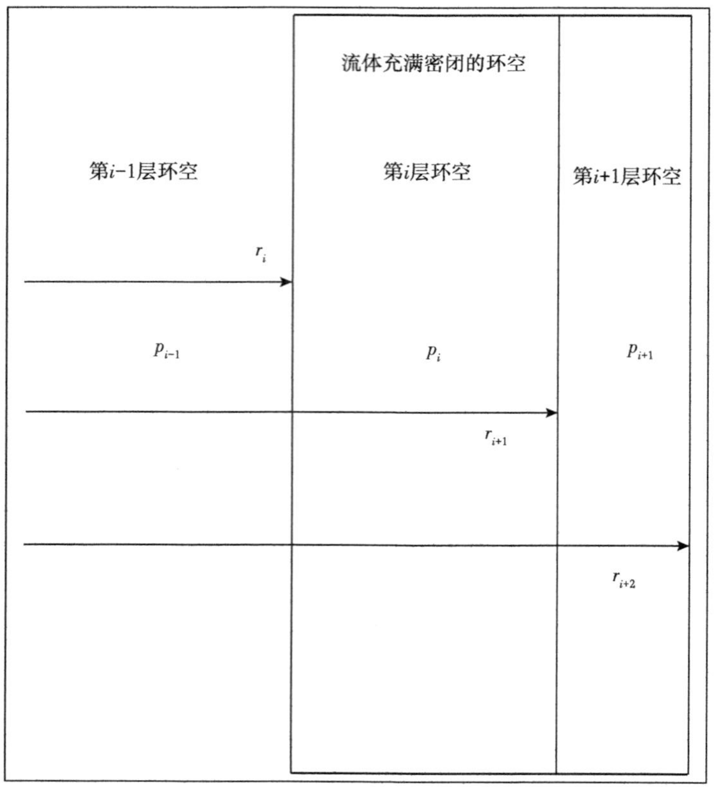

图 9-27　环空结构示意图

井下套管柱可以简化为薄壁管，内外管柱的壁厚分别表示为 t_i 和 t_{i+1}，有：

$$\frac{2r_i}{t_i} > 12 \tag{9-31}$$

假设上式对任意的 i 成立。大部分的套管柱都可以假设成这种情况。不过油管是厚壁的管柱。针对这里研究的问题都假设为薄壁厚的管柱。因此，第 i 个环空的体积可以表示如下：

$$V_i = \pi\left(r_{i+1}^2 - r_i^2 \right) L_i \tag{9-32}$$

式中　L_i——表示管柱长度。

环空体积的变化表示如下：

$$\Delta V_i = \frac{\partial V_i}{\partial r_{i+1}} \Delta r_{i+1} + \frac{\partial V_i}{\partial r_i} \Delta r_i + \frac{\partial V_i}{\partial L_i} \Delta L_i \tag{9-33}$$

其中 Δr_i、Δr_{i+1} 和 ΔL_i 分别表示内外管柱半径和长度的变化量。将式（9-32）代入式（9-33），得：

$$\Delta V_i = 2\pi L_i\left(r_{i+1}\Delta r_{i+1} - r_i\Delta r_i\right) + V_i\varepsilon_{a,i} \tag{9-34}$$

其中，

$$\varepsilon_{a,i} = \frac{\Delta L_i}{L_i} \tag{9-35}$$

表示第 i 个环空的轴向的应变量。

薄壁管柱的鼓胀效应（图 9-28）：

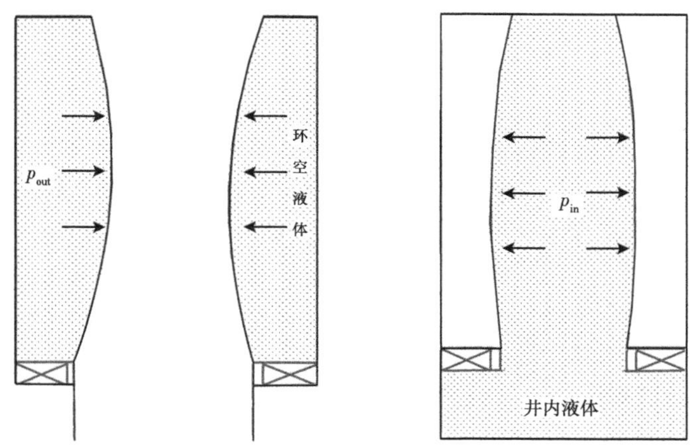

图 9-28　井下管柱鼓胀效应简化示意图

现在考虑直径为 d、壁厚为 t 的薄壁管柱承受内部压力 p_{in} 和外部压力 p_{out} 的情况。对于一个开口管柱（$L/d \gg 1$），管壁上的径向应力 σ_r 和周向应力 σ_h 可以表示成以下形式：

$$\sigma_r = p_{in} - p_{out} \tag{9-36}$$

$$\sigma_h = \frac{d}{2t}\left(p_{in} - p_{out}\right) \tag{9-37}$$

根据虎克定律，周向应变可以用上面两个应力表示成如下形式：

$$\varepsilon_h = \frac{1}{E}\left(\sigma_h - v\sigma_r\right) + \alpha\Delta T \tag{9-38}$$

式中　ΔT——管柱壁面的温度增量；

α——热膨胀系数；

E——弹性模量；

v——泊松比。

则管柱半径的变化量可以表示如下：

$$\begin{aligned}\Delta r &= \varepsilon_h \frac{d}{2} \\ &= \frac{d}{2E}\left(\frac{d}{2t} - v\right)\left(p_{in} - p_{out}\right) + \frac{d}{2}\alpha\Delta T\end{aligned} \tag{9-39}$$

如果应力都是塑性的，则上面的式中的压力可以用压力变化量来代替，得到下面的式子：

$$\Delta r = m\left(p_{\text{in}} - p_{\text{out}}\right) + n \tag{9-40}$$

式中

$$m = \frac{d}{2E}\left(\frac{d}{2t} - \nu\right) \tag{9-41}$$

$$n = \frac{d}{2}\alpha\Delta T \tag{9-42}$$

式（9-37）中管柱径向尺寸变化受压力和温度的控制。式（9-41）右边第一项为鼓胀效应，它表示由于压力和轴向长度变化造成的径向尺寸的变化。

当在关井形成密闭环空时，油管柱会发生膨胀导致环空压力稍微增加。为了评价这种情况，要准确地计算出在关井时由于出现鼓胀效应导致环空压力变化的量。为了确定量的大小，要充分地对油管和其之外的第一层环空进行研究。

设 r_{t} 表示油管的外壁半径，t 表示壁厚，r_{ci} 表示套管的内壁半径，则长度为 L 的油管的体积表示如下：

$$V_{\text{t}} = \pi\left(r_{\text{t}} - t\right)^2 L \tag{9-43}$$

关井时鼓胀效应使体积发生变化，表示如下：

$$\Delta V_{\text{t}} = 2\pi r_{\text{t}}\Delta r_{\text{t}}L \tag{9-44}$$

式中 Δr_{t} 表示由于油管和环空压力发生变化导致油管半径发生的变化，它可以用式（9-44）来计算求解。

$$\Delta r_{\text{t}} = m_{\text{t}}\left(\Delta p_{\text{t}} - \Delta p_{\text{ann}}\right) \tag{9-45}$$

其中：

$$m_{\text{t}} = \frac{r_{\text{t}}}{E_{\text{t}}}\left(\frac{r_{\text{t}}}{E_{\text{t}}} - \nu\right) \tag{9-46}$$

式中 E_{t}——油管的弹性模量；

Δp_{t}——从流动状态到关井状态油管压力发生的变化量；

Δp_{ann}——相应的第一层环空压力的变化量。

由于在关井后井口油管温度并没有立即发生略微的变化，因此与热膨胀有关的那一项为零。假设套管直径的变化忽略不计，又由于温度变化也忽略不计，因此第一层环空的体积变化就简化为：

$$\Delta V_{\text{ann}} = -\Delta V_{\text{t}} \tag{9-47}$$

因此，根据式（9-47）、式（9-46）和式（9-45），可以得出：

$$\Delta p_{\text{ann}} = -B_{\text{ann}} \frac{\Delta V_{\text{ann}}}{V_{\text{ann}}} = \frac{2\pi m r_{\text{t}} L B_{\text{ann}} \left(\Delta p_{\text{t}} - \Delta p_{\text{ann}} \right)}{V_{\text{ann}}} \tag{9-48}$$

又由于第一层环空的体积为：

$$V_{\text{ann}} = \pi \left(r_{\text{ci}}^2 - r_{\text{t}}^2 \right) \tag{9-49}$$

因此可以得出外部压力发生变化引起鼓胀效应的环空带压值计算如下：

$$\Delta p_{\text{ann}} = \frac{1}{1 + \dfrac{f E_{\text{t}}}{B_{\text{ann}}}} \Delta p_{\text{t}} \tag{9-50}$$

其中：

$$f = \frac{1}{2} \left[\left(\frac{r_{\text{c}}}{r_{\text{t}}} \right)^2 - 1 \right] \left(\frac{r_{\text{t}}}{t} - \nu \right)^{-1} \tag{9-51}$$

2. 温度效应导致环空带压的机理

温度效应引起环空带压最有可能出现在高温高压油气井中。高温高压的油气井在生产过程中会引起井筒温度全面上升，井筒温度升高会导致密闭的套管和环空流体体积膨胀，从而引起套管环空内产生附加的压力，形成环空带压，这种压力可以达到套管的抗内压 / 抗外挤强度。因此，密闭环空带压会导致内外层套管被压破或挤毁。

1）流体热膨胀性

流体热膨胀性用体积膨胀系数 α_{v} 表示，其定义为保持压力不变，升高一个单位温度引起的流体体积的相对增加量，即

$$\alpha_{\text{v}} = \frac{1}{\Delta T} \frac{\Delta V}{V} \tag{9-52}$$

式中　α_{v}——流体的体积膨胀系数，℃$^{-1}$；

ΔT——流体温度的增加量，℃；

V——原有流体的体积，m^3；

ΔV——流体体积的增加量，m^3。

实验指出，液体的热膨胀系数很小，例如在 9.8×10^4Pa 下，温度在 1~10℃范围内，水的体积膨胀系数为 14×10^{-6}℃$^{-1}$；温度在 10~20℃范围内，水的体积膨胀系数为 150×10^{-6}℃$^{-1}$（表 9-10）。在常温下，温度每升高 1℃，水的体积相对增量仅为万分之一点五；温度较高时，如 90~100℃，也只增加万分之七。其他液体的体积膨胀系数也是很小的。

表 9-10　水的热膨胀系数

压力（10^5Pa）	不同温度条件下的热膨胀系数（10^{-6}℃$^{-1}$）				
	1~10℃	10~20℃	40~50℃	60~70℃	90~100℃
0.98	14	150	422	556	719
98	43	165	422	548	704
196	72	83	426	539	—
490	149	236	429	523~514	661
882	229	289	437	—	621

2）流体压缩性

流体压缩性的大小用体积压缩系数来表示，其定义为当温度不变时，增加单位压强引起流体体积的相对缩小量，即：

$$\alpha_{\mathrm{k}}=-\frac{1}{\Delta p}\frac{\Delta V}{V} \tag{9-53}$$

式中　α_{k}——流体的体积压缩系数，Pa^{-1}；

Δp——流体压强的增加量，Pa；

V——原有流体的体积，m^3；

ΔV——流体体积的增加量，m^3。

对于可压缩流体（如天然气）来说，可以采用气体状态式来计算。水的体积压缩系数见表 9-11。

表 9-11　水的体积压缩系数

压力（10^5Pa）	5	10	20	40	80
压缩系数（$10^{-9}\mathrm{Pa}^{-1}$）	0.529	0.527	0.521	0.513	0.505

3）模型建立

将第 i 个环空的体积变化与环空的压力有关，两式相结合可以得出：

$$\Delta V_i=2\pi L_i\left\{\left[r_{i+1}m_{i+1}\left(\Delta p_i-\Delta p_{i+1}\right)+r_{i+1}n_{i+1}\right]-\left[r_i m_i\left(\Delta p_{i-1}-\Delta p_i\right)+r_i n_i\right]\right\}+V_i\varepsilon_{\mathrm{a}} \tag{9-54}$$

其中等式右边所有的有下标的变量（除了压力）根据相对应的半径都可以求出。将上式重新整理可以得出：

$$\Delta V_i=(-2\pi L_i r_i m_i)\Delta p_{i-1}+[2\pi L_i(r_i m_i+r_{i+1}m_{i+1})]\Delta p_i+(-2\pi L_i r_{i+1}m_{i+1})\Delta p_{i+1} \\ +(2\pi L_i)(r_{i+1}n_{i+1}-r_i n_i)+V_i\varepsilon_a \tag{9-55}$$

当流体温度上升 ΔT_{ft} 时，流体体积增加 $V\gamma_f\Delta T_{ft}$，其中 γ_f 是流体的体积膨胀系数。总的体积变化是热膨胀和流入 / 流出体积 Vin-out 的总和，因此，总的自由体积变化量表示如下：

$$\Delta V_i^{uc}=V_i\gamma_f\Delta T_i+V_{flux} \tag{9-56}$$

上标“uc”表示这是无约束的体积膨胀。由流体的体积变化和式（9-56）得出的环空的体积变化是不相等的，这使得环空流体的压力增加。因为式（9-56）表示与未知的压力增量 Δp_{i-1}、Δp_i 和 Δp_{i+1} 有关的环空体积变化，则环空流体的压力增量可以求解出。根据流体体积弹性模量的定义，可以得出：

$$V_i\Delta p_i+B_i\Delta V_i=B_i\Delta V_i^{uc} \tag{9-57}$$

式（9-57）可以适用于每个同心的环空。对于第 N 个管柱形成的第 N-1 个环空来说，存在 N-1 个未知的压力变化量。如果知道最内部管柱的压力变化量，就可以得到 N-1 个联立的式来求解单个的压力变化量。如果环空内流体流入和流出这一项为零，则式（9-57）是线性的；如果这一项不为零，则式（9-57）是非线性的。

3. 模型验证及现场应用

1）模型验证

以某文献实测值为例，分析并验证计算模型的准确性，如图 9-29 所示。环空压力的实测值与预测值的相对误差均在 10% 以内，说明热膨胀效应引起的环空压力预测模型满足工程需要。

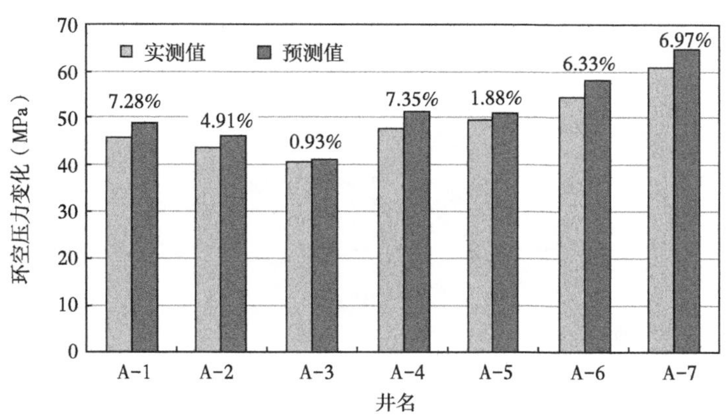

图 9-29　环空热膨胀压力变化实测值与预测值对比图

某高产气井完钻井深 4803m，地层温度为 100.6℃，完井生产管柱选择 ϕ88.9mm 油管，其上的两封隔器之间距离为 170m，油套管及环空流体相关参数见表 9-12 和表 9-13。对该井封隔器 1 和封隔器 2 之间的密闭空间中的热膨胀效应产生的带压的数值进行计算。

表 9-12　油管和套管技术参数

类型	外径（mm）	壁厚（mm）	管重（kg/m）	钢级	抗内压强度（MPa）	抗外挤强度（MPa）
套管	139.7	10.54	34.23	P-110	100.15	100.24
油管	88.9	44.45	13.69	N-80	70.05	72.64

表 9-13　油管和环空流体的力学性质表

参数	取值	参数	取值
E	205000MPa	E_1	2200MPa
α	0.000012℃$^{-1}$	α_1	0.00046℃$^{-1}$
μ	0.3	KT	0.000485MPa^{-1}

2）现场应用

根据该井不同产量下的环空温度，即能计算不同产量下由于热膨胀导致的环空压力，并对油管进行安全评价。从图 9-30 可以看出，对于该高产气井，封隔器之间热膨胀导致的环空压力随该段环空平均温度升高而线性增加；与只考虑温度变化影响比较，采用本文模型计算出的密闭环空压力变化量有明显的增大，并且随着温度变化量的升高，两种结果的差别越来越明显。这是因为温度变化量的升高同样影响到管柱和流体的压缩膨胀效应，导致环空体积变化的升高，进而改变最终结果。可以看出：对于特定材料的油套管，如果生产作业时温度增加到某一阈值，环空液体产生的热膨胀压力就会超过油管的抗外挤强度和套管的抗内压强度，产生安全隐患，因此封隔器之间密闭环空的热膨胀效应是不容忽视的。

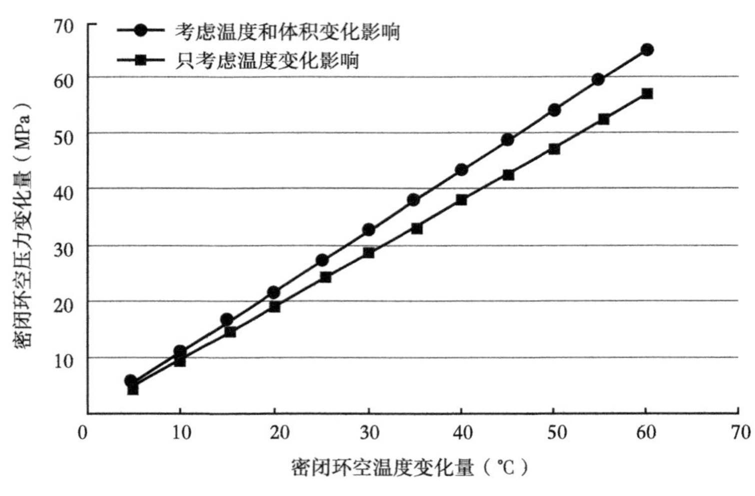

图 9-30　密闭环空压力随温度变化曲线

（四）不同工况下 LS25-1-3 井环空压力预测

针对两种井身结构方案的三种不同的水泥返深，分析了产量为 $80\times10^4m^3/d$、$120\times10^4m^3/d$ 和 $160\times10^4m^3/d$ 情况下 A、B、C 环空压力与流体膨胀系数的关系，以及不同水泥返深，不同流体膨胀系数情况下，A、B、C 环空压力与产量的关系。

1. 井身结构方案一，见表 9-14

表 9-14　方案一套管层次

尺寸类型	深度（m）	尺寸类型	深度（m）
36in 导管下深	1058.3	12¼in 井眼深度	4280
26in 井眼深度	1840	9⅝in 套管下深	4275
20in 套管下深	1835	8½in 井眼深度	4453
17½in 井眼深度	3405	7in 尾管下深	4448
13⅜in 套管下深	3400	水深	963.3

注：备用 5⅞in 井眼。

方案一介绍：

采用常规井身结构，无扩眼井段，使用常规套管，备用 5⅞in 井眼；26in 表层套管入泥 846.7m，13⅜in 套管入泥 2411.7m，17½in 井眼钻探次要目的层 T27B 砂体。12¼in 井眼钻探 T29 及黄流组目的层；8½in 井眼钻探梅山组目的层。

优点：井身结构常规，无扩眼井段，作业风险较小；满足油藏要求；下入套管均为常规套管，资源已落实，作业方便可靠；钻井液密度窗口满足作业需求；减少井段，节省工期费用。

缺点：受 NH9 钻机钻井泵限制，17½in 井段作业面临挑战；下部井段对钻井液稳定性要求高，井眼清洁要求高。

1）二开水泥返深 1535m、三开水泥返深 3000m 工况

分别计算了产量为 $80\times10^4m^3/d$、$120\times10^4m^3/d$、$160\times10^4m^3/d$ 时，A、B、C 环空压力与膨胀系数（流体膨胀系数为 0.00025℃$^{-1}$、0.0003℃$^{-1}$、0.00035℃$^{-1}$、0.0004℃$^{-1}$、0.00045℃$^{-1}$）的变化关系。

A 环空压力与膨胀系数和产量的变化关系如图 9-31 所示。图中，横坐标为热膨胀系数，纵坐标为热膨胀压力。从图中可知：产量相同时，环空压力随着膨胀系数的增加而增加；膨胀系数相同时，产量越高，环空压力越大。

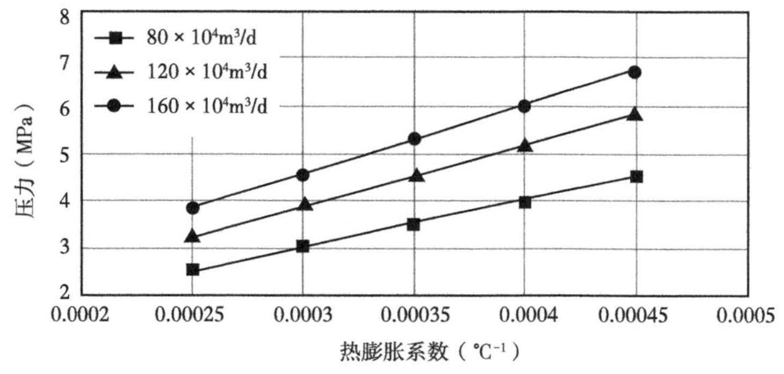

图 9-31　A 环空热膨胀压力与膨胀系数的关系

B 环空压力与膨胀系数的变化关系如图 9-32 所示。图中，横坐标为热膨胀系数，纵坐标为热膨胀压力。从图中可知：产量相同时，环空压力随着膨胀系数的增加而增加；膨胀系数相同时，产量越高，环空压力越大。

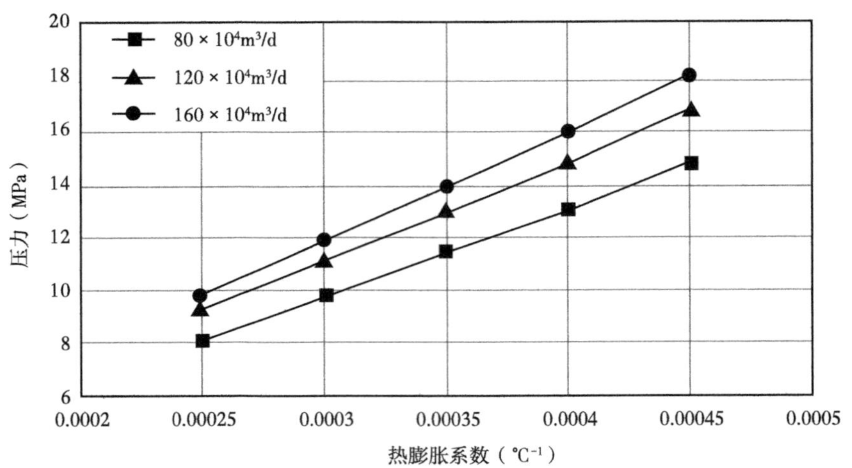

图 9-32　B 环空热膨胀压力与膨胀系数的关系

C 环空压力与膨胀系数变化关系如图 9-33 所示。图中，横坐标为热膨胀系数，纵坐标为热膨胀压力。从图中可知：产量相同时，环空压力随着膨胀系数的增加而增加；膨胀系数相同时，产量越高，环空压力越大。

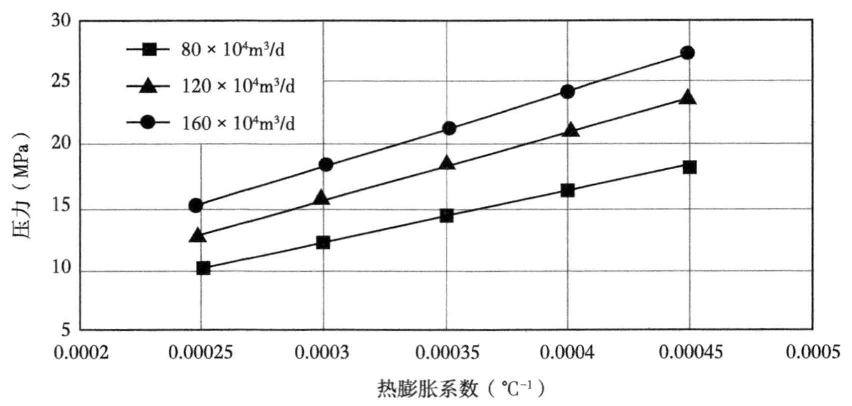

图 9-33　C 环空热膨胀压力与膨胀系数的关系

2）二开水泥返深 1835m、三开水泥返深 3000m 工况

分别计算了产量为 $80\times10^4m^3/d$、$120\times10^4m^3/d$、$160\times10^4m^3/d$ 时，A、B、C 环空压力与膨胀系数（流体膨胀系数为 0.00025℃$^{-1}$、0.0003℃$^{-1}$、0.00035℃$^{-1}$、0.0004℃$^{-1}$、0.00045℃$^{-1}$）的变化关系。

A 环空压力与膨胀系数和产量的变化关系如图 9-34 所示。图中，横坐标为热膨胀系数，纵坐标为热膨胀压力。从图中可知：产量相同时，环空压力随着膨胀系数的增加而增加；膨胀系数相同时，产量越高，环空压力越大。

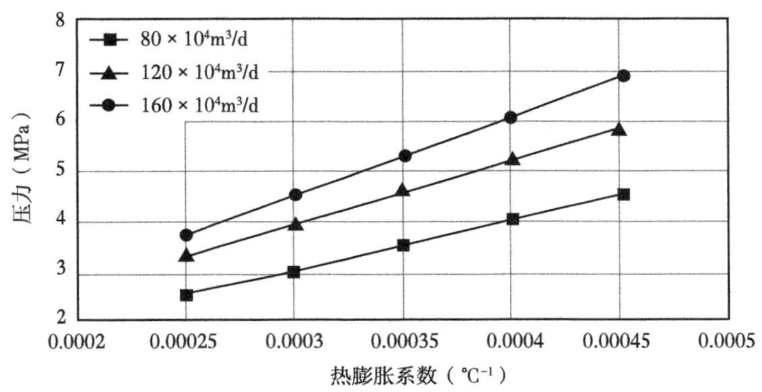

图 9-34　A 环空热膨胀压力与膨胀系数的关系

B 环空压力与膨胀系数的变化关系如图 9-35 所示。图中，横坐标为热膨胀系数，纵坐标为热膨胀压力。从图中可知：产量相同时，环空压力随着膨胀系数的增加而增加；膨胀系数相同时，产量越高，环空压力越大。

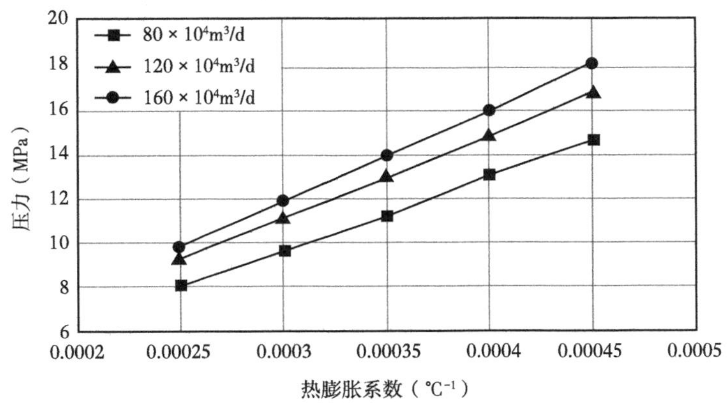

图 9-35　B 环空热膨胀压力与膨胀系数的关系

C 环空压力与膨胀系数变化关系如图 9-36 所示。图中，横坐标为热膨胀系数，纵坐标为热膨胀压力。从图中可知：产量相同时，环空压力随着膨胀系数的增加而增加；膨胀系数相同时，产量越高，环空压力越大。

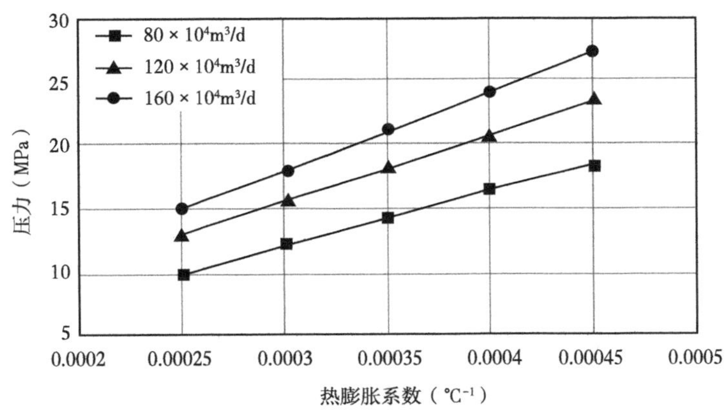

图 9-36　C 环空热膨胀压力与膨胀系数的关系

3）二开水泥返深 2135m、三开水泥返深 3000m 工况

分别计算了产量为 $80\times10^4m^3/d$、$120\times10^4m^3/d$、$160\times10^4m^3/d$ 时，A、B、C 环空压力与膨胀系数（流体膨胀系数为 0.00025℃$^{-1}$、0.0003℃$^{-1}$、0.00035℃$^{-1}$、0.0004℃$^{-1}$、0.00045℃$^{-1}$）的变化关系。

A 环空压力与膨胀系数和产量的变化关系如图 9-37 所示。图中，横坐标为热膨胀系数，纵坐标为热膨胀压力。从图中可知：产量相同时，环空压力随着膨胀系数的增加而增加；膨胀系数相同时，产量越高，环空压力越大。

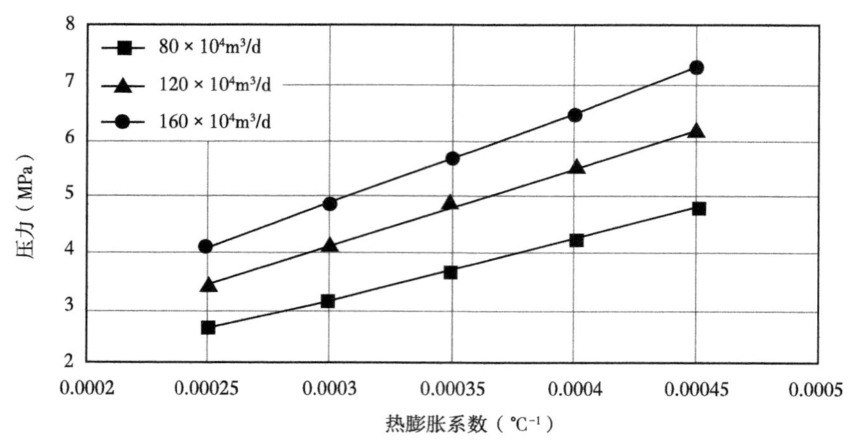

图 9-37　A 环空热膨胀压力与膨胀系数的关系

B 环空压力与膨胀系数的变化关系如图 9-38 所示。图中，横坐标为热膨胀系数，纵坐标为热膨胀压力。从图中可知：产量相同时，环空压力随着膨胀系数的增加而增加；膨胀系数相同时，产量越高，环空压力越大。

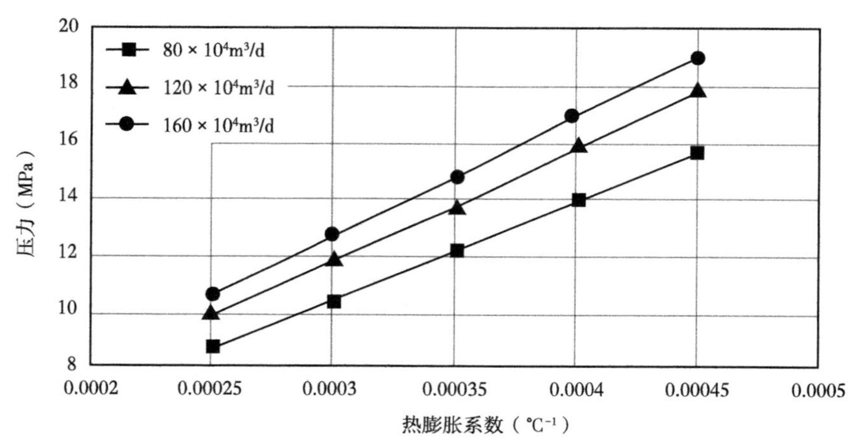

图 9-38　B 环空热膨胀压力与膨胀系数的关系

C 环空压力与膨胀系数变化关系如图 9-39 所示。图中，横坐标为热膨胀系数，纵坐标为热膨胀压力。从图中可知：产量相同时，环空压力随着膨胀系数的增加而增加；膨胀系数相同时，产量越高，环空压力越大。

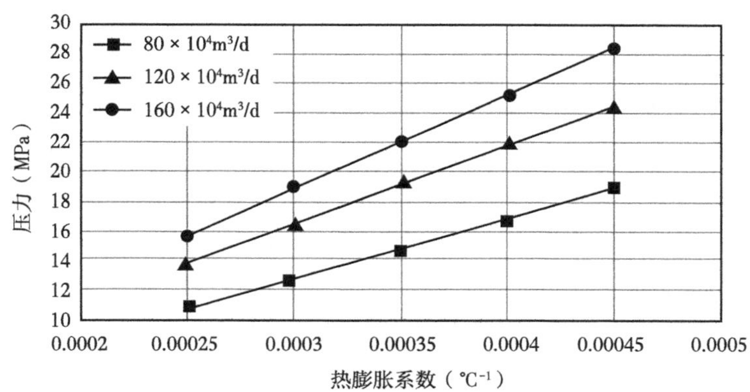

图 9-39　C 环空热膨胀压力与膨胀系数的关系

4）不同膨胀系数下环空压力与产量的关系

本节主要分析了不同膨胀系数（从 0.00025℃$^{-1}$ 到 0.00045℃$^{-1}$）条件下，A、B、C 环空的压力在不同水泥返深条件下（三开水泥返深 3000m、二开水泥返深 1535m，三开水泥返深 3000m、二开水泥返深 1835m，三开水泥返深 3000m、二开水泥返深 2135m）与产量的变化关系。

膨胀系数为 0.00025℃$^{-1}$ 时，A 环空压力在不同水泥返深条件下与产量的变化关系如图 9-40 所示。图中横坐标的代表产量，纵坐标代表压力，分别给出了不同水泥返深时，A 环空压力随产量的变化情况。可以看出：该膨胀系数条件下，环空压力随着产量的增加而增加，当水泥返深在上层套管鞋之上时，二开水泥返深对环空压力没有影响；水泥返深在上层套管之下时，二开水泥返深越大环空压力越大。

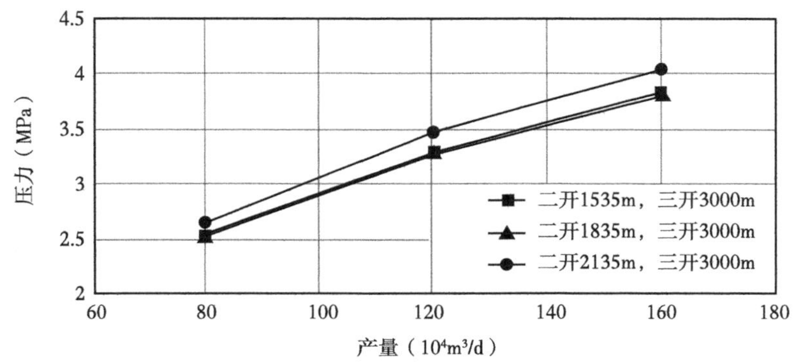

图 9-40　膨胀系数为 0.00025℃$^{-1}$ 时，不同水泥返深下 A 环空压力与产量的关系

膨胀系数为 0.00025℃$^{-1}$ 时，B 环空压力在不同水泥返深条件下与产量的变化关系如图 9-41 所示。图中横坐标的代表产量，纵坐标代表压力，分别给出了不同水泥返深时，B 环空压力随产量的变化情况。可以看出：该膨胀系数条件下，环空压力随着产量的增加而增加，当水泥返深在上层套管鞋之上时，二开水泥返深对环空压力没有影响；水泥返深在上层套管之下时，二开水泥返深越大环空压力越大。

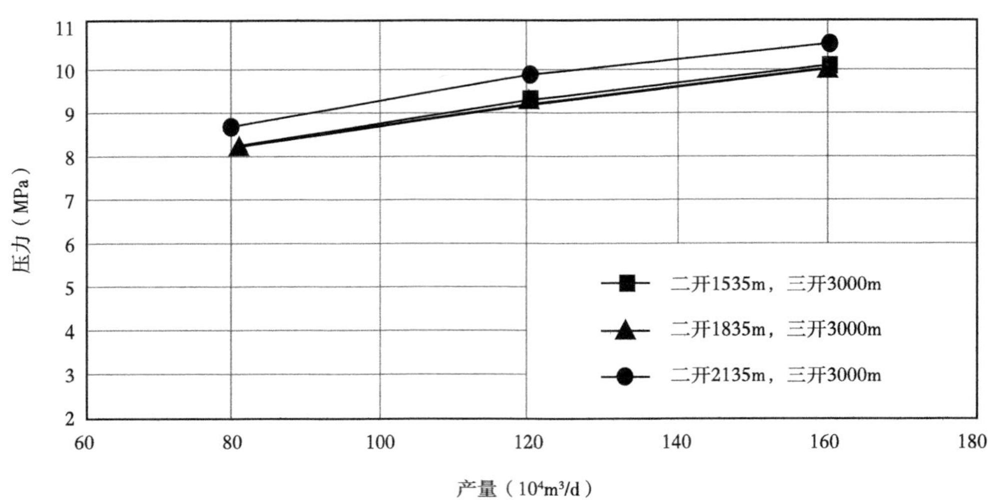

图 9-41　膨胀系数为 0.00025 时，不同水泥返深下 B 环空压力与产量的关系

膨胀系数为 0.00025℃$^{-1}$ 时，C 环空压力在不同水泥返深条件下与产量的变化关系如图 9-42 所示。图中横坐标的代表产量，纵坐标代表压力，分别给出了不同水泥返深时，C 环空压力随产量的变化情况。可以看出：该膨胀系数条件下，环空压力随着产量的增加而增加，当水泥返深在上层套管鞋之上时，二开水泥返深对环空压力没有影响；水泥返深在上层套管之下时，二开水泥返深越大环空压力越大。

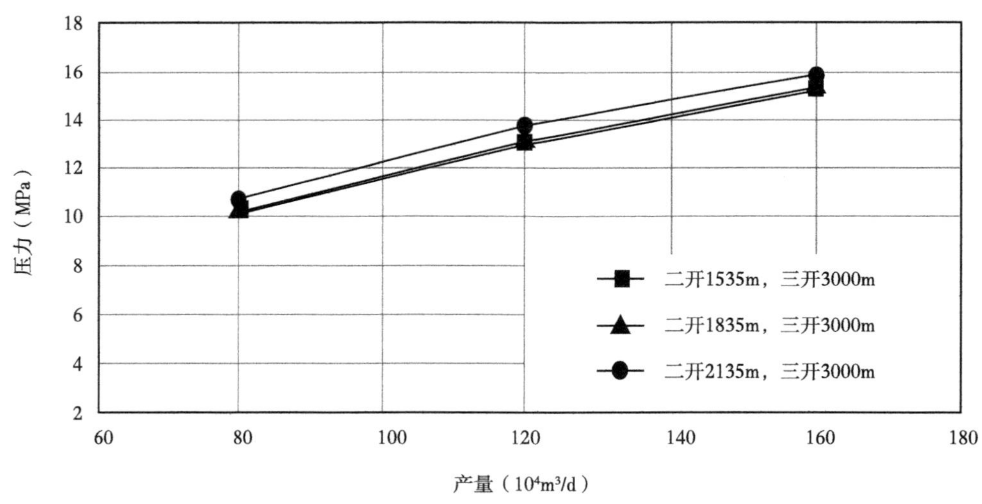

图 9-42　膨胀系数为 0.00025 时，不同水泥返深下 C 环空压力与产量的关系

膨胀系数为 0.0003℃$^{-1}$ 时，A 环空压力在不同水泥返深条件下与产量的变化关系如图 9-43 所示。图中横坐标的代表产量，纵坐标代表压力，分别给出了不同水泥返深时，A 环空压力随产量的变化情况。可以看出：该膨胀系数条件下，环空压力随着产量的增加而增加，当水泥返深在上层套管鞋之上时，二开水泥返深对环空压力没有影响；水泥返深在上层套管之下时，二开水泥返深越大环空压力越大。

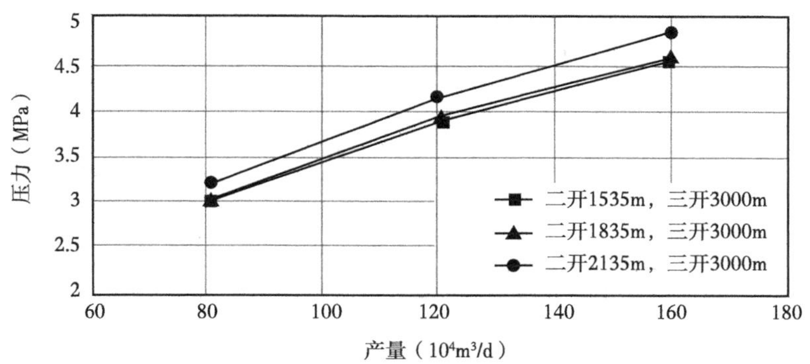

图 9-43 膨胀系数为 0.0003 时，不同水泥返深下 A 环空压力与产量的关系

膨胀系数为 0.0003℃$^{-1}$ 时，B 环空压力在不同水泥返深条件下与产量的变化关系如图 9-44 所示。图中横坐标的代表产量，纵坐标代表压力，分别给出了不同水泥返深时，B 环空压力随产量的变化情况。可以看出：该膨胀系数条件下，环空压力随着产量的增加而增加，当水泥返深在上层套管鞋之上时，二开水泥返深对环空压力没有影响；水泥返深在上层套管之下时，二开水泥返深越大环空压力越大。

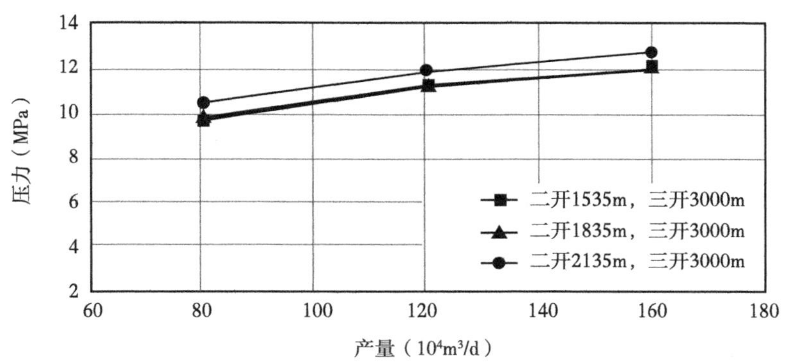

图 9-44 膨胀系数为 0.0003 时，不同水泥返深下 B 环空压力与产量的关系

膨胀系数为 0.0003℃$^{-1}$ 时，C 环空压力在不同水泥返深条件下与产量的变化关系如图 9-45 所示。图中横坐标的代表产量，纵坐标代表压力，分别给出了不同水泥返深时，C 环空压力随产量的变化情况。可以看出：该膨胀系数条件下，环空压力随着产量的增加而增加，当水泥返深在上层套管鞋之上时，二开水泥返深对环空压力没有影响；水泥返深在上层套管之下时，二开水泥返深越大环空压力越大。

膨胀系数为 0.00035℃$^{-1}$ 时，A 环空压力在不同水泥返深条件下与产量的变化关系如图 9-46 所示。图中横坐标的代表产量，纵坐标代表压力，分别给出了不同水泥返深时，A 环空压力随产量的变化情况。可以看出：该膨胀系数条件下，环空压力随着产量的增加而增加，当水泥返深在上层套管鞋之上时，二开水泥返深对环空压力没有影响；水泥返深在上层套管之下时，二开水泥返深越大环空压力越大。

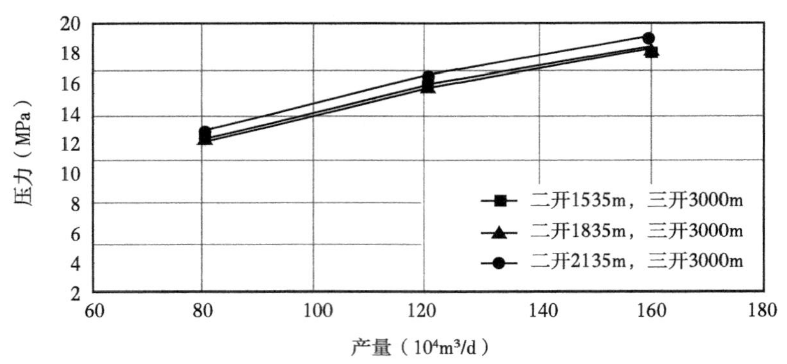

图 9-45 膨胀系数为 0.0003 时，不同水泥返深下 C 环空压力与产量的关系

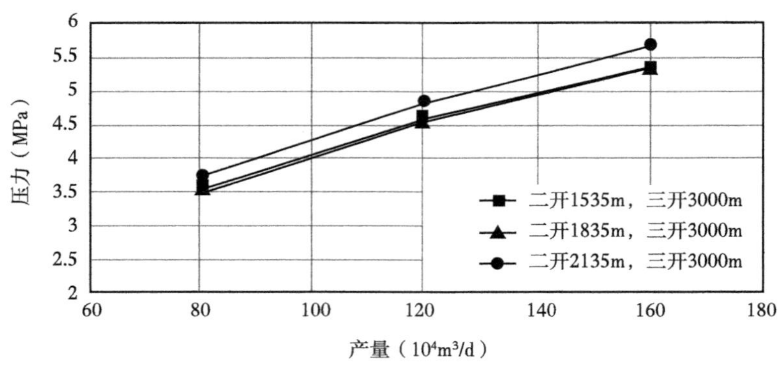

图 9-46 膨胀系数为 0.00035 时，不同水泥返深下 A 环空压力与产量的关系

膨胀系数为 0.00035℃$^{-1}$ 时，B 环空压力在不同水泥返深条件下与产量的变化关系如图 9-47 所示。图中横坐标的代表产量，纵坐标代表压力，分别给出了不同水泥返深时，B 环空压力随产量的变化情况。可以看出：该膨胀系数条件下，环空压力随着产量的增加而增加，当水泥返深在上层套管鞋之上时，二开水泥返深对环空压力没有影响；水泥返深在上层套管之下时，二开水泥返深越大环空压力越大。

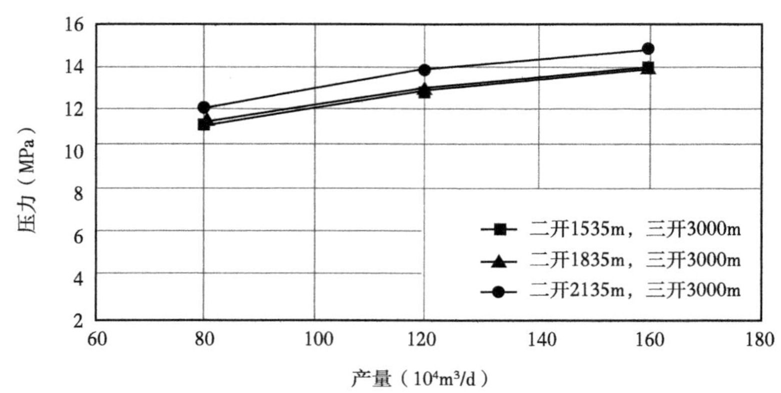

图 9-47 膨胀系数为 0.00035 时，不同水泥返深下 B 环空压力与产量的关系

膨胀系数为 0.00035℃$^{-1}$ 时，C 环空压力在不同水泥返深条件下与产量的变化关系如图 9-48 所示。图中横坐标的代表产量，纵坐标代表压力，分别给出了不同水泥返深时，C 环空压力随产量的变化情况。可以看出：该膨胀系数条件下，环空压力随着产量的增加而增加，当水泥返深在上层套管鞋之上时，二开水泥返深对环空压力没有影响；水泥返深在上层套管之下时，二开水泥返深越大环空压力越大。

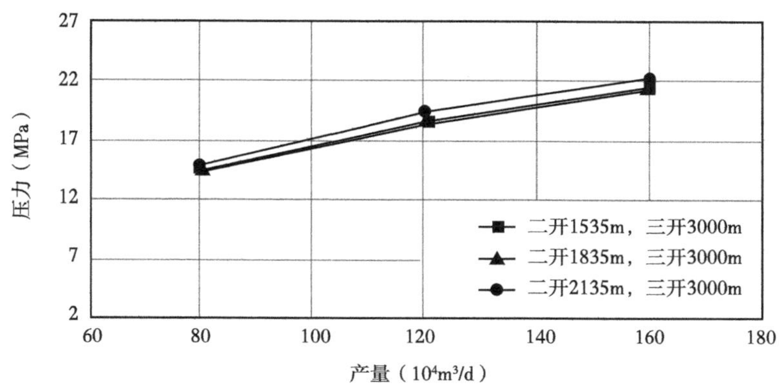

图 9-48　膨胀系数为 0.00035 时，不同水泥返深下 C 环空压力与产量的关系

膨胀系数为 0.0004℃$^{-1}$ 时，A 环空压力在不同水泥返深条件下与产量的变化关系如图 9-49 所示。图中横坐标的代表产量，纵坐标代表压力，分别给出了不同水泥返深时，A 环空压力随产量的变化情况。可以看出：该膨胀系数条件下，环空压力随着产量的增加而增加，当水泥返深在上层套管鞋之上时，二开水泥返深对环空压力没有影响；水泥返深在上层套管之下时，二开水泥返深越大环空压力越大。

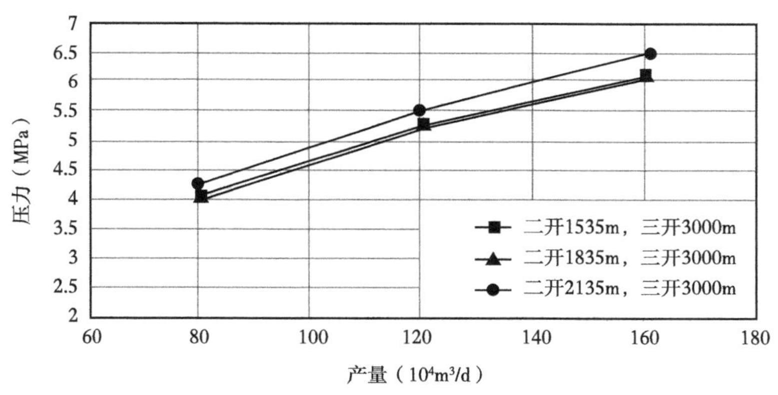

图 9-49　膨胀系数为 0.0004 时，不同水泥返深下 A 环空压力与产量的关系

膨胀系数为 0.0004℃$^{-1}$ 时，B 环空压力在不同水泥返深条件下与产量的变化关系如图 9-50 所示。图中横坐标的代表产量，纵坐标代表压力，分别给出了不同水泥返深时，B 环空压力随产量的变化情况。可以看出：该膨胀系数条件下，环空压力随着产量的增加而增加，当水泥返深在上层套管鞋之上时，二开水泥返深对环空压力没有影响；水泥返深在上层套管之下时，二开水泥返深越大环空压力越大。

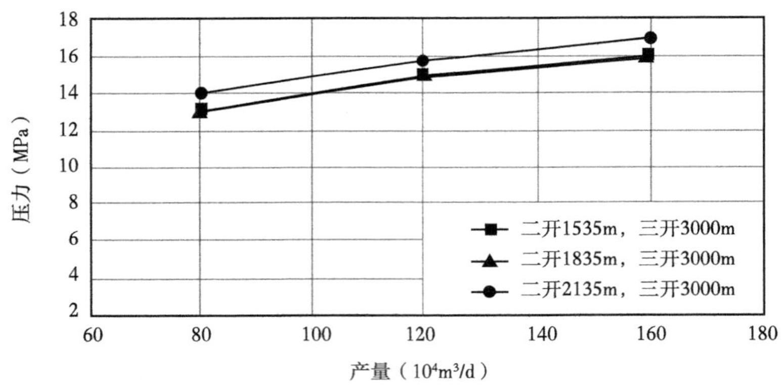

图 9-50　膨胀系数为 0.0004 时，不同水泥返深下 B 环空压力与产量的关系

膨胀系数为 0.0004℃$^{-1}$ 时，C 环空压力在不同水泥返深条件下与产量的变化关系如图 9-51 所示。图中横坐标的代表产量，纵坐标代表压力，分别给出了不同水泥返深时，C 环空压力随产量的变化情况。可以看出：该膨胀系数条件下，环空压力随着产量的增加而增加，当水泥返深在上层套管鞋之上时，二开水泥返深对环空压力没有影响；水泥返深在上层套管之下时，二开水泥返深越大环空压力越大。

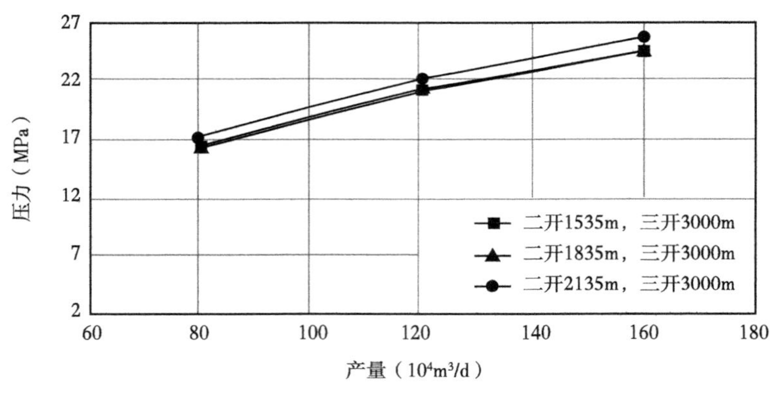

图 9-51　膨胀系数为 0.0004 时，不同水泥返深下 C 环空压力与产量的关系

膨胀系数为 0.00045℃$^{-1}$ 时，A 环空压力在不同水泥返深条件下与产量的变化关系如图 9-52 所示。图中横坐标的代表产量，纵坐标代表压力，分别给出了不同水泥返深时，A 环空压力随产量的变化情况。可以看出：该膨胀系数条件下，环空压力随着产量的增加而增加，当水泥返深在上层套管鞋之上时，二开水泥返深对环空压力没有影响；水泥返深在上层套管之下时，二开水泥返深越大环空压力越大。

膨胀系数为 0.00045℃$^{-1}$ 时，B 环空压力在不同水泥返深条件下与产量的变化关系如图 9-53 所示。图中横坐标的代表产量，纵坐标代表压力，分别给出了不同水泥返深时，B 环空压力随产量的变化情况。可以看出：该膨胀系数条件下，环空压力随着产量的增加而增加，当水泥返深在上层套管鞋之上时，二开水泥返深对环空压力没有影响；水泥返深在上层套管之下时，二开水泥返深越大环空压力越大。

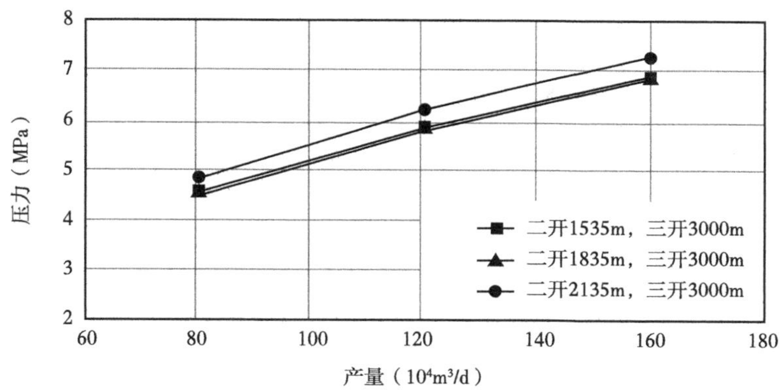

图 9-52 膨胀系数为 0.00045 时，不同水泥返深下 A 环空压力与产量的关系

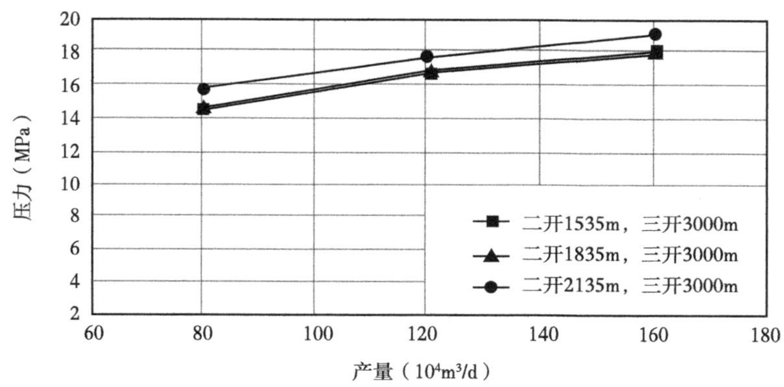

图 9-53 膨胀系数为 0.00045 时，不同水泥返深下 B 环空压力与产量的关系

膨胀系数为 0.00045℃$^{-1}$ 时，C 环空压力在不同水泥返深条件下与产量的变化关系如图 9-54 所示。图中横坐标的代表产量，纵坐标代表压力，分别给出了不同水泥返深时，C 环空压力随产量的变化情况。可以看出：该膨胀系数条件下，环空压力随着产量的增加而增加，当水泥返深在上层套管鞋之上时，二开水泥返深对环空压力没有影响；水泥返深在上层套管之下时，二开水泥返深越大环空压力越大。

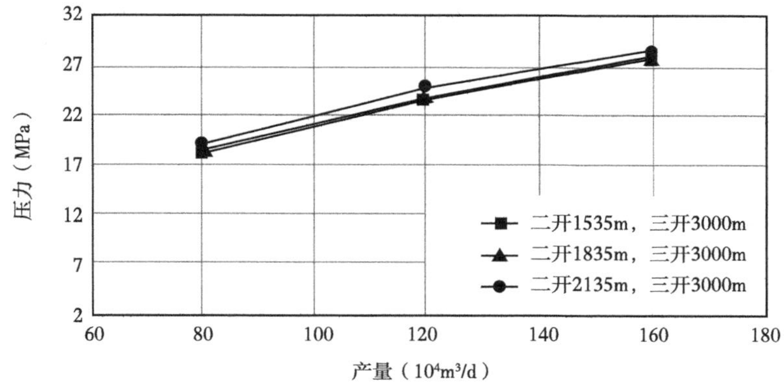

图 9-54 膨胀系数为 0.00045 时，不同水泥返深下 C 环空压力与产量的关系

2. 井身结构方案二（表 9-15）

表 9-15　方案二套管层次

尺寸类型	深度（m）	尺寸类型	深度（m）
36 导管下深	1058.3	11¾in 尾管下深	3400
26in 井眼深度	1840	10⅝×12¼in 井眼深度	4280
20in 导管下深	1835	9⅝in 套管下深	4275
17½in 井眼深度	2905	8½in 井眼深度	4453
13⅜in 套管下深	2900	7in 尾管下深	4448
12¼in 井眼深度	3405	水深	963.3

注：备用 5⅞in。

井眼方案二介绍：

采用非常规井身结构，两个扩眼井段，使用一层非常规套管，备用 5-⅞in 井眼；20in 表层套管入泥 846.7m；考虑南九设备能力，减少 13⅜in 套管入泥（1911.7m）深度，使用 11¾in 尾管作为 13⅜in 套管的延伸；11¾in 尾管封固次要目的层 T27B 砂体。10⅜×12¼in 井眼钻探 T29 及黄流组目的层；8½in 井眼钻探梅山组目的层。

优点：17½in 井段作业难度降低；满足油藏要求；

缺点：井身结构非常规，使用两个扩眼井段，作业风险增大；下入套管含非常规套管，非常规套管资源情况需落实；启动非常规套管时，需使用 11¾in 及 9⅝in 无接箍套管。

1）二开水泥返深 1535m、三开水泥返深 3200m 工况

分别计算了产量为 $80\times10^4m^3/d$、$120\times10^4m^3/d$、$160\times10^4m^3/d$ 时，A、B、C 环空压力与膨胀系数（流体膨胀系数为 0.00025℃$^{-1}$、0.0003℃$^{-1}$、0.00035℃$^{-1}$、0.0004℃$^{-1}$、0.00045℃$^{-1}$）的变化关系。

A 环空压力与膨胀系数和产量的变化关系如图 9-55 所示。图中，横坐标为热膨胀系数，纵坐标为热膨胀压力。从图中可知：产量相同时，环空压力随着膨胀系数的增加而增加；膨胀系数相同时，产量越高，环空压力越大。

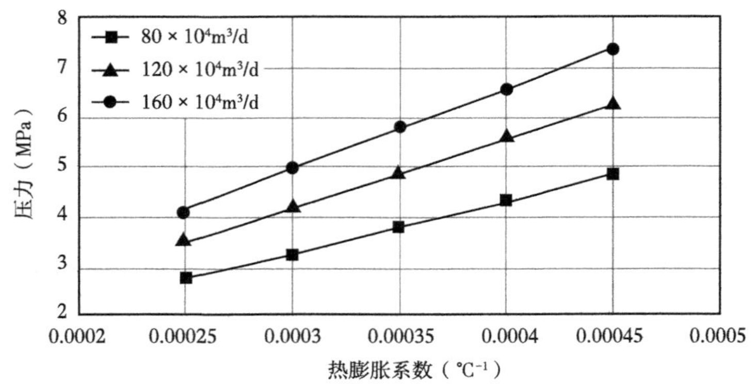

图 9-55　不同产量下 A 环空热膨胀压力与膨胀系数的关系

B 环空压力与膨胀系数的变化关系如图 9-56 所示。图中，横坐标为热膨胀系数，纵坐标为热膨胀压力。从图中可知：产量相同时，环空压力随着膨胀系数的增加而增加；膨胀系数相同时，产量越高，环空压力越大。

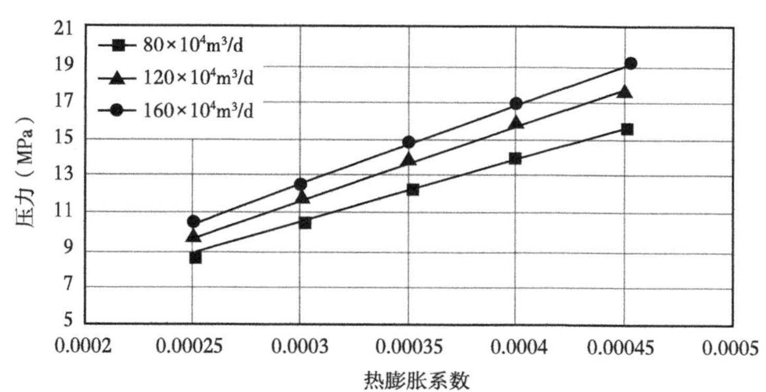

图 9-56　不同产量下 B 环空热膨胀压力与膨胀系数的关系

C 环空压力与膨胀系数变化关系如图 9-57 所示。图中，横坐标为热膨胀系数，纵坐标为热膨胀压力。从图中可知：产量相同时，环空压力随着膨胀系数的增加而增加；膨胀系数相同时，产量越高，环空压力越大。

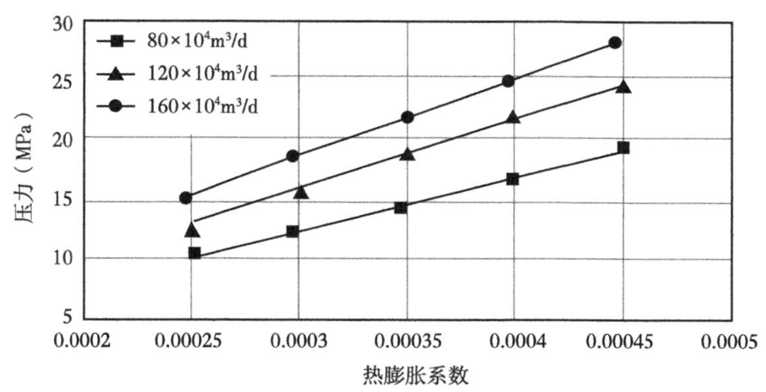

图 9-57　不同产量下 C 环空热膨胀压力与膨胀系数的关系

2）二开水泥返深 1835m、三开水泥返深 3200m 工况

分别计算了产量为 $80\times10^4m^3/d$、$120\times10^4m^3/d$、$160\times10^4m^3/d$ 时，A、B、C 环空压力与膨胀系数（流体膨胀系数为 0.00025℃$^{-1}$、0.0003℃$^{-1}$、0.00035℃$^{-1}$、0.0004℃$^{-1}$、0.00045℃$^{-1}$）的变化关系。

A 环空压力与膨胀系数和产量的变化关系如图 9-58 所示。图中，横坐标为热膨胀系数，纵坐标为热膨胀压力。从图中可知：产量相同时，环空压力随着膨胀系数的增加而增加；膨胀系数相同时，产量越高，环空压力越大。

B 环空压力与膨胀系数的变化关系如图 9-59 所示。图中，横坐标为热膨胀系数，纵坐标为热膨胀压力。从图中可知：产量相同时，环空压力随着膨胀系数的增加而增加；膨胀系数相同时，产量越高，环空压力越大。

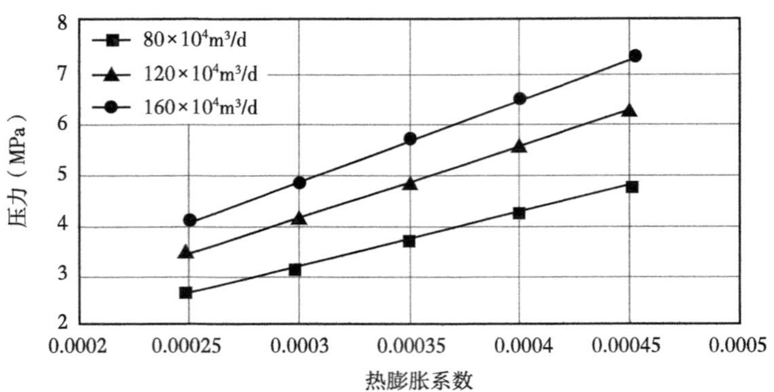

图 9-58　不同产量下 A 环空热膨胀压力与膨胀系数的关系

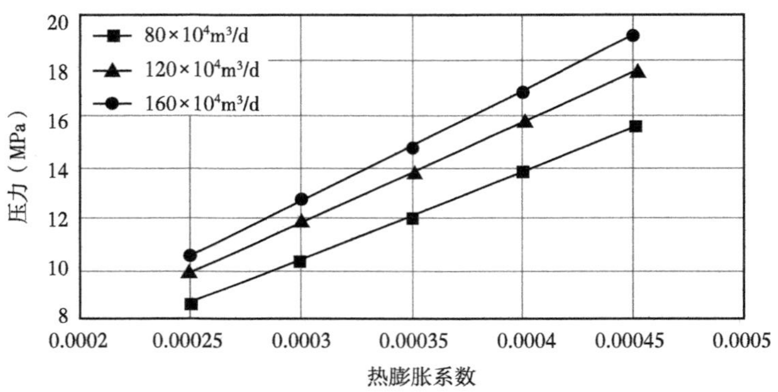

图 9-59　不同产量下 B 环空热膨胀压力与膨胀系数的关系

C 环空压力与膨胀系数变化关系如图 9-60 所示。图中，横坐标为热膨胀系数，纵坐标为热膨胀压力。从图中可知：产量相同时，环空压力随着膨胀系数的增加而增加；膨胀系数相同时，产量越高，环空压力越大。

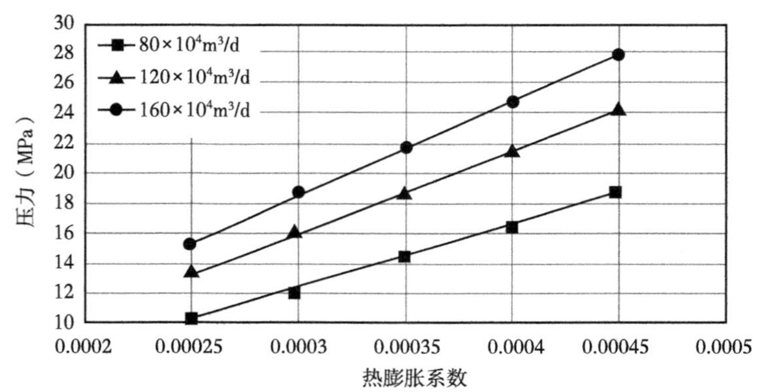

图 9-60　不同产量下 C 环空热膨胀压力与膨胀系数的关系

3）二开水泥返深 2135m、三开水泥返深 3200m 工况

分别计算了产量为 $80\times10^4m^3/d$、$120\times10^4m^3/d$、$160\times10^4m^3/d$ 时，A、B、C 环空压力与膨胀系数（流体膨胀系数为 0.00025℃$^{-1}$、0.0003℃$^{-1}$、0.00035℃$^{-1}$、0.0004℃$^{-1}$、0.00045℃$^{-1}$）的变化关系。

A 环空压力与膨胀系数和产量的变化关系如图 9-61 所示。图中，横坐标为热膨胀系数，纵坐标为热膨胀压力。从图中可知：产量相同时，环空压力随着膨胀系数的增加而增加；膨胀系数相同时，产量越高，环空压力越大。

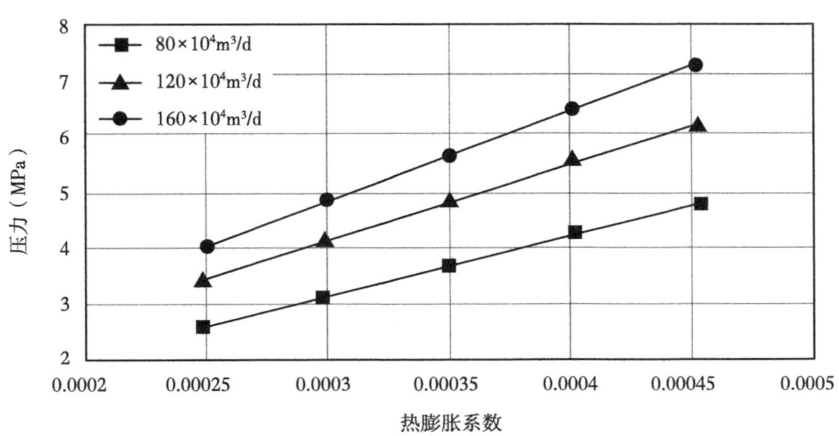

图 9-61　同产量下 A 环空热膨胀压力与膨胀系数的关系

B 环空压力与膨胀系数的变化关系如图 9-62 所示。图中，横坐标为热膨胀系数，纵坐标为热膨胀压力。从图中可知：产量相同时，环空压力随着膨胀系数的增加而增加；膨胀系数相同时，产量越高，环空压力越大。

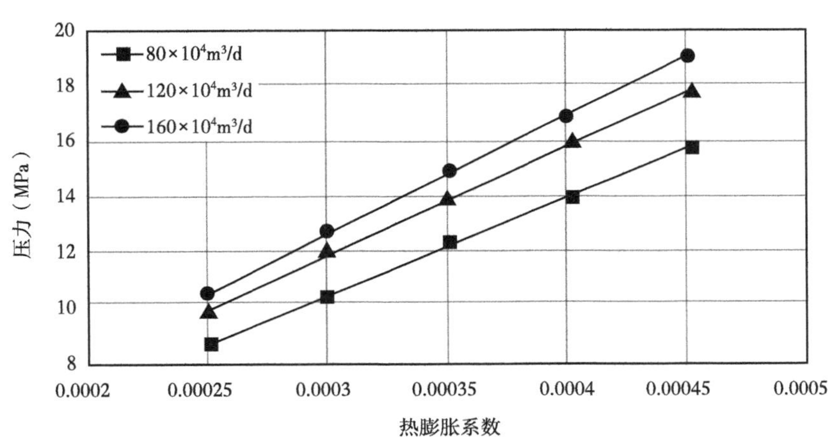

图 9-62　不同产量下 B 环空热膨胀压力与膨胀系数的关系

C 环空压力与膨胀系数变化关系如图 9-63 所示。图中，横坐标为热膨胀系数，纵坐标为热膨胀压力。从图中可知：产量相同时，环空压力随着膨胀系数的增加而增加；膨胀系数相同时，产量越高，环空压力越大。

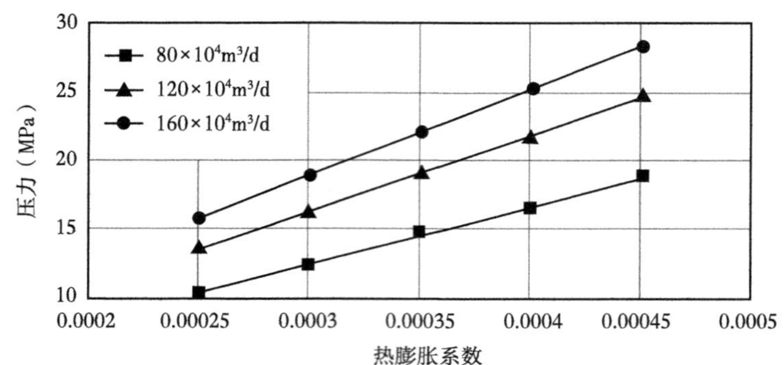

图 9-63 不同产量下 C 环空热膨胀压力与膨胀系数的关系

4）不同膨胀系数下环空压力与产量的关系

本节主要分析了不同膨胀系数（0.00025℃$^{-1}$、0.00035℃$^{-1}$、0.00045℃$^{-1}$）条件下，A、B、C 环空的压力在不同水泥返深条件下（三开水泥返深 3000m、二开水泥返深 1535m，三开水泥返深 3000m、二开水泥返深 1835m，三开水泥返深 3000m、二开水泥返深 2135m）与产量的变化关系。

膨胀系数为 0.00025℃$^{-1}$ 时，A 环空压力在不同水泥返深条件下与产量的变化关系如图 9-64 所示。图中横坐标的代表产量，纵坐标代表压力，分别给出了不同水泥返深时，A 环空压力随产量的变化情况。可以看出：该膨胀系数条件下，环空压力随着产量的增加而增加，二开水泥返深对环空压力没有影响。

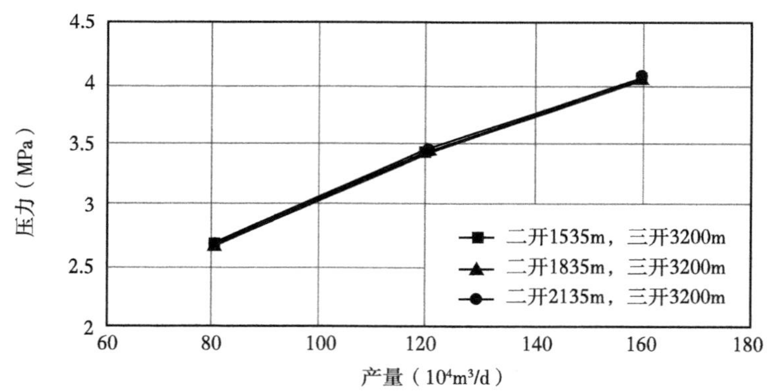

图 9-64 膨胀系数为 0.00025 时，不同水泥返深下 A 环空压力与产量的关系

膨胀系数为 0.00025℃$^{-1}$ 时，B 环空压力在不同水泥返深条件下与产量的变化关系如图 9-65 所示。图中横坐标的代表产量，纵坐标代表压力，分别给出了不同水泥返深时，B 环空压力随产量的变化情况。可以看出：该膨胀系数条件下，环空压力随着产量的增加而增加，二开水泥返深对环空压力没有影响。

膨胀系数为 0.00025℃$^{-1}$ 时，C 环空压力在不同水泥返深条件下与产量的变化关系如图 9-66 所示。图中横坐标的代表产量，纵坐标代表压力，分别给出了不同水泥返深时，C 环空压力随产量的变化情况。可以看出：该膨胀系数条件下，环空压力随着产量的增加而增加，当水泥返深在上层套管鞋之上时，二开水泥返深对环空压力没有影响；水泥返深在上层套管之下时，二开水泥返深越大环空压力越大。

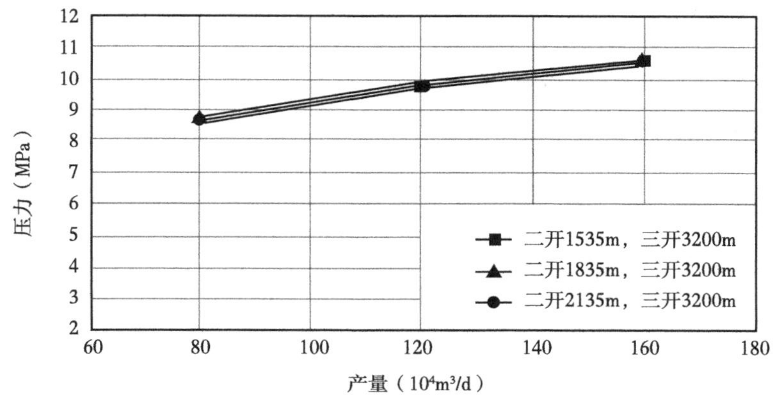

图 9-65　膨胀系数为 0.00025 时，不同水泥返深下 B 环空压力与产量的关系

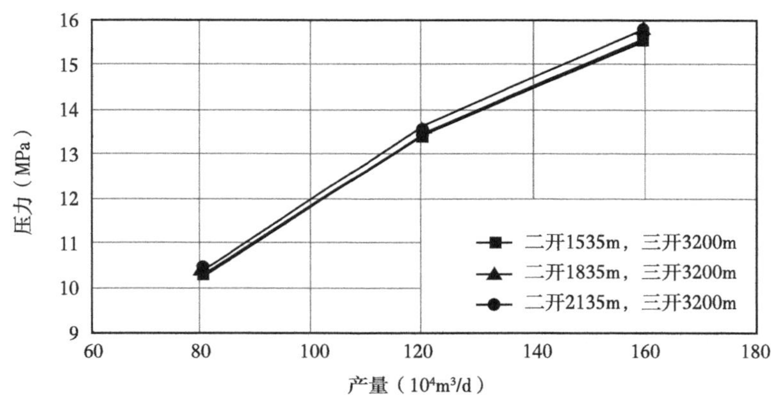

图 9-66　膨胀系数为 0.00025 时，不同水泥返深下 C 环空压力与产量的关系

膨胀系数为 0.00035℃$^{-1}$ 时，A 环空压力在不同水泥返深条件下与产量的变化关系如图 9-67 所示。图中横坐标的代表产量，纵坐标代表压力，分别给出了不同水泥返深时，A 环空压力随产量的变化情况。可以看出：该膨胀系数条件下，环空压力随着产量的增加而增加，二开水泥返深对环空压力没有影响。

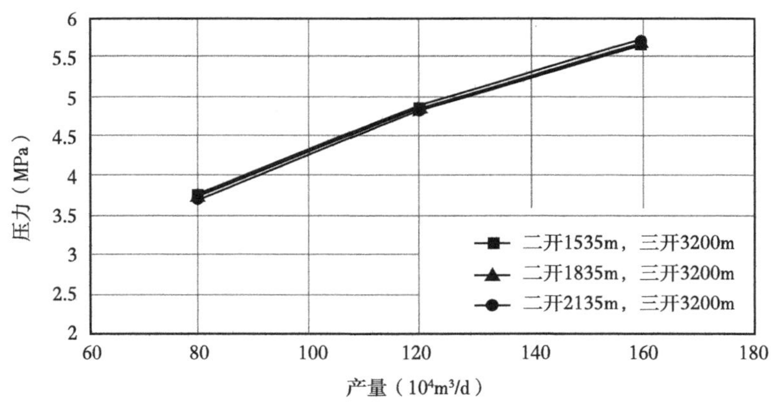

图 9-67　膨胀系数为 0.00035 时，不同水泥返深下 A 环空压力与产量的关系

膨胀系数为 0.00035℃$^{-1}$ 时，B 环空压力在不同水泥返深条件下与产量的变化关系如图 9-68 所示。图中横坐标的代表产量，纵坐标代表压力，分别给出了不同水泥返深时，B 环空压力随产量的变化情况。可以看出：该膨胀系数条件下，环空压力随着产量的增加而增加，二开水泥返深对环空压力没有影响。

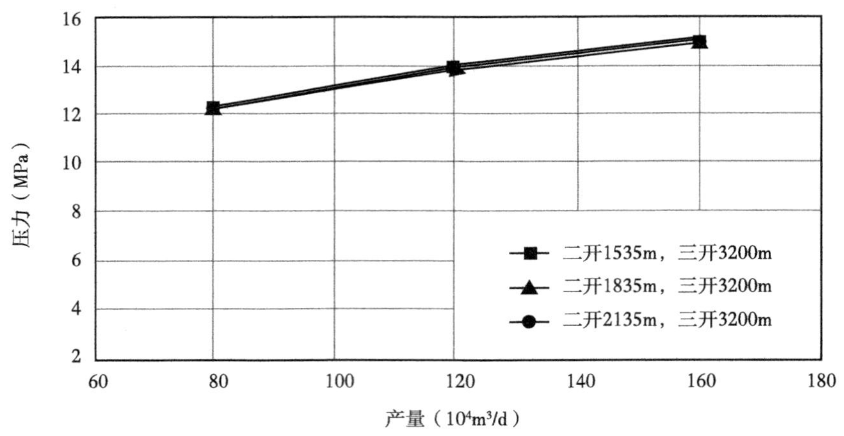

图 9-68　膨胀系数为 0.00035 时，不同水泥返深下 B 环空压力与产量的关系

膨胀系数为 0.00035℃$^{-1}$ 时，C 环空压力在不同水泥返深条件下与产量的变化关系如图 9-69 所示。图中横坐标的代表产量，纵坐标代表压力，分别给出了不同水泥返深时，C 环空压力随产量的变化情况。可以看出：该膨胀系数条件下，环空压力随着产量的增加而增加，当水泥返深在上层套管鞋之上时，二开水泥返深对环空压力没有影响；水泥返深在上层套管之下时，二开水泥返深越大环空压力越大。

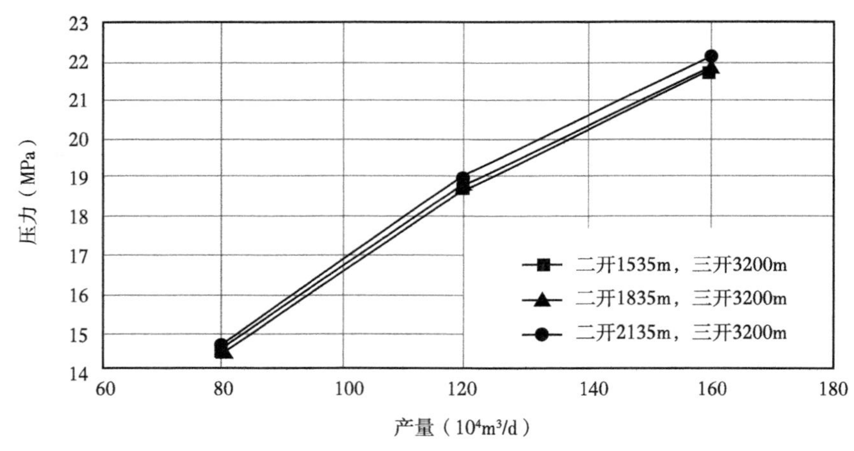

图 9-69　膨胀系数为 0.00035 时，不同水泥返深下 C 环空压力与产量的关系

膨胀系数为 0.00045℃$^{-1}$ 时，A 环空压力在不同水泥返深条件下与产量的变化关系如图 9-70 所示。图中横坐标的代表产量，纵坐标代表压力，分别给出了不同水泥返深时，A 环空压力随产量的变化情况。可以看出：该膨胀系数条件下，环空压力随着产量的增加而增加，二开水泥返深对环空压力没有影响。

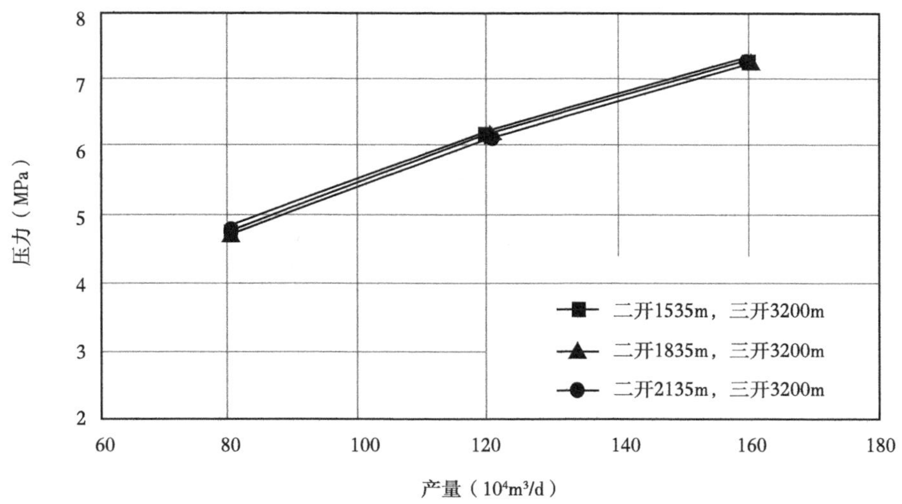

图 9-70　膨胀系数为 0.00045 时，不同水泥返深下 A 环空压力与产量的关系

膨胀系数为 0.00045℃$^{-1}$ 时，B 环空压力在不同水泥返深条件下与产量的变化关系如图 9-71 所示。图中横坐标的代表产量，纵坐标代表压力，分别给出了不同水泥返深时，B 环空压力随产量的变化情况。可以看出：该膨胀系数条件下，环空压力随着产量的增加而增加，二开水泥返深对环空压力没有影响。

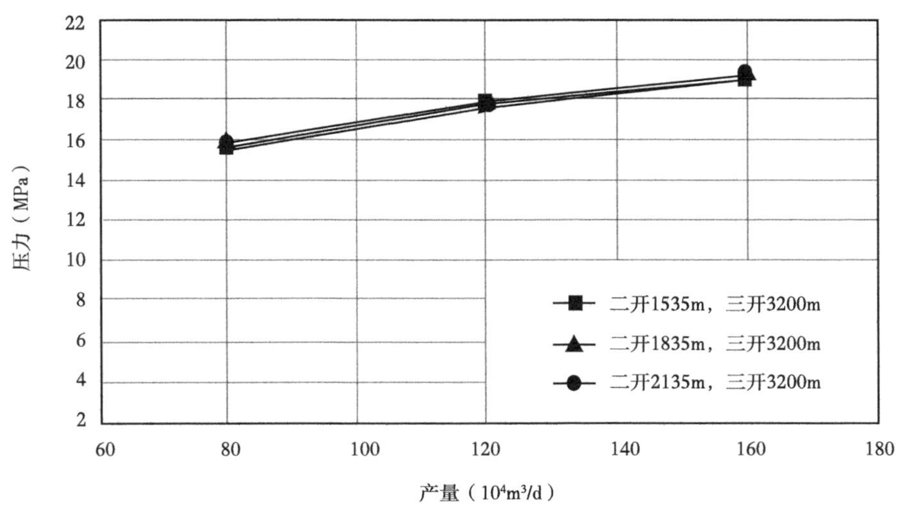

图 9-71　膨胀系数为 0.00045 时，不同水泥返深下 B 环空压力与产量的关系

膨胀系数为 0.00045℃$^{-1}$ 时，B 环空压力在不同水泥返深条件下与产量的变化关系如图 9-72 所示。图中横坐标的代表产量，纵坐标代表压力，分别给出了不同水泥返深时，B 环空压力随产量的变化情况。可以看出：该膨胀系数条件下，环空压力随着产量的增加而增加，当水泥返深在上层套管鞋之上时，二开水泥返深对环空压力没有影响；水泥返深在上层套管之下时，二开水泥返深越大环空压力越大。

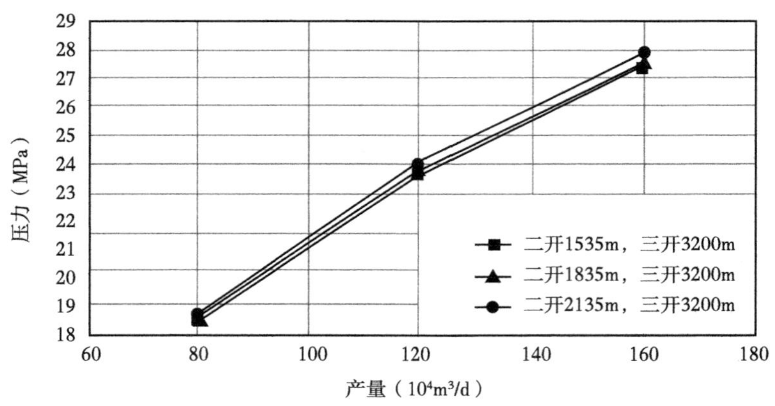

图 9-72　膨胀系数为 0.00045 时，不同水泥返深下 C 环空压力与产量的关系

3. 两种方案环空压力对比

1）A 环空压力对比结果

图 9-73 为方案一：二开水泥返深 1535m，三开水泥返深 3000m 工况与方案二：二开水泥返深 1535m，三开水泥返深 3200m 工况的 A 环空压力与产量的变化关系，可以看出，相同工况下，方案二的 A 环空压力大于方案一的 A 环空压力。

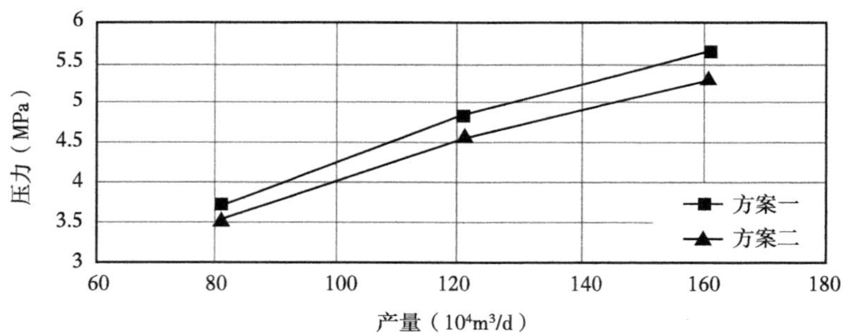

图 9-73　二开水泥返深 1535m 工况下两种方案的 A 环空压力与产量的关系

图 9-74 为方案一：二开水泥返深 1835m，三开水泥返深 3000m 工况与方案二：二开水泥返深 1835m，三开水泥返深 3200m 工况的 A 环空压力与产量的变化关系，可以看出，相同工况下，方案二的 A 环空压力大于方案一的 A 环空压力。

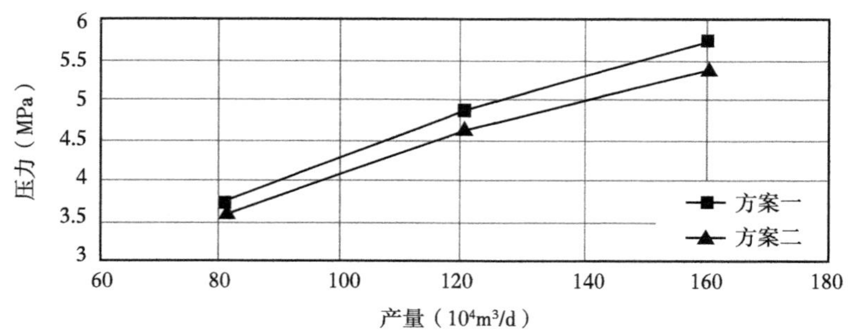

图 9-74　二开水泥返深 1835m 工况下两种方案的 A 环空压力与产量的关系

图 9-75 为方案一：二开水泥返深 2135m，三开水泥返深 3000m 工况与方案二：二开水泥返深 2135m，三开水泥返深 3200m 工况的 A 环空压力与产量的变化关系，可以看出，相同工况下，方案二的 A 环空压力等于方案一的 A 环空压力。

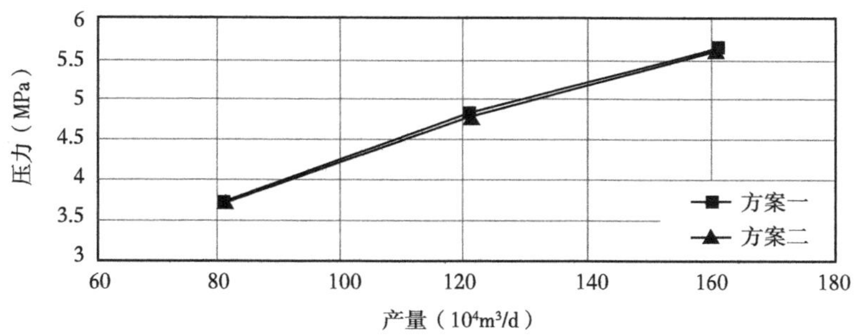

图 9-75　二开水泥返深 2135m 工况下两种方案的 A 环空压力与产量的关系

综上所述：在相同的水泥返深工况下，方案二的 A 环空压力大于等于方案一的 A 环空压力，因此，考虑环空带压对井筒完整性的影响，最好采用方案一的井身结构。

2）B 环空压力对比结果

图 9-76 为方案一：二开水泥返深 1535m，三开水泥返深 3000m 工况与方案二：二开水泥返深 1535m，三开水泥返深 3200m 工况的 B 环空压力与产量的变化关系，可以看出，相同工况下，方案二的 B 环空压力大于方案一的 B 环空压力。

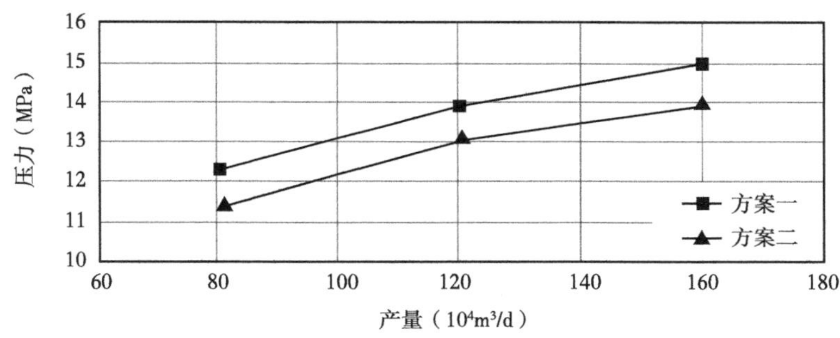

图 9-76　二开水泥返深 1835m 工况下两种方案的 B 环空压力与产量的关系

图 9-77 为方案一：二开水泥返深 1835m，三开水泥返深 3000m 工况与方案二：二开水泥返深 1835m，三开水泥返深 3200m 工况的 B 环空压力与产量的变化关系，可以看出，相同工况下，方案二的 B 环空压力大于方案一的 B 环空压力。

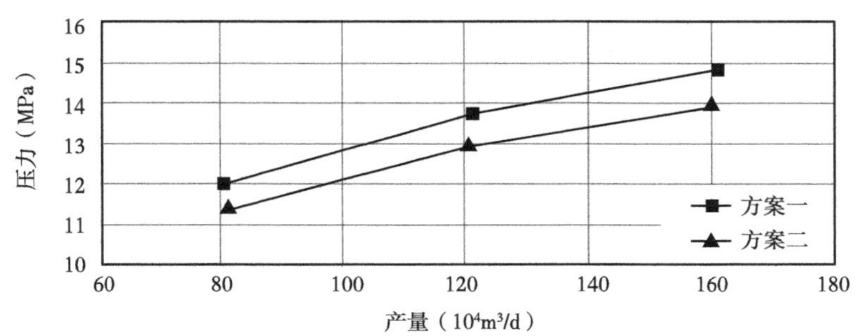

图 9-77　二开水泥返深 1835m 工况下两种方案的 B 环空压力与产量的关系

图 9-78 为方案一：二开水泥返深 2135m，三开水泥返深 3000m 工况与方案二：二开水泥返深 2135m，三开水泥返深 3200m 工况的 B 环空压力与产量的变化关系，可以看出，相同工况下，方案二的 B 环空压力等于方案一的 B 环空压力。

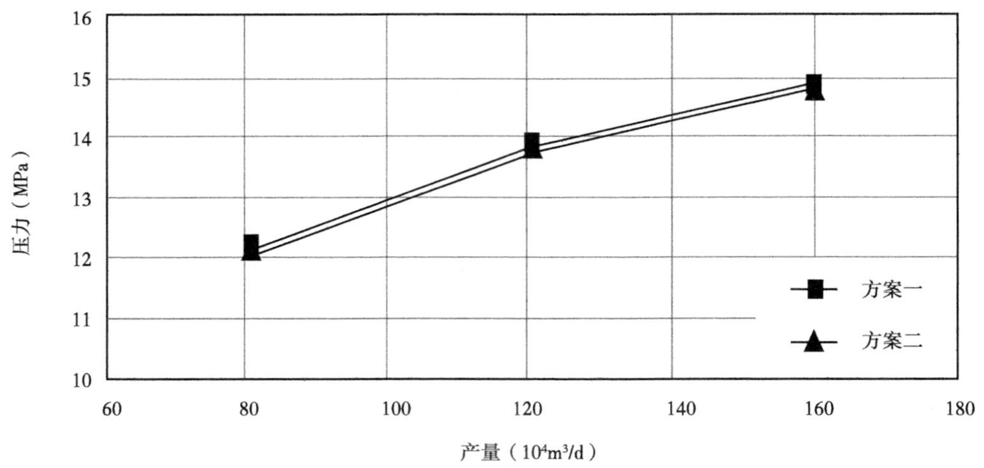

图 9-78　二开水泥返深 2135m 工况下两种方案的 B 环空压力与产量的关系

综上所述：在相同的水泥返深工况下，方案二的 B 环空压力大于等于方案一的 B 环空压力，因此，考虑环空带压对井筒完整性的影响，最好采用方案一的井身结构

3）C 环空压力对比结果

图 9-79 为方案一：二开水泥返深 1535m，三开水泥返深 3000m 工况与方案二：二开水泥返深 1535m，三开水泥返深 3200m 工况的 C 环空压力与产量的变化关系，可以看出，相同工况下，方案二的 C 环空压力大于方案一的 C 环空压力。

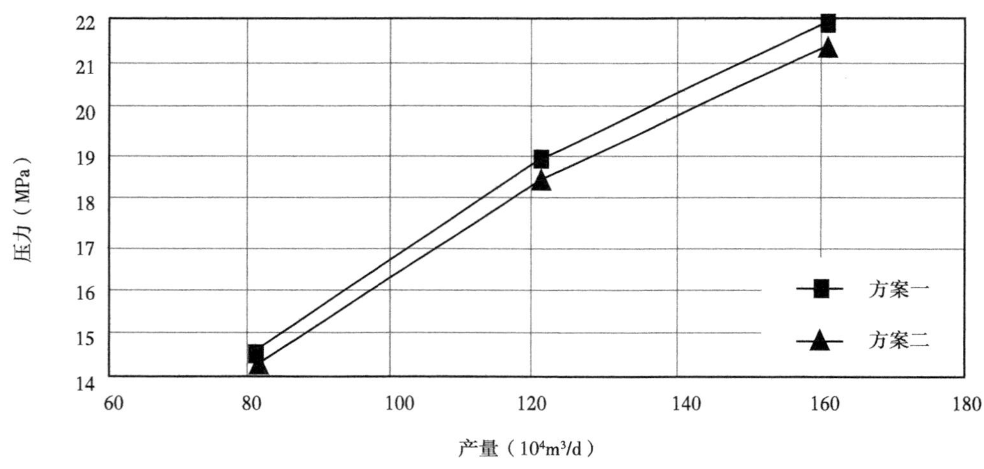

图 9-79　二开水泥返深 1535m 工况下两种方案的 C 环空压力与产量的关系

图 9-80 为方案一：二开水泥返深 1835m，三开水泥返深 3000m 工况与方案二：二开水泥返深 1835m，三开水泥返深 3200m 工况的 C 环空压力与产量的变化关系，可以看出，相同工况下，方案二的 C 环空压力大于方案一的 C 环空压力。

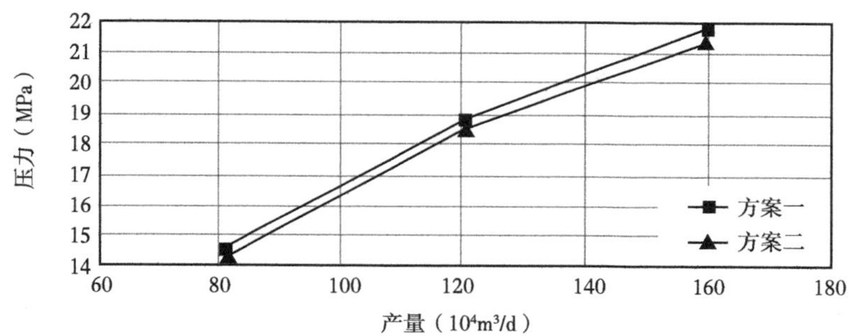

图 9-80　二开水泥返深 1835m 工况下两种方案的 C 环空压力与产量的关系

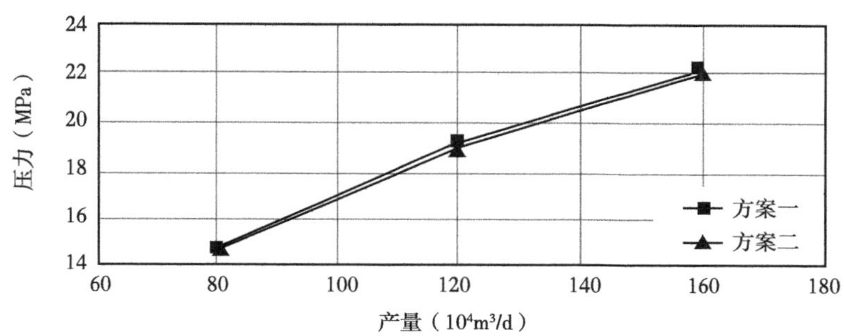

图 9-81　二开水泥返深 2135m 工况下两种方案的 C 环空压力与产量的关系

综上所述：在相同的水泥返深工况下，方案二的 B 环空压力大于等于方案一的 B 环空压力，因此，考虑环空带压对井筒完整性的影响，最好采用方案一的井身结构。

因此，从以上对比结果可以看出，在相同的水泥返深工况下，采用方案一井身结构所预测的 A、B、C 环空的压力要小于等于采用方案二的井身结构所预测的 A、B、C 环空的压力，考虑环空带压对井筒完整性的影响，最好采用方案一的井身结构。

第十章　套管柱安全评价

最危险的内压出现在意外的油管螺纹或管体泄漏，油管挂，滑套、封隔器密封失效，并导致油管内外连通。在环空封闭条件下，地层压力下的高压天然气通过漏失处进入到油套管环空，并上升到井口。套管承受的内压力为井口环空压力与环空流体的静液柱压力的叠加值。推荐重要的高温高压气井生产套管考虑上述特殊情况作抗内压设计，并制定安全预案。如果预计的压力超过安全许可值，需要改进设计。

第一节　环空带压井套管柱静态力学设计

一、外载荷确定方法

（一）抗挤强度设计载荷

套管外静液柱压力按下套管时井内钻井液密度计算，套管内全掏空。按照式（10-1）计算套管外挤压力。

$$p_o' = 0.981\gamma_m H \tag{10-1}$$

式中　H——人工井底处井深，m；

γ_m——套管外钻井液密度，g/cm^3；

p_o'——套管外钻井液液柱压力，MPa。

如果按上述套管内全掏空计算的抗挤安全系数不满足要求，在注水泥段的管外压力可按地层盐水柱压力计算，盐水密度为 1.07g/cm^3。

（二）抗拉强度设计载荷

1. 在套管强度和大钩额定负荷富裕的情况下，按空气中的重量计算套管轴向外载荷

2. 精确计算轴向力

1）套管自重产生的轴向力

套管自重产生的轴向力，在套管柱上由下向上逐渐增大，至井口处为最大。设套管柱由 n 段套管组成，则在第 i（i=1，2，…，n，从下往上）段套管顶部轴向拉力按照式（10-2）计算。

$$T_i = \Sigma T_k = \Sigma q_k \cdot L_k \tag{10-2}$$

式中　T_i——第 i 段套管顶部轴向拉力，kN；

T_k——第 k（k=1，2，…，i）段套管自重，kN；

L_k——第 k 段套管长度，m；

q_k——第 k 段每米套管重量，kN。

在井口处即 $T_i=T_n=\Sigma T_k$，即为全部套管自重之和；在最下端一段套管顶部处，即为该段套管自重。上式可以方便地计算各段套管顶部处所承受的轴向拉力。

2）浮力作用下的轴向力

套管柱在井中受钻井液浮力作用，浮力计算公式如下：

$$F_i = p_i S_i \tag{10-3}$$

式中 F_i——浮力，kN；

p_i——钻井液柱压力，MPa；

S_i——套管水平方向裸露面积，m^2。

3）井眼弯曲产生的轴向力

套管下入到有一定井斜和曲率变化的井内将引起弯曲。因弯曲作用而在套管截面上产生不均匀的轴向力可按式（10-4）计算。

$$T_d = E\theta\pi rA/\left(180\times10^6 L\right) \tag{10-4}$$

式中 T_d——弯曲引起的附加轴向拉力，kN；

E——钢的弹性模数，$E=2.1\times10^8$kPa；

L——弯曲段长度，m；

θ——全角变化率，(°)/m；

A——套管截面积，cm^2。

为了简化计算，常用25m的井斜变化率代替空间全角变化率 θ，则式（10-4）变成式（10-5）。

$$T_d = 0.0733DA\alpha \tag{10-5}$$

式中 D——套管外径，cm；

A——套管截面积，cm^2。

α——井斜变化率，(°)/25m。

在设计套管柱时，可由上式估算弯曲应力的作用。

4）注水泥过程产生的轴向力

在深井或超深井下大直径套管后注水泥过程中，当水泥浆密度比井内钻井液密度大得多时，在水泥浆返出套管鞋时，将使套管柱产生一个较大的附加轴向拉力。注水泥过程产生的轴向力可按式（10-6）估算。

$$T_c = h(\gamma_c - \gamma_m)d^2\pi/4000 \tag{10-6}$$

式中 T_c——水泥浆与钻井液密度差产生的附加轴向拉力，kN；

h——管内水泥浆柱高度，m；

γ_c——水泥浆密度，g/cm^3；

γ_m——钻井液密度，g/cm^3；

d——套管内径，cm。

5）其他附加轴向力

其他附加轴向力包括注水泥碰压，下套管过程中冲击载荷产生的附加轴向力，与井壁摩擦产生的附加轴向力，固井以后装井口时上提套管力等。以上附加轴向力变化很大，在套管柱设计中一般都包括在安全系数中。

（三）套管抗内压强度设计载荷

1. 简化模型

气井垂深＞1800m 时，井口套管内压载荷 = 最大地层压力×0.85；

气井垂深≤1800m 时，井口套管内压载荷 = 最大地层压力×0.90。

2. 理论计算模型

根据天然气密度、地层温度压力，进行理论计算求取压力分布。

二、套管强度设计技术

（一）抗挤强度设计

套管有效外压力等于套管外液柱压力，不考虑套管内液柱压力的抵消作用。根据有效外压力选择套管钢级和壁厚，再按照式（10-7）计算抗内压安全系数。

$$S_c = \frac{p_c}{p_{ce}} \geqslant 1 \tag{10-7}$$

式中 S_c——抗挤安全系数；

p_c——抗挤强度，MPa；

p_{ce}——有效外挤压力，套管有效外压力等于套管外液柱压力，不考虑套管内液柱压力的抵消作用，MPa。

（二）抗内压强度设计

套管井口有效内压力按照试压时井口套管内压力考虑，井底套管有效内压力等于管内液柱压力加上井口压力，不考虑套管外液柱压力的抵消作用。按照式（10-8）计算套管抗内压安全系数。

$$S_i = \frac{p_b}{p_{be}} \geqslant 1 \tag{10-8}$$

式中 S_i——抗内压安全系数；

p_b——抗内压强度，MPa；

p_{be}——有效内压力，井口套管有效内压力为试压时井口套管内压力，井底套管有效内压力等于套管内液柱压力加上井口压力，不考虑套管外液柱压力的抵消作用，MPa。

（三）抗拉强度设计

根据所选出的套管计算该段套管顶部的拉力，不考虑浮力的作用。按照式（10-9）计算套管抗拉安全系数。

$$S_t = \frac{T_o}{T_e} \geqslant 1.8 \tag{10-9}$$

式中　S_t——抗拉安全系数；

T_o——抗拉强度，kN；

T_e——有效拉力，等于该段套管顶部的拉力，不考虑浮力的作用，kN。

（四）VON-MISES 复合应力设计

如果套管抗内压强度设计的安全系数不满足上述要求，推荐按照复合外载荷作用下 VON-MISES 复合应力确定安全系数。

1. *在复合外载作用下的复合应力计算*

式（10-10）为在轴向拉伸、内压和外挤压力联合作用下的复合应力。

$$\sigma_e = \frac{1}{\sqrt{2}}\sqrt{(\sigma_1-\sigma_2)^2+(\sigma_2-\sigma_3)^2+(\sigma_3-\sigma_1)^2} \tag{10-10}$$

式中　σ_e——复合应力，MPa；

σ_1——轴向应力，$\sigma_1 = -\frac{F_c}{3.14\left(r_o^2-r_i^2\right)}$，MPa；

σ_2——周向应力，$\sigma_2 = \frac{p_i r_i^2 - p_o r_o^2}{r_o^2-r_i^2} + \frac{r_o^2 r_i^2}{\left(r_o^2-r_i^2\right)r^2}\left(p_i-p_o\right)$，MPa；

σ_3——径向应力，$\sigma_3 = \frac{p_i r_i^2 - p_o r_o^2}{r_o^2-r_i^2} - \frac{r_o^2 r_i^2}{\left(r_o^2-r_i^2\right)r^2}\left(p_i-p_o\right)$，MPa；

p_i——管内流体压力，MPa；

p_o——管外流体压力，MPa；

F_c——管柱轴向力，kN；

r_i——管子内半径，mm；

r_o——管子外半径，mm。

2. *以复合应力为基础的强度安全系数*

套管柱强度设计应首先满足前述各单一载荷下强度安全系数的规定。但若单独的抗拉或抗内压强度不满足要求时，可按复合应力计算，套管强度安全系数应大于 1.25，计算公式见式（10-11）。

$$\sigma_e = \sigma_y / 1.25 \tag{10-11}$$

式中　σ_e——复合应力，MPa；

σ_y——材料的名义屈服强度，MPa。

3. *双轴应力设计*

深井套管在轴向拉力作用下抗挤强度会降低，式（10-10）和式（10-11）也适用于其强度设计。

三、LS25-1-3 井套管强度校核结果

陵水套管强度基本条件：单一外压力剖面。即在固井结束且环空水泥浆完全凝固后，各工况的外压力剖面一样，即：水泥返高之上为钻井液，水泥返高下为混浆水静液柱压力

梯度。内压力考虑循环排气。气侵后采用司钻法排出气体过程中，套管内是气液两相流。气体井涌、套管试压 1500psi、继续钻进；固井碰压 10MPa；外挤力考虑：部分掏空、继续钻井、固井；抗拉考虑下套管速度 0.5m/s、固井碰压、解卡过提 150tf。

（一）方案一 φ508mm（20in）表层套管强度校核结果

图 10-1 至图 10-4 分别是 LS25-1-3 井表层套管抗内压、抗外挤、抗拉实际外载荷和三轴应力强度沿井深的分布曲线。

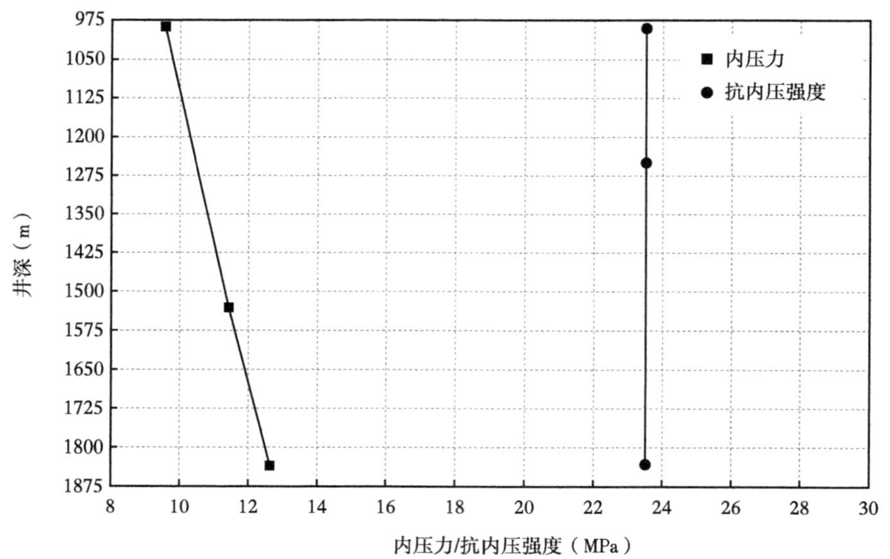

图 10-1　φ508mm（20in）套管柱抗内压曲线

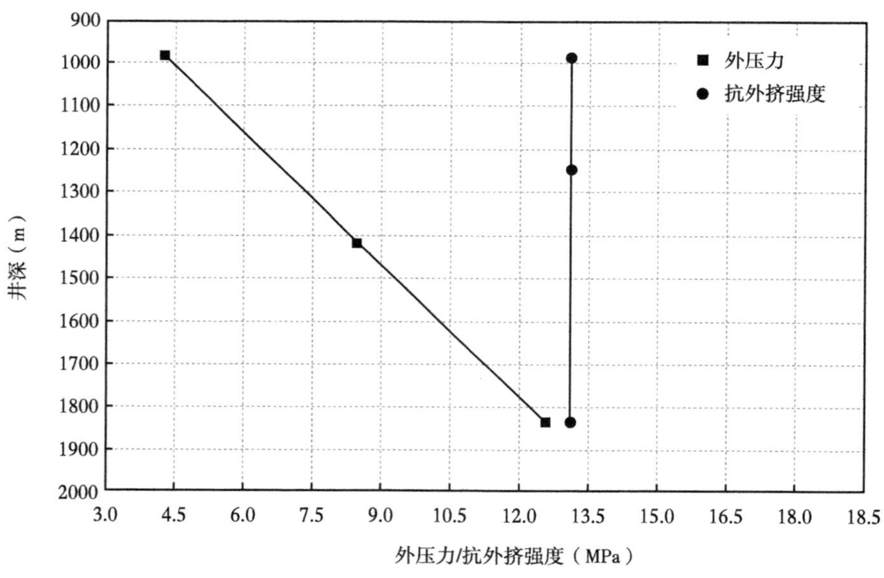

图 10-2　φ508mm（20in）套管柱抗挤曲线

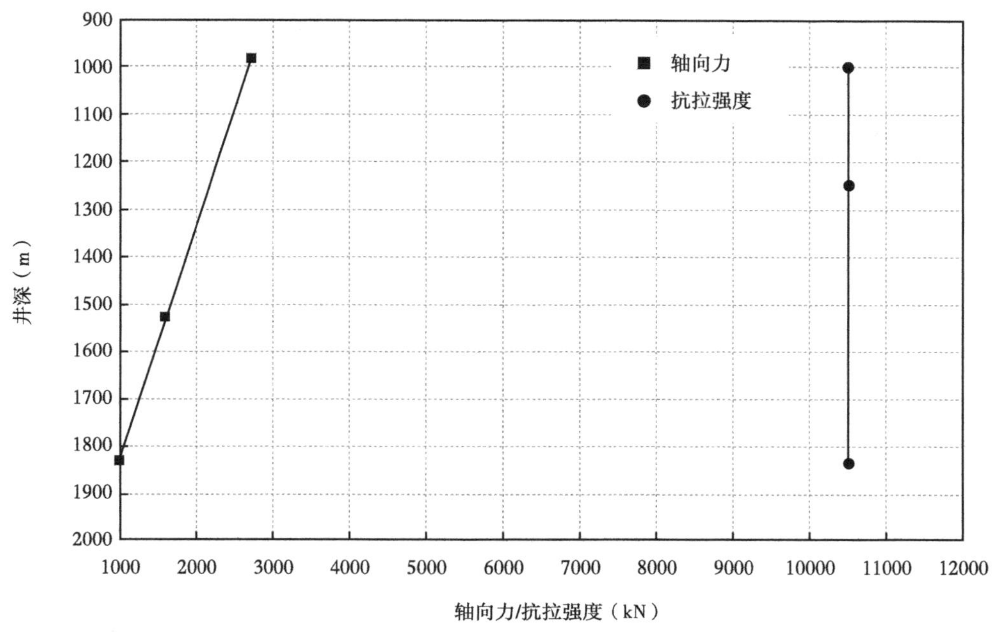

图 10-3　ϕ508mm（20in）套管柱抗拉曲线

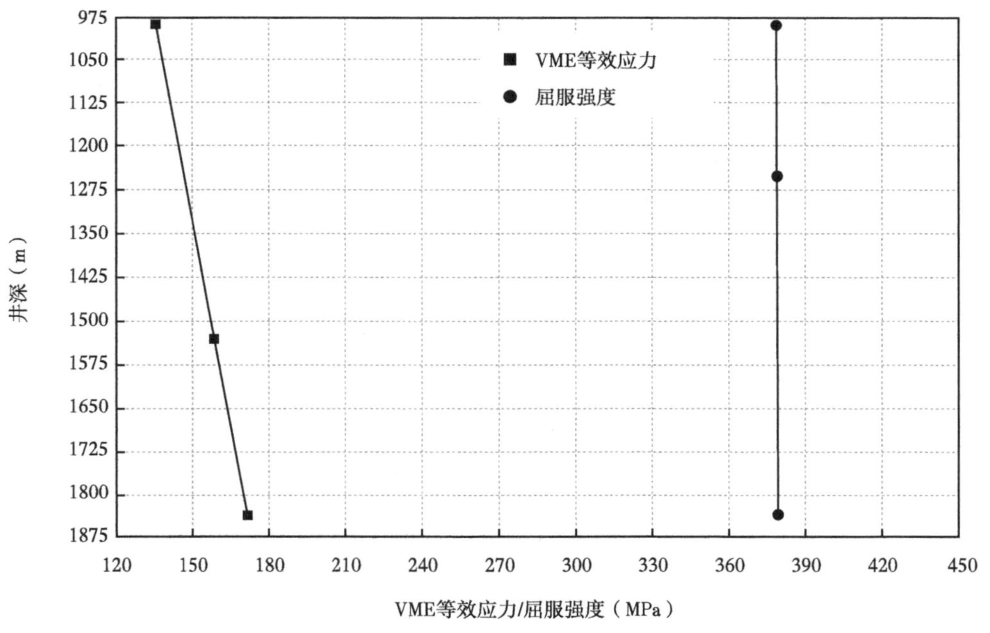

图 10-4　ϕ508mm（20in）套管柱三轴应力强度曲线

（二）方案一 ϕ339.7mm（13⅜in）技术套管强度校核结果

图 10-5 至图10-8 分别是 LS25-1-3 井技术套管的抗内压、抗外挤、抗拉实际外载荷和三轴应力强度沿井深的分布曲线。

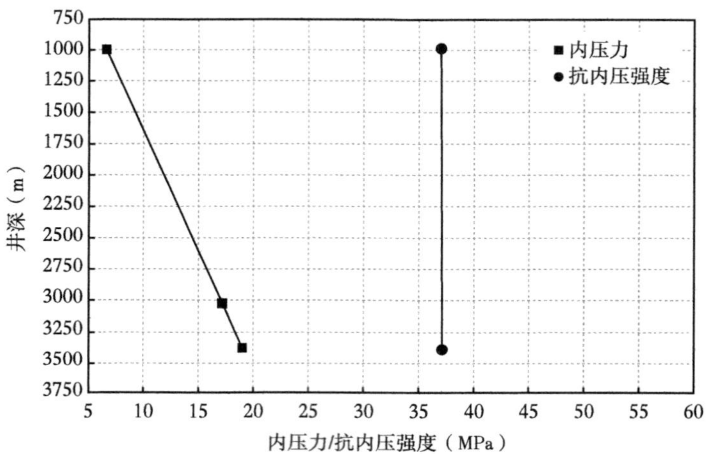

图 10-5 ϕ339.7mm（13³⁄₈in）套管柱抗内压曲线

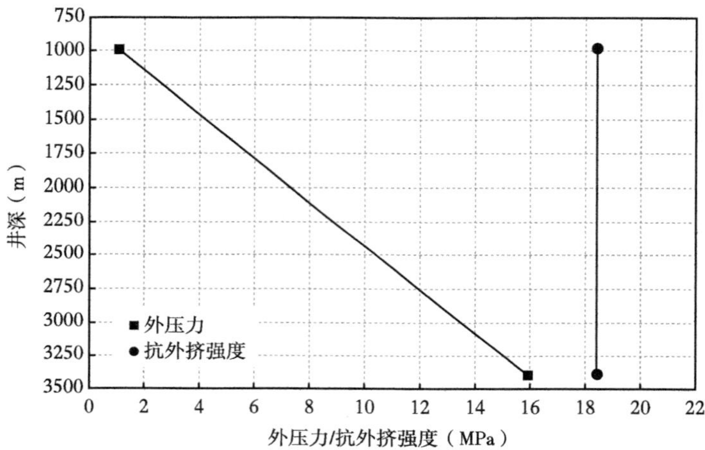

图 10-6 ϕ339.7mm（13³⁄₈in）套管柱抗挤曲线

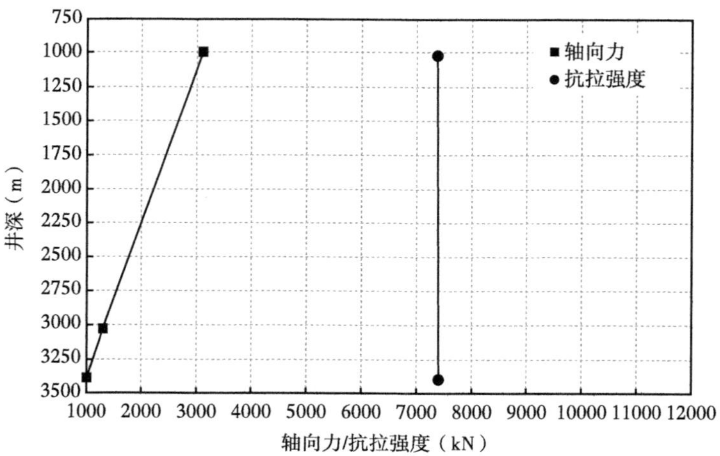

图 10-7 ϕ339.7mm（13³⁄₈in）套管柱抗拉曲线

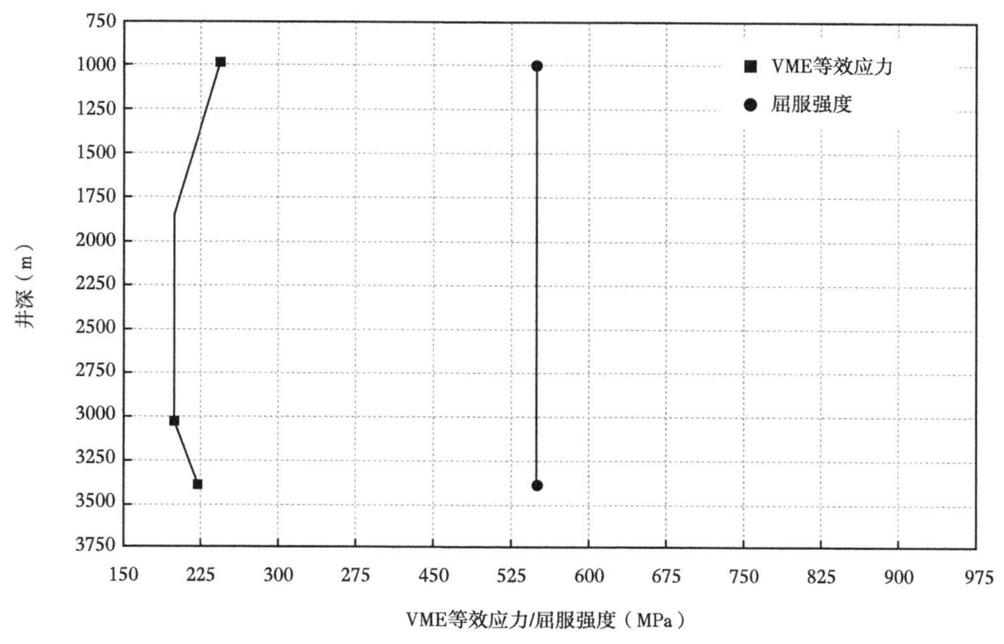

图 10-8　ϕ339.7mm（13⅜in）套管柱三轴应力强度曲线

（三）方案一 ϕ244.5mm（9⅝in）生产套管强度校核结果

图 10-9 至图 10-12 分别是 LS25-1-3 井生产套管的抗内压、抗外挤、抗拉实际外载荷和三轴应力强度沿井深的分布曲线。

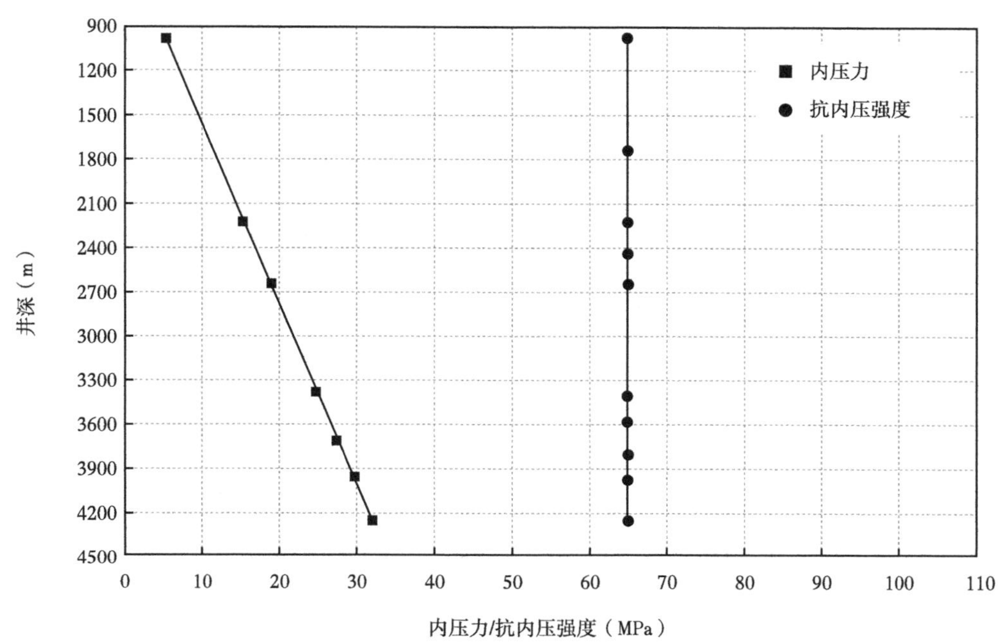

图 10-9　ϕ244.5mm（9⅝in）套管柱抗内压曲线

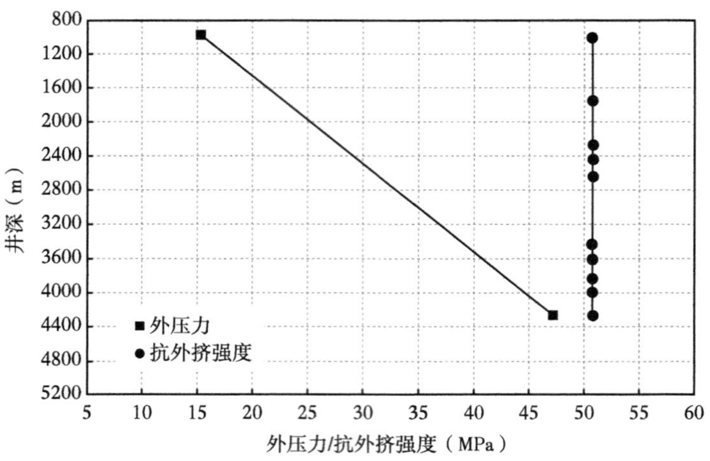

图 10-10　ϕ244.5mm（9⅝in）套管柱抗挤曲线

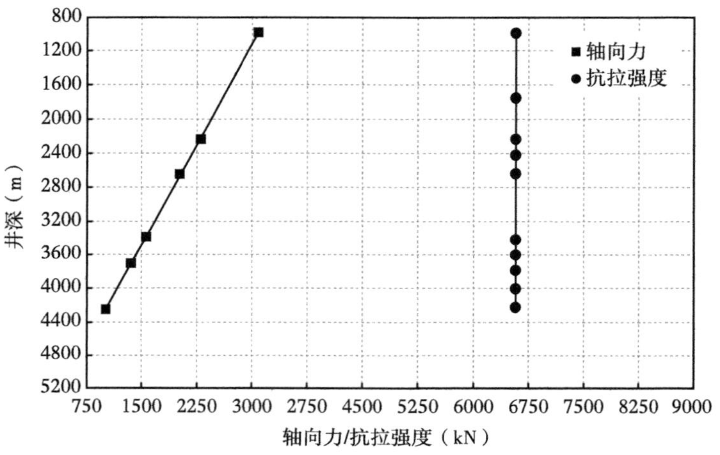

图 10-11　ϕ244.5mm（9⅝in）套管柱抗拉曲线

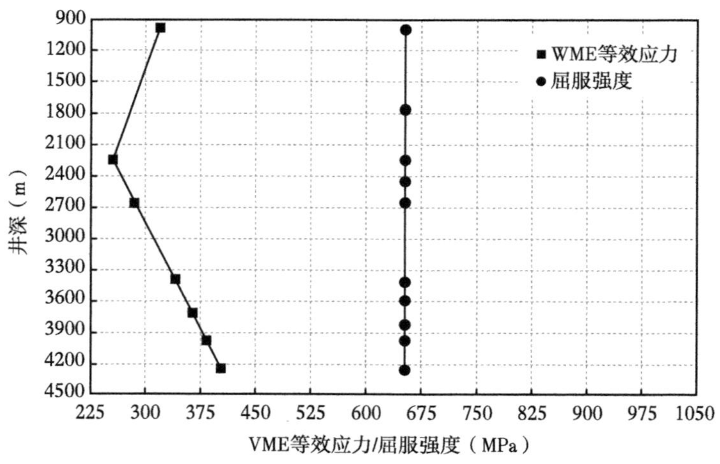

图 10-12　ϕ244.5mm（9⅝in）套管柱三轴应力强度曲线

（四）方案二 ϕ508mm（20in）表层套管强度校核结果

图 10-13 至图 10-16 分别是 LS25-1-3 井表层套管抗内压、抗外挤、抗拉实际外载荷和三轴应力强度沿井深的分布曲线。

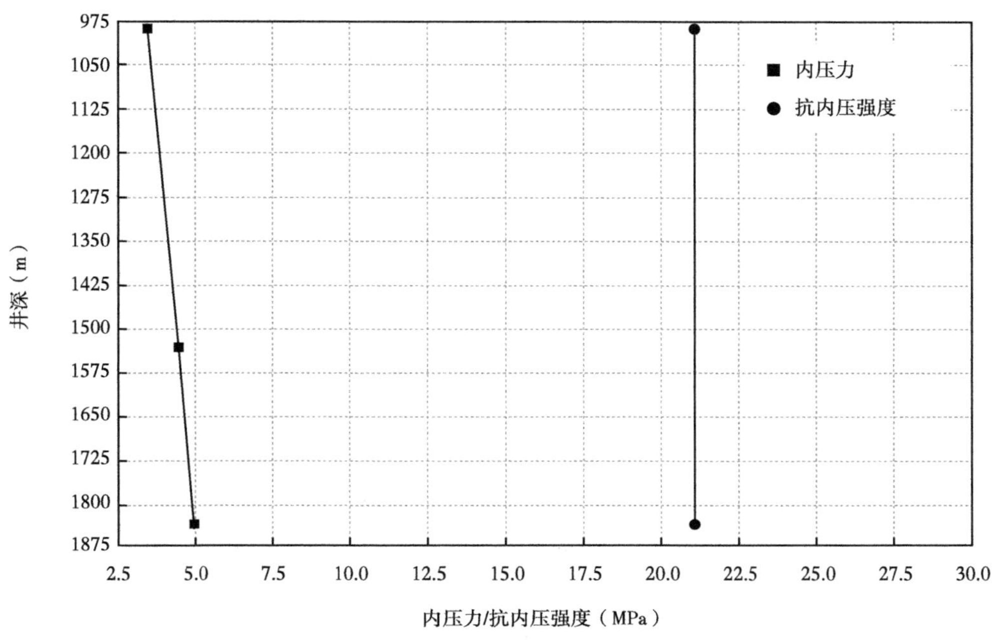

图 10-13　ϕ508mm（20in）套管柱抗内压曲线

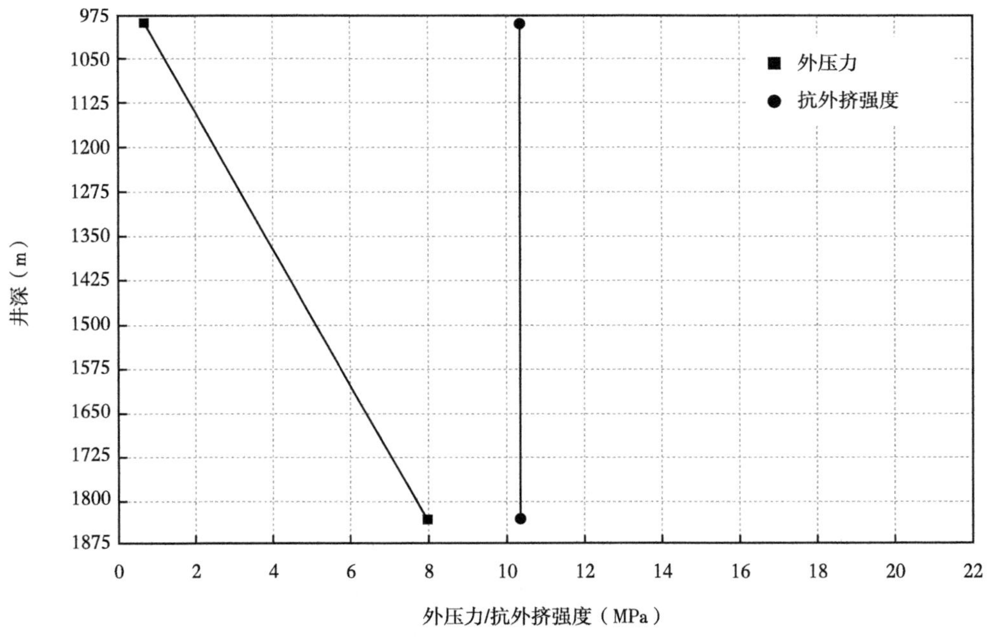

图 10-14　ϕ508mm（20in）套管柱抗拉曲线

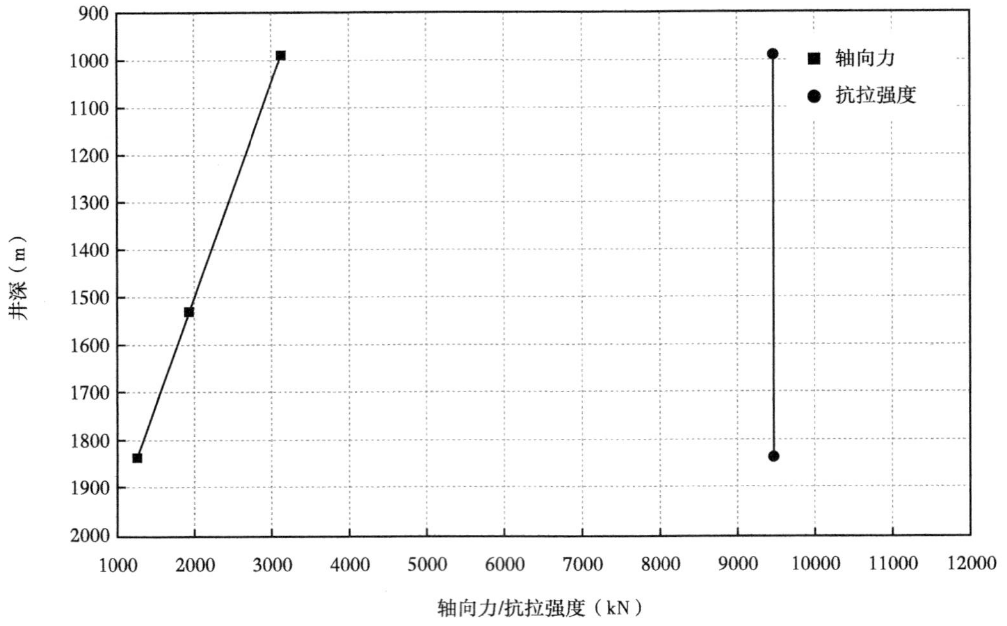

图 10-15　ϕ508mm（20in）套管柱抗挤曲线

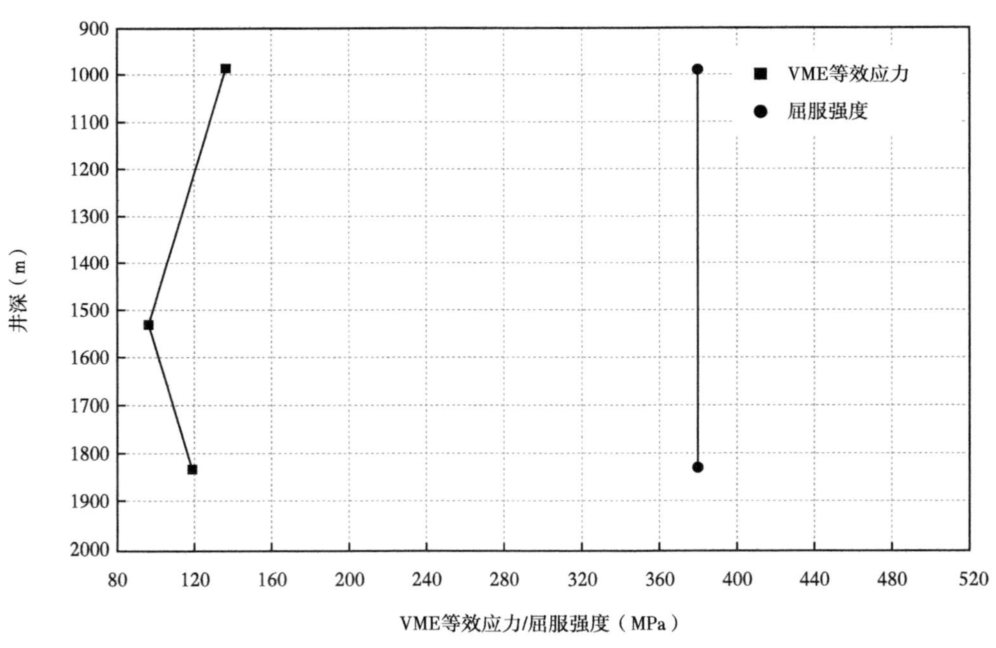

图 10-16　ϕ508mm（20in）套管柱三轴应力强度曲线

（五）方案二 ϕ339.7mm（13⅜in）技术套管强度校核结果

图 10-17 至图 10-20 分别是 LS25-1-3 井抗内压、抗外挤、抗拉实际外载荷和三轴应力强度沿井深的分布曲线。

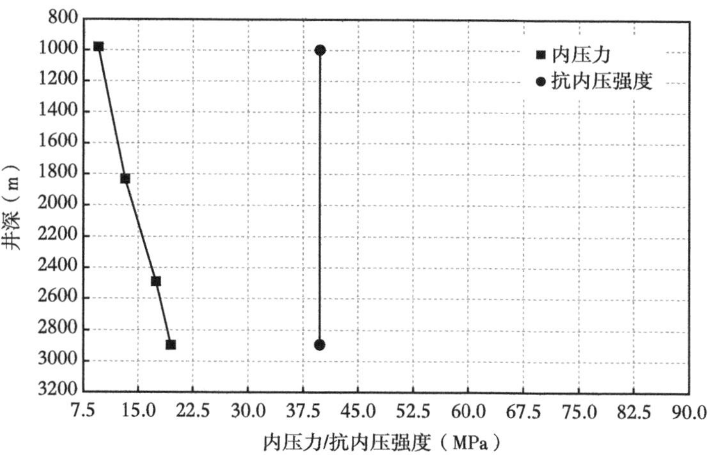

图 10-17　ϕ339.7mm（13³⁄₈in）套管柱抗内压曲线

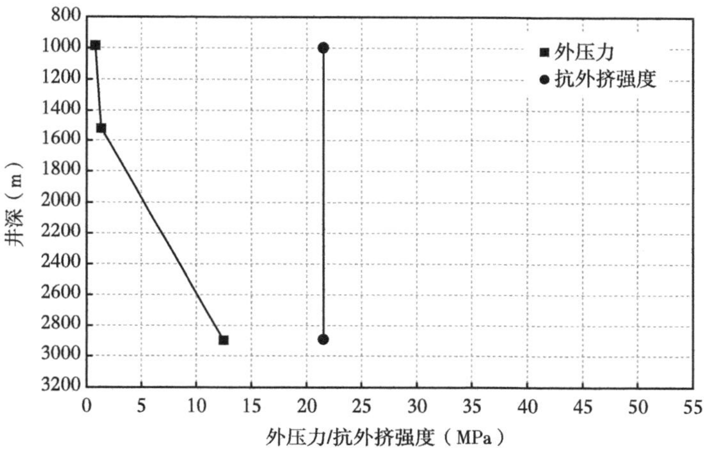

图 10-18　ϕ339.7mm（13³⁄₈in）套管柱抗挤曲线

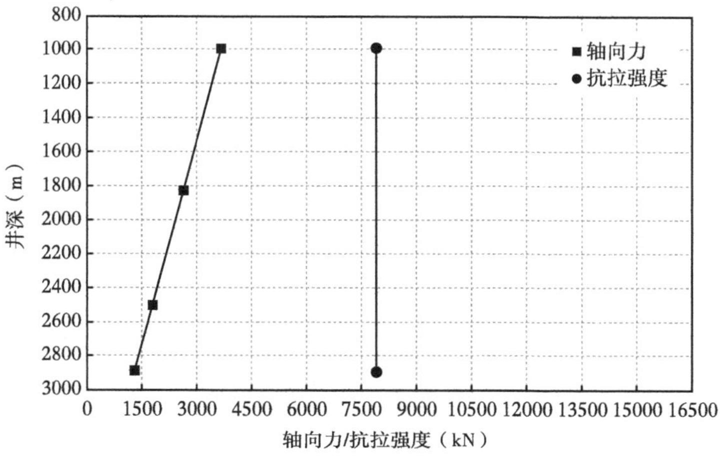

图 10-19　ϕ339.7mm（13³⁄₈in）套管柱抗拉曲线

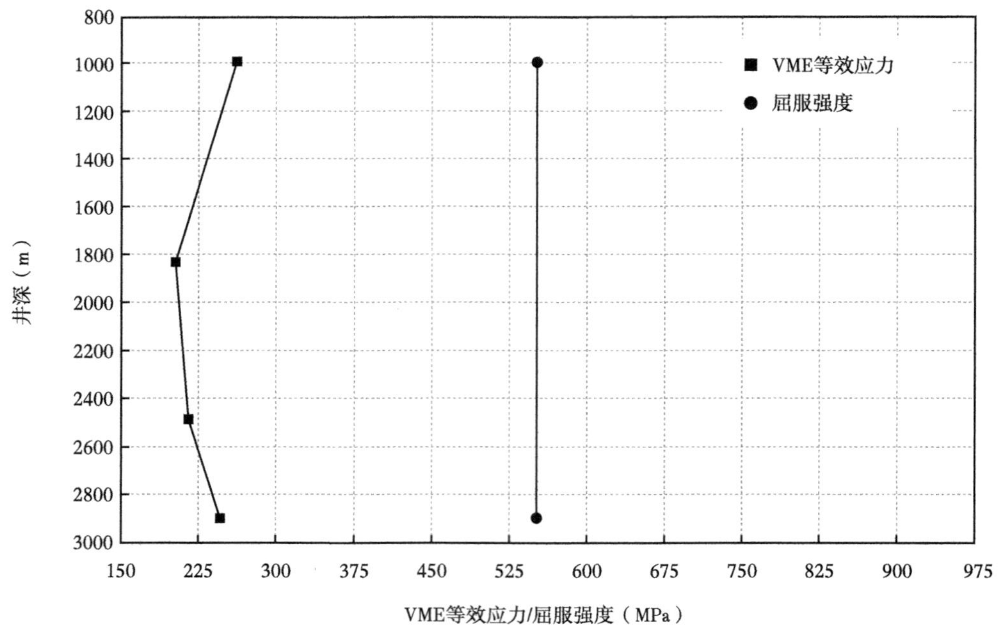

图 10-20　ϕ339.7mm（13⅜in）套管柱三轴应力强度曲线

（六）方案二 ϕ244.5mm（9⅝in）生产套管强度校核结果

图 10-21 至图 10-24 分别是 LS25-1-3 井抗内压、抗外挤、抗拉实际外载荷和三轴应力强度沿井深的分布曲线。

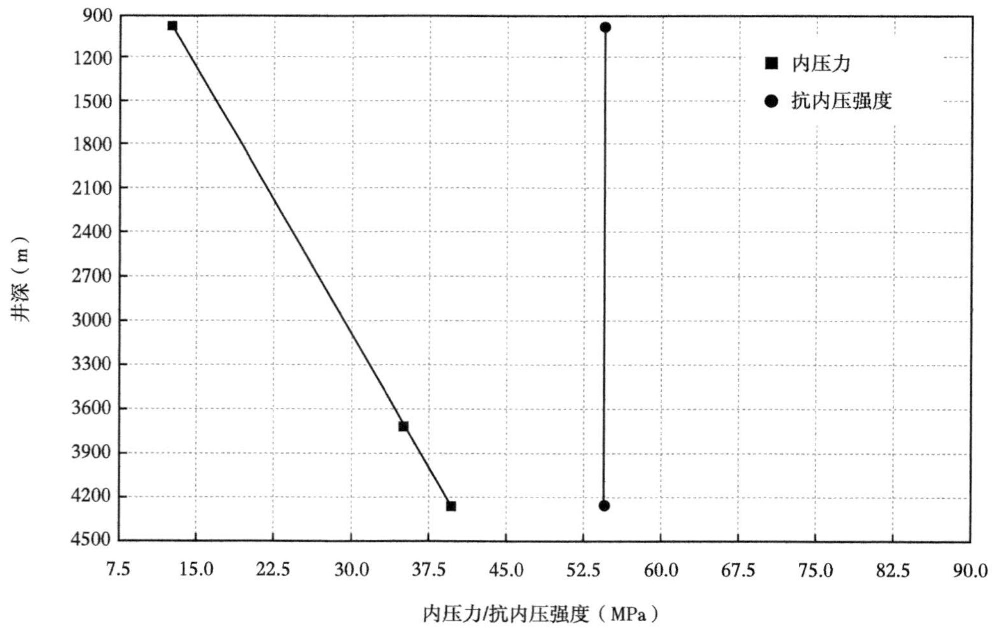

图 10-21　ϕ244.5mm（9⅝in）套管柱抗内压曲线

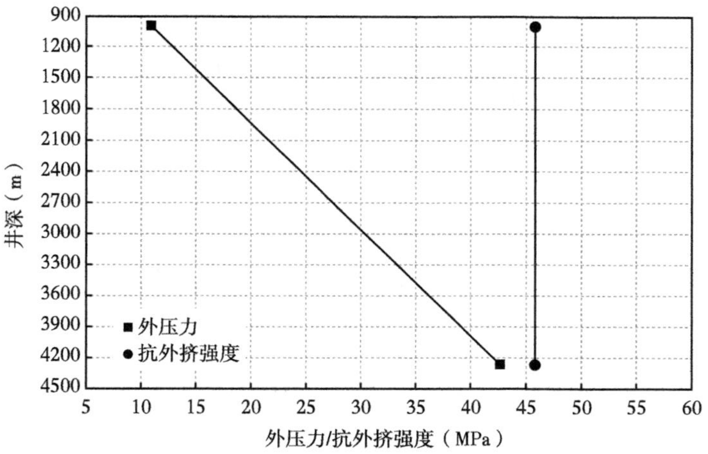

图 10-22　ϕ244.5mm（9⅝in）套管柱抗挤曲线

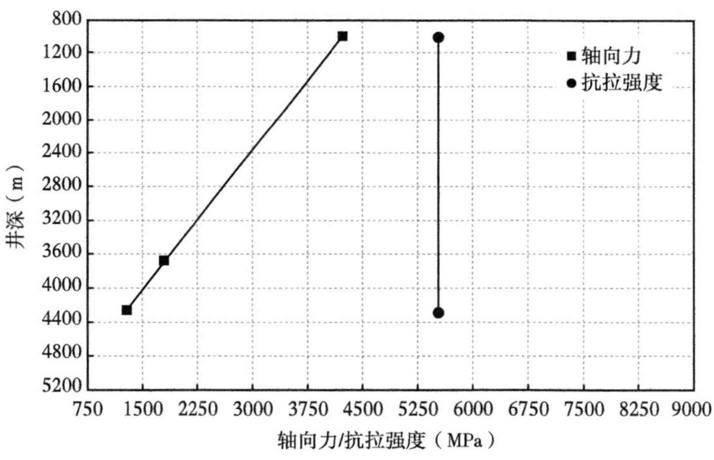

图 10-23　ϕ244.5mm（9⅝in）套管柱抗拉曲线

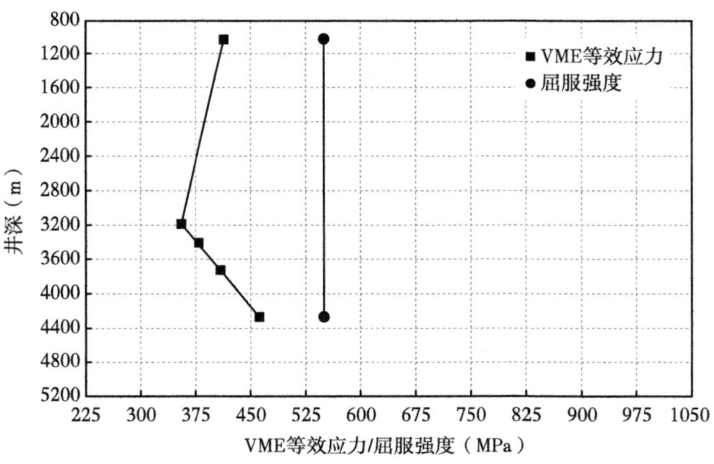

图 10-24　ϕ244.5mm（9⅝in）套管柱三轴应力强度曲线

第二节　高温对 LS25-1-3 井自由套管段轴向力和轴向变形的影响研究

一、自由套管段轴向力和轴向变形计算模型

在生产过程中，首先计算由生产前后温度场变化引起的套管轴向载荷和不同水泥返深条件下的各层套管轴向刚度，根据套管轴向载荷和轴向刚度计算套管头升高值，再通过套管头升高值得出井口热应力。

根据弹性模量大小把地层和水泥环看作一个弹体分析，将套管视为一个弹性体。由于弹性体所受的外在约束，以及各部分之间的相互约束，这种膨胀或收缩并不能自由地发生，于是就产生了应力。这个温度应力由于物体的弹性将引起附加的形变。此时热应力即为：

$$\sigma = \alpha \cdot \Delta T_i \cdot E \tag{10-12}$$

式中　α——线热膨胀系数，℃$^{-1}$；

ΔT_i——温度变化值，℃；

E——杨氏模量，N/m^2。

套管因温度变化而引起的单层套管轴向载荷为：

$$F_{ti} = A_i \cdot E \cdot \alpha_i \cdot \Delta T_i \tag{10-13}$$

式中　A_i——第 i 层套管的横截面积，m^2。

套管因温度变化而引起的多层套管轴向载荷为：

$$F_t = \sum F_{ti} \tag{10-14}$$

式中　F_{ti}——第 i 层套管因温度变化引起的套管轴向载荷，N。

由于实际井身结构是由多层套管并联组成耦合系统，则多层套管的轴向刚度为：

$$K_t = \sum_{i=1}^{n} K_i = \sum_{i=1}^{n} \frac{EA_i}{L_i} \tag{10-15}$$

式中　K_i——第 i 层套管的轴向刚度，N/m；

L_i——第 i 层套管水泥返深，m。

假定每层套管的杨氏模量与线热膨胀系数均相等，且不考虑屈曲作用，则其套管头升高值为：

$$\Delta L = \frac{F_t}{K_t} = \alpha \cdot \frac{\sum \Delta T_i A_i}{\sum \frac{A_i}{L_i}} \tag{10-16}$$

式中　ΔL——套管头升高值，m。

因套管头在井口处固定套管，则升高值为全部套管的伸长值。单层套管由于轴向变形而导致的井口处受力为（即井口热应力）：

$$F_{Zi}=K_i\Delta L-F_{ti}=EA_i\left(\frac{\Delta L}{L_i}-\alpha\Delta T_i\right) \tag{10-17}$$

则因热膨胀而导致的井口处所受总力应为：

$$F_{Z总}=\sum F_{Zi} \tag{10-18}$$

式中　$F_{Z总}$——因热膨胀而导致的井口处所受总力，N。

二、LS25-1-3 井自由套管段轴向力和轴向变形研究

对两种井身结构方案，研究了环空温差、自由套管段的长度、不同热膨胀系数下环空压力对 339.7mm（13⅜in）和 244.5mm（9⅝in）自由套管段的轴向力和轴向变形的影响。

（一）井身结构方案一

研究了自由套管段的轴向力和轴向变形与环空温差的变化关系，自由套管段的轴向力和轴向变形与自由套管段长度的变化关系，自由套管段的轴向力和轴向变形在不同热膨胀系数下环空压力的变化关系。

图 10-25 至图 10-28 中，横坐标为环空温差，纵坐标为套管所受轴向力，可以看出，随着环空温差的增大，该层套管所受轴向力也增大，且呈线性。所以，高温对自由套管段所受轴向力的影响很明显，在生产过程中准确预测井筒温度场，合理控制产量对套管的安全服役具有重要意义。

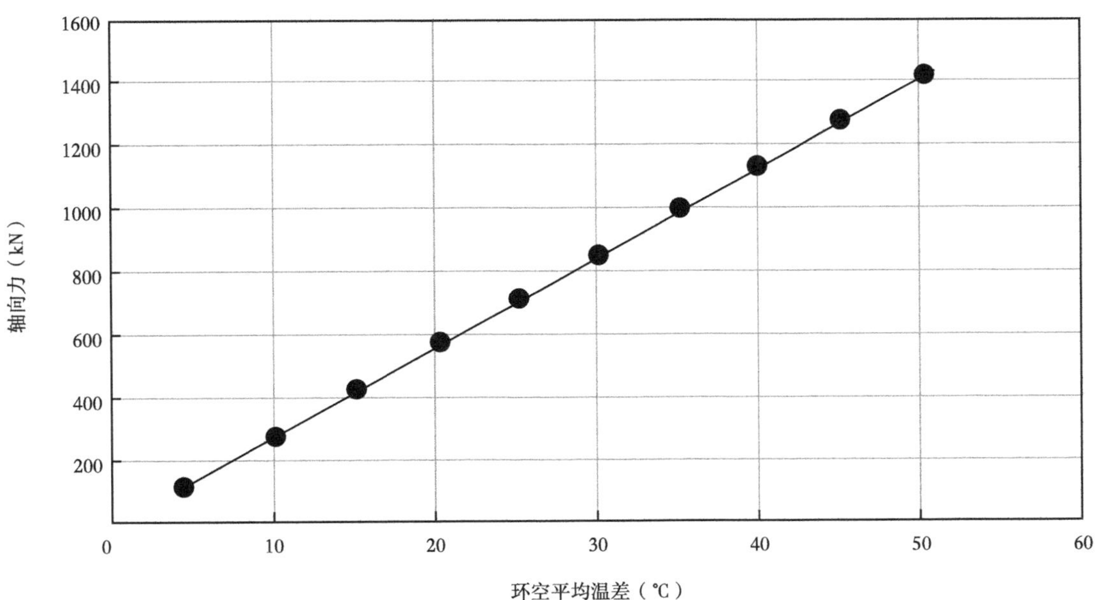

图 10-25　ϕ244.5mm（9⅝in）套管轴向力与环空平均温差的关系

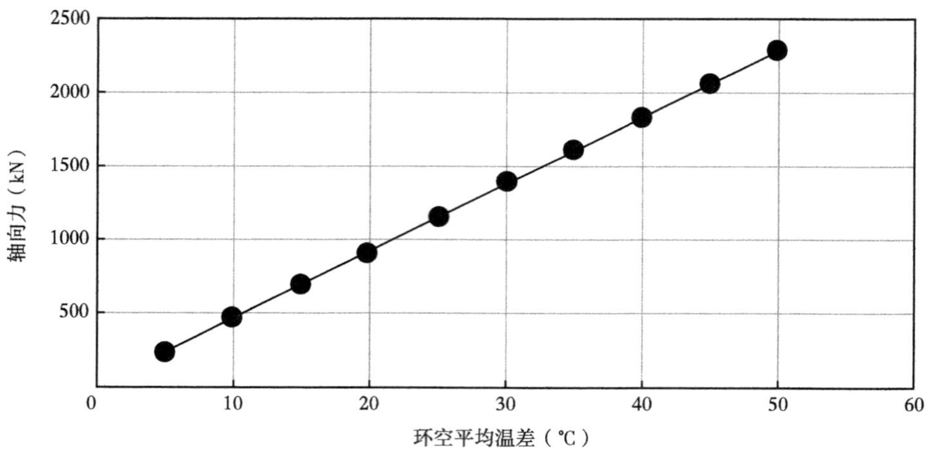

图 10-26　ϕ339.7mm（13³⁄₈in）套管轴向力与环空平均温差的关系

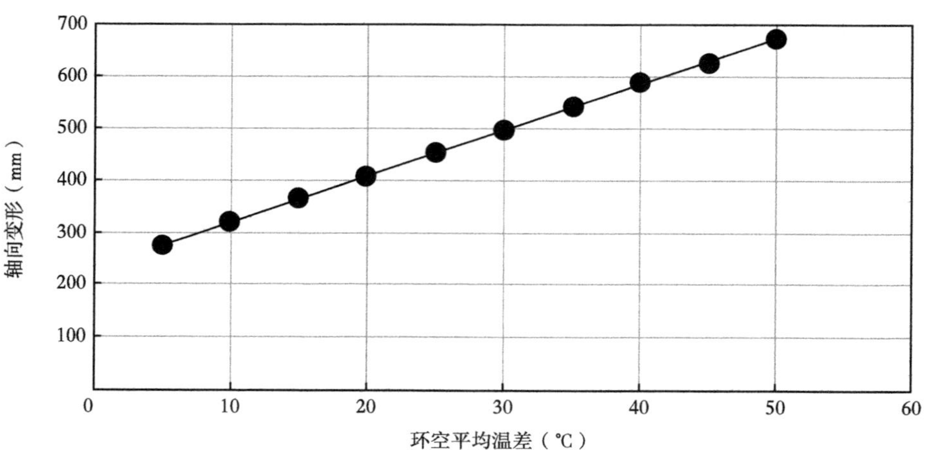

图 10-27　ϕ244.5mm（9⁵⁄₈in）套管轴向变形与环空平均温差的关系

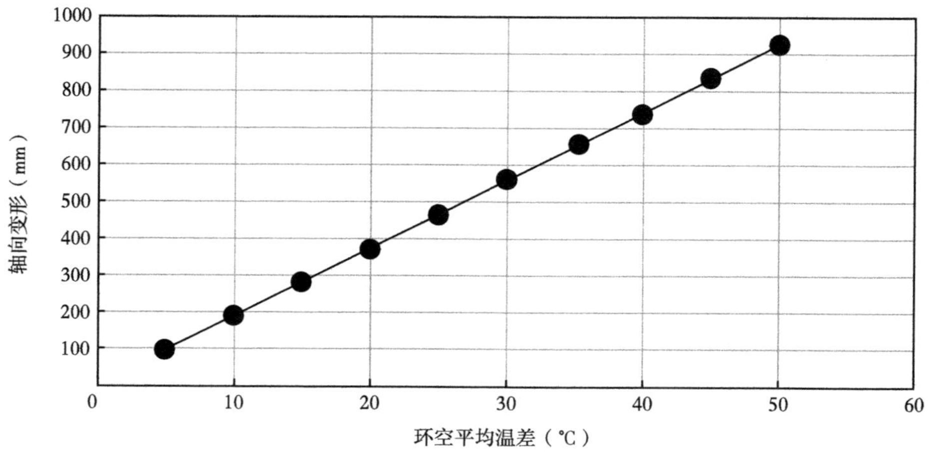

图 10-28　ϕ339.7mm（13³⁄₈in）套管轴向变形与环空平均温差的关系

图 10-29 横坐标为自由套管段的长度，纵坐标为该层套管所受到的轴向力，自由套管段的长度主要根据该层套管的下深以及水泥返深来确定，可以看出，随着自由套管段的长度的增加，该层套管受到的轴向力逐渐减小，因此在设计井身结构时，要结合套管的抗内压和抗外挤强度校核结果，合理控制水泥返深。

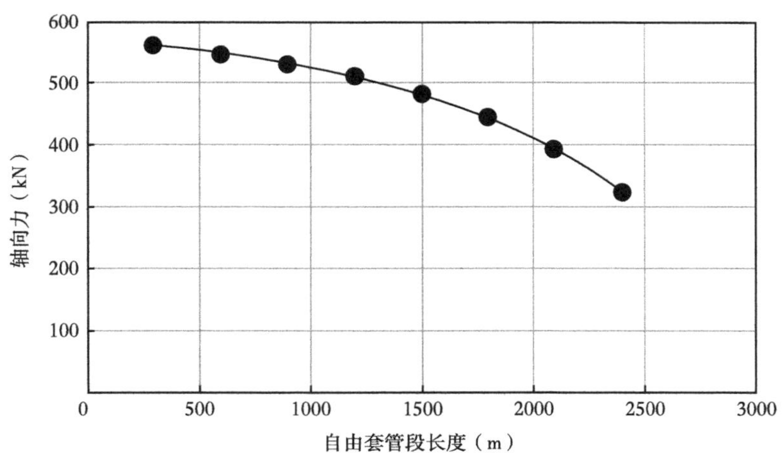

图 10-29　ϕ244.5mm（9⅝in）套管轴向力与自由套管段长度的关系

图 10-30 横坐标为自由套管段的长度，纵坐标为该层套管所受到的轴向力，自由套管段的长度主要根据该层套管的下深以及水泥返深来确定，可以看出，随着自由套管段的长度的增加，该层套管受到的轴向力先增大后逐渐减小，当自由套管段的长度为 300m 时，轴向力出现最大值，因此在设计井身结构时，要结合套管的抗内压和抗外挤强度校核结果，合理控制水泥返深。

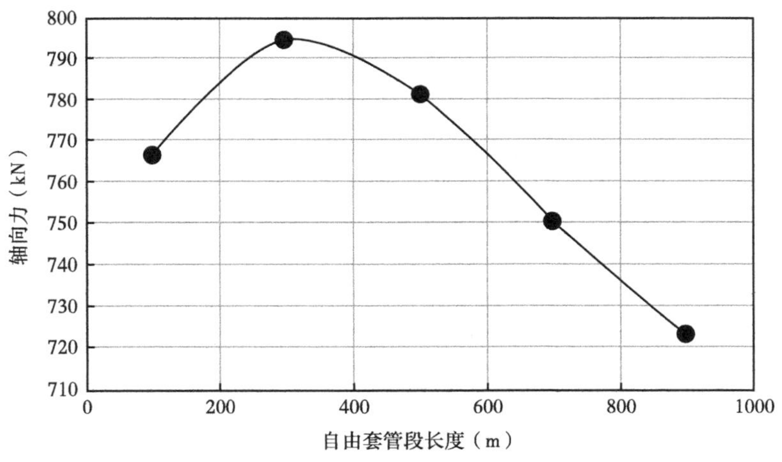

图 10-30　ϕ339.7mm（13⅜in）套管轴向力与自由套管段长度的关系

图 10-31 横坐标为自由套管段的长度，纵坐标为该层套管的轴向变形，自由套管段的长度主要根据该层套管的下深以及水泥返深来确定，可以看出，随着自由套管段的长度的增加，该层套管的轴向变形先减小后增大最后趋于稳定，当自由套管段的长度为 600m 时，

该层套管的轴向变形最小。

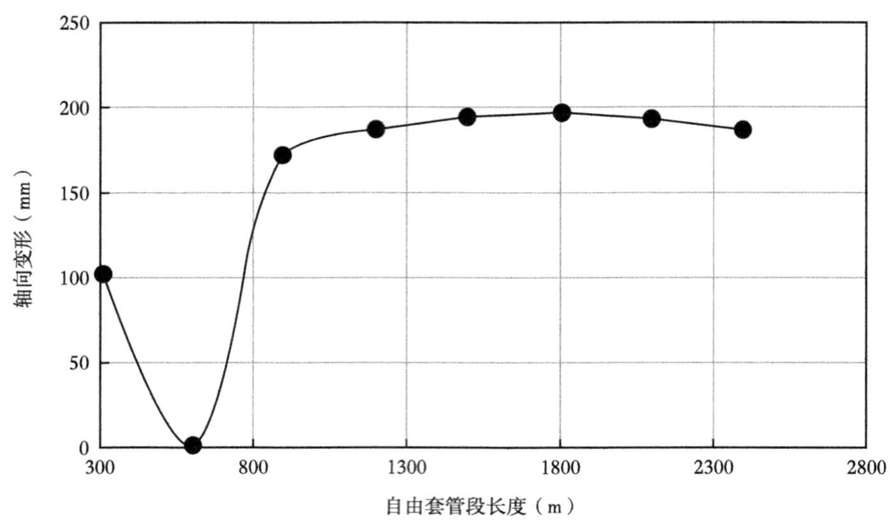

图 10-31 ϕ244.5mm（9⅝in）套管轴向变形与自由套管段长度的关系

图 10-32 横坐标为自由套管段的长度，纵坐标为该层套管的轴向变形，自由套管段的长度主要根据该层套管的下深以及水泥返深来确定，可以看出，随着自由套管段的长度的增加，该层套管的轴向变形逐渐增大。

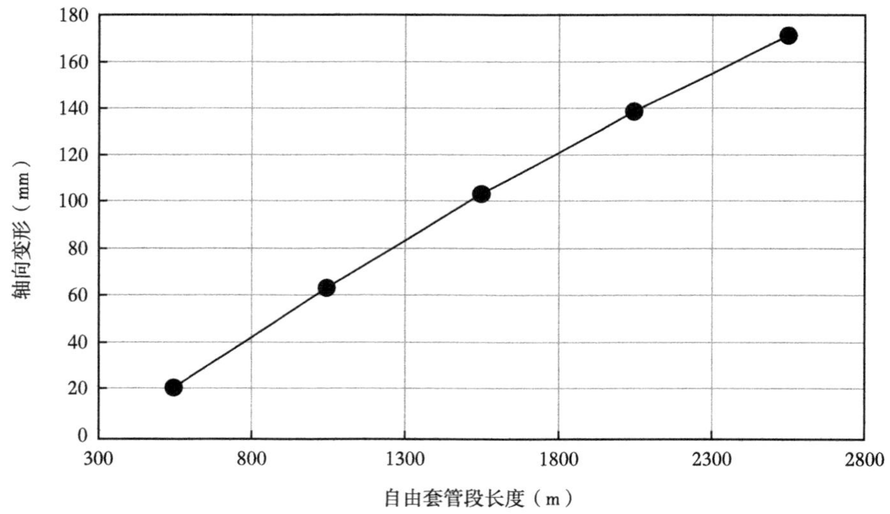

图 10-32 ϕ339.7mm（13⅜in）套管轴向变形与自由套管段长度的关系

图 10-33 和图 10-34 中，横坐标为环空压力，纵坐标为轴向力，分析了流体热膨胀系数为 0.00025、0.0003、0.00035、0.0004、0.00045 时该层套管所受轴向力与环空压力的关系。可以看出，当流体热膨胀系数相同时，轴向力随着环空压力的增大而增大；当环空压力相同时，套管所受轴向力基本上是随着流体热膨胀系数的增大而减小，且随着环空压力的增大，轴向力受到流体热膨胀系数的影响越大。

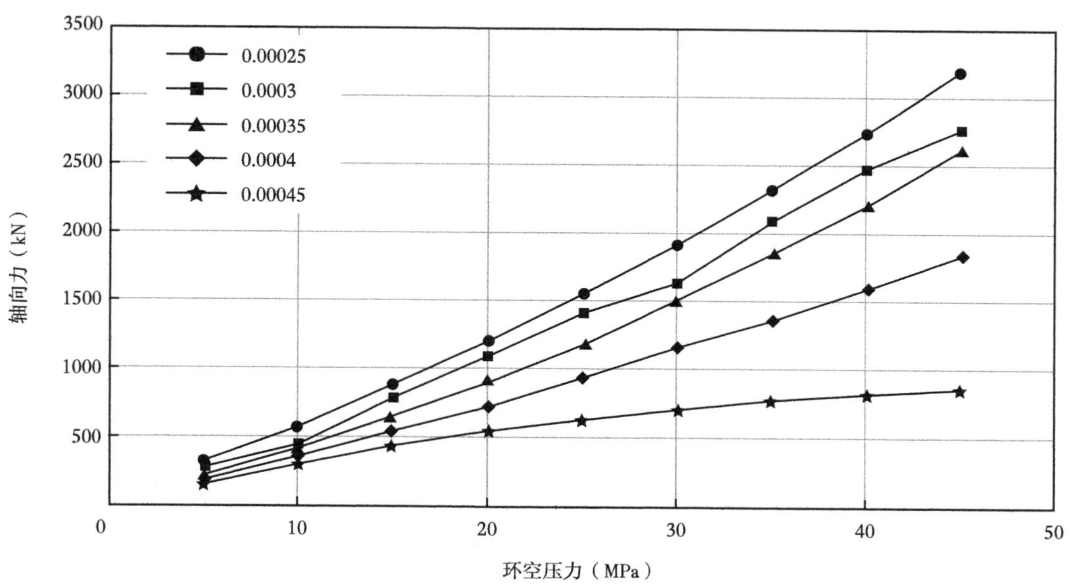

图 10-33 ϕ244.5mm（9⅝in）套管不同热膨胀系数下轴向力与环空压力的关系

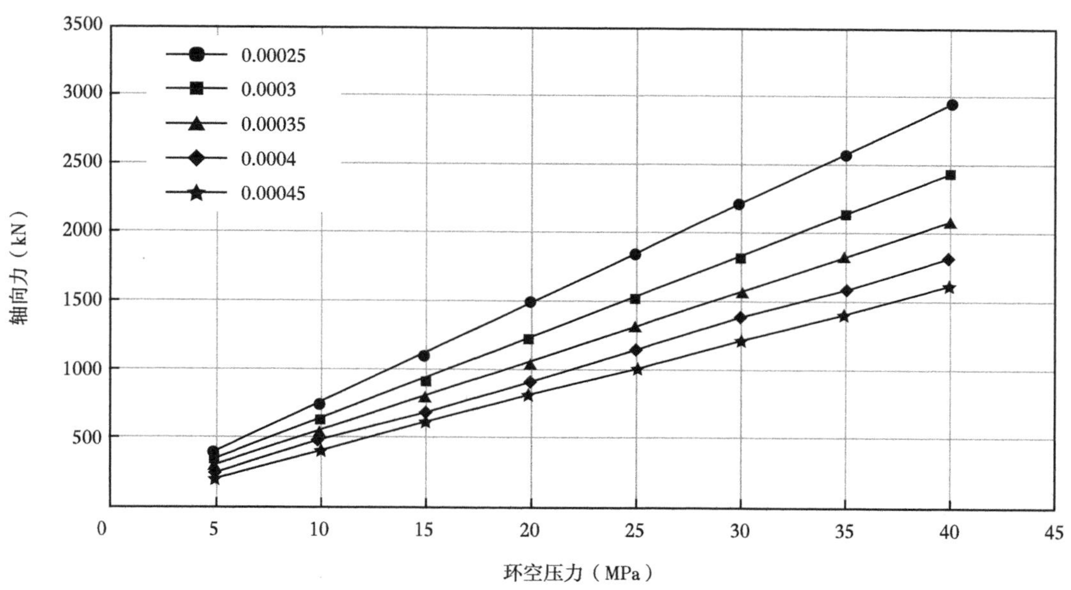

图 10-34 ϕ339.7mm（13⅜in）套管不同热膨胀系数下轴向力与环空压力的关系

图 10-35 和图 10-36 中，横坐标为环空压力，纵坐标为轴向变形量，分析了流体热膨胀系数为 0.00025、0.0003、0.00035、0.0004、0.00045 时该层套管的轴向变形与环空压力的关系。可以看出，当流体热膨胀系数相同时，轴向变形随着环空压力的增大而增大；当环空压力相同时，套管的轴向变形随着流体热膨胀系数的增大而减小，且随着环空压力的增大，轴向变形受到流体热膨胀系数的影响越大。

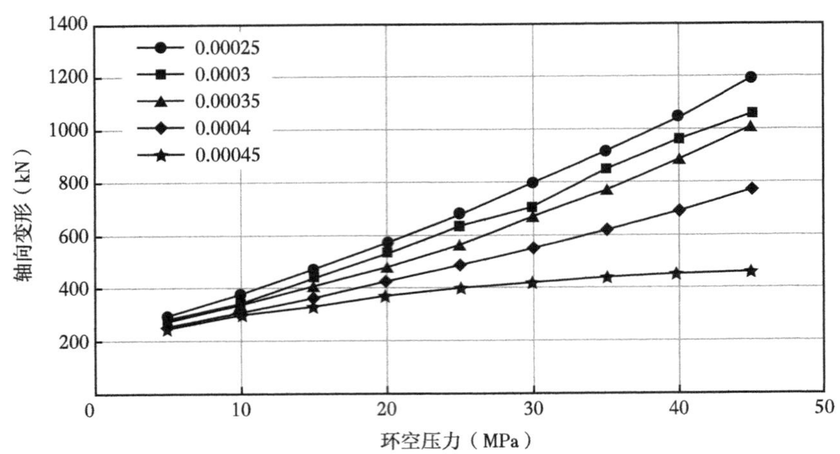

图 10-35 ϕ244.5mm（9⅝in）套管不同热膨胀系数下轴向变形与环空压力的关系

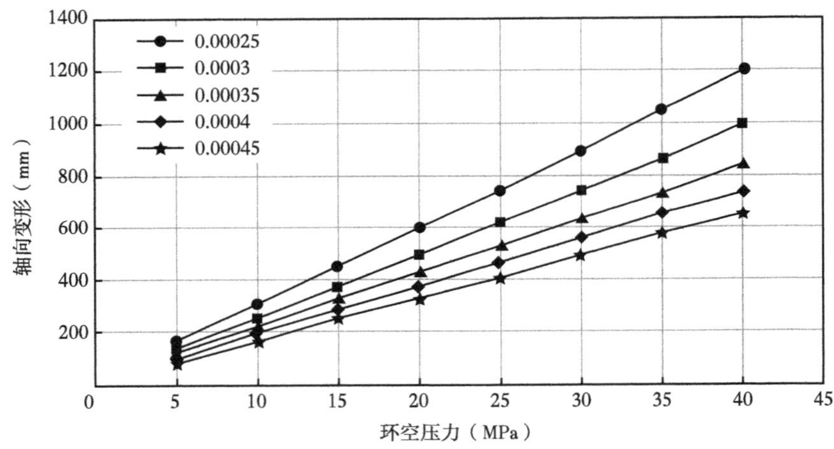

图 10-36 ϕ339.7mm（13⅜in）套管不同热膨胀系数下轴向变形与环空压力的关系

三、高温以及井下作业引起水泥环失效机理研究

油气井水泥环的主要作用是支撑保护套管并封隔井眼内的油、气、水层。由于水泥环材料一般带有初始缺陷，因此，其强度和形变能力等材料性能均比套管差；当套管－水泥环复合体受到外载而发生变形和破坏时，首先是水泥环遭受破坏，进而导致油气水窜和套管损坏。因此，维持油气井整个生命过程中水泥环的完整性与维持套管完整性同等重要。特别是高温高压气井，井下水泥环所处的温度压力环境相当恶劣，加之各种井下作业的影响，水泥环会受到各种形式的载荷作用，这些载荷主要是以热应力载荷和压力载荷的形式出现，通常被称为高温高压（High Temperature-High Pressure）载荷。因此，建立能考虑温度和压力同时作用的水泥环力学模型对于分析油气井生产过程中各种井下作业产生的不同形式的载荷对水泥环破坏的影响规律，从而改善固井水泥的设计及固井工艺以维持水泥环的长期完整性具有重大意义。

1. 水泥环受力状态与失效准则

1）井下作业对水泥环的载荷

传统的水泥环设计中，主要是考虑水泥环的抗压强度是否满足要求。认为水泥环的载荷在正常情况下主要来自于地层孔隙压力引起的水平应力和套管自重引起的轴向应力。从工程角度考虑，水泥环抗压强度要求主要满足三种载荷：支撑套管的轴向载荷、钻井和射孔产生的震击载荷以及压裂载荷。支撑套管的轴向载荷是提供套管和水泥环足够的胶结强度以传递必要的抗拉强度，水泥石的抗拉强度一般为其抗压强度的 1/12，因此水泥石抗压强度为 0.069~3.450MPa 时已完全满足要求。若要满足胶结试验及射孔要求，水泥石的抗压强度则应达到 13.5MPa。

从传统水泥环设计考虑的载荷分析来看，其考虑的因素还不全面，同时对水泥环的强度要求也太笼统，而实际油气井固井完井过程以及后期生产过程中，不同的井下作业会产生不同种类和形式的载荷，这些载荷将直接作用于套管—水泥环—地层系统并对水泥环的完整性构成威胁。本章将考虑温度和压力同时作用时水泥环的力学完整性问题，其最终目的是找出适合于一口具体的油气井的套管—水泥环—地层模型的相关参数的一个最佳组合，进而实现水泥环对套管和井筒的保护作用，而不是单凭抗压强度来大致指导水泥环的设计，下面首先分析不同井下作业时水泥环的载荷情况。

（1）支撑套管的轴向载荷、钻井与射孔产生的震击载荷。对于这两种载荷在传统设计时主要是要求水泥环满足一定的抗压强度，本章不做研究。

（2）套管试压的目的是检验套管连接处的密封性、套管串整体密封性以及套管鞋处环空封隔性能，它是固井作业质量检验的必经环节。根据现行套管试压标准 SY/T 5467—2007 中对套管试压时间规定可知：目前套管试压都是在固井水泥浆凝固后进行。由于水泥石为典型的脆性材料，其抗拉强度只有抗压强度的 1/10~1/13，加之水泥石先天带有初始缺陷，因此水泥环抗压不抗拉。而在现行的套管试压过程中，高的内压会导致套管和水泥环的径向膨胀，从而在套管和水泥环的内部和胶结面上产生较大的应力，当试压时内压力升高产生的周向应力达到水泥环的抗拉强度极限时，水泥环将被拉坏。因此套管试压时的高内压力载荷是水泥环破坏的重要因素。

2）试油

对潜在的油气产层，通过降低井筒内液柱压力来诱导油气进入井筒，从而对测试的潜在产层的油气水产量、地层压力以及油气各种物理化学性质进行的测试称为试油。试油后井筒压力将下降，导致套管和水泥环外有效外挤压力升高，由于外挤压力主要来自于地层盐水柱压力，因此降低井内压力一般还有助于水泥环更加均衡地受力。现场关于试油导致的水泥环破坏报道极少，只对低内压力下水泥环是否破坏做一个验证分析。

3）注水

注水的目的是为保持油层压力，以提高油藏采油速度和采收率。注水可以从生产井中进行，也可以从专门的注水井中注入，注水可以在油田开发初期进行，也可以在油层压力下降到一定值时进行。当注入水进入泥页岩等强塑性岩层中时将改变岩石的应力状态和力学性质，从而使泥页岩产生较大的形变。加之岩层中非均匀地应力的存在使得在套管—水泥环周围形成随时间而增大的类似椭圆型的径向分布非均匀外载，从而挤压套管和水泥环并导致水泥环破坏。因此，注水对井筒产生的载荷主要来自于非均匀地应力。

4）酸化和压裂

酸化会在油层井筒周围产生小洞和溶洞，压裂会在油井附近压出裂缝，这两种作用都会使套管—水泥环因受力不均而产生破坏。同时，压裂作用会重新定向裂缝，使得注入到岩层中的水进入其他易发生塑性变形的泥页岩层中，从而加重地层应力的非均匀性，进而加快套管—水泥环破坏。因此酸化和压裂对套管—水泥环的损伤机理与注水开发类似，其失效主要是由于地层中存在较高的非均匀外挤压力所致。当然，压裂时产生的高内压力也是导致水泥环破坏的重要因素。

5）热力增产

热力增产是通过热力增产措施来降低地层中原油流动阻力从而提高稠油油藏采油速度和采收率的一种油藏增产方式。热力增产措施包括井筒加热、蒸汽吞吐、火烧油层，它们都会对套管—水泥环产生较大的温度载荷，而蒸汽吞吐则会产生高温高压的循环载荷，从而引起套管—水泥环系统的疲劳破坏，对水泥环完整性构成威胁。因此，热力增产时应充分考虑温度载荷以及高温高压循环载荷对水泥环破坏的影响。当然，对于高温高压气井而言，是不存在这种热载荷的。

综上所述，水泥环在钻井完井过程中以及后期油气井生产管理中其承受的主要载荷包括如下几种：套管试压、注水、压裂等带来的高内压力载荷；试油带来的较低内压力载荷；注水、酸化压裂等带来的非均匀地应力载荷；热力增产等带来的温度载荷和压力载荷，包括静态载荷和循环周期载荷。以上各种载荷或者单独作用，或者组合作用，当水泥环在各种载荷作用下产生破坏时，水泥环的完整性就会遭受破坏，进而影响套管和井筒的完整性。

2. 三轴应力状态下水泥石力学性能

现有研究表明，油井水泥石在单轴压缩载荷作用时，表现为典型的脆性材料特征，当其应力达到某个值时就发生突然破坏，且破坏前没有明显的变形产生。但是，井下水泥石通常受到来自于地层孔隙压力和液柱压力的围压作用，因此考虑围压时的三轴应力状态下的水泥石的应力应变关系能更准确的代表井下水泥石的受力状态和力学性能，但是由于问题的复杂性，目前该方面的研究还不多，这使得准确分析和评价井下水泥石的力学性受到了极大的限制。

本章借鉴美国 MMS（Mineral Management Service）的一个项目研究结果，对受围压状态下水泥石的力学性能进行分析。图 10-37 为该项目对 neat Type I 型水泥样品在不同凝固环境和测试围压下的应力应变曲线，该水泥的密度为 1556.5kg/m^3。样品测试的标准参照 ASTMC469，所有样品都是在大气压下 7.2℃水浴中完成 14d 养护。不受限的养护环境是指样品在一个硬质模具（和套管有几乎相同的性质）中放置一天后移去模具，剩余的 13d 在水浴中完成；受限的养护环境是指样品在 14d 内都在模具中。

分析图 10-37 可得，存在围压时水泥石的力学变形性质与无围压时有明显不同。主要表现在如下两个方面：一是水泥石的强度明显增加，且不受限的养护环境下水泥石的强度较受限养护环境下的水泥石强度大；二是水泥石的塑性明显增强，表现出较大的塑性应变，且塑性随着围压增加而越大。对存在围压的应力应变曲线分析可知：水泥石的变形可分为两个阶段，在加载初期，随应力增加应变接近线性增大，表现出弹性变形的特征；当应力达到一定值后，随着应力继续增大，曲线逐渐偏离直线，表现为典型塑性变形特征，其形变能力也远高于无围压时的形变能力，但其最终的破坏仍表现为脆性材料破坏特征。根据材料力学理论，将水泥石在线性变形阶段直线的斜率称为水泥石的线性弹性模量，将水泥石由弹性变形向塑性变形转变的临界应力称为水泥石的屈服强度，而将水泥石破坏时对应的应力称为其极限强度，从而可以求得水泥石的相关强度参数和变形参数。

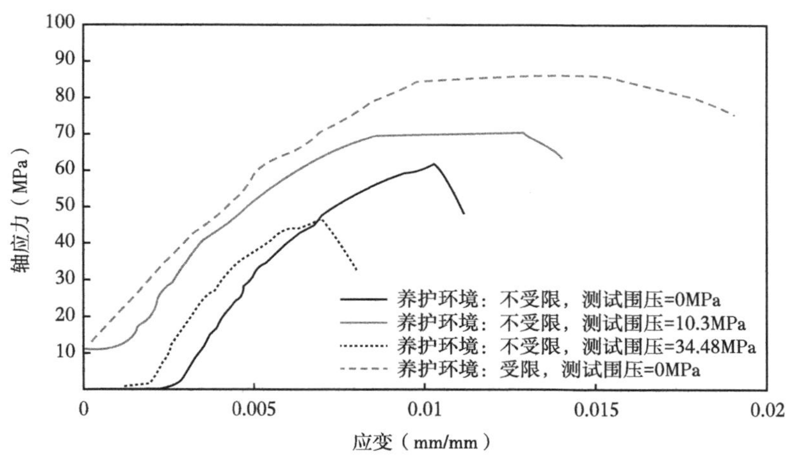

图 10-37　不同围压下 neat Type I 型水泥石应力应变曲线图

对图 10-37 中相同养护环境下不受围压和受围压的水泥石应力应变曲线对比分析还可以看出：受围压时，水泥石的弹性变形仅仅发生在加载初期其内部产生的应力低于屈服应力的条件下，扣除加载初期孔隙压实作用产生的形变外（图中初始段的水平直线），水泥石的弹性变形仅仅发生在很小的形变范围内，因而其直线的斜率相对较高，因此，存在围压时的水泥石弹性模量也相对较高。对养护环境为不受限时，围压为 0MPa 的应力应变曲线和围压为 10.3MPa 时的应力应变曲线的初期直线段分别进行拟合可得其斜率即为弹性模量，分别为 8.06GPa 和 12.96GPa，可以看出有围压下的抗变形能力大于单轴抗压时的变形能力。图中显示的部分情况存在微小误差，这与水泥石自身的性质和测试样品的随机性有关。

综上可得，水泥石在存在围压作用下的强度和塑性明显增加，形变能力也有所增强。在相同养护条件下，水泥石的强度和塑性一般随围压的增大而增大，不受限的的养护环境下形成的水泥石比受限的养护环境下形成的水泥石强度大。

此外，水泥石的强度还受到其他养护环境（包括温度、养护时间）等因素的影响，一般情况下，随养护时间的增加水泥石的强度会增强，随养护温度的增加水泥石的强度会降低。

在已有的固井施工中，API 和 ISO 标准并没有要求对水泥石的三轴应力强度进行测试，而相关研究人员和技术人员对此研究也很有限，因而关于存在围压下水泥石的强度和形变测试数据很少，因此在评价油井水泥石实际井下工程性能时受到了极大的限制。对于水泥石受围压时的抗压强度而言。

有研究者根据单轴抗压强度来预测存在围压时的水泥石极限抗压强度的经验公式为：

$$\sigma_{cc} = \sigma_c + 3p_c \tag{10-19}$$

式中 σ_{cc}——考虑围压时井下水泥石的极限抗压强度，MPa；

σ_c——水泥石单轴抗压强度，MPa；

p_c——水泥石受到的围压，MPa。

其中，水泥石受到的围压等于水泥石受到的液柱压力减去地层压力值，对于正常施工作业来说，一般水泥石受到的液柱压力高于地层压力，因此 p_c 总是大于零。由此可以看出，若采用水泥石单轴抗压强度来评价水泥石的强度性能是安全的。但是，若分析图可以看出，在养护环境不受限时，测试围压为 0MPa 时的抗压强度为 62.05MPa，而测试围压为 10.3MPa 和 33.48MPa 时的抗压极限强度为 70.64MPa 和 86.4MPa，与式（10-19）预测结果存在明显的偏差，因此该经验公式在此处不适用，这可能是因为水泥石的抗压强度受到多方面的因素影响所致。

对于水泥石的弹性模量而言，T·C·Hansen 和 G·J·Verbeck 等提出了相应的理论计算公式，他们的模型主要考虑了水泥石的物质组成、含量及结构对弹性模量的影响，但考虑的因素存在微小差异。T·C·Hansen 公式建立在对水泥石的结构的精确分析基础之上，使得其使用受到了极大的限制；G·J·Verbeck 公式将水泥石的物质组成和结构简化为测试水泥石固体颗粒的弹性模量和孔隙率，其应用更为简便。

但是，一般的固井施工中，通常将水泥石的强度和渗透性能作为主要工程性能参数并能在施工前进行测定，而强度一般相对更容易获得。

实际上，水泥石的强度与其组成、孔隙结构、固相含量及其强度参数有密切联系，它是水泥石内部组成及微观结构特征在宏观上的总体表现，因此它能反映与上面学者提出的弹性模量计算公式大体相似的内涵，因此可以寻求水泥石弹性模量和抗压强度的关系，从而获得弹性模量的预测模型。研究表明，在单轴抗压时，水泥石的弹性模量与其抗压强度具有较好的幂指数关系：

$$E_c = 4.0279\sigma_s^{0.1794} \tag{10-20}$$

但是，存在围压下水泥石的变形与单轴抗压下水泥石变形有本质不同，因此，该关系的使用受到了限制。

然而，可以借鉴该方法对三轴抗压强度和水泥石的弹性模量数据进行数据拟合，但这仍依赖于大量的测试数据，并且其实用性也会存在一定的局限。因此，建议对实际油井常用水泥石进行系统的三轴抗压试验，以获得大量的水泥石的强度和变形数据，为分析实际油井中水泥石的变形和破坏特性，制定合理的施工制度为维持井下水泥石的长期完整性奠定基础。

3. 水泥环密封失效形式

高温高压气井水泥环密封失效会带来严重后果，包括环空带压、腐蚀性气体腐蚀套管与井口设备等安全问题，考虑套管—水泥环—地层复合体模型，水泥环密封失效形式（图 10-38）主要包括以下几种：

水泥环和套管外壁形成微环空泄漏通道，如图 10-38（a）所示；

水泥塞和套管内壁形成微环空泄漏通道，如图 10-38（b）所示；

水泥石质量差或水泥浆受到污染从而在水泥环中产生渗透通道，如图 10-38（c）所示；

套管过载或受到腐蚀作用而被破坏形成泄漏通道，如图 10-38（d）所示；

水泥环中存在裂缝而形成泄漏通道，如图 10-38（e）所示；

水泥环—地层胶结质量差而形成泄漏通道，如图 10-38（f）所示。

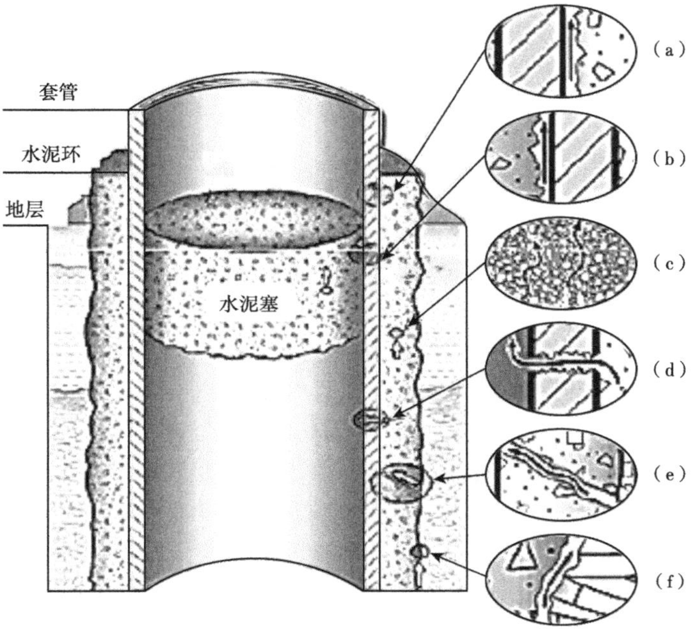

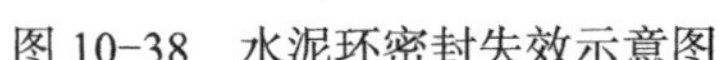

图 10-38　水泥环密封失效示意图

4. 水泥环破坏强度准则

1）材料强度理论

材料的强度理论是判断材料在复杂应力状态下是否破坏的理论和准则。长期以来，人们通过观察和实验研究发现材料在外力作用下有两种不同的破坏形式：一是在不发生显著塑性变形时的突然断裂，称为脆性破坏；二是因发生显著塑性变形而不能继续承载的破坏，称为塑性破坏。材料破坏的原因十分复杂，对于单向应力状态，可直接作拉伸或压缩试验得到材料的强度极限或屈服极限，以此作为判断材料破坏的标准；但在两向或三向应力状态下，材料内破坏点处的主应力分量存在无穷多个比例不同的组合，这不可能用实验逐个确定。基于工程上的需要，提出了不同的假说来解释各种材料破坏的原因，这些假说统称为材料的强度理论。

经典材料强度理论共有四个，它们分别是第一、第二、第三、第四强度理论。第一强度理论即是最大拉应力理论，第二强度理论即是最大伸长线应变理论，第三强度理论即是最大剪应力理论，第四强度理论即是八面体剪应力强度理论。这四个强度理论的相当应力都可用材料构件中的三个主应力表示：

第一强度理论相当应力：

$$\sigma_{r1} = \sigma_1 \tag{10-21}$$

第二强度理论相当应力：

$$\sigma_{r2} = \sigma_1 - \nu(\sigma_2 + \sigma_3) \tag{10-22}$$

第三强度理论相当应力：

$$\sigma_{r3}=\sigma_1-\sigma_3 \tag{10-23}$$

第四强度理论相当应力：

$$\sigma_{r4}=\sqrt{\frac{1}{2}\left[(\sigma_1-\sigma_2)^2+(\sigma_2-\sigma_3)^2+(\sigma_3-\sigma_1)^2\right]} \tag{10-24}$$

当材料的相当应力达到其强度极限时构件将发生破坏，详细说明如下：

（1）对于脆性材料，最大拉应力理论认为作用于构件的三个主应力只要有一个达到材料的单轴抗压强度或单轴抗拉强度，那么构件将发生破坏。该理论只适用于材料无裂纹脆性断裂失效，包括脆性材料的单向受拉、双向受拉以及最大压应力值不超过最大拉应力值或超过不多的情况，而对于复杂应力状态中的脆性材料该强度理论不适用。

（2）最大正应变理论更适合于脆性材料，该理论认为材料的破坏是由于其最大正应变达到或超过材料的单轴压缩破坏或单轴拉伸破坏时的应变值所致。该理论可应用于脆性材料的二向应力状态且压应力很大的情况，但只与极少数的脆性材料在某些受力形势下的实验结果相吻合。

（3）最大剪应力理论适用于材料的屈服失效，该理论认为当构件受到的最大剪应力达到其单轴压缩或单轴拉伸极限剪应力时，构件便被剪切破坏。该理论的局限性为忽略了复杂应力状态中间主应力的影响，计算结果偏于安全。

（4）八面体剪应力强度理论适用于材料的屈服失效。对于脆性材料，该理论认为在复杂应力状态下，当构件内任一点的 von-Mises 应力达到材料的单轴抗压强度，材料就会发生剪切破坏，与第三强度理论相比该理论更符合实际，但公式过于复杂。

对于脆性材料，强度理论的选用通常采用如下法则：

① 双向、三向拉应力状态以及中间主应力偏大的三向拉、压应力状态，选用第一强度理论；

② 单向拉应力状态，双向拉、压应力状态以及中间主应力偏小的三向拉、压应力状态，选用第一或第二强度理论；

③ 单向、双向、三向压应力状态，选用第三或第四强度理论。

2）水泥环失效准则

根据材料强度理论和目前对混凝土失效准则的研究，采用如下标准预测水泥环的失效。

（1）最大正应力标准。

$$\frac{\sigma_1}{\sigma_f}\geqslant 1 \tag{10-25}$$

式中 σ_1——最大主应力；

σ_f——极限应力。

如果 σ_1 是拉伸应力，那么 σ_f 是极限拉伸应力并且其他两个较小主应力 σ_2 和 σ_3 不起作用（$\sigma_1>\sigma_2>\sigma_3$）。如果处于压应力状态，该标准变为：

$$-\frac{\sigma_3}{\sigma_f} \geqslant 1 \tag{10-26}$$

但是，如果三个主应力都是压应力，此标准就不准确。

（2）莫尔库仑标准。

$$\frac{\sigma_1}{\sigma_{ten}} - \frac{\sigma_3}{\sigma_{com}} \geqslant 1 \tag{10-27}$$

式中　σ_{ten}，σ_{com}——拉伸强度和压缩强度。

σ_2 不起作用。

（3）实验研究标准。

当切向应力、径向应力和轴向应力都是压缩应力时，以上讨论的传统理论有不足之处，甚至得不到近似值。在此种情况下，在实验基础上的不同失效理论决定了是否会发生失效。Avram（阿夫拉姆）等人在三轴应力状态下讨论凝结物裂缝，并且结合莫尔库仑标准提出了一个新的失效标准，如下式：

$$-\frac{\sigma_3}{f_c} = 1 + 3.7\left(-\frac{\sigma_1}{f_c}\right)^{0.86} \tag{10-28}$$

式中　f_c——水泥环抗压强度。

（二）水泥环力学理论模型

水泥环在不同载荷条件下沿切向和径向的应力剖面如图 10-39 所示。若考虑水泥环中的一个微元，由于这些应力都作用于三维空间中，因此水泥环被认为处于一个三轴应力状态，如图 10-40 所示，图中未显示 Z 轴应力分量，其垂直于图中两个应力所在平面。实际中水泥环中径向应力总是为压应力，而切向应力可能为压应力也可能为拉应力，这主要取决于其载荷条件。套管—水泥环—地层模型可以当作一个受压的复合圆柱体来分析，该复合圆柱体由三个同心圆柱组成。假设套管和水泥环以及水泥环和地层是完全胶结的，则压力和（或）温度变化会在水泥环—套管和水泥环—地层的边界上产生应力集中，从而可能对水泥环造成潜在的破坏。因此，下面将首先建立套管—水泥环—地层力学理论模型。

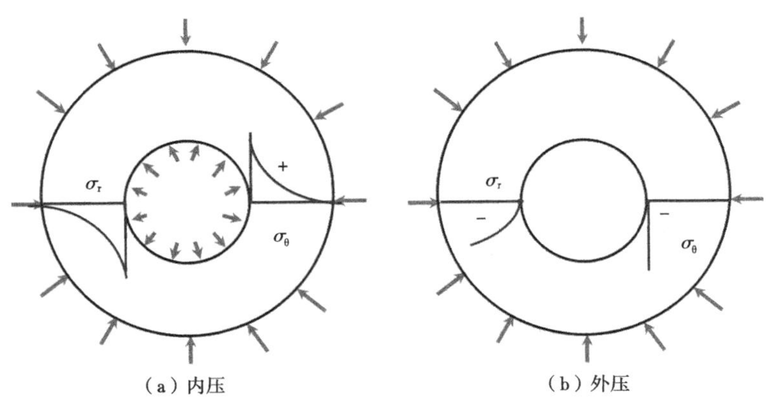

图 10-39　水泥环径向和切向应力剖面

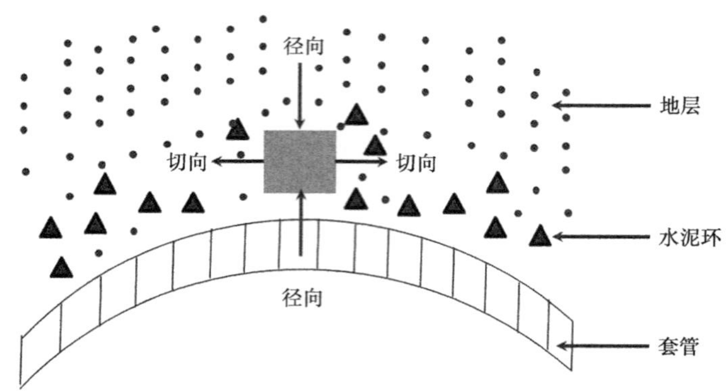

图 10-40　水泥环微元受力示意图

1. 模型假设

为便于解析模型的建立，对模型特作如下假设：

（1）复合圆筒为轴对称变形。

（2）复合圆筒为平面应变变形，这意味着复合圆筒处于三轴应力状态。

（3）套管和水泥环以及水泥环和地层岩石完全胶结，其胶结界面处不存在间断点，即径向位移和径向应力在两个胶结边界上保持连续性。

（4）水泥环中无初始应力存在。

（5）套管视为薄壁压力容器。

（6）水泥环和地层岩石视为厚壁压力容器。

2. 模型建立

在套管—水泥环—地层复合圆柱模型中，作用到套管内表面的内压 p_i 以及温度增加都会使套管沿径向膨胀变形，同时水泥环会抵抗该膨胀变形，结果就会在套管和水泥环的界面上会生接触压力 p_{c1}。图 10-41 为套管—水泥环接触压力示意图，其中 p_{c1} 为套管—水泥环界面处产生的接触压力，p_i 为套管内压力。

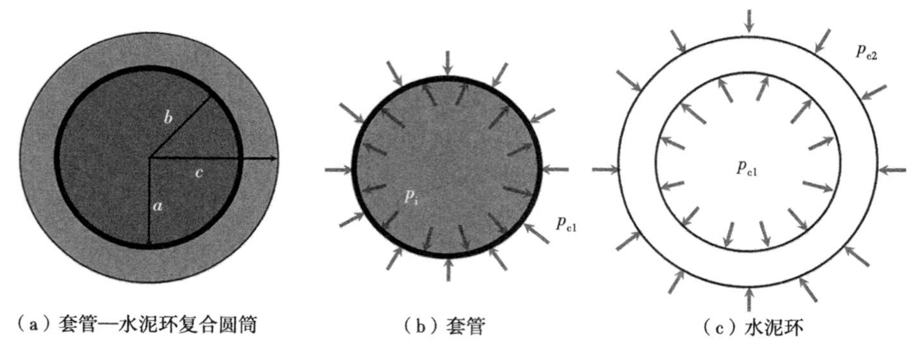

图 10-41　套管—水泥环界面接触压力示意图

当考虑温度效应时，圆环的切向应变为：

$$\varepsilon_\theta = \frac{1}{E}\left[\sigma_\theta - \nu\left(\sigma_z + \sigma_r\right)\right] + \alpha\Delta T \tag{10-29}$$

式中　α——热膨胀系数；

ΔT——温度变化值。

圆环的轴向应变为：

$$\varepsilon_z = \frac{1}{E}\left[\sigma_z - \nu\left(\sigma_\theta + \sigma_r\right)\right] + \alpha\Delta T \tag{10-30}$$

考虑到井眼深度较大，因此轴应变可以忽略，圆环受力可假设为平面应变，即满足 $\varepsilon_z \approx 0$，从而由式（10-30）可得：

$$\sigma_z = \nu\left[\sigma_r + \sigma_\theta\right] - \alpha E\Delta T \tag{10-31}$$

把式（10-31）代入式（10-29）中可得：

$$\varepsilon_\theta = \frac{1}{E}\left[\sigma_\theta\left(1-\nu^2\right) - \left(\nu+\nu^2\right)\sigma_r + \left(1+\nu\right)\alpha E\Delta T\right] \tag{10-32}$$

从而得到圆环的径向变形量为：

$$\delta_r = \frac{r}{E}\left[\sigma_\theta\left(1-\nu^2\right) - \left(\nu+\nu^2\right)\sigma_r + \left(1+\nu\right)\alpha E\Delta T\right] \tag{10-33}$$

用 r_a，r_b，r_c 分别表示图 10-41 中圆环的半径 a，b，c，若考虑套管作为一个薄壁容器，那么在 $r=b$ 处有：

$$\sigma_r = -p \tag{10-34}$$

$$\sigma_\theta = \frac{pr_m}{t_s} \tag{10-35}$$

上两式中，$p=p_i-p_{c1}$，r_m 为套管的平均半径，t_s 为套管的厚度。再将式（10-34）、式（10-35）代入式（10-33）中可得套管径向变形量为：

$$\delta_{r\text{-casing}} = \left\{\frac{a\left(p_i - p_{c1}\right)}{E_s}\left[\frac{r_m}{t_s}\left(1-{\nu_s}^2\right) + \left(\nu_s + {\nu_s}^2\right)\right]\right\} + \left[\left(1+\nu_s\right)a\alpha_s\Delta T\right] \tag{10-36}$$

考虑水泥环作为一个厚壁圆筒，并假设 $\partial(\Delta T)/\partial r=0$，那么水泥环中切向和径向应力为：

$$\sigma_r = \frac{p_{c1}b^2}{c^2-b^2}\left(1-\frac{c^2}{r^2}\right) - \frac{p_{c2}c^2}{c^2-b^2}\left(1-\frac{b^2}{r^2}\right) \tag{10-37}$$

$$\sigma_\theta = \frac{p_{c1}b^2}{c^2-b^2}\left(1+\frac{c^2}{r^2}\right) - \frac{p_{c2}c^2}{c^2-b^2}\left(1+\frac{b^2}{r^2}\right) \tag{10-38}$$

在 $r=b$ 处，式（10-37）和式（10-38）变为：

$$\sigma_{\mathrm{r}}=-p_{\mathrm{c1}} \tag{10-39}$$

$$\sigma_{\theta}=p_{\mathrm{c1}}\left(\frac{c^2+b^2}{c^2-b^2}\right)-p_{\mathrm{c2}}\left(\frac{2c^2}{c^2-b^2}\right) \tag{10-40}$$

再将式（10-39）、式（10-40）代入式（10-33）中，可得在 $r=b$ 处水泥环的径向变形量为：

$$\begin{aligned}\delta_{\text{r-coment}}=\frac{b}{E_{\mathrm{c}}}&\left\{\left(1-\nu_{\mathrm{c}}{}^2\right)\left[p_{\mathrm{c1}}\left(\frac{b^2+c^2}{c^2-b^2}\right)-p_{\mathrm{c2}}\left(\frac{2c^2}{c^2-b^2}\right)\right]+p_{\mathrm{c1}}\left(\nu_{\mathrm{c}}+\nu_{\mathrm{c}}{}^2\right)\right\}\\&+\left[\left(1+\nu_{\mathrm{c}}\right)b\alpha_{\mathrm{c}}\Delta T\right]\end{aligned} \tag{10-41}$$

由位移连续条件可知，式（10-34）和式（10-41）中两个径向形变量应该相等，从而可得：

$$\begin{aligned}&p_{\mathrm{c1}}\left\{\frac{b}{E_{\mathrm{c}}}\left[\left(1-\nu_{\mathrm{c}}{}^2\right)\left(\frac{b^2+c^2}{c^2-b^2}\right)+\left(\nu_{\mathrm{c}}+\nu_{\mathrm{c}}{}^2\right)\right]+\frac{a}{E_{\mathrm{s}}}\left[\frac{r_{\mathrm{m}}}{t_{\mathrm{s}}}\left(1-\nu_{\mathrm{s}}{}^2\right)+\left(\nu_{\mathrm{s}}+\nu_{\mathrm{s}}{}^2\right)\right]\right\}\\&-p_{\mathrm{c2}}\left[\frac{b}{E_{\mathrm{c}}}\left(\frac{2c^2}{c^2-b^2}\right)\left(1-\nu_{\mathrm{c}}{}^2\right)\right]=\frac{ap_i}{E_{\mathrm{s}}}\left[\frac{r_{\mathrm{m}}}{t_{\mathrm{s}}}\left(1-\nu_{\mathrm{s}}{}^2\right)+\left(\nu_{\mathrm{s}}+\nu_{\mathrm{s}}{}^2\right)\right]\\&+\left[\left(1+\nu_{\mathrm{s}}\right)a\alpha_{\mathrm{s}}\Delta T\right]-\left[\left(1+\nu_{\mathrm{c}}\right)b\alpha_{\mathrm{c}}\Delta T\right]\end{aligned} \tag{10-42}$$

式（10-42）可以写成如下的形式：

$$Ap_{\mathrm{c1}}+Bp_{\mathrm{c2}}=C \tag{10-43}$$

式中：

$$A=\left\{\frac{b}{E_{\mathrm{c}}}\left[\left(1-\nu_{\mathrm{c}}{}^2\right)\left(\frac{b^2+c^2}{c^2-b^2}\right)+\left(\nu_{\mathrm{c}}+\nu_{\mathrm{c}}{}^2\right)\right]+\frac{a}{E_{\mathrm{s}}}\left[\frac{r_{\mathrm{m}}}{t_{\mathrm{s}}}\left(1-\nu_{\mathrm{s}}{}^2\right)+\left(\nu_{\mathrm{s}}+\nu_{\mathrm{s}}{}^2\right)\right]\right\} \tag{10-44}$$

$$B=-\left[\frac{b}{E_{\mathrm{c}}}\left(\frac{2c^2}{c^2-b^2}\right)\left(1-\nu_{\mathrm{c}}{}^2\right)\right] \tag{10-45}$$

$$C=\frac{p_i a}{E_{\mathrm{s}}}\left[\frac{r_{\mathrm{m}}}{t_{\mathrm{s}}}\left(1-\nu_{\mathrm{s}}{}^2\right)+\left(\nu_{\mathrm{s}}+\nu_{\mathrm{s}}{}^2\right)\right]+\left[\left(1+\nu_{\mathrm{s}}\right)a\alpha_{\mathrm{s}}\Delta T\right]-\left[\left(1+\nu_{\mathrm{c}}\right)b\alpha_{\mathrm{c}}\Delta T\right] \tag{10-46}$$

同理，我们考虑如图 10-42 所示的水泥环—地层接触界面，图中 p_{c2} 为水泥环和地层界面上形成的接触压力，它是来自于地层压力 p_{f} 作用的结果。

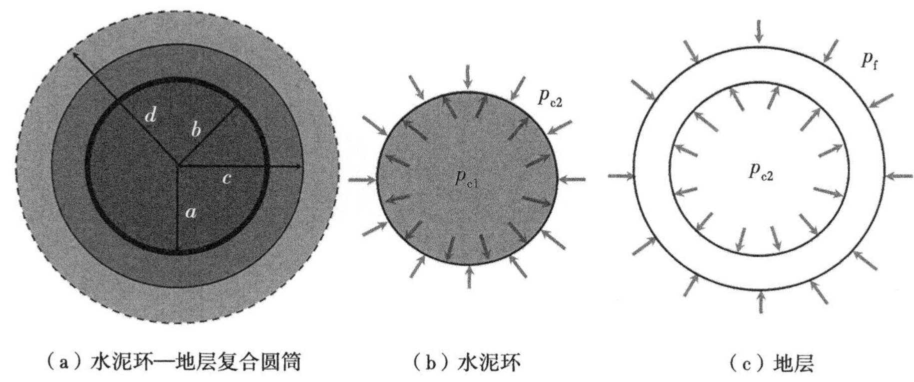

（a）水泥环—地层复合圆筒　（b）水泥环　（c）地层

图 10-42　水泥环—地层界面接触压力示意图

考虑水泥环并假设 $\partial(\Delta T)/\partial r=0$，那么在 $r=c$ 处有：

$$\sigma_r = -p_{c2} \tag{10-47}$$

$$\sigma_\theta = p_{c1}\left(\frac{2b^2}{c^2-b^2}\right) - p_{c2}\left(\frac{c^2+b^2}{c^2-b^2}\right) \tag{10-48}$$

将式（10-47）、式（10-48）代入式（10-33）中，可得水泥环在 $r=c$ 处的径向变形量为：

$$\delta_{\text{r-cement}} = \frac{c}{E_c}\left\{\left(1-\nu_c{}^2\right)\left[p_{c1}\left(\frac{2b^2}{c^2-b^2}\right) - p_{c2}\left(\frac{c^2+b^2}{c^2-b^2}\right)\right] + p_{c2}\left(\nu_c+\nu_c{}^2\right)\right\} + \left[\left(1+\nu_c\right)c\alpha_c\Delta T\right] \tag{10-49}$$

考虑地层作为一个厚壁压力容器，且地层半径 d 为有限值，同时假设 $\partial(\Delta T)/\partial r=0$，那么在 $r=c$ 处有：

$$\sigma_r = -p_{c2} \tag{10-50}$$

$$\sigma_\theta = p_{c2}\left(\frac{c^2+d^2}{d^2-c^2}\right) - p_f\left(\frac{2d^2}{d^2-c^2}\right) \tag{10-51}$$

将式（10-40）、式（10-51）代入式（10-33）中可得地层在 $r=c$ 处的径向变形量：

$$\delta_{\text{r-formation}} = \frac{c}{E_f}\left\{\left(1-\nu_f{}^2\right)\left[p_{c2}\left(\frac{c^2+d^2}{d^2-c^2}\right) - p_f\left(\frac{2d^2}{d^2-c^2}\right)\right] + p_{c2}\left(\nu_f+\nu_f{}^2\right)\right\} + \left[\left(1+\nu_f\right)c\alpha_f\Delta T\right] \tag{10-52}$$

由位移连续条件，式（10-49）和式（10-52）中两个变形量也应该相等，可得：

$$p_{c2}\left\{\begin{aligned}&\frac{c}{E_f}\left[\left(1-\nu_f^{\ 2}\right)\left(\frac{d^2+c^2}{d^2-c^2}\right)+\left(\nu_f+\nu_f^{\ 2}\right)\right]\\&+\frac{c}{E_c}\left[\left(1-\nu_c^{\ 2}\right)\left(\frac{b^2+c^2}{c^2-b^2}\right)-\left(\nu_c+\nu_c^{\ 2}\right)\right]\end{aligned}\right\}-p_{c1}\left[\frac{c}{E_c}\left(\frac{2b^2}{c^2-b^2}\right)\left(1-\nu_c^{\ 2}\right)\right]$$
$$=\left[\frac{p_f c}{E_f}\left(\frac{2d^2}{d^2-c^2}\right)\left(1-\nu_f^{\ 2}\right)\right]-\left[\left(1+\nu_f\right)c\alpha_f\Delta T\right]+\left[\left(1+\nu_c\right)c\alpha_c\Delta T\right] \quad (10\text{–}53)$$

式（10–53）可写成如下形式：

$$Dp_{c1}+Kp_{c2}=F \quad (10\text{–}54)$$

其中：

$$D=-\left[\frac{c}{E_c}\left(\frac{2b^2}{c^2-b^2}\right)\left(1-\nu_c^{\ 2}\right)\right] \quad (10\text{–}55)$$

$$\begin{aligned}K=&\frac{c}{E_f}\left[\left(1-\nu_f^{\ 2}\right)\left(\frac{d^2+c^2}{d^2-c^2}\right)+\left(\nu_f+\nu_f^{\ 2}\right)\right]\\&+\frac{c}{E_c}\left[\left(1-\nu_c^{\ 2}\right)\left(\frac{b^2+c^2}{c^2-b^2}\right)-\left(\nu_c+\nu_c^{\ 2}\right)\right]\end{aligned} \quad (10\text{–}56)$$

$$F=\left[\frac{p_f c}{E_f}\left(\frac{2d^2}{d^2-c^2}\right)\left(1-\nu_f^{\ 2}\right)\right]-\left[\left(1+\nu_f\right)c\alpha_f\Delta T\right]+\left[\left(1+\nu_c\right)c\alpha_c\Delta T\right] \quad (10\text{–}57)$$

联立求解式（10–53）和式（10–54），可得接触压力 p_{c1} 和 p_{c2}。

$$p_{c1}=\frac{FB-KC}{DB-AK} \quad (10\text{–}58)$$

$$p_{c2}=\frac{C-\left(\dfrac{FB-KC}{DB-AK}\right)A}{B} \quad (10\text{–}59)$$

从而水泥环中的三个主应力可由如下公式计算：

$$\sigma_{\text{r-cement}}=p_{c1}\frac{b^2}{c^2-b^2}\left(1-\frac{c^2}{r^2}\right)-p_{c2}\frac{c^2}{c^2-b^2}\left(1-\frac{b^2}{r^2}\right) \quad (10\text{–}60)$$

$$\sigma_{\theta\text{-cement}}=p_{c1}\frac{b^2}{c^2-b^2}\left(1+\frac{c^2}{r^2}\right)-p_{c2}\frac{c^2}{c^2-b^2}\left(1+\frac{b^2}{r^2}\right) \quad (10\text{–}61)$$

$$\sigma_{z-\text{cement}}=\nu_{c}\left[\sigma_{r}+\sigma_{\theta}\right]-\alpha_{c}E_{c}\Delta T \tag{10-62}$$

由圆环最大剪应力公式：

$$\tau_{\max}=\frac{\left(p_{c1}-p_{c2}\right)b^{2}c^{2}}{\left(c^{2}-b^{2}\right)r^{2}} \tag{10-63}$$

在 $r=b$ 处有：

$$\tau_{\max}\big|_{r=b}=\frac{\left(p_{c1}-p_{c2}\right)c^{2}}{c^{2}-b^{2}} \tag{10-64}$$

在 $r=c$ 处有：

$$\tau_{\max}\big|_{r=c}=\frac{\left(p_{c1}-p_{c2}\right)b^{2}}{c^{2}-b^{2}} \tag{10-65}$$

水泥环中的有效应力 σ_e 为：

$$\sigma_{e}=\sqrt{\frac{1}{2}\left[\left(\sigma_{z}-\sigma_{\theta}\right)^{2}+\left(\sigma_{r}-\sigma_{z}\right)^{2}+\left(\sigma_{\theta}-\sigma_{r}\right)^{2}\right]} \tag{10-66}$$

同样地，对水泥环主应力计算公式进行推广，可以得到套管和地层的主应力计算公式。对于套管：

$$\sigma_{r-\text{casing}}=p_{i}\frac{a^{2}}{b^{2}-a^{2}}\left[1-\frac{b^{2}}{r^{2}}\right]-p_{c1}\frac{b^{2}}{b^{2}-a^{2}}\left[1-\frac{a^{2}}{r^{2}}\right] \tag{10-67}$$

$$\sigma_{\theta-\text{casing}}=p_{i}\frac{a^{2}}{b^{2}-a^{2}}\left[1+\frac{b^{2}}{r^{2}}\right]-p_{c1}\frac{b^{2}}{b^{2}-a^{2}}\left[1+\frac{a^{2}}{r^{2}}\right] \tag{10-68}$$

$$\sigma_{z-\text{casing}}=\nu_{s}\left[\sigma_{r}+\sigma_{\theta}\right]-\alpha_{s}E_{s}\Delta T \tag{10-69}$$

对于地层：

$$\sigma_{r-\text{formation}}=p_{c2}\frac{c^{2}}{d^{2}-c^{2}}\left[1-\frac{d^{2}}{r^{2}}\right]-p_{f}\frac{d^{2}}{d^{2}-c^{2}}\left[1-\frac{c^{2}}{r^{2}}\right] \tag{10-70}$$

$$\sigma_{\theta-\text{formation}}=p_{c2}\frac{c^{2}}{d^{2}-c^{2}}\left[1+\frac{d^{2}}{r^{2}}\right]-p_{f}\frac{d^{2}}{d^{2}-c^{2}}\left[1+\frac{c^{2}}{r^{2}}\right] \tag{10-71}$$

$$\sigma_{z-\text{formation}}=\nu_{f}\left[\sigma_{r}+\sigma_{\theta}\right]-\alpha_{f}E_{f}\Delta T \tag{10-72}$$

3.LS25−1−3 井实例计算

1）基本参数

LS25−1−3 井方案一基本参数为：油层套管下深 4275m，油层套管内径 216.8mm，油层套管外径 244.5mm，井眼直径 315.3mm，地层围岩外径取为 1576.5mm；套管弹性模量 206GPa，套管泊松比 0.3，套管热膨胀系数 1.2×10^{-5}℃$^{-1}$；水泥环弹性模量 8GPa，水泥环泊松比 0.23，水泥环热膨胀系数 1.05×10^{-5}℃$^{-1}$，水泥环单轴抗压强度 29MPa，水泥环抗拉强度 2.5MPa；地层围岩弹性模量 40GPa，地层围岩泊松比 0.24，地层围岩热膨胀系数 1.05×10^{-5}℃$^{-1}$；油套环空液体密度 1.3g/cm^3，地层盐水密度 1.1g/cm^3；平均地温梯度为 4.34℃ /100m。

LS25-1-3 井方案二基本参数为：油层套管下深 4275m，油层套管内径 216.8mm，油层套管外径 244.5mm，井眼直径 298.4mm，地层围岩外径取为 1492mm；套管弹性模量 206GPa，套管泊松比 0.3，套管热膨胀系数 1.2×10^{-5}℃$^{-1}$；水泥环弹性模量 8GPa，水泥环泊松比 0.23，水泥环热膨胀系数 1.05×10^{-5}℃$^{-1}$，水泥环单轴抗压强度 29MPa，水泥环抗拉强度 2.5MPa；地层围岩弹性模量 40GPa，地层围岩泊松比 0.24，地层围岩热膨胀系数 1.05×10^{-5}℃$^{-1}$；油套环空液体密度 1.3g/cm^3，地层盐水密度 1.1g/cm^3；平均地温梯度为 4.34℃ /100m。

2）组合体沿径向应力分布

根据 1）中方案一基本参数分别计算了不考虑温度效应和考虑温度效应两种情况下 3200m 深度处组合体沿径向的应力分布情况，计算中井口油套环空压力取为 0MPa，结果如图 10-43 所示。

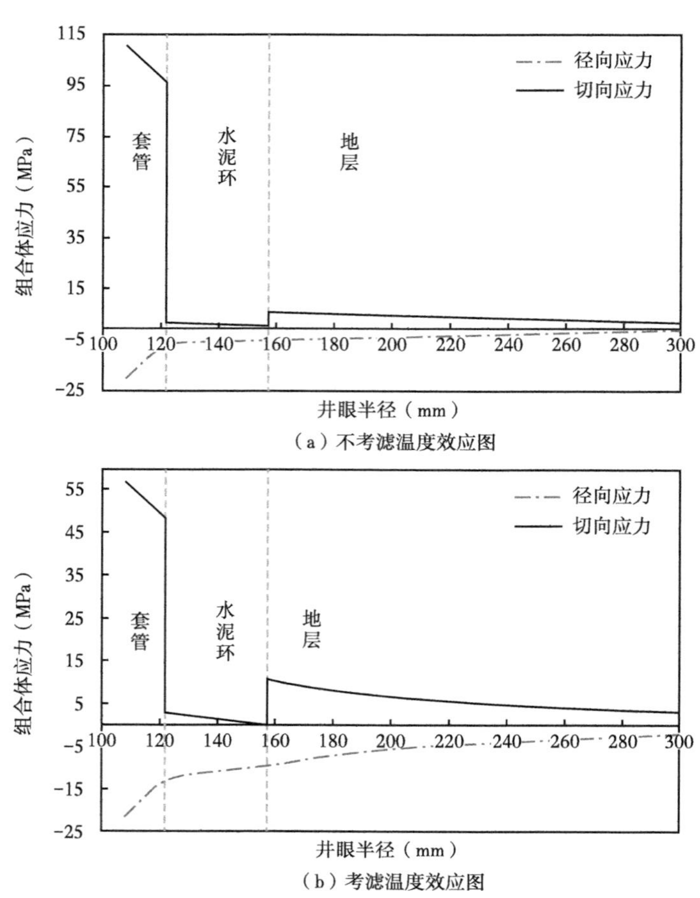

图 10-43　套管—水泥环—地层围岩组合体沿径向应力分布图

根据 1）中方案二基本参数分别计算了不考虑温度效应和考虑温度效应两种情况下 3200m 深度处组合体沿径向的应力分布情况，计算中井口油套环空压力取为 0MPa，结果如图 10-44 所示。

分析图 10-43、图 10-44 可知：组合体径向应力连续，切向应力在界面处发生突变，特别是第一界面切向应力变化十分明显，这主要是因为套管和水泥环弹性模量相差很大；而因水泥环和地层弹性模量相差较小，因此在第二界面切向应力变化较小，故实际中应特别注意第一界面的保护。同时可以看出，当考虑温度效应时组合体中的应力出现了较明显变化。

因此下面将分析各因素对水泥环中应力分布影响。

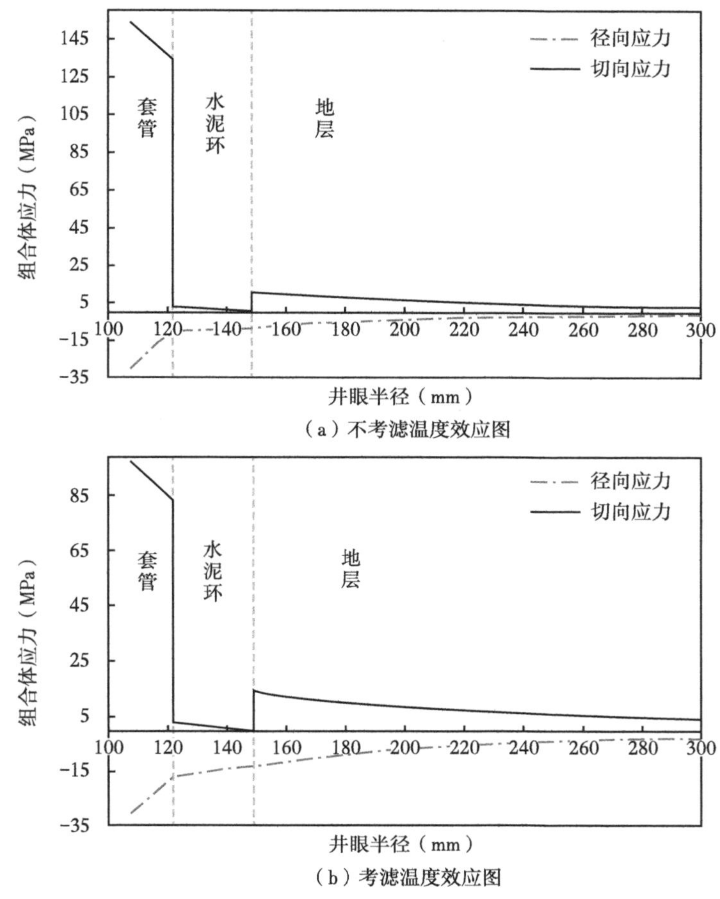

图 10-44　套管—水泥环—地层围岩组合体沿径向应力分布图

3）套管内压对水泥环应力影响

当水泥返深不同时，水泥返深面处油层套管及水泥环的接触面处处于比较容易破坏的状态，考虑水泥返深高于技术套管鞋 200m，返深到技术套管鞋处，返深低于技术套管鞋以下 200m，三种情况时套管—水泥环—地层组合时水泥环的受力状况，为此根据 1）中方案一及方案二基本参数分别计算了不同水泥环返深处有效套管内压（套管实际内压减去地层压力）下沿井眼半径方向水泥环中径向应力和切向应力，结果如图 10-45 至图 10-48 所示。分析图 10-45 和图 10-46 可知：水泥环在套管内压作用下沿径向受压；分析图 10-47 和图 10-48 可知：水泥环在套管内压作用，沿径向方向拉应力逐渐减小，到达一定值时由受拉变为受压，且压应力和拉应力最大值均出现在水泥环内壁；在地层压力一定时，随套管内压增大，水泥环中径向压应力和切向拉应力值均增大。

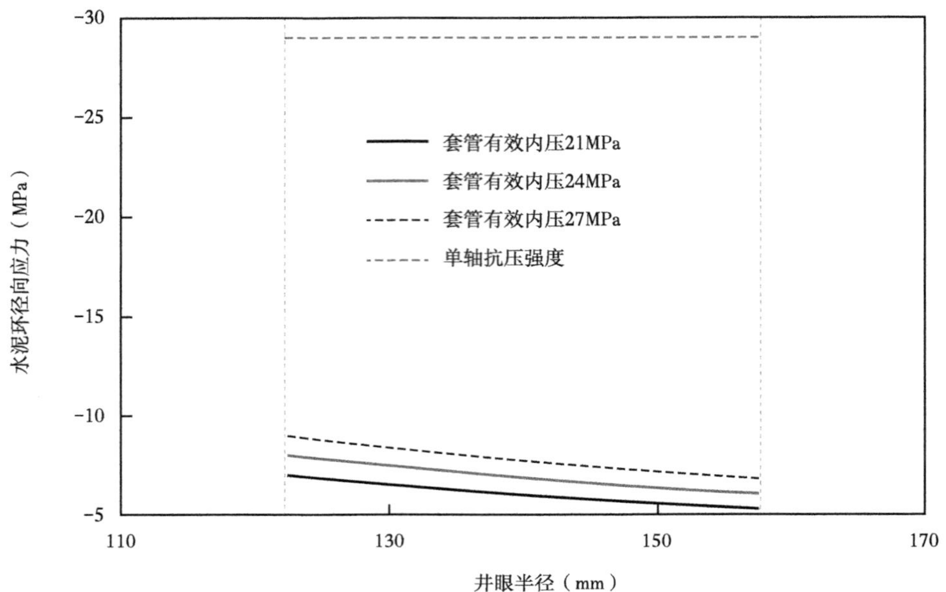

图 10-45　方案一不同套管内压下水泥环中径向应力沿井眼半径分布图

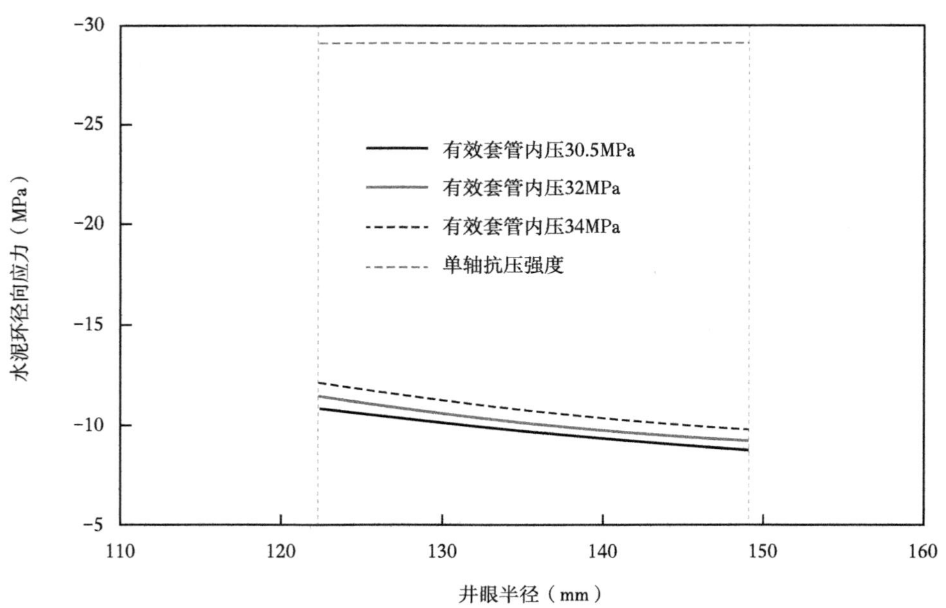

图 10-46　方案二不同套管内压下水泥环中径向应力沿井眼半径分布图

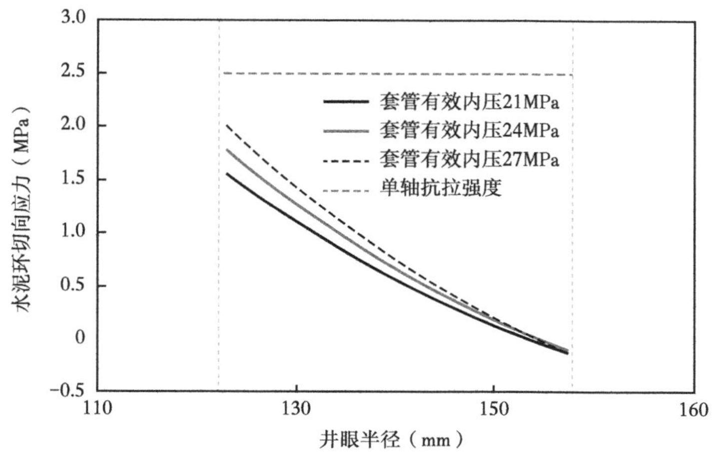

图 10-47　方案一不同套管内压下水泥环中切向应力沿井眼半径分布图

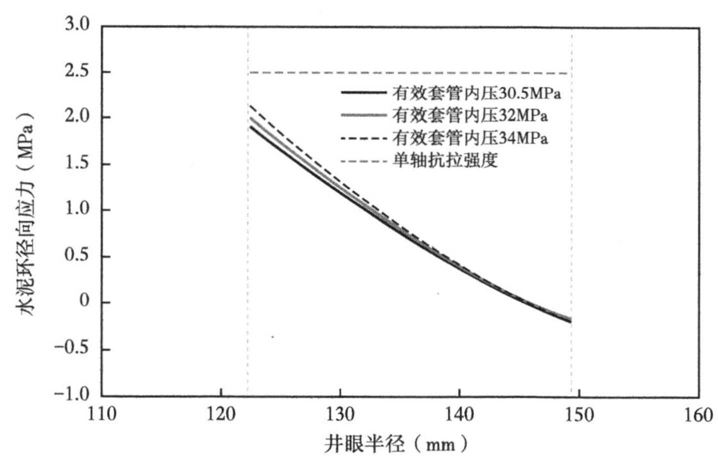

图 10-48　方案二不同套管内压下水泥环中切向应力沿井眼半径分布图

4）地层压力对水泥环应力影响

一般情况下，油气井套管内压力是大于地层压力的，但是当发生井漏或油气井生产后期地层压力衰竭后可能出现地层压力大于井筒内压力情况，为此根据 1）中方案一、方案二的基本参数分别计算了技术套管鞋处及上下 200m 处所处地层压力 p_f（套管内压 p_i=5MPa）下沿井眼半径方向水泥环中径向应力和切向应力，结果如图 10-49 至图 10-52 所示。分析几图可知：地层压力使水泥环沿径向受压，径向压应力最大值出现在水泥环内壁；地层压力使水泥环沿切向也受压，切向压应力最大值出现在水泥环外壁；套管内压一定时，地层压力越大，水泥环中径向和切向压应力均越大。这表明地层压力的存在对水泥环径向受压是不利的，对改善水泥环的切向受拉是有利的，但是地层压力过高沿水泥环切向同样会产生较大的压应力，因此实际中若考虑通过增大地层压力来降低水泥环中的切向拉应力，应注意选取合理的围压值。

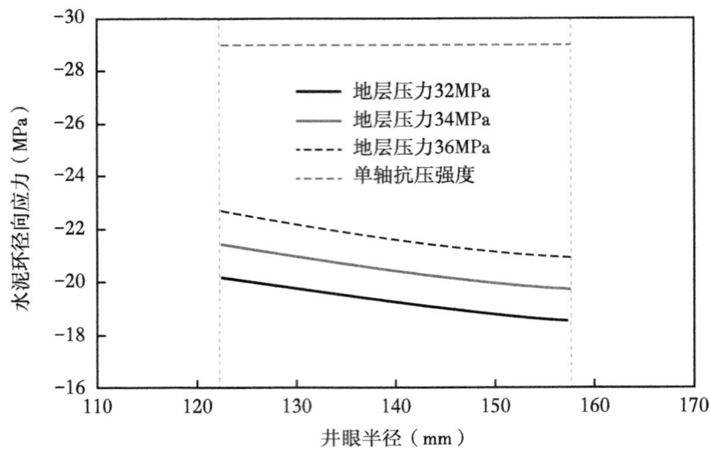

图 10-49　方案一不同地层压力下水泥环中径向应力沿井眼半径分布图

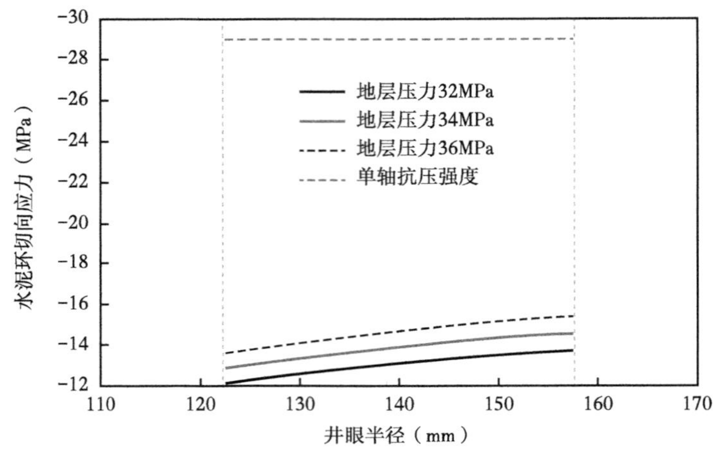

图 10-50　方案一不同地层压力下水泥环中切向应力沿井眼半径分布图

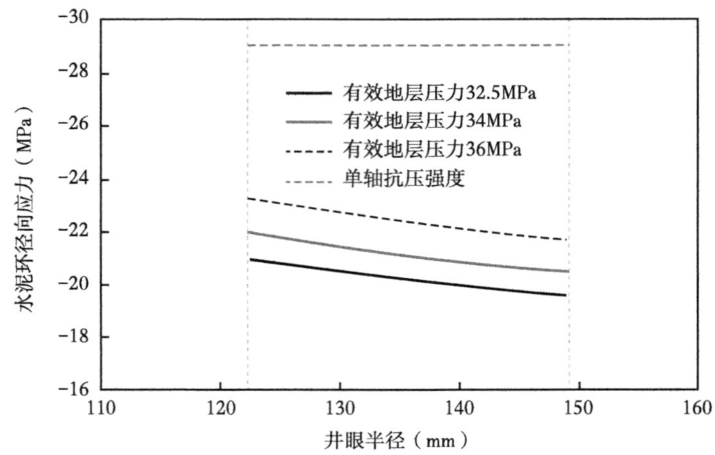

图 10-51　方案二不同地层压力下水泥环中径向应力沿井眼半径分布图

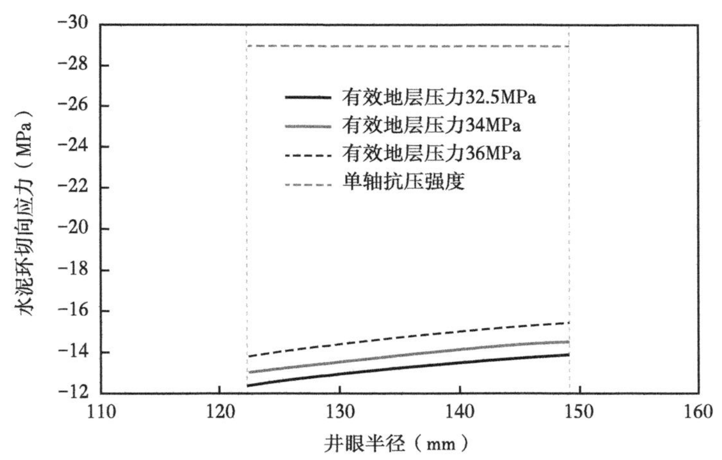

图 10-52　方案二不同地层压力下水泥环中切向应力沿井眼半径分布图

5）温度效应对水泥环应力影响

对高温高压油气井来说，由于流体的注入和产出一般会使得井筒温度和地层温度存在一定差值，从而会在水泥环中产生热应力。为此根据 1）中基本参数分别计算了不同温度变化值下由于温度效应而在水泥环中产生的径向应力和切向应力沿井眼半径分布情况，结果如图 10-53 至图 10-56 所示。分析图 10-53 和图 10-54 可知：温度效应使水泥环沿径向受压，分析图 10-55 和图 10-56 可知：沿切向基本是受拉状态，在靠水泥环外壁处受压，且压应力和拉应力最大值均出现在水泥环内壁；随温度变化值增大，水泥环中径向压应力和切向拉应力值均增大。同时还可以看出，由温度效应在水泥环中产生的应力值与套管内压产生的应力值在同一个数量级，故实际中不可忽略温度效应的影响。

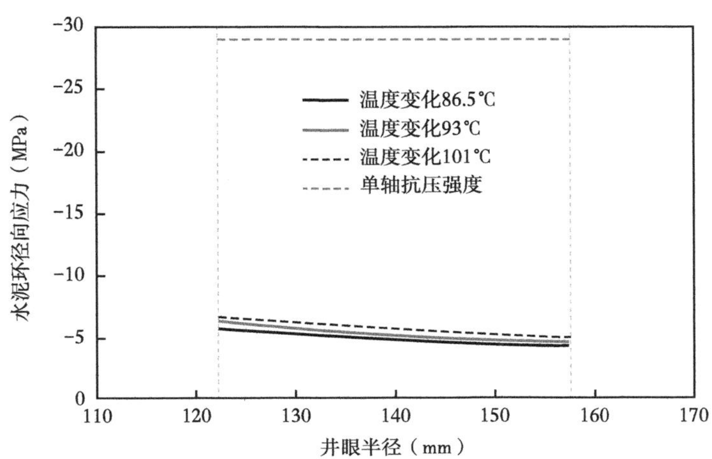

图 10-53　方案一不同温度变化值下水泥环中径向应力沿井眼半径分布图

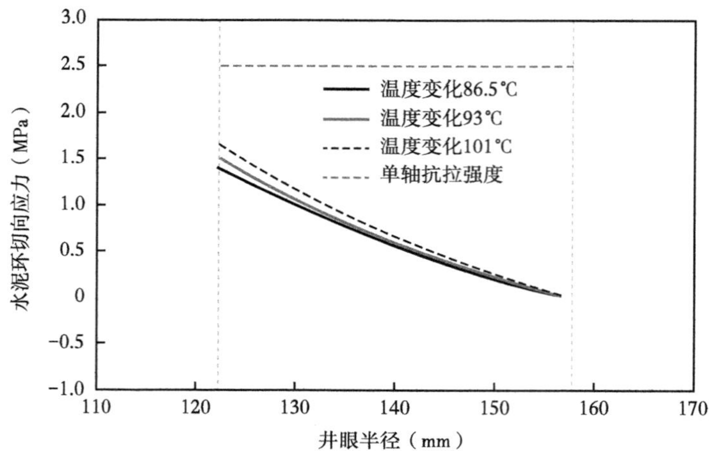

图 10-54　方案一不同温度变化值下水泥环中切向应力沿井眼半径分布图

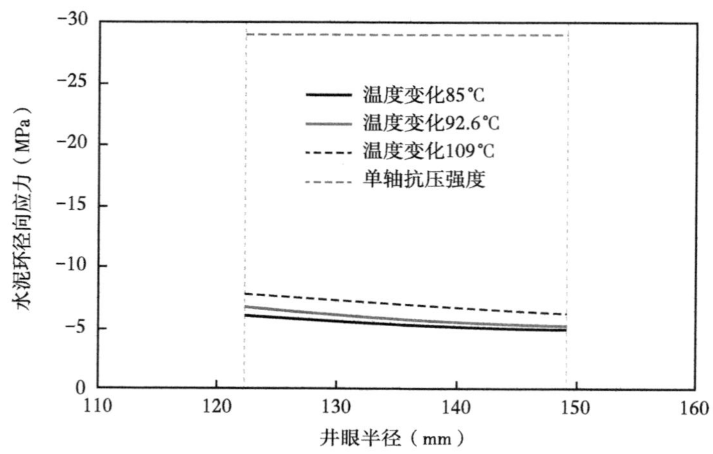

图 10-55　方案二不同温度变化值下水泥环中径向应力沿井眼半径分布图

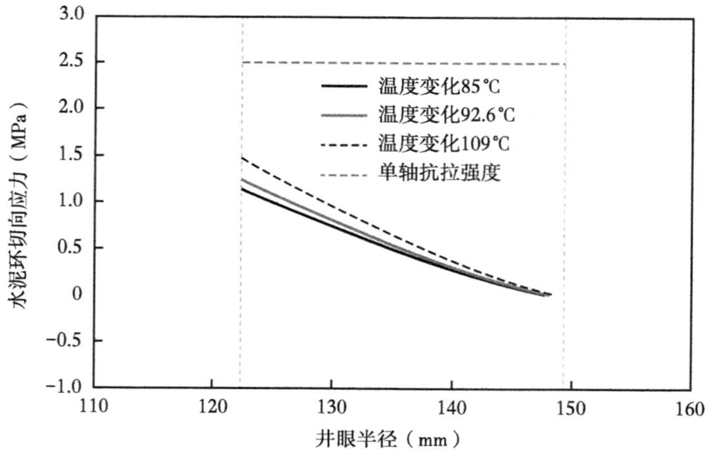

图 10-56　方案二不同温度变化值下水泥环中切向应力沿井眼半径分布图

6）压力温度共同作用对水泥环应力影响

井下水泥环实际上同时受到压力和温度作用的共同影响，为此根据 1）中基本参数分别计算了单独考虑套管内压（有效套管内压）和温度效应及同时考虑二者作用时水泥环中径向应力和切向应力沿井眼半径分布的对比情况，结果如图 10-57 至图 10-60 所示。分析图 10-57 至图 10-60 可知，同时考虑套管内压和温度效应时水泥环中径向应力和切向应力值约等于套管内压和温度效应单独作用下在水泥环中产生的应力值之和。

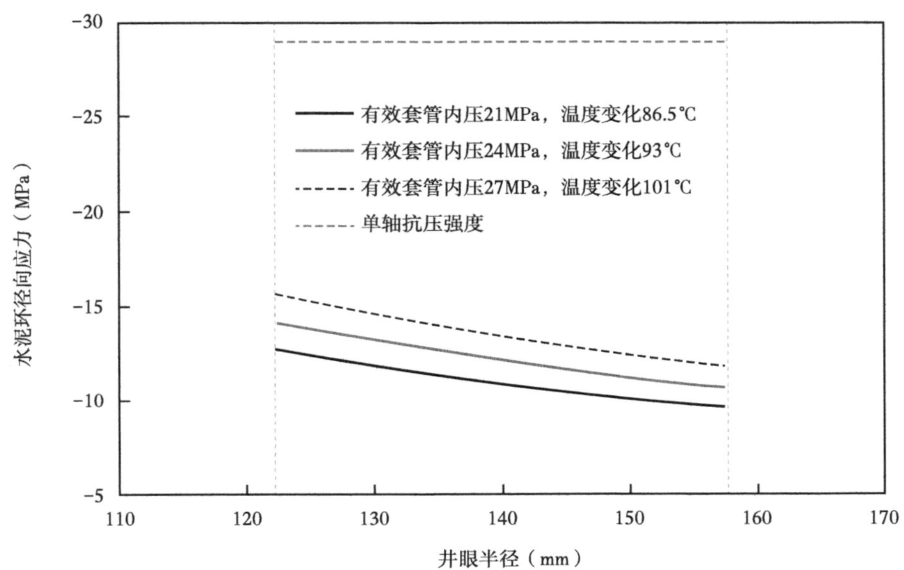

图 10-57　方案一不同压力温度载荷组合下水泥环中径向应力沿井眼半径分布图

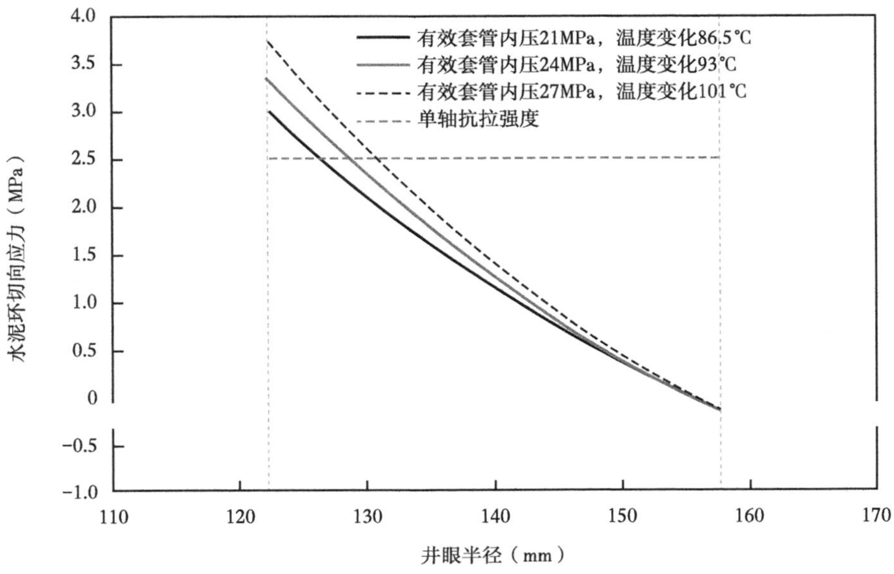

图 10-58　方案一不同压力温度载荷组合下水泥环中切向应力沿井眼半径分布图

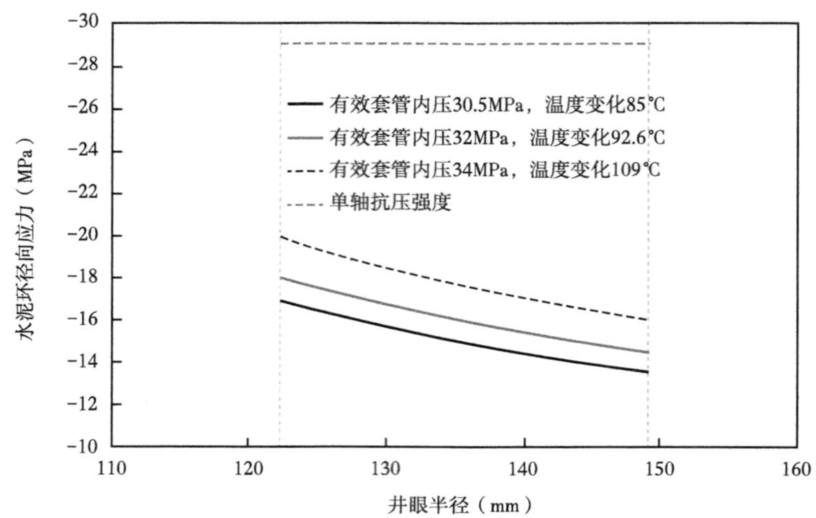

图 10-59　方案二不同压力温度载荷组合下水泥环中径向应力沿井眼半径分布图

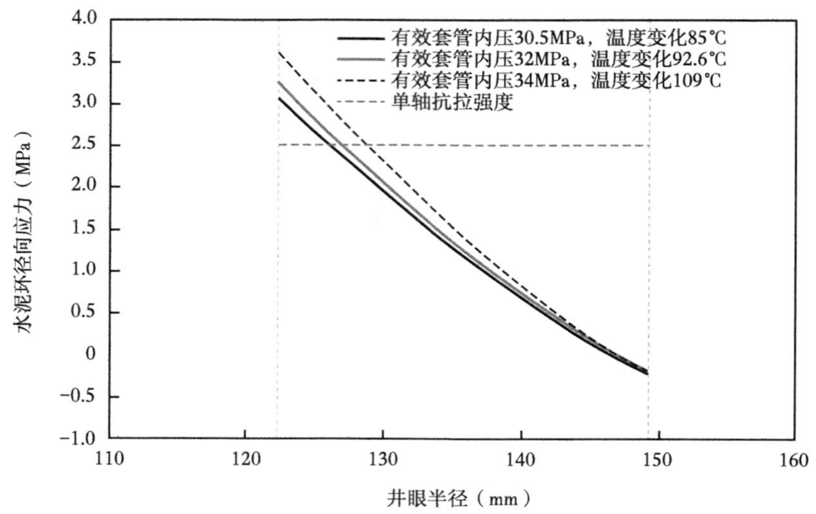

图 10-60　方案二不同压力温度载荷组合下水泥环中切向应力沿井眼半径分布图

7）水泥环沿井深应力分布

由于水泥环在套管内压和温度效应下其径向应力和切向应力最大值均发生在水泥环内壁，考虑实际井下水泥环被压坏的可能性较小，为安全起见，以水泥环内壁切向应力作为水泥环失效判断标准。为此，计算了不同井口套压下全井段水泥环中第一界面切向应力，图 10-61 为 988~4275m 井段水泥环第一界面切向应力分布图。分析图 10-61 可知：沿井深增加，水泥环第一界面沿切向受压逐渐增加，最大压应力出现在井底；随井口套压增大，井口水泥环第一界面切向可能出现拉应力，且拉应力出现的井段增加，水泥环沿切向被拉坏的井段也增长。因此，实际中应控制井口套压在一定的范围内，避免过高的环空套压值，以保持水泥环完整性。

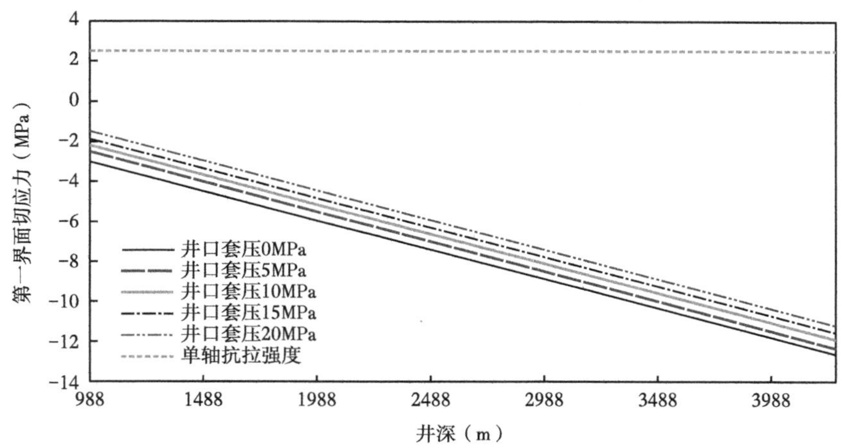

图 10-61　不同井口套压下水泥环第一界面切向应力沿井深分布图

（三）国际上高温高压深水井保持井筒完整性的基本措施调研

1.D010 在钻井和作业中的井筒完整性（第四版）

套管外水泥上返高度设计要求（图 10-62）：

（1）设计时应该考虑到油气井后续的作业（侧钻、修井、弃井）；

（2）通常情况下，水泥至少返至上层套管鞋以上 100m 处；

（3）导管的设计要满足井筒结构完整性的要求；

（4）表层套管设计时，需要考虑井口设备和具体工况的载荷情况。表层套管的水泥返深应该返至地面 / 海底面；

（5）生产套管 / 尾管的水泥返深至少要返至上层套管鞋以上 200m。如果生产套管段穿过含油气层位，水泥应该至少返至含油气层位上方 200m。

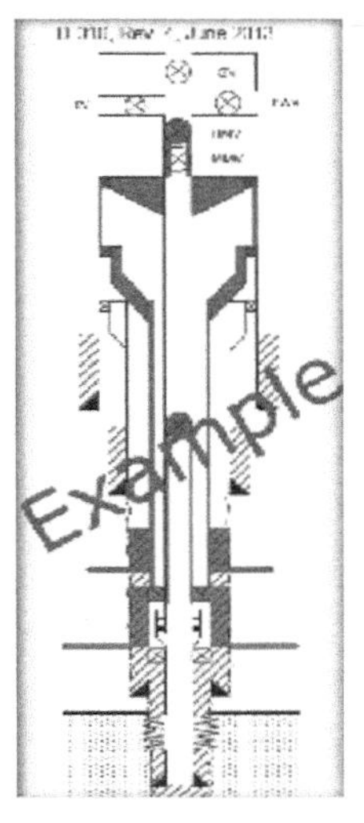

6. Planned casing cement length:

a) Shall be designed to allow for future use of the well (sidetracks, recompletions, and abandonment).

b) **General**: Shall be minimum 100 m MD above a casing shoe/window.

c) **Conductor**: Should be defined based on structural integrity requirements.

d) **Surface casing**: Shall be defined based on load conditions from wellhead equipment and operations. TOC should be at surface/seabed.

e) **Production casing/liner**: Shall be minimum 200m MD above a casing shoe. If the casing penetrates a source of inflow, the planned cement length shall be 200m MD above the source of inflow.

a. Note: If unable to fulfil the requirement when running a production liner, the casing cement length can be combined with previous casing cement to fulfil the 200m MD requirement.

图 10-62　套管外水泥返排深度设计—英文原版

注意：如果下入生产尾管不能满足要求，可以将本段套管的水泥胶结长度与前一段套管水泥的胶结长度结合起来以满足水泥上返至套管鞋之上 200m 的要求。

2.API RP 96（2013）深水井设计

API RP 96（2013）深水井设计如图 10-63 所示。

6.17.4 APB Mitigations

Potential APB mitigation may include the following.

a) Avoid a sealed annulus by

— leaving the TOC a sufficient depth below the previous casing shoe to prevent the annulus from being trapped from the open hole by either cement or settled mud solids (refer to regulatory requirements to ensure conformance) and

— using a solids-free fluid, such as a weighted brine, in the cased hole annulus to avoid solids settling and potential plugging.

b) Installing a compressible gas or fluid in the annulus by

— using a compressible gas, such as nitrogen, so that as the fluid expands and the nitrogen volume contracts, the increase in nitrogen pressure is less than the burst or collapse rating of the casing, and

— using compressible liquids; compressibility of these liquids are generally much lower than nitrogen.

c) Installing crushable material on the outside of the casing, such as syntactic foam, is another potential solution. The material crushes as annulus fluid expands, providing additional volume for fluid expansion which reduces the pressure buildup.

NOTE Crushable material does not fully reexpand after it is crushed. Therefore, the number of thermal cycles that it can mitigate is limited.

d) Using rupture disks in the casing to protect either the outer or inner casing string. Rupture disks can be designed to fail either with an internal or external pressure. They are manufactured to fail at a specific pressure for a given temperature with a very tight tolerance on their design capacity. A strict QC program is essential for the manufacturing and installation of the rupture disks to ensure that the casing, deployed sub, and installed disk or disks perform as intended.

图 10-63 预防环空带压的措施—英文原版

预防环空带压的方法：

1）避免环空被堵塞

（1）在裸眼井中，为避免由于水泥胶结质量或钻井液中的固体沉淀形成环空带压，需要确保水泥塞面在前一段套管鞋之下，且有足够的距离；

（2）在已经下了套管的井中，为防止环空固体沉淀和发生水泥堵塞，要使用固体分散相钻井液，如加重的盐水。

2）在环空注入可压缩的气体或液体

（1）使用可压缩气体，如氮气，当液体膨胀之时氮气被压缩。同时氮气压力增加值要低于套管额定的破裂压力和挤毁压力。

（2）使用可压缩液体，这些液体的压缩性通常远低于氮气。

3）在套管外部安装可压缩材料

例如复合泡沫塑料。当环空流体膨胀时，这些材料会被压缩，为环空液体膨胀提供额外的空间，以减小压力增加量。

备注：可压缩材料在压缩后不能再次膨胀。所以，其使用次数有限。

4）使用破裂盘保护内部或外部的套管柱

当套管柱的内部或外部所承受的压力达到临界值时都会使破裂盘破裂。在给定的温度和压力下，其所受压力只要超过了它的设计压力，就会破裂。为确保安装的破裂盘达到预期效果，在制造和安装破裂盘时要严格地遵守质量控制程序，图 10-64 是破裂盘的使用条件。

Ensure that rupture disk activation will not result in hydrocarbon discharge or broaching to mudline. For example, this allows the use of rupture disks exposed to hydrocarbons when

— rated higher than the burst survival load,

— the casing outside the rupture disk can contain the survival based pressures without broaching to sea floor or bursting, and

— when used to protect deep liners from collapse, preserving well bore access.

Using insulation methods to limit the transfer of heat from the production flow stream to the casing annuli. Examples include vacuum insulated tubing (VIT) which limits heat transfer to the annulus and insulating packer fluids which limit heat transfer caused by convection in the annulus. See additional information on VIT in 7.4.

图 10-64　破裂盘使用条件—英文原版

应该确保破裂盘开始作用时不会导致碳氢化合物泄露或在泥线处破裂。在以下情况，破裂盘可以暴露在碳氢化合物环境中使用。

（1）额定压力高于规定的剩余破裂压力时；

（2）破裂盘外面的套管可以承受破裂盘破裂后的剩余压力，且不会在海底平面扩孔或爆裂；

（3）用破裂盘保护深井尾管免于挤毁，以确保井眼通畅。

用隔热方法限制从生产流体到套管环空的热传递作用。例如，使用真空隔热油管来限制热量传导至环空以及隔热封隔液来限制由于环空内流体对流引起的热量传递。

图 10-65 中可以看出，一开和三开水泥返深到海底泥线附近，四开悬挂管水泥返深至悬挂处，四开水泥返高值上层套管鞋下方，五开悬挂管水泥没有返深至上层套管鞋，六开生产套管水泥返深较高，但是也没有返至上层套管鞋处。

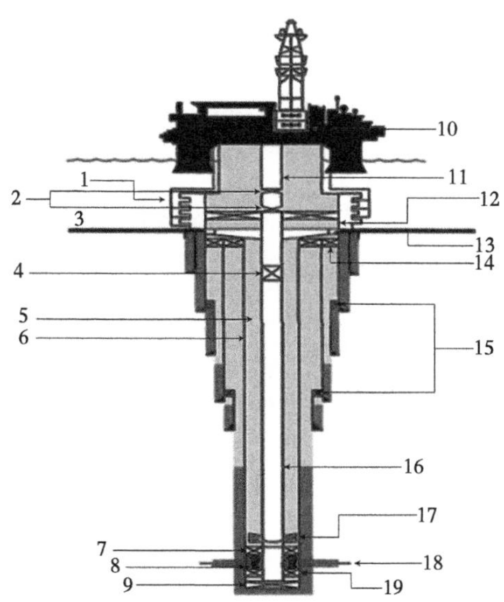

图 10-65　典型深水井井身结构设计

1—井口连接器；2—油管挂堵塞器；3—泥线；4—安全阀；5—生产环空；6—生产套管；7—防砂封隔器；8—防砂陶粒；9—人工井底；10—钻井平台；11—坐落管柱；12—防喷器；13—泥线悬挂器；14—密封总成；15—尾管挂封隔器；16—生产油管；17—生产封隔器；18—射孔段；19—沉砂封隔器

5. 英国《Well Integrity guidelines》—2012 年

英国的《井筒完整性概述》—2012 年，如图 10-66 所示。

423 **4.5 Cement design**

424 Conductors and surface casings should be designed to be cemented (where not driven) back to surface or the seabed.

425 If the structural integrity of the conductor needs the TOC to be at a specific height, a means of carrying out a top up job to achieve this should be included in the planning.

426 Casings below the surface casing should be cemented back into the previous casing unless:

- it would preclude a subsequent sidetrack;
- in a subsea production well where the annulus cannot be bled down to relieve overpressure caused by thermal expansion of trapped fluid during production;
- the section is too long to be fully cemented;
- to prevent losses or breakdown of weak formations exposed in annulus; or
- it is planned to reinject cuttings down the annulus.

427 If the cement is not brought back into the previous casing, there should be at least 1,000 ft (300 m) MD of cement above the shallowest hydrocarbon interval if the top is calculated indirectly (displacement pressures and volumes). If a direct measurement of the cement top is planned for verification, the height of cement may be reduced.

428 If the design height is not achieved then consideration should be given to any necessary remedial action.

Issue 1, July 2012 *49*

图 10-66 水泥环返深设计—英文原版 1

注水泥设计：

要求导管和表层套管的水泥（没有扰动）要返至地表或海底平面，如图 10-67 所示。

如果导管的结构完整要求水泥塞面要有一个具体高度，那么在设计之时就要将其考虑进去。

表层套管下部的套管的水泥应该返至上一层套管鞋以上，以下几种情况除外：

（1）注水泥作业会妨碍后续的侧钻工作；

（2）海洋油气井中，环空不能释放滞留液体热膨胀所造成的高压力；

（3）套管段太长，不能完全封固；

（4）为了防止松软地层的破裂和水泥漏失暴露在环空中；

（5）需要重注岩屑到环空下部。

如果水泥没有返回至上一层套管，至少要上返至距离最浅的碳酸盐岩储层之上有 300m 的距离，这个高度是间接计算得到的（通过顶替压力和体积得到）。如果才用直接测量的方式来验证水泥上返的高度，结果可能偏小。如果没有达到设计高度，应该考虑一切必要的补救措施。

429 For high inclination or horizontal wells, the vertical height of the top of cement above a hydrocarbon zone, should be considered.

430 Where reasonably practicable, nonhydrocarbon-bearing permeable formations should be sealed by cement in the annulus to reduce the risk of flow outside the casing and potential corrosion or flow into a formation.

431 The weight (density) of the slurry and spacer should be designed so that the well remains overbalanced throughout the cementing operation. The weight and planned height of the cement top should be designed so that the formation is not fractured during cementing.

432 The cement job should be designed to:

- prevent influx whilst the cement is setting;
- provide compressive strength quickly; and
- provide a long-term (permanent) barrier to flow in the annulus.

图 10-67　水泥环返深设计—英文原版 2

对于大斜度井或水平井，要考虑在碳酸盐岩储层上部的水泥返排的垂直高度。

若实际可行的话，在环空中应该将非烃的渗透性地层用水泥密封，以减少流体流出套管和潜在腐蚀或流入地层的风险。

在设计钻井液密度和封隔器时，要保证油井在注水泥操作中保持过平衡状态。在设计水泥环的质量和上返高度时，要确保在固井作业中不会发生井壁破裂现象。

注水泥作业要求：

（1）水泥凝固过程中不能流动；

（2）能迅速产生抗压强度；

（3）能够提供一个长期稳定的环空流动的屏障。

6.ISO/TS 16530-2：2014

ISO/TS 16530-2：2014 井筒完整性（Part 2）：Well integrity for the operational phase. 如图 10-68 至图 10-70 所示。井筒屏障单元及他们的功能和失效模式，见表 10-1。

Annex F
(informative)

Well barrier elements, functions and failure modes

Table F.1 lists the types of well barrier elements (WBEs), with a description of their function and typical failure modes, that are relevant during the operational phase.

Other WBEs that are not listed below may be employed in wells and, should that be the case, a similar documented evaluation should be made for these.

Table F.1 — Well barrier elements, their functions and failure modes

ELEMENT TYPE	FUNCTION	FAILURE MODE (Examples)
Fluid column	Exerts a hydrostatic pressure in the well bore that prevents well influx/inflow of formation fluid.	Leak-off into a formation Flow of formation fluids
Formation strength	Provides a mechanical seal in an annulus where the formation is not isolated by cement or tubulars Provides a continuous, permanent and impermeable hydraulic seal above the reservoir Impermeable formation located above the reservoir, sealing either to cement/annular isolation material or directly to casing/liner Provides a continuous, permanent and impermeable hydraulic seal above the reservoir	Leak through the formation Not sufficient formation strength to withstand annulus pressure Not sufficient formation strength to perform hydraulic seal

图 10-68　井筒屏障单元及他们的功能和失效模式—英文原版

表 10-1　井筒屏障单元及他们的功能和失效模式

单元类型	功能	失效模式
流体液柱	在井眼中产生静液柱压力，阻止地层流体流入	从泄露点流入地层； 地层流体流入管内
地层强度	在水泥不能完全密封地层的环空和管柱中提供机械密封；在油气藏上方提供一个持续的、永久的、不渗透的液压密封；位于储层之上的非渗透地层，能够密封水泥或者环空的隔离材料，或者直接密封套管或尾管；提供持续的、永久的、不可渗透的液柱密封	地层渗漏；地层压力不足，无法抵挡环空压力；液柱密封不足，无法抵挡环空压力

ISO/TS 16530-2：2014 最大允许环空带压值的确定：

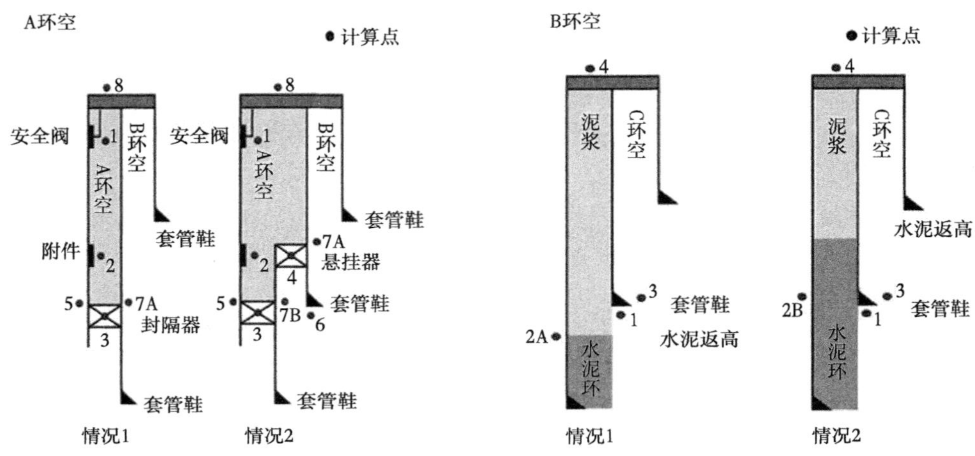

图 10-69　A、B 环空水泥返高的两种情况

图中可以看出：A 环空的两种形式（左：无尾管；右：有尾管），A 环空均没有水泥封固；B 环空的两种形式（左：水泥未返上层套管鞋处；右：水泥返到上层套管鞋上部），水泥封固均没有返至上层套管鞋。

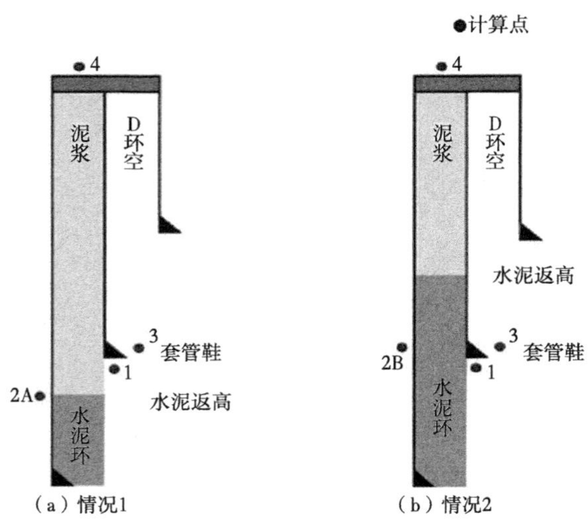

图 10-70　C 环空水泥返高的两种情况

图中可以看出：C 环空的水泥返高需要根据具体地层情况和施工要求来确定其是否要返至上层套管鞋处。

7.SY/T 5480—2016 固井设计规范

水泥返深设计原则：

（1）表层或海洋导管固井水泥返至地面（泥面）；

（2）尾管固井水泥返至尾管悬挂器顶部 50m 以上；

（3）产层固井水泥返深应符合地质要求；

（4）含盐膏层的井返至盐膏层顶部以上或底部以下 200m；

（5）双级固井应按油气层位置、地质要求、地层破裂压力、地层漏失压力、地层承受能力实验值，确定一、二级水泥返深，技术套管水泥返深达到钻井工程设计要求；

（6）稠油热采井应返至地面；

（7）产层固井裸眼段水泥一次封固长度不宜超过 800m。

8.Q/HS 14004—2016

Q/HS 14004—2016 海洋石油固井设计规范第 2 部分：固井工艺。

环空水泥浆返高设计原则主要包括：

（1）应满足下一步安全钻井或完井作业，油田安全开发，以及今后采取增产措施的需要；

（2）应能有效地封固油、气、水层，以及要求必须封固的腐蚀性、蠕变、垮塌、漏失等复杂地层；

（3）应满足钻井工程对套管保护提出的特殊要求，如：提高套管抗挤、抗内压强度或避免套管因过度磨损而发生断裂等；

（4）应满足抵御海洋恶劣环境和保护环境所提出的要求；

（5）应符合平衡压力固井原则。

隔水管：水泥浆应返至泥面。

表层套管：根据钻井工程或开发工程安全要求确定水泥浆返高。

技术套管固井包括下列作业方式：

单级固井：要求尾浆返至套管鞋以上井段 300~500m，钻井液返至钻井工程要求的位置。对于设计套管抗挤安全系数小于或等于 1 的井，水泥浆返高应满足抗挤安全系数 1.125 的要求。

分级固井：分级固井第一级尾浆应返至套管鞋以上井段至少 300m，钻井液返高与单级固井要求相同。第二级水泥浆返高应满足钻井工程要求。

油气层套管固井包括下列作业方式：

① 单级固井：常压地层：尾浆应返至油气层顶部以上至少 150m，钻井液返至钻井工程设计要求的高度。高压地层：快凝水泥浆应返至油气层顶部以上 100~150m，缓凝水泥浆返至钻井工程设计要求的高度并要求满足一定压力关系式。

② 分级固井包括下列二种情况：

a）常压地层：无论是一级或二级尾浆均应返至油气层顶部以上至少 150m，钻井液返至钻井工程设计要求的高度。分级箍使用应符合要求。

b）易漏失地层：应根据压力平衡原则确定第一级固井水泥浆返高二级水泥浆返至钻井工程设计要求高度。

尾管固井：水泥浆应返到尾管悬挂器顶部。一般情况下，尾管和上一层套管重叠段长度应为 100~200m。

9. 中国海油《深水钻井规程与指南》（2011 年版）

中国海洋石油集团有限公司《深水钻井规程与指南》（2011 年 8 月）“第三章 深水钻井设计”中“第一节 深水探井钻井设计”阐述了深水井井身结构及套管设计方法与原则。具体如下：

1）井身结构设计依据和原则

（1）根据地层压力预测研究结果、钻井液密度窗口，结合邻井实钻情况，并考虑易坍塌层、易漏层、含特殊流体层、井眼轨迹特殊要求等因素，设计各层套管的下入深度和尺寸；

（2）应考虑井涌余量；

（3）应预留一层套管作为备用；

（4）环空间隙小于 19mm 时，宜考虑扩眼和挂尾管的方法；

（5）为了满足测试需要，深水高温高压井段尾管与上层套管重叠段长度应不少于 200m；

（6）高压气层中下入套管，宜采用先下尾管、固井，再回接的方式。

2）井身结构设计

导管设计：

在国外作业时，导管设计应满足政府批准的环评报告。

（1）统计分析区域井（邻井）导管下入方式、实际下入深度、静置时间数据；

（2）简述设计工况、计算载荷、安全系数选取；

（3）导管尺寸、钢级、壁厚或每米质量（kg/m）、深度及下入方式。

下部井段各层套管设计：井身结构设计图，图中应标明井眼尺寸、深度及各级套管尺寸及下入深度、水泥返高和人工井底设计深度等。

套管强度校核：

① 导管和表层套管设计及校核。导管和表层套管按照井口稳定性分析结果进行设计，如果表层套管下在产层之上，表层套管设计还需考虑泥线以下全掏空的情况；

② 应考虑套管与地层之间、套管与套管之间密闭环空压力在温度变化情况下对套管的影响，并提出解决措施；

③ 考虑测试工况对套管强度校核的要求；

3）其他套管柱结构与强度设计

按 SY/T 5724—2008《套管柱结构与强度设计》执行。列出套管强度校核结果表。

井身结构及套管设计：在其他套管柱结构与强度设计满足安全钻井的前提下，以有利于保护油气层，实现经济、优质、高效钻井为原则进行井身结构设计；在保证钻完井（包括增产）和生产安全的前提下，以经济性为原则进行套管柱设计。

生产管柱设计：综合考虑安全、开采方式、经济性和水合物防治等因素设计生产管柱。

（1）设计要求；

（2）生产管柱设计和校核：① 油管的尺寸、连接类型、材质、壁厚；② 生产管柱的强度校核；③ 井下安全阀的深度确定及类型选择；④ 注入点的深度确定；⑤ 其他特殊工具、部件的深度确定；

（3）生产管柱图应标明名称、尺寸、内外径、连接类型等要求；

（4）生产管柱和采油树的送入管柱设计及校核。

（四）井身结构及水泥返高情况调研

1.IADC/SPE 112626

Optimized Deepwater Cement Design for Record-Length Expandable Liner 可膨胀尾管的深水水泥返高设计优化方案，如图 10-71 所示。

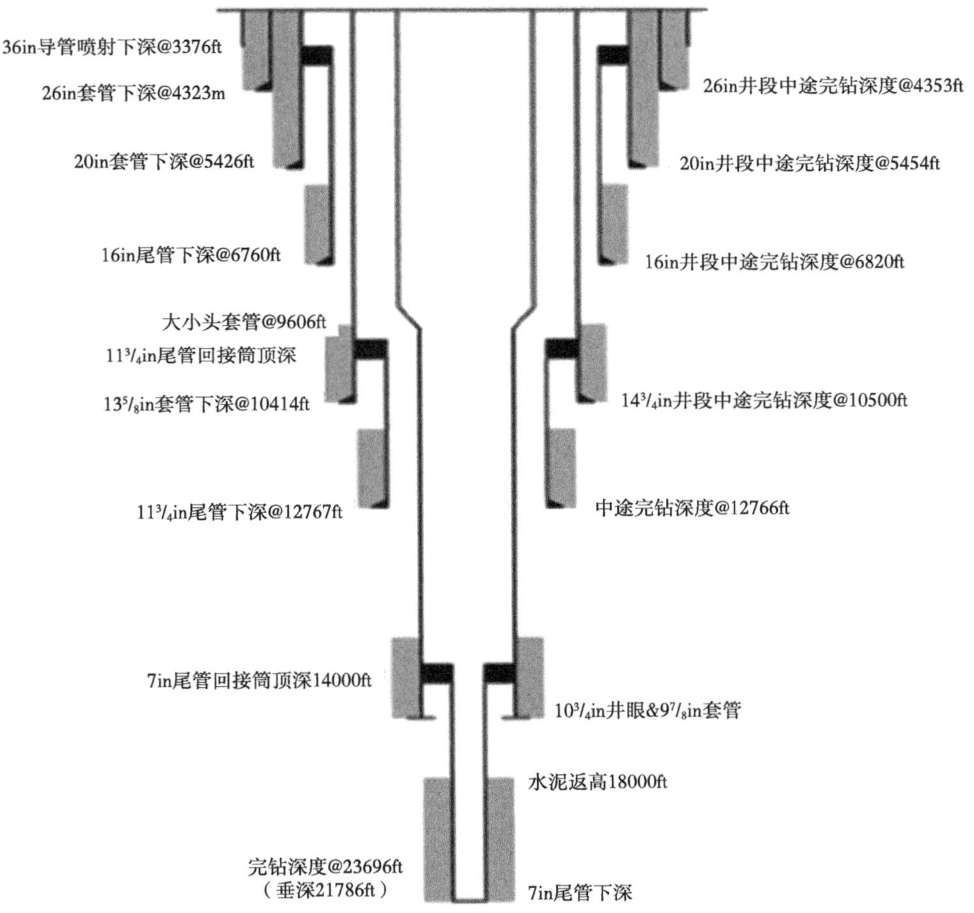

图 10-71　墨西哥湾绿峡谷区块油气井井身结构及水泥返高状况

该井中导管和表层套管水泥返高至海底泥线，内层套管的水泥环均未返至上层套管鞋处。

2.Deepwater Horizon Study Group Working Paper—January 2011

The New Domain in Deepwater Drilling：Applied Engineering and Organizational Impacts on Uncertainties and Risk. 深水钻井的新领域：应用工程和组织影响的不确定性和风险。

图 10-72 和图 10-73 所示是墨西哥湾 macondo 油田的某一油井，水深 5067ft，井深 18360ft。水泥返高没有明确数值，但是可以从示意图中得到部分信息，除了一开和三开套管环空水泥环返高至泥线，内层套管环空水泥环均未返至上层套管鞋。

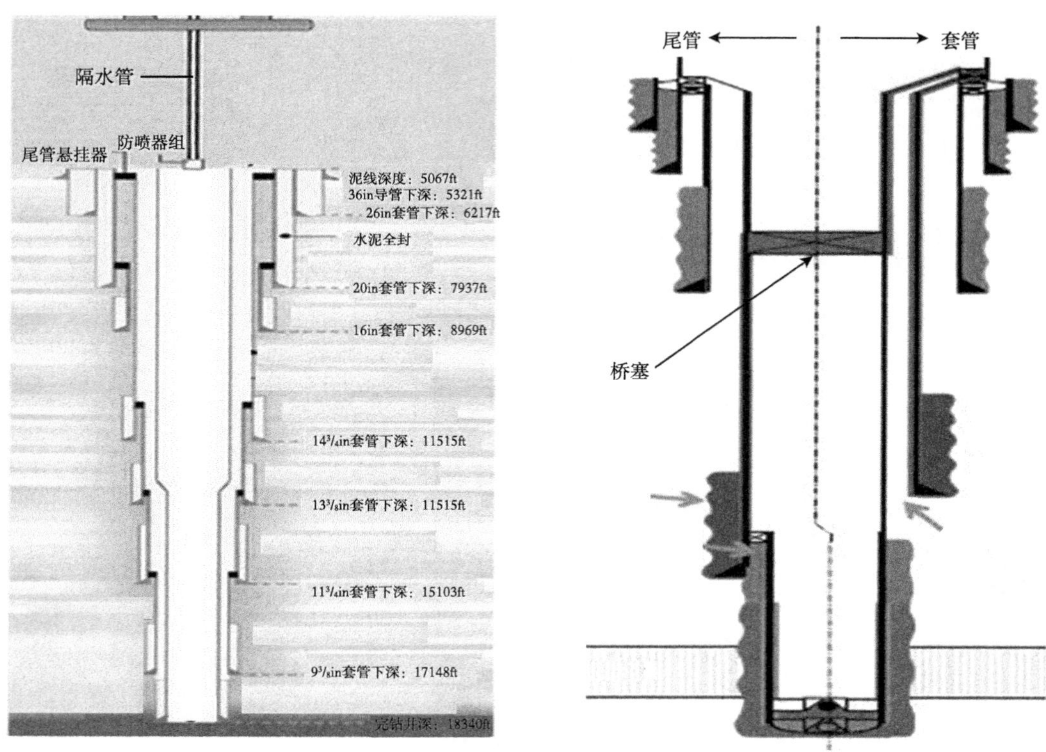

图 10-72　井身结构及水泥返高示意图

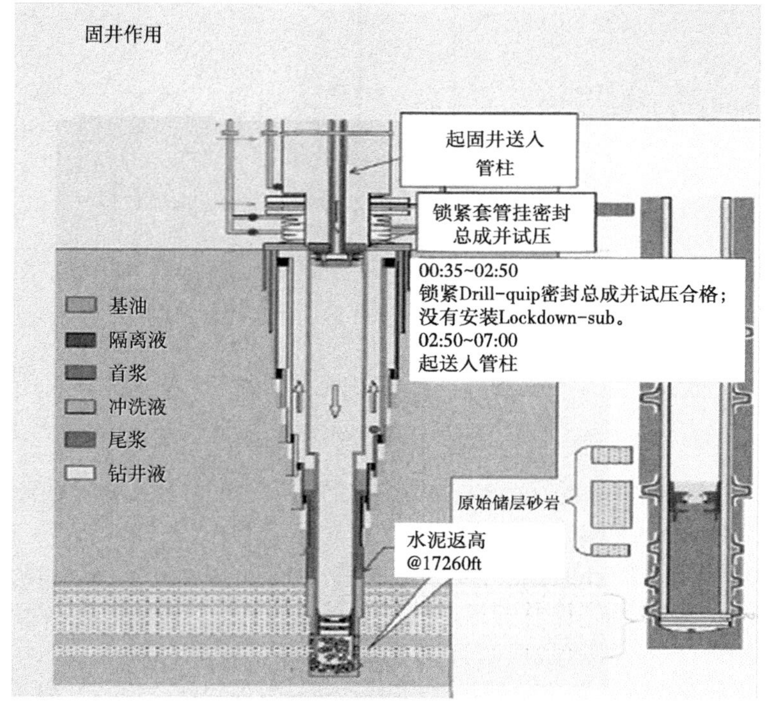

图 10-73　固井水泥使用情况

3.SPE 88814

MARLIN FAILURE ANALYSIS AND REDESIGN PART 1=DESCRIPTION OF FAILURE. 图 10-74 是墨西哥海湾 marlin 油田的 well A-2 井身结构。泥线深度 3392ft，井下封隔器深度 12636ft。除了一开和三开套管环空水泥环返高至泥线，内层套管环空水泥环均未返至上层套管鞋。

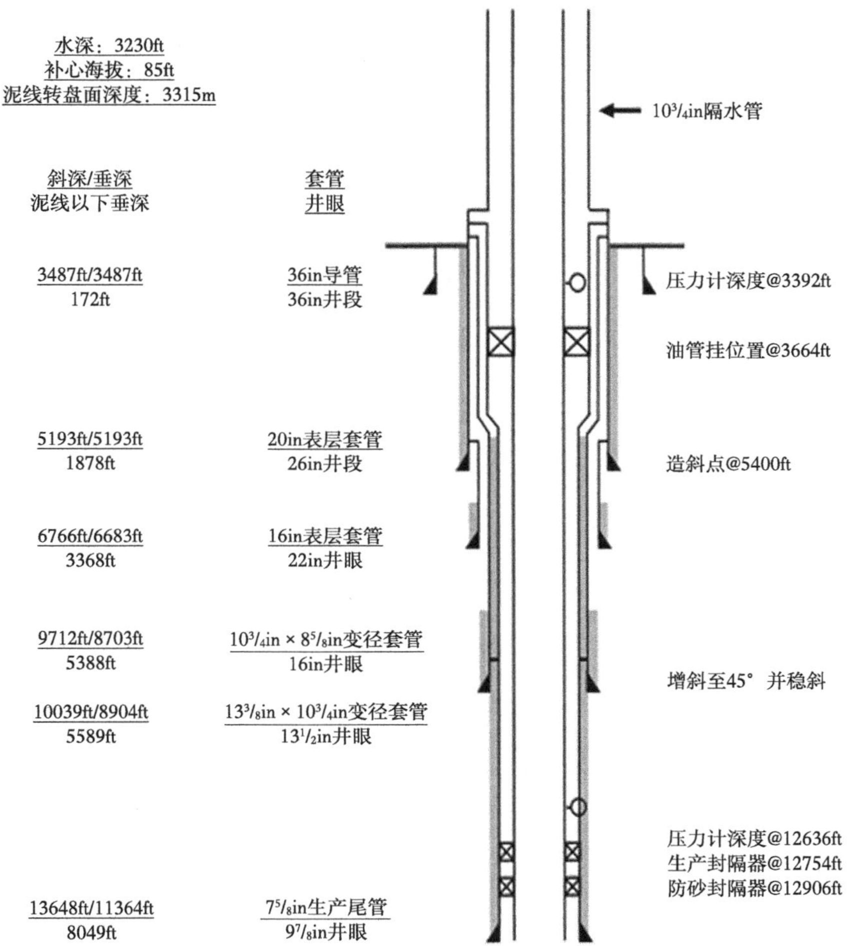

图 10-74　井身结构及水泥返高示意图

4.IPTC 16726

Drilling Risk Management in Offshore China : Insights and Lessons Learned from the Deepwater Horizon Incident. 中国近海钻探风险管理：对深水井事故的见解以及经验教训。图 10-75 可以看出墨西哥湾 Macondo 油田原始的井身设计只能提供两个密封空间，而之后设计的深水油气井多为多层次套管，这样可以提供四个密封空间，大大增强了深水油气井的安全风险。从井身结构设计过程中可以发现，深水井的井身结构设计套管层次较多，表面的两层套管均是用水泥封固到井口，但是内层套管水泥环返高未至上层套管鞋。

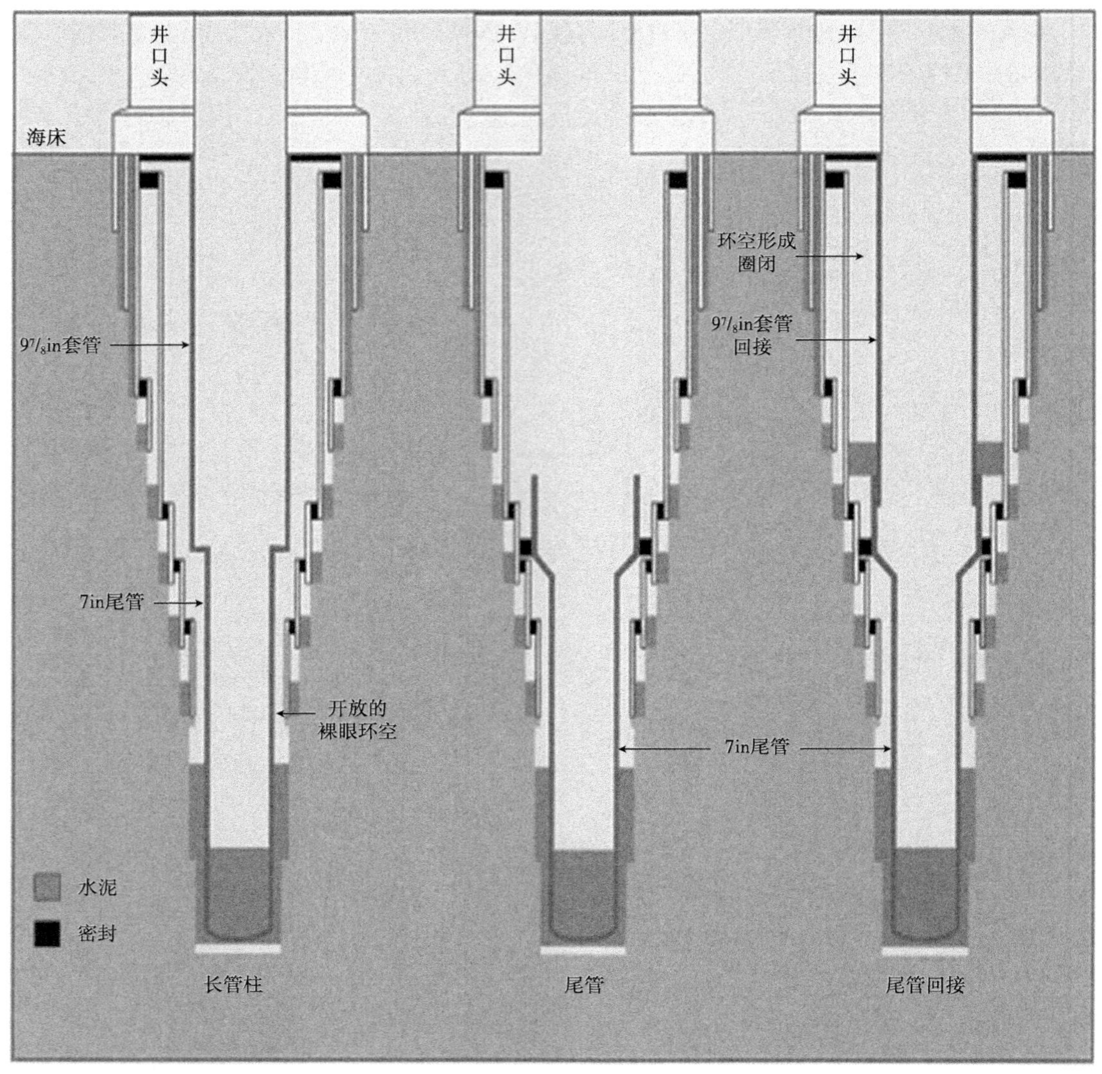

图 10-75　Macondo252-#1-01 井的调整前后完井管柱变化情况

5.OTC 17119

Management Issues and Technical Experience in Deepwater and Ultra-Deepwater Drilling。在深水和超深水中的管理问题和钻井技术经验。以下如图 10-76（1）和（2）所示，是超深水和深水的井深结构与水泥返高情况示意图，也是墨西哥湾深水井（4000~9000ft）钻完井井身结构示意图。图 10-76（1）为墨西哥湾东部典型的超深水井（水深 9000ft）井身结构示意图，井深 16250ft；图 10-76（2）图为典型的深水井井身结构，井深 26885ft，水深 4000ft。由于水下深度不一样，底层结构不一样出现了一定的差异，深井的套管结构明显复杂，层次较多，悬挂管增加，下部固井水泥返高也不一样。外面两层套管固井水泥基本返至泥线，紧接着的两层套管固井水泥均未返至上层套管鞋，悬挂管固井水泥返至悬挂点处。

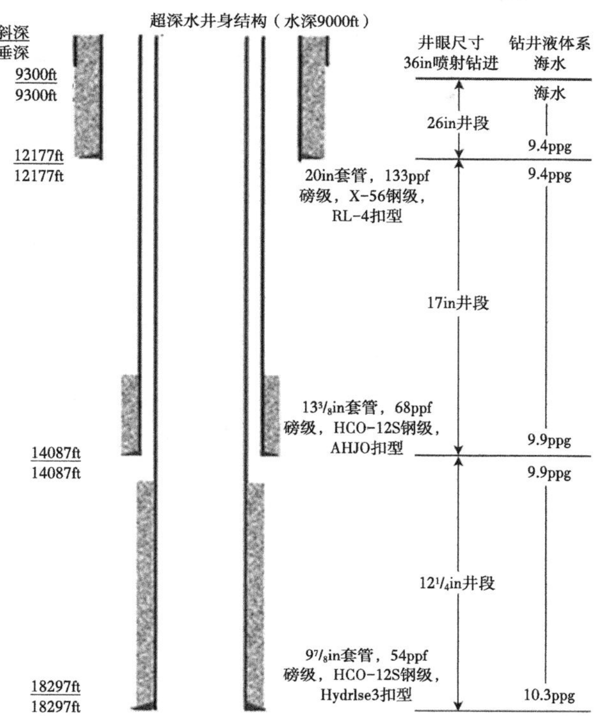

图 10-76（1）　超深水（1）和深水（2）的井身结构和水泥返高情况

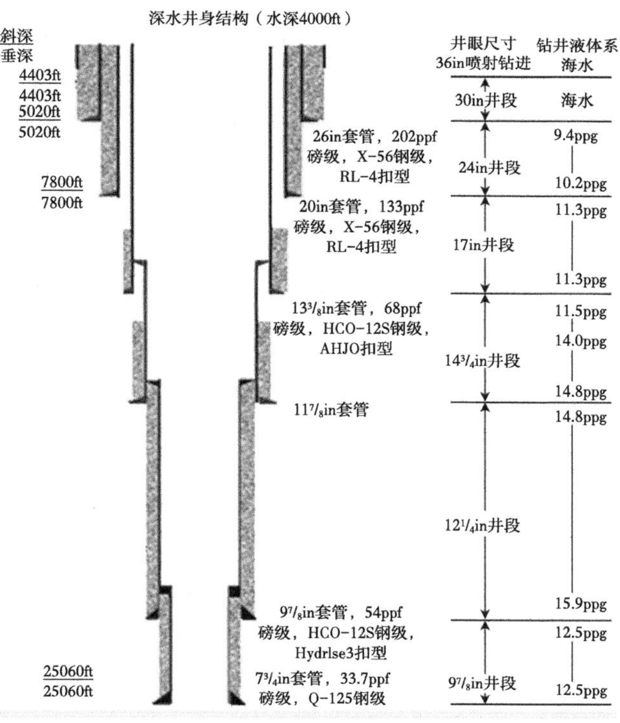

图 10-76（2）　超深水（1）和深水（2）的井身结构和水泥返高情况

6.OTC 15133

Application of Decision Analysis to a Deepwater Well Integrity Assessment，应用于深水油井完整性评估决策分析。

深水井的基本井身结构设计情况如图 10-77 所示，其内层套管水泥返高均低于上层套管鞋高度。该井位于 King' s Peak field of the Gulf of Mexico. 墨西哥湾，水深未知，泥线下的井身深度为 7960ft。其水泥返高情况与上述深海井近似。

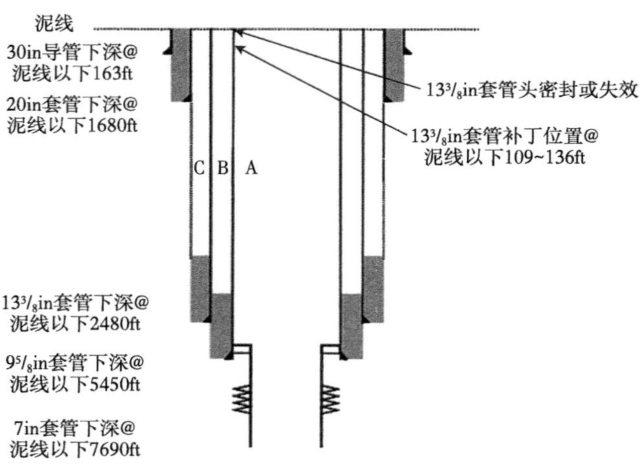

图 10-77　井身结构和水泥返高情况

7.SPE 151044

Thermally Insulated Tubing Application to Prevent Annular Pressure Buildup in Brazil Offshore Fields，巴西海岸油田中用于防止环空带压增强的隔热油管。

Campos 盆地超深水井井身结构如图 10-78 所示，水深 1500m 左右，井深 6000m 左右，其水泥返高情况与上述海洋深水井的情况接近，只是技术套管外的水泥环返高超过了表层套管的套管鞋，生产套管外的水泥环没有超过上层套管鞋。

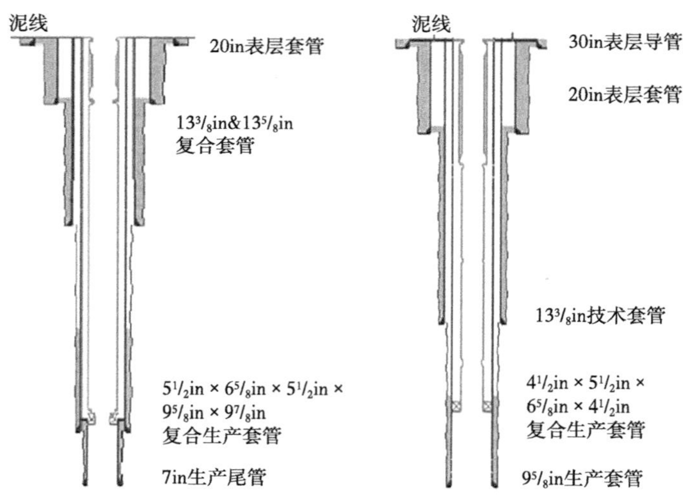

图 10-78　Campos 盆地超深水井的 2 种井身结构

8.SPE 123472

Deepwater Casing String Deployment for Elimination of Rat Hole Section：Retractable Shoe Joint，深水消除鼠洞段套管柱的部署：可伸缩的管鞋接头。本案例（图 10-79）中显示了某井的设计井深结构，水深 1570m，垂深 2887m，总深度 4341m，可以看出该海洋油气井除了导管和表套的水泥环返排至地面，内层套管的水泥环返高均未超过上层套管鞋高度。

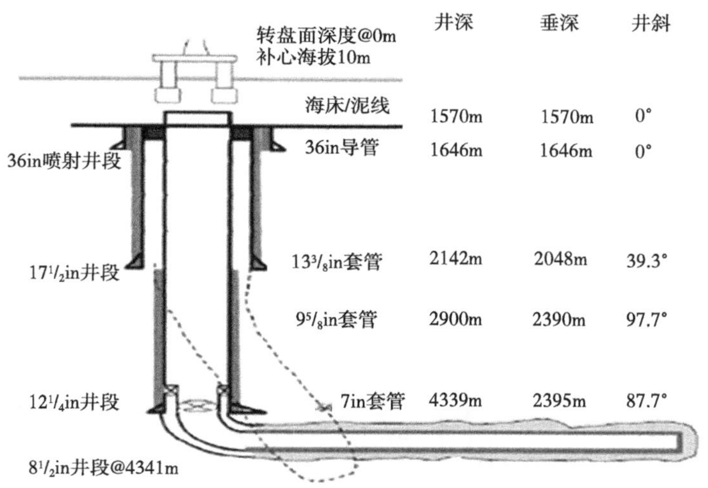

图 10-79 某井的设计井身结构示意图

9.SPE-139440

New Inert Tubing-Conveyed Large-Bore Sampling System for Deep-Water Cased-Hole Applications，应用于深水套管井的新惰性大孔径运输管的采样系统。该井位于巴西海域，泥线深度 2141m，井深 5993m。如图 10-80 所示，该井导管和表层套管的水泥环返高均到泥线，内层套管水泥返深高度均低于上层套管鞋位置。

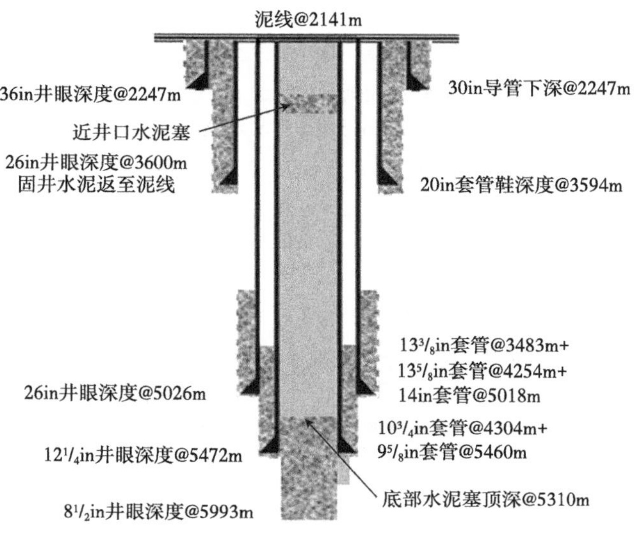

图 10-80 巴西 pre-salt 操作的典型大孔径井设计

10.SPE 52822

Drill String Considerations for Gulf of Mexico's Deepest Well（27，864'），墨西哥湾的最深井（27864ft，水深 2663ft）的钻柱考虑，如图 10-81 所示。图中只是给出了下部尾管的固井水泥返高情况，可以看出固井比较复杂，水泥返排高度受地层情况影响较大。

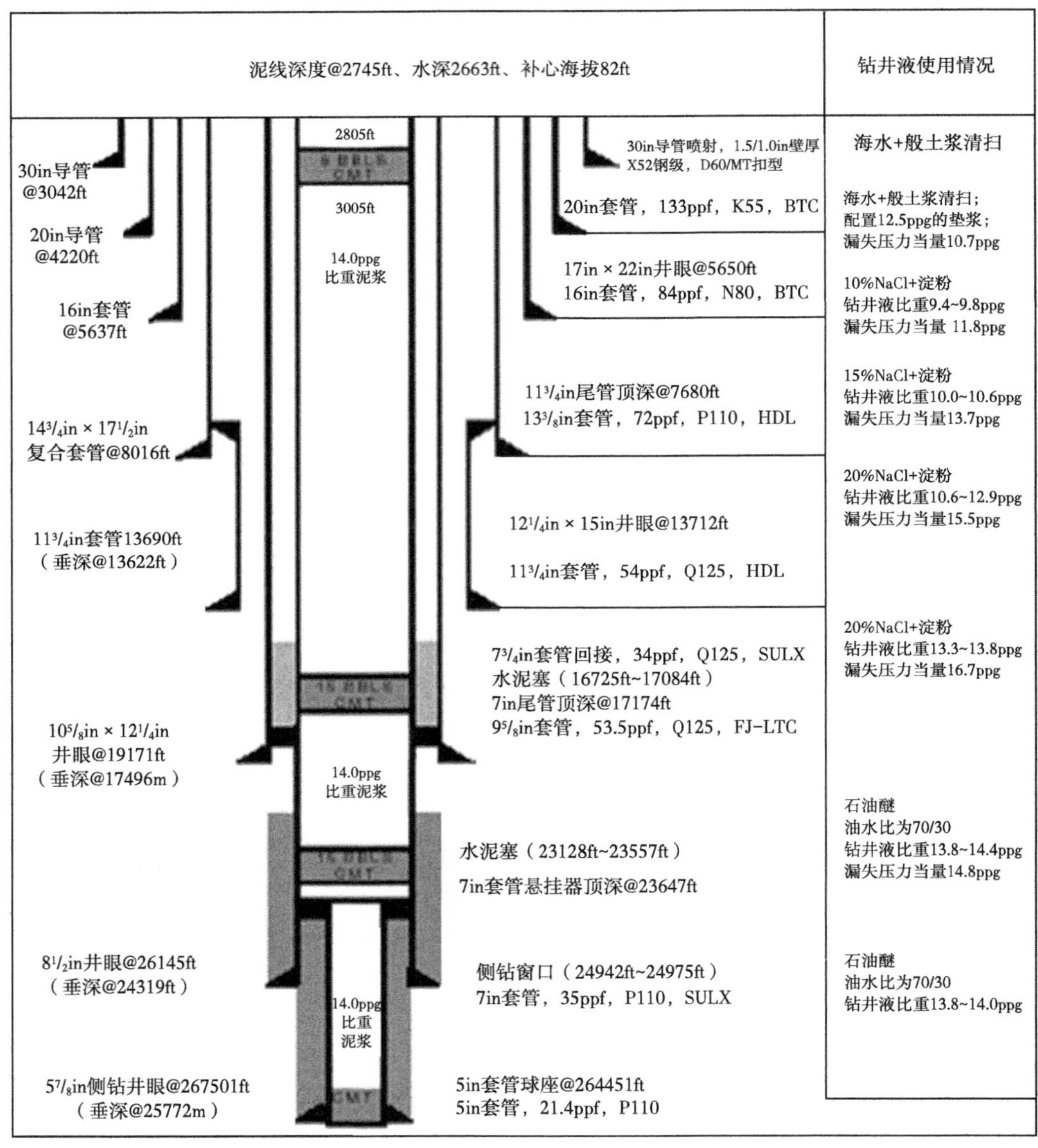

图 10-81　墨西哥湾最深井的井深结构示意图

11.OTC11029

Sustained Casing Pressure in Offshore Producing Wells，海洋生产井中套管持续带压，如图 10-82 所示。

这口井深度为12262ft，井身结构和水泥返高情况如图10-82所示。从中可以看出最外层两层套管的水泥环返排至地面，内层套管的水泥环均未返排至上层套管鞋

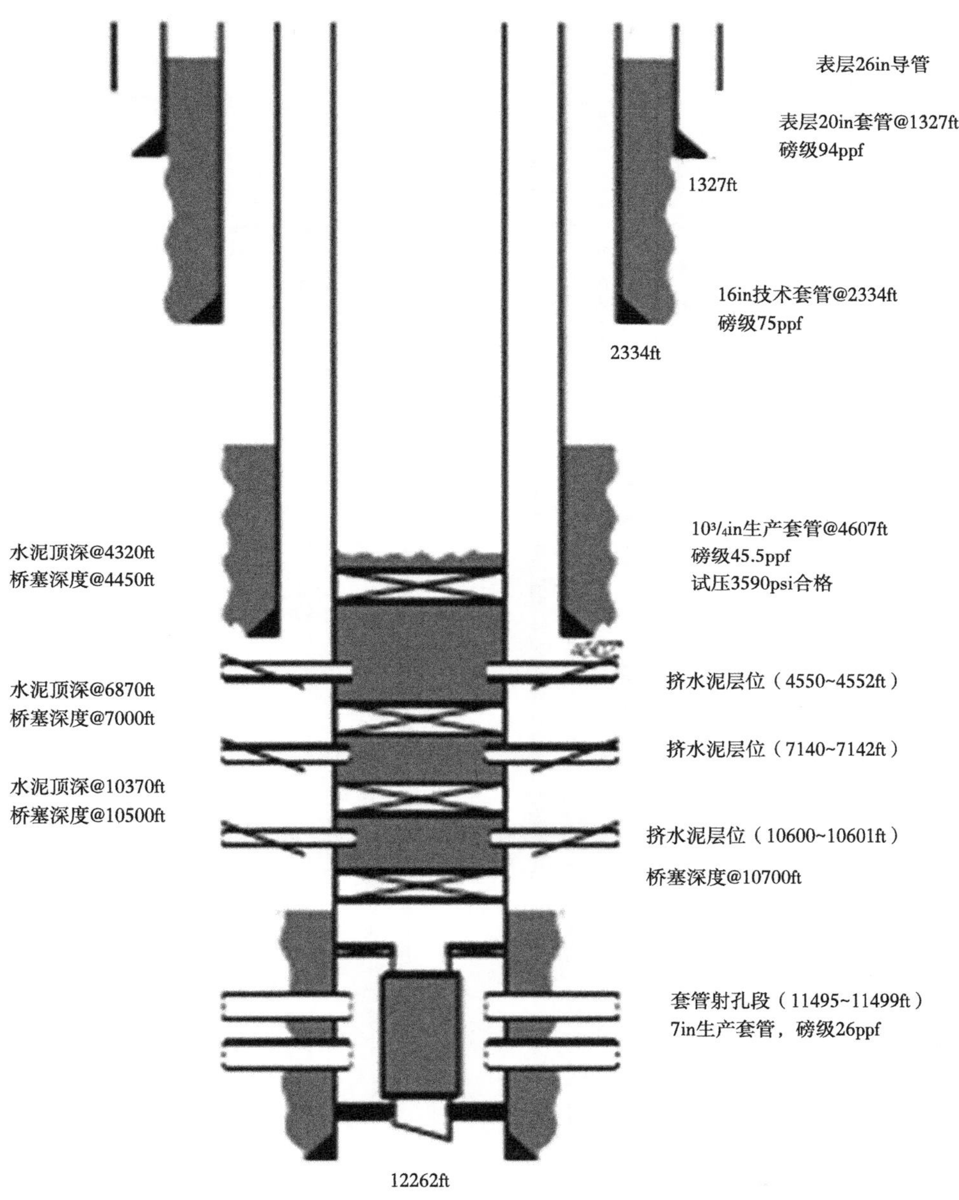

图10-82　井身结构与水泥返高情况

12.SPE 85287

Fastest Deep Marrat Well in North Kuwait：Case History of Raudhatain 206，科威特北部最快的深水井：Raudhatain 206井的勘探历史。该井的井深16370ft，水深1279ft；从其井身结构示意图（图10-83）中可以看出其固井水泥环返排高度基本上都高于上层套管鞋高度，且技术套管水泥环返排到井口，与其他深水井相比它比较特殊。

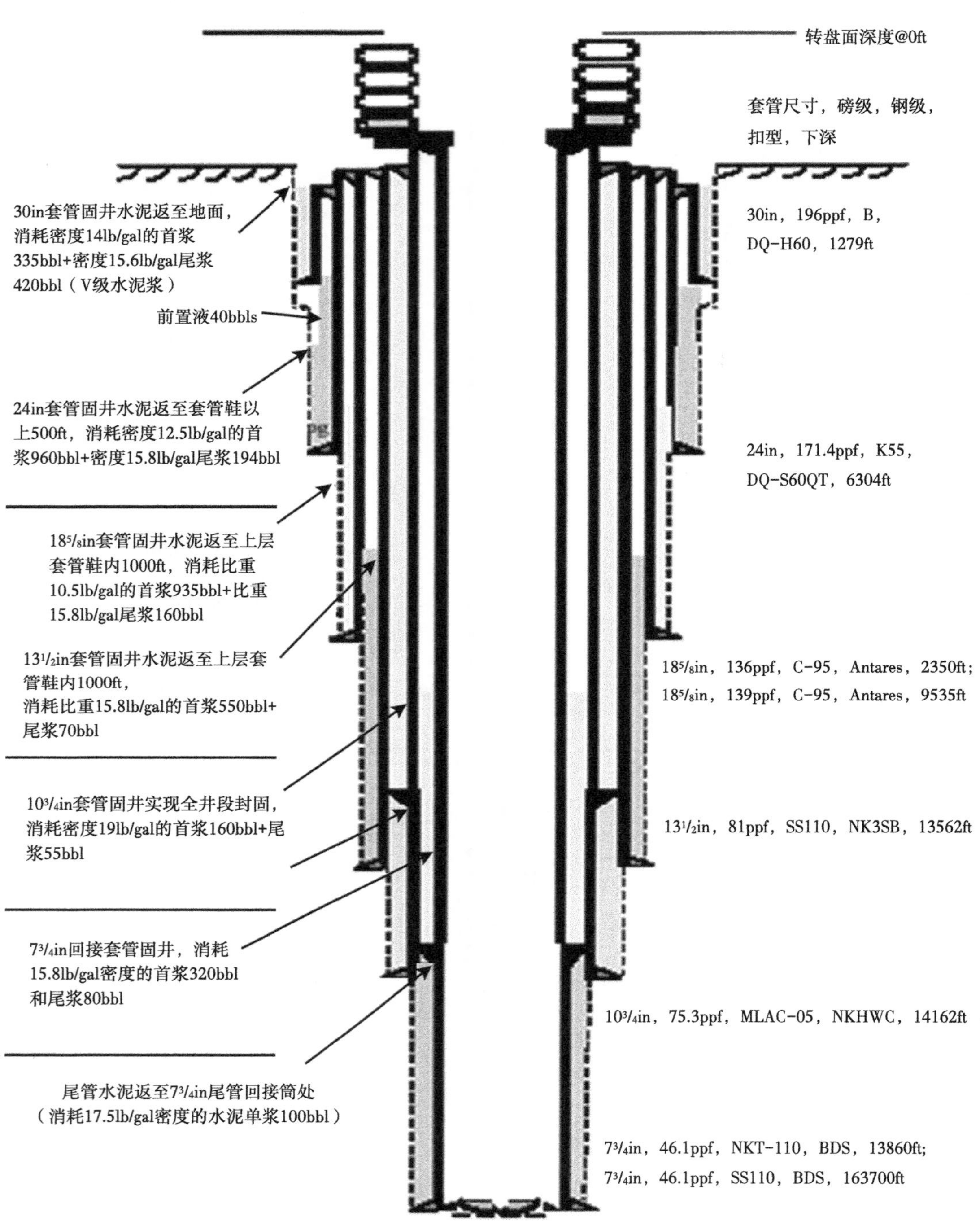

图 10-83　RA206 井的井身结构图

13.SPE 121754

Ensuring Sustained Production by Managing Annular-Pressure Buildup，控制环空压力的增长促使持续生产，如图 10-84 所示。

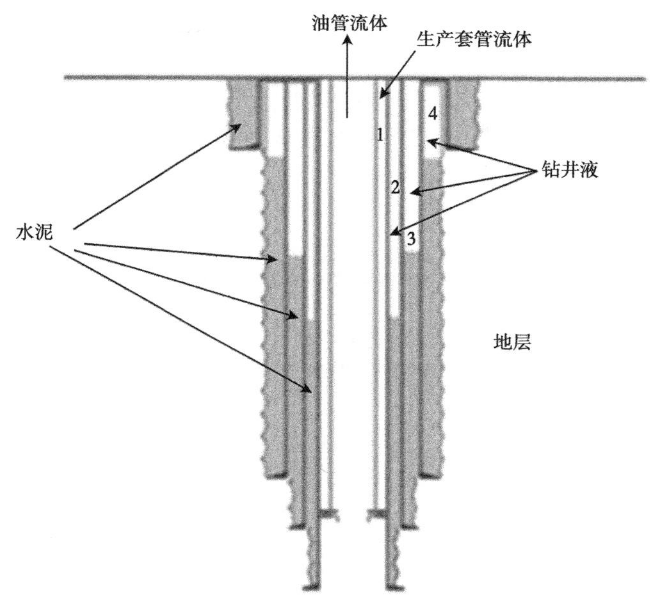

图 10-84　典型水泥环与井身结构关系示意图

14.SPE 61038

Risk Management in Exploration Drilling，钻探井的风险管理。结合项目风险评估流程，从井身结构示意图（图 10-85）中可以看出，其内层套管的水泥环返高要么到井口，要么超过上层套管鞋，故判断这口井可能是陆地油气井。

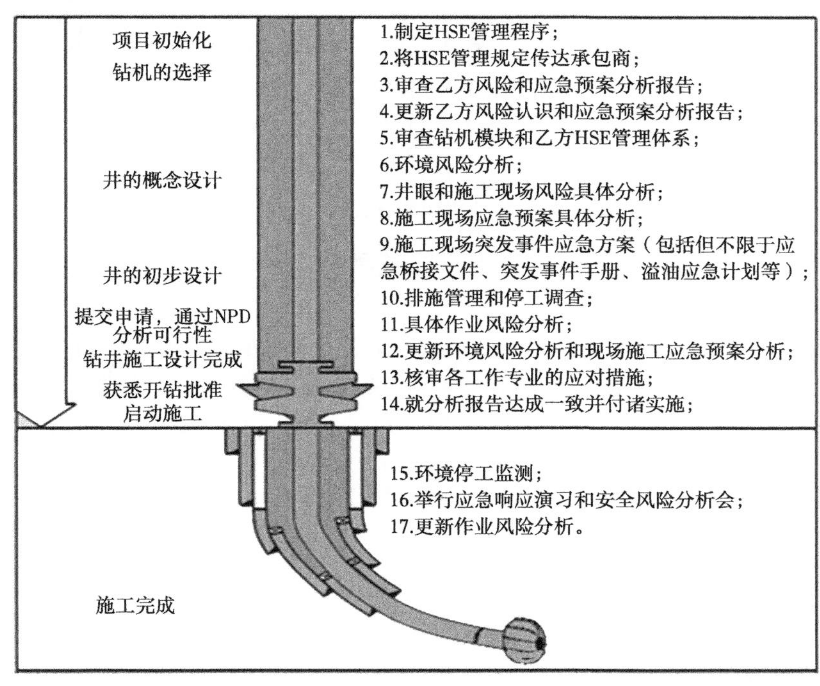

图 10-85　项目风险评估流程及井身结构示意图

15.SPE 87171

Optimization of Big-Bore HTHP Wells to Exploit a Low Pressure Reservoir in Indonesia，即大孔径高温高压井方案优化用以开发印度尼西亚的一个低压油气田。Arun 区域的设计井身结构如图 10-86。该油田位于印度尼西亚的 ACEH 省，属于陆地高温高压气田，下部目的层呈现出压力反转的特点。

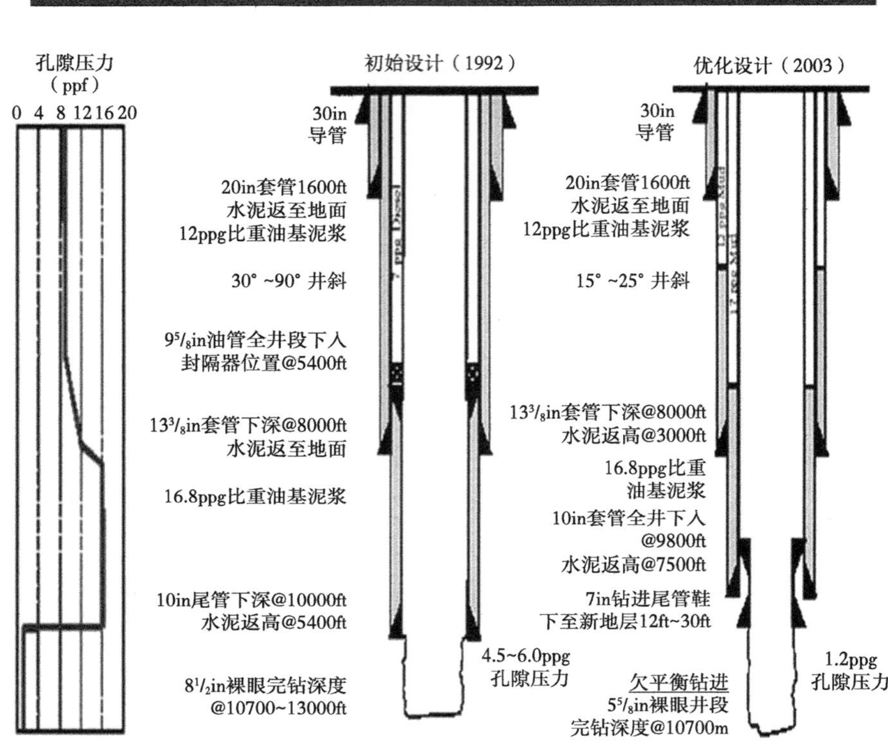

图 10-86　ARUN 油田原始和设计井深结构示意图

设计的主要变化在于井深增加，增加了悬挂尾管，且降低了三开套管外水泥环高度。

16.SPE 146978

The Successful Planning and Implementation of High Angle Deviated HPHT Well Testing in the Sour Naturally Fractured Gas Reservoir：Case Study of S-3 Well，在酸性气田中大斜度高温高压井的成功设计和实施：S-3 井的案例学习（图 10-87）。S-3 气井井斜角为 88°，压力 10625psi，温度 408 ℉，井深 12015ft，该井中各环空均没有被水泥完全封固，而是留下了一定空间。

在陆地油田和浅海油田的勘探开发实践中，可以通过打开套管头侧翼阀很容易地释放掉环空带压。但在某些深水油田开发中，由于水下钻井和生产系统设计的限制，有些密闭的环空没有释放压力的通路（释放到地层或通过套管阀），此时需要在钻井工程设计中考虑如何降低和减缓 APB 的影响程度。

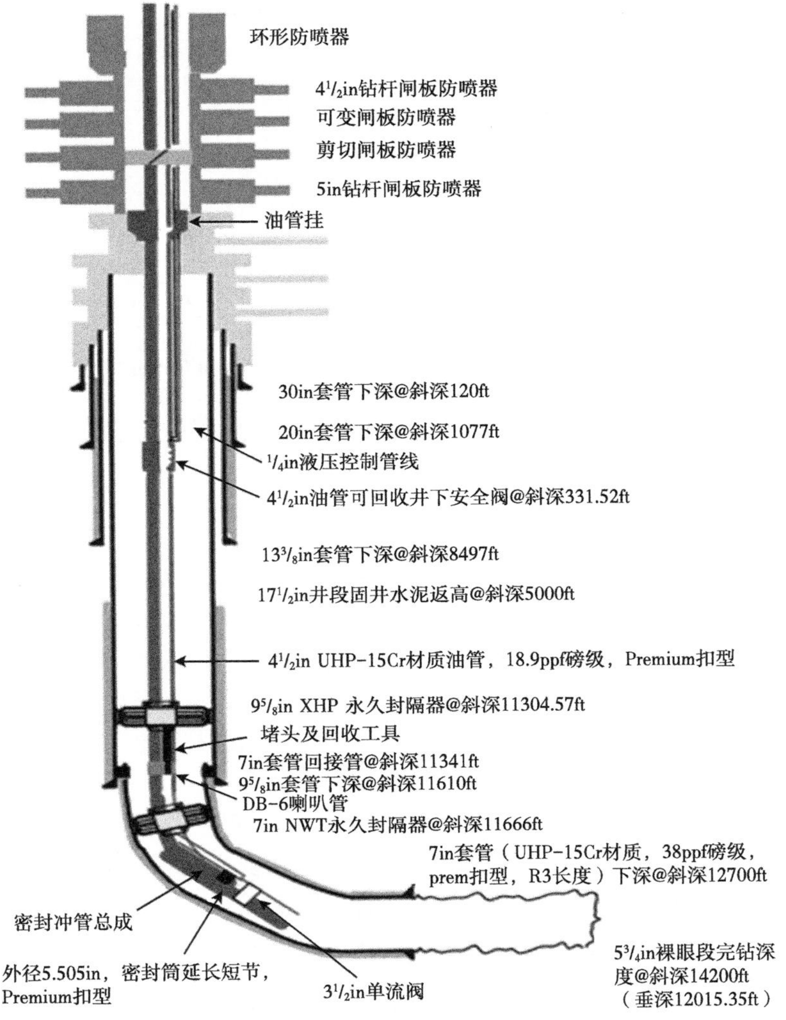

图 10-87　S-3 气井井身结构示意图

目前国内外油田所采取的环空带压预防措施主要包括在套管柱上安装破裂盘、使用真空隔热油管完井、使用隔热封隔液和可压缩液体等。应对环空带压的技术措施及其优缺点，见表 10-2。

表 10-2　环空带压的预防措施及优缺点

序号	应对技术措施	优点	缺点
1	提高管材钢级和壁厚	套管强度范围内，比较可靠	① 减小有效内径； ② 受工艺限制，较难实现
2	水泥浆返至上层套管鞋以下	经济且不影响施工程序，大多选择此方案	① 水泥浆前置液或钻井液沉淀，缺口封闭； ② 井径扩大或水泥浆窜槽，返高不确定； ③ 与法规要求和弃井规范要求不适应
3	采用全封固井		① 深水地层薄弱，漏失风险非常大； ② 水泥附加量不好确定，太大易堵塞井口

续表

序号	应对技术措施	优点	缺点
4	安装破裂盘	工业上已经比较成熟	① 套管管柱存在薄弱点； ② 破裂后，内外层空间连通
5	可压缩复合泡沫技术	最大体积应变可达 30%； 市场产品比较成熟	① 运输困难； ② 费用高昂； ③ 下套管及固井过程中动态激动压力大
6	VIT（vacuum insulated tubing）真空隔热油管	相对比较可靠	① 比较昂贵； ② 采办周期长； ③ 作业费时，下入速度较慢
7	氮气泡沫水泥浆隔离液	行业已经开始使用	工艺复杂，操作难度大，需要注氮气设备
8	隔热封隔液		有效性有待证实，正处于开发研究阶段
9	让套管鞋保持打开状态		① 水泥塞面可能会被带入到前一段套管鞋中； ② 扩眼操作或窜槽后无法确定泥线深度； ③ 重晶石重度过大 / 地层坍塌导致

（五）环空带压预防措施

1. 破裂盘

破裂盘是一个用来限制井筒或套管环空压力的一次性压力释放保护装置。其应用需要对各环空进行详细地测量，包括 B 环空和 C 环空，不适用于 A 环空。破裂盘在其他行业已经应用了很多年，由于油气井井底温度和压力的不确定性和油气井操作中的完整性以及井底流体所处环境的复杂性，使得当其被用于石油行业时具有独特的挑战性。

通常把向外破裂时设计的装置称为破裂盘；而把向内破裂的装置称为坍塌盘。根据额定压力的大小划分为单向破裂盘和双向破裂盘。

在套管柱中安装破裂盘（Burst Disk）：在外层套管上安装一到二个破裂盘，当密封环空内压力达到破裂盘的破裂压力时，外层套管上的破裂盘破裂，从而保护内、外套管不被挤毁或压裂，同时保证了内层套管串的完整性。套管柱上安装破裂盘后，对该套管柱试压时的试压压力必须小于破裂盘的破裂压力。FIKE 公司生产的破裂盘如图 10-88 和图 10-89 所示。

图 10-88 破裂盘

图 10-89　破裂盘的安装位置

破裂盘在井筒中的位置如图 10-90 所示，当圈闭压力向生产套管与 16in 套管间的环空释放压力，生产套管与 16in 套管间的环空压力升高达到下部破裂盘的破裂压力时，下部破裂盘发生破裂，依次类推，1 号破裂盘，2 号破裂盘先向油套环空破裂，之后 3 号破裂盘向 16in 套管与地层之间的环空方向破裂使流体释放到地层岩石中。

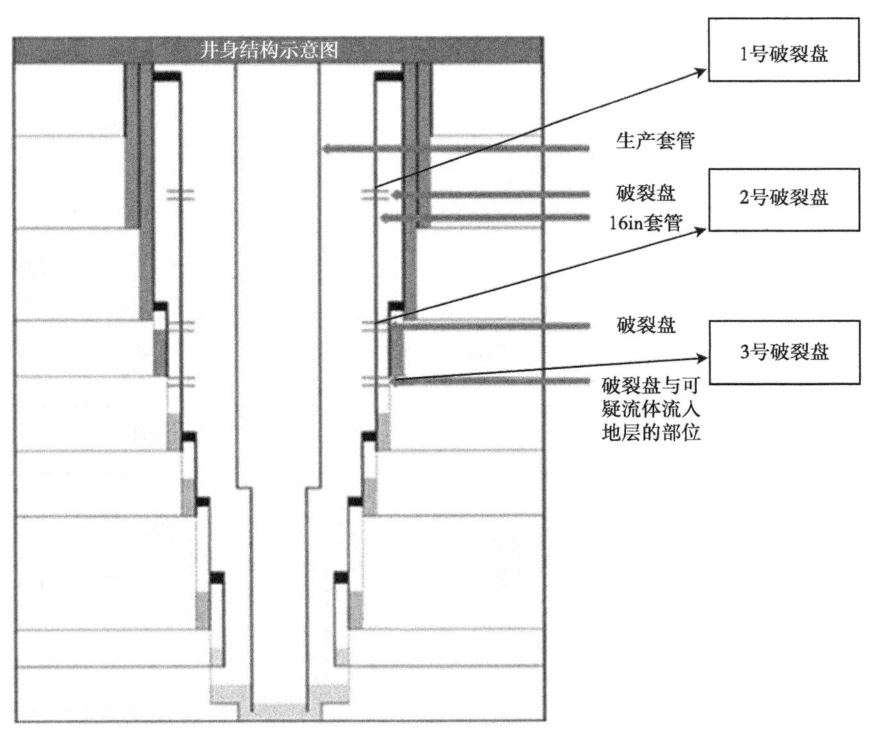

图 10-90　破裂盘在井筒中安装示意图

在油田现场，破裂盘接头必须严格按照质量控制标准并且谨慎安装，错误的安装方式会导致破裂盘失效，故现场作业中须避免在水泥胶结处安装破裂盘。图 10-91 是 ZOOK 公司提供的破裂盘的安装装置，图 10-92 是现场破裂盘的错误安装方式。

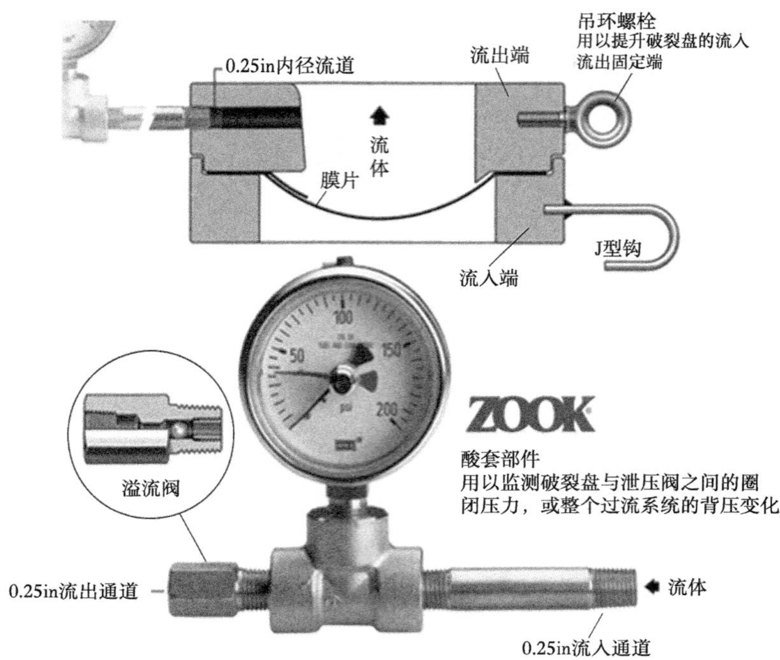

图 10-91　ZOOK 公司提供的破裂盘的安装装置

图 10-92　破裂盘现场安装示意图

1）V 形切割刃破裂盘

V 形切割刃破裂盘主要是利用 V 形切割刃切割破裂盘以达到沟通压力的作用。V 形切割刃破裂盘主要在破裂盘的下部设有 V 形切割刃，穹顶在上部压力的作用下产生变形并与切割刃接触，达到破裂卸压的作用。V 形切割刃是单件式整体构造，其腿部与下部保持件的环形凸缘刚性接触，V 形切割刃的腿部件在折合线处的最大内角为 120°。选择切割刃的安装位置时，要充分考虑到在破裂盘反向作用时切割刃能否与破裂盘接触。因此破裂盘的安装位置以及柔性破裂面的强度决定了破裂盘的承载压力的大小。具体构件如图 10-93 至图 10-95 所示。

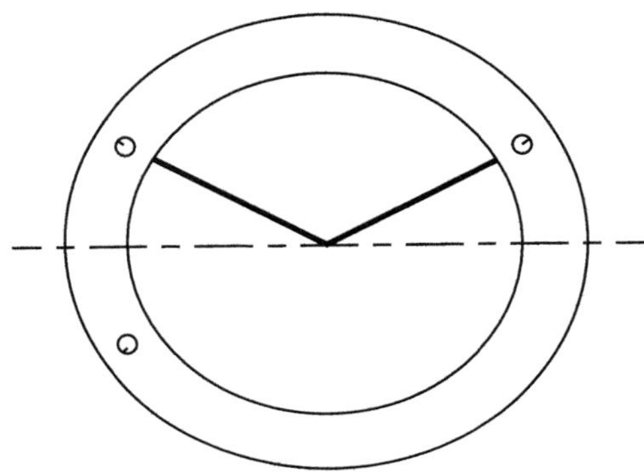

图 10-93 V 形切割刃破裂盘

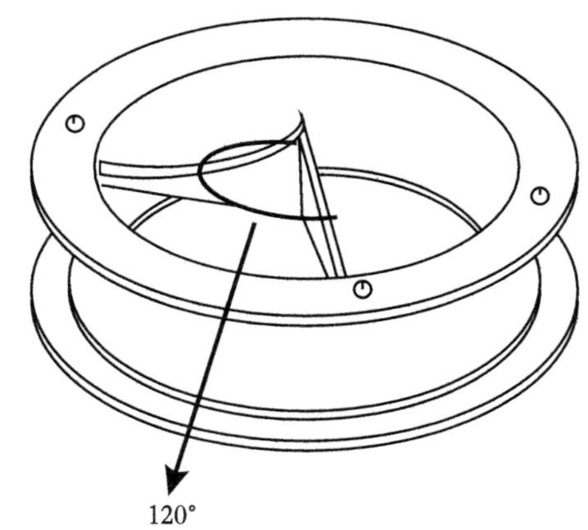

图 10-94 V 形切割刃

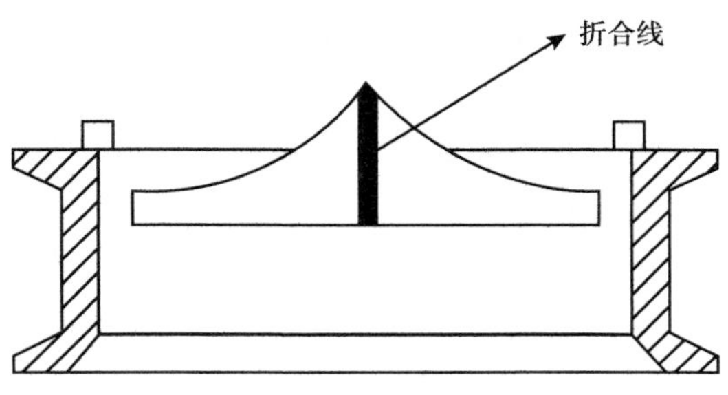

图 10-95 V 形切割刃折合线

V形切割刃的卸压组件是破裂盘的核心组成部分，其自上而下依次为：有孔向前作用盘；二特氟龙盘；柔性破裂盘；反向控制穹顶型三脚架，如图10-96所示。

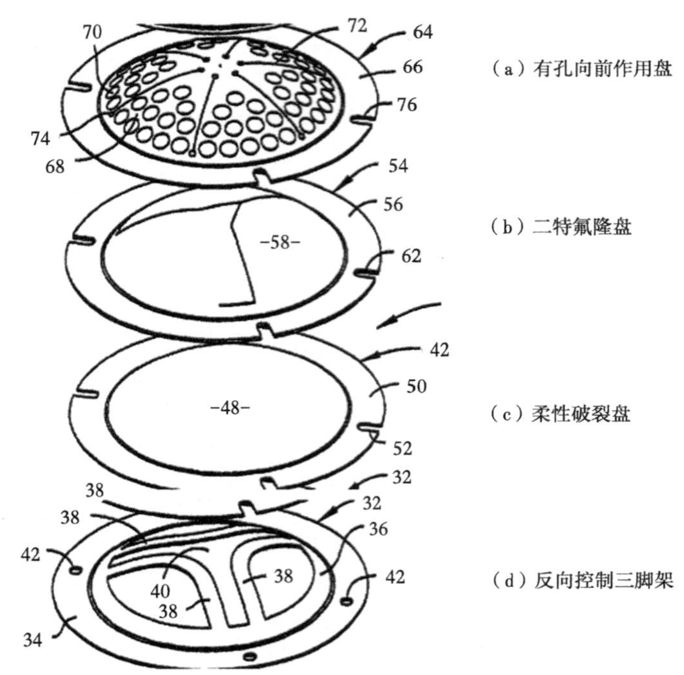

图10-96　卸压组件示意图

特氟龙盘主要由一层柔性材料制成，其强度决定了其承压能力的大小，一般特氟龙盘主要由聚四氟乙烯构成，其具有较好的抗腐蚀性和耐高温性。

2）弱化线破裂盘

弱化线破裂盘主要有两层，依次为破裂盘和破裂盘支撑环。

（1）破裂盘。

上层破裂环在中心隆起部位的凹面处划有交叉的弱化线，弱化线凹痕决定了破裂盘破裂时的面积，在破裂盘的表面具有一个特殊的增加强度区域，该区域与破裂盘凸面的中心线偏移，在该区域的表面的抗拉强度要比其余部分的高。

（2）破裂盘支撑环。

支撑环内部边缘具有齿形结构，各齿沿隆起部位向上突出，同时在支撑环上舌体与本体相连接，其与破裂盘的隆起方向相同。支撑环上的齿形部分与破裂盘上的凹槽相对应，其余部分与舌部对应，如图10-97所示。

为了保证开口槽与整个凹面的机械完整性，对破裂盘隆起部分的凹面，以机械加工的方式形成开口弱化线凹槽。弱化凹面破裂盘是目前应用最为广泛的破裂盘，主要通过激光和机械加工抛光两种处理方式形成。在弱化线破裂盘盘面上，人为的加工几条有规则的弱化线，增加破裂面的应力集中。弱化线破裂盘在结构上较V形切割破裂盘简单，其主要组成构件为外部保护盖、破裂盘、密封圈、保持件。具体构件及装配示意如图10-98至图10-100所示。

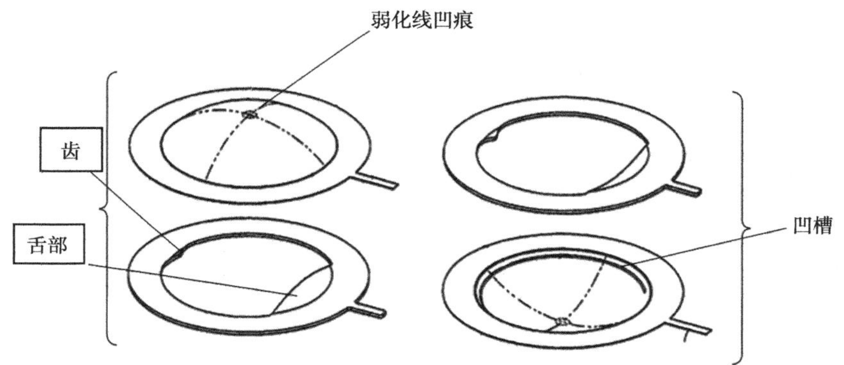

图 10-97　弱化线破裂盘支撑环结构图

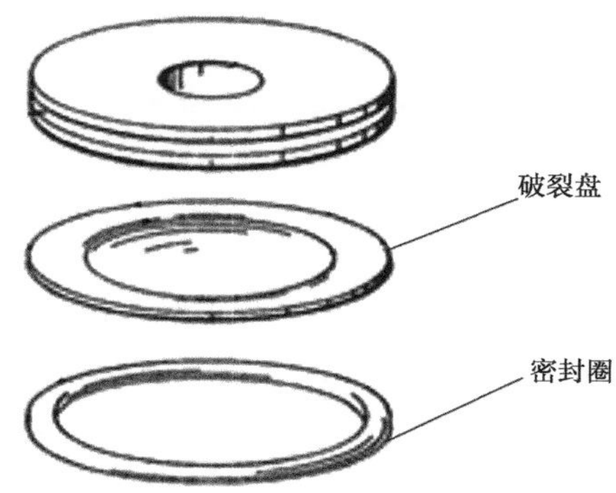

图 10-98　弱化线破裂盘及密封圈示意图

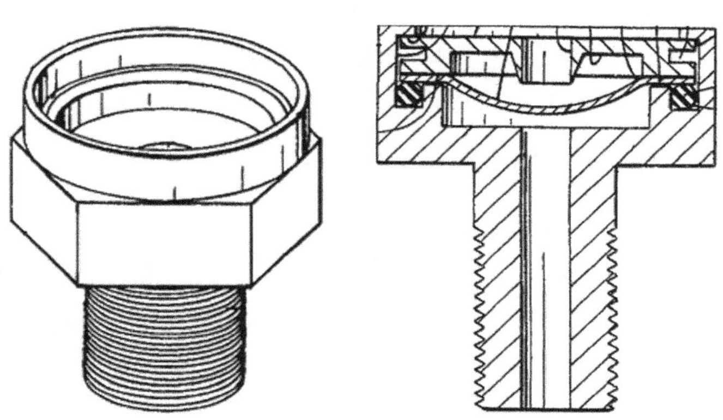

图 10-99　弱化线破裂盘保持件示意图

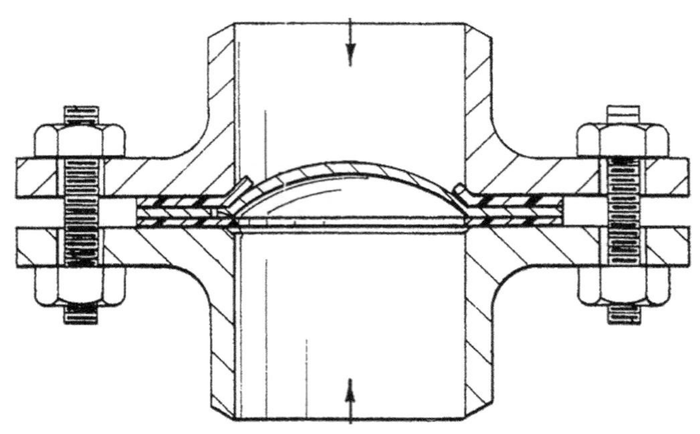

图 10-100　弱化线破裂盘装配示意图

（3）凹槽主要技术参数。

对于厚度为 0.016in，穹顶直径为 4in 的 316 不锈钢胚件制成的破裂盘，其凹槽主要技术参数见表 10-3。

表 10-3　弱化线破裂盘凹槽技术参数

平均凹槽厚度 / 穹顶厚度（%）	平均凹槽宽度（in）
48.2	0.026
52.0	0.027
56.7	0.027
71.6	0.030

3）破裂盘在现场的应用情况

破裂盘在 IRDV 阀和自动灌浆装置中都有良好的应用。射孔—压裂充填防砂联作外管柱结构（自上而下）为：钻杆 + 放射性短节 +IRDV 阀 + 防砂服务工具 +POIT 阀 + 防砂封隔器 + 地层隔离阀 + 盲管 + 绕丝筛管 + 密封筒 + 沉砂封隔器 + 自动灌浆装置 + 防碎屑装置 + 液压双点火头 + 自动丢枪装置 + 射孔枪。内管柱结构（自上而下）为：冲管 + 地层隔离阀开关工具 + 压力计托筒 + 插入密封短节 + 引鞋。

IRDV 阀（图 10-101）为测试用阀，包括 1 个球阀和 1 个旁通阀。通过环空压力脉冲信号控制阀门来控制开井或关井、油套管连通或隔离。内部结构包括电池、芯片及传感器、液压腔、气腔、滑套、破裂盘、测试球阀、5 条传压通道（其中 1 条为测压通道，另外 4 条分别控制球阀、旁通阀开关）、联动机构等。为了建立油套循环通道、监测射孔后漏失速度，该气田下部完井仅使用旁通阀。通过对环空压力脉冲信号控制阀进行操作，环空加压击碎破裂盘后使 IRDV 阀失效，失效后测试阀打开，循环阀关闭。液压腔内的液压油只能提供一定次数的开关，例如 12 次或 24 次，同时工具只有下到一定深度之后，静液压力达到 10.3MPa 时才能发挥作用。

图 10-101 IRDV 阀

自动灌浆装置是一种活瓣阀，主要功能如下:（1）下钻时通过循环孔自动灌浆;（2）管柱整体试压时承受管柱内部压力。当试压完成之后，环空加压 7.58MPa 击碎破裂盘，使滑套上行推开阀板，同时关闭循环孔，如图 10-102 所示。

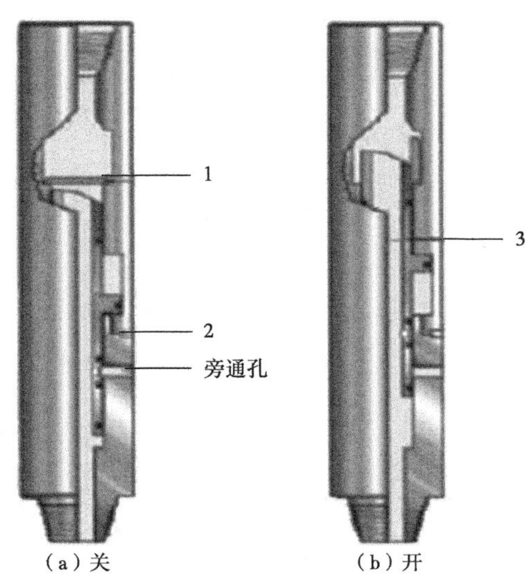

图 10-102 自动灌浆装置

1—阀瓣；2—破裂盘；3—滑套

尼日利亚海上 OML130 区块是中海油在海外投资的第一个深水开发项目，该区块内开发的第一个油田（即 AKPO130 油田）位于哈科特市东南面，距海岸线约 135km，平均作业水深 1500~1700m。该油田分两个阶段进行开发，共钻井 44 口，包括 22 口生产井、20 口注水井和 2 口注气井，全部采用水下井口进行开发，通过水下管汇回接到 FPSO 上进行生产处理，已于 2009 年第一季度正式投产。由温度引起的套管附加载荷（Annulus Pressure Build-up，简称 APB）是深水气油田进行开发井套管强度设计时必须考虑的关键因素之一。1999 年英国 BP 公司在墨西哥湾打了一口深水开发井，在生产数小时后，套管垮塌。事后分析认为：在生产过程中，地下开采出的高温流体使套管间密闭环空中的流体温度升高，在密闭的条件下，套管间密闭环空中的流体发生膨胀对套管产生挤压破坏。AKPO130 油田油藏温度为 120℃，当油井开始生产前，海底泥线附近井筒的温度非常低（由于水深的原因，海底泥线处的温度只有 4℃左右），井底高速油流通过大排量电潜泵的举升到达井筒上部时，将对套管间密闭环空中的流体持续加热，使套管间密闭环空内流体的发生膨胀，导致套管间密闭环空压力的增加，产生对套管的附加载荷。因此如何减少由温度引起的套管附加载荷就成了开发 AKPO130 油田的一个关键技术问题。

AKPO130 油田在开发井设计中采用了使用尾管来代替套管、在套管柱中安装破裂盘。在套管外安装可压缩泡沫材料等 3 种减小由温度引起的套管附加载荷的技术（图 10-103）。

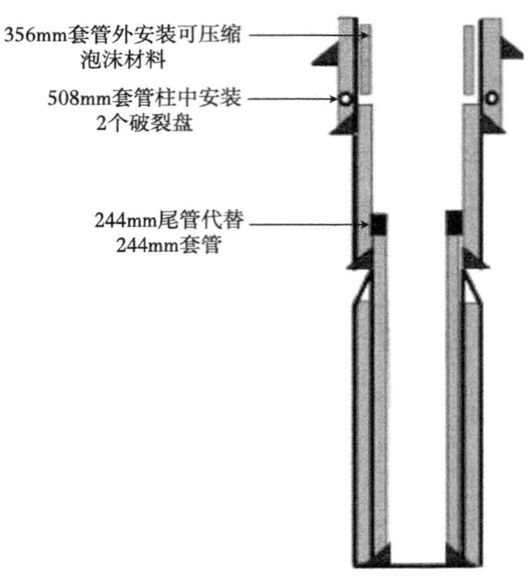

图 10-103　AKPO130 油田采用的减小由温度引起的套管附加载荷的技术示意图

在 508mm 套管柱中安装 2 个破裂盘：设计破裂盘的破裂压力为 16MPa。考虑到破裂盘失效的风险，设计时在 508mm 套管柱中安装 2 个破裂盘互为备份。破裂盘的安装，要求单独制作装有破裂盘的短套管，同时短套管上留有足够的上扣位置。2 个破裂盘在短套管上成 180° 分开放置，如图 10-104 所示。

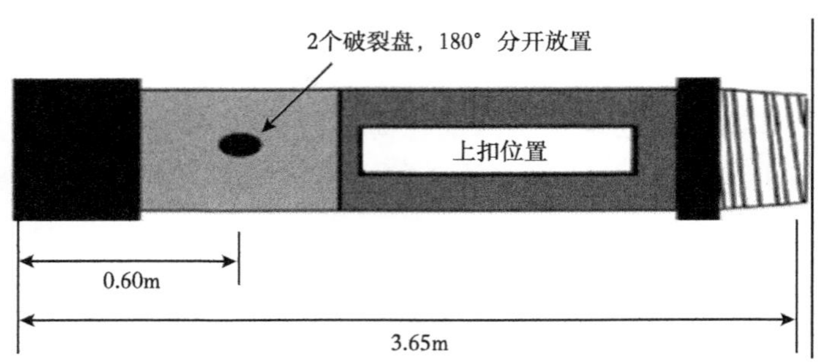

图 10-104　安装破裂盘的短套管示意图

在实际生产中，将可压缩泡沫材料和破裂盘技术共同使用，可以更有效地保障套管串的完整性。AKPO130 油田已经投产近 2 年时间，所有井情况良好，未发生套管破裂事故。

在墨西哥湾 Gulf 海上油气井中，为了能够采用反向循环钻井液的方式来清除顶替水泥浆后溢出的水泥和尾管的碎片，所以在挡板表面安装一个直径为 1⅛in 的破裂盘，其安装结构如图 10-105 所示。

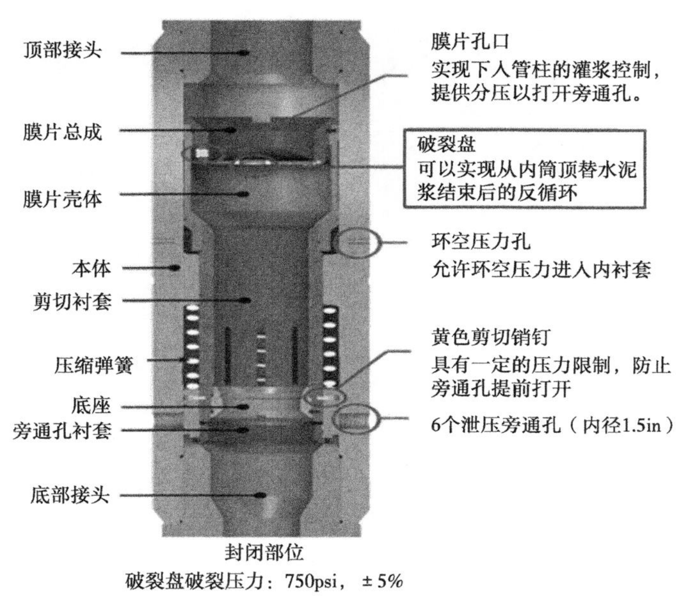

图 10-105　多功能开式卸压工具示意图

国外销售破裂盘的公司有 ZOOK 公司、OSECO 公司、FIKE 公司；在中国的代理公司有：徐州八方安全设备有限公司（八方公司）、OSECO 深圳索晟科技有限公司等。

4）真空隔热油管

真空绝热油管首先在美国阿拉斯加投入使用，其目的是在热油开采过程中确保永冻层不被融化。到 20 世纪 80 年代，这种油管被应用于开采美国加利福尼亚州 Bakersfield 的重油，以及加拿大阿尔伯塔省北部的重质沥青砂，提高了采收率。这些早期方案目前用在海洋完井过程中防蜡和避免形成水化物。1995 年，DiamondPower 公司率先在美国墨西哥湾将真空绝热油管用在海底完井中。DiamondPower 公司已对一种真空绝热油管的“管中管”设计申请了专利（美国专利号 4/512、721），两管之间的环形空间抽成了真空。这种油管与 EOR 蒸汽采油法一起用于井下及海底完井中。

各国稠油主要采用注蒸汽的方式开采，注蒸汽过程中的能量损失，特别是井筒中的能量损失，直接影响热采效果。因此，国内外许多学者对井筒传热进行了大量的研究。在研究井筒传热问题时，为了简化计算，都是将隔热油管的隔热层看作一个整体，将隔热层的传热视为导热，并引入视导热系数的概念来衡量隔热油管的隔热性能。研究隔热油管隔热层内部的传热机理，分析隔热层各种结构参数对隔热油管隔热性能的影响，对掌握影响隔热油管自身隔热性能的主要因素以及改善隔热油管隔热性能，起着重要的指导作用。

真空隔热油管由两个同心管的内管和外管组成，其端部由角焊缝连接，如图 10-106 所示。角焊缝的结构完整性对于真空隔热油管隔热性能有非常重要的影响，如果角焊缝结构不完整，那么真空隔热油管将失去其保温隔热性能、压力的完整性和转移轴向载荷的性能。

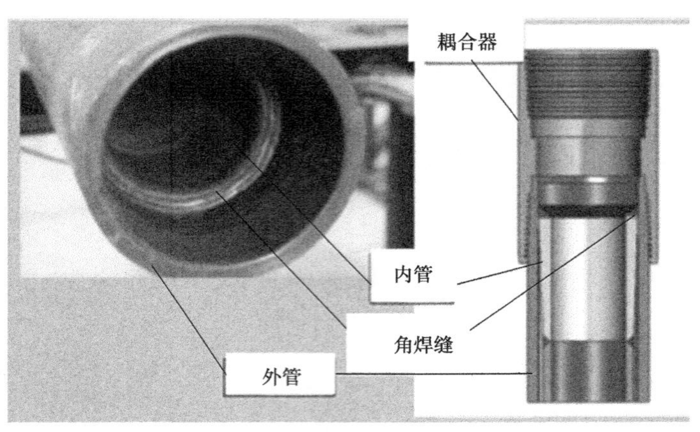

图 10-106　真空隔热油管示意图

（1）真空隔热油管隔热层结构。

V&M 公司生产的真空隔热油管结构图，如图 10-107 所示。隔热油管内管外壁先缠一层铝箔，然后在铝箔上缠一层玻璃丝布，再缠第二层铝箔、第二层玻璃丝布，直到按设计要求缠到所需要的层数。缠绕完毕后，中间抽真空，以减少因空气引起的对流换热及导热引起的热量传递。一层铝箔加一层玻璃丝布为一层结构，现以 4~6 层结构比较多。

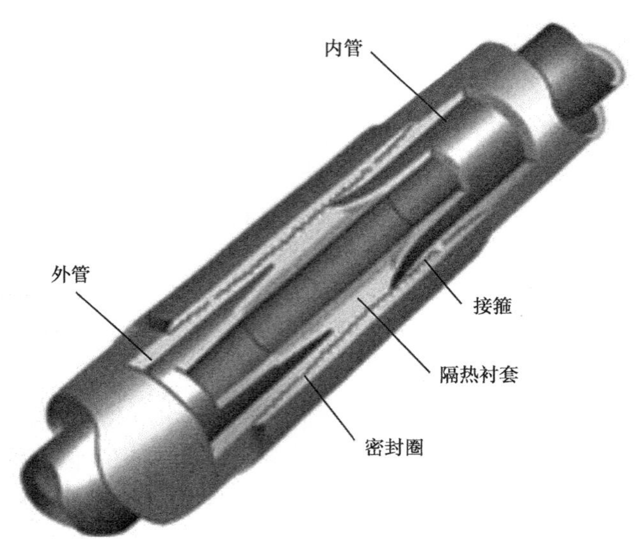

图 10-107　V&M 公司隔热油管结构示意图

（2）隔热油管的性能指标。

N801 隔热油管的性能检验主要包括屈服强度、抗拉强度、延伸率 3 个指标。隔热油管标准规定的性能值见表 10-4。

表 10-4　隔热油管标准规定的性能值

钢级	屈服强度（MPa）	抗拉强度（MPa）	延伸率（%）
N801	552~758	≥ 689	≥ 14

辽河油田机修总厂具有成批生产Ⅰ型隔热油管的能力，并试制了一批高效长寿命Ⅲ型隔热油管，主要性能见表10-5。

表10-5　Ⅰ型隔热油管性能

管别	管内温度（℃）	200	250	300
新管	本体视导热系数［W/（m·℃）］	0.0485	0.0552	0.0619
	管柱视导热系数［W/（m·℃）］	0.1190	0.1260	0.1320
旧管	本体视导热系数［W/（m·℃）］	0.0768	0.0845	0.0917
	管柱视导热系数［W/（m·℃）］	0.1470	0.1540	0.1610

结果表明，Ⅰ型隔热油管随使用时间和次数的增加，其隔热性能有较大幅度的下降，本体视导热系数在300℃时增大了48.1%，所以它不具备长期稳定的低视导热系数。这对稠油热采中的注蒸汽井保护套管及减少井筒热损失是很不利的。国内外的研究结果表明，Ⅰ型隔热油管隔热性能下降的主要原因是氢离子对钢材渗透作用的结果。隔热油管使用一段时间后，将有一部分氢离子渗透到隔热层内，并形成导热系数相对较大的氢分子，从而破坏了原来抽真空充惰性氩气形成的隔热环境，使油管隔热性能下降、高隔热性寿命减短。

高效Ⅲ型隔热油管也是预应力型隔热油管，主要结构与Ⅰ型隔热油管相同，只是为了提高隔热效果和使用寿命，在抽真空后充进隔热效果更好的惰性气体氪气，并填加适量的国产JH103吸气剂。吸气剂的主要作用是吸附油管壁渗透进来的氢气分子及其他非惰性气体，以延长隔热油管的高隔热寿命。高隔热性能的Ⅲ型隔热油管的主要性能见表10-6。

表10-6　Ⅲ型隔热油管性能

管别	管内温度（℃）	200	250	300
新管	本体视导热系数［W/（m·℃）］	0.0306	0.0362	0.0431
	管柱视导热系数［W/（m·℃）］	0.1020	0.1070	0.1140
旧管	本体视导热系数［W/（m·℃）］	0.0324	0.0372	0.0414
	管柱视导热系数［W/（m·℃）］	0.1030	0.1080	0.1120

新材料的使用使Ⅲ型隔热油管的成本有较大的增加，单使用吸气剂一项，每根隔热油管的材料费将增加。充填氪气及加工工艺的改善将使每根隔热油管的成本增加。

2013年11月22日，宝鸡石油钢管有限责任公司成功研发和试制出N80钢级真空隔热油管，外管规格为ϕ114.3mm×6.35mm，内管规格为ϕ62mm×5.51mm。

（3）现场应用情况。

①Shell公司的Tahoe油田。

第一根安装于海底完井项目的真空绝热油管是用于Shell公司的Tahoe油田，该油田位于美国墨西哥湾1400ft水中。A3井于1996年11月完井，在1997年初投产，现已开采两年。有大约7200ft长的真空绝缘油管安装于完井油管柱的顶部，这种油管由外径为5½in的外管和外径为4½in的内管组成。这口井达到了预期的井口油温。

② 英国石油勘探公司的 Troika 油田。

Tahoe 油田刚建成之后，设在得克萨斯州休斯敦的英国石油勘探公司，为 Troika 油田的许多油井订购了真空绝热油管。Troika 油田位于美国墨西哥湾格林峡谷 200 区块，水深 2670ft。英国石油勘探公司决定用真空绝热油管的原因之一是考虑到该油田晚期的条件。实施该计划来保持较高的井口油流温度，延长绝热出油管线中油流的冷却时间。Troika 的油井都回接到 14mile 的 Bullwinkle 平台上，是美国墨西哥湾石油系统中最长的海底回接。在这个项目上使用真空绝热油管，起初的目的是减少水化物形成时间。据估计，以 2500bbl/d 的速度生产，未经绝热的完井油管要 5d 才能达到形成水化物的温度。而如果在油管顶部加装 5800ft 的真空绝热油管，只需 3h 就能达到所需温度。而以 5000bbl/d 的速度生产，估计用未绝热油管需要加热 15h，用加装了真空绝热油管的油管，则只需 1h。油藏温度为 170℉，而预期浊点约为 90℉。Troika 油田所用的管子与 Tahoe 油田所选的管子大致相同，仅有细微差别。虽然设计的油管结构也是 5½in 的外管和 4½in 的内管，但是从油管尾部到内外管之间填角焊缝的初始端，有一个稍长的立根盒，在必要时稍长的立根盒可以重新车扣。真空绝热油管如图 10-108 所示。

图 10-108　真空隔热油管

③AmeradaHess 石油公司的 PennState 油田。

该油田位于 Gardenbanks216 区块，1456ft 水中，是一个距 BaldPate 平台 5mile 的海底回接项目。这口井的初始特征表明，它有三个生产层，上面两层含气，而最底层含油。最底层的油藏温度为 190℉，预期含蜡 17%，原油的浊点为 137℉。因为井底温度是 190℉，而浊点是 137℉，为了避免蜡封，所以该公司决定采用真空绝热油管。当然也考虑到了水化物的问题。据估计，如果用裸管开采，原油到达井口的温度为 117℉，而如果在完井管的顶部加装 8200ft 的真空绝热油管，原油到达井口的温度估计可以达到 160℉。这就使得在预期浊点以上还有充足的安全余量。

PennState 设计的真空绝热油管与早期完井所用的油管不同，它用的是外径为 5in 的碳钢外管，和外径 3½in 且端部加厚的 13%Cr 内管（屈服强度为 110ksi）。碳钢外管能与 13%Cr 内管焊接。由于外管是碳钢，而不是较昂贵的 Cr 钢，所以真空绝热油管的造价大大降低（图 10-109）。

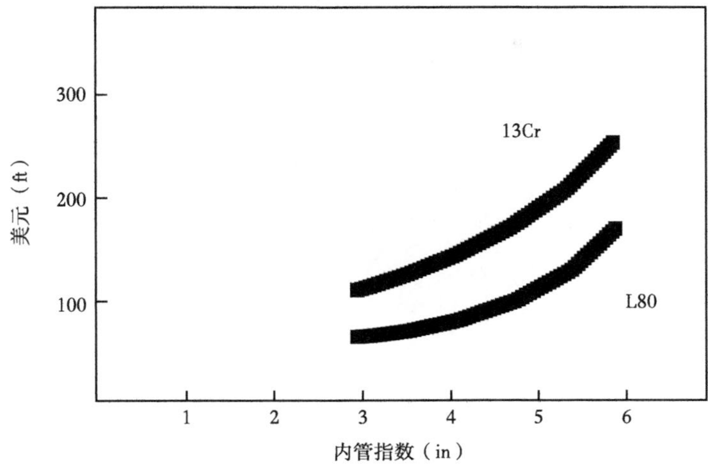

图 10-109　井底油管的相对成本

Amoco 石油公司已经预订了几个真空绝热油管悬挂器控制短节，它们的长度还不足 6ft。其中一些是由 22%Cr 制造的，而其他一些是由 25%Cr 制造的。它们将用于美国墨西哥湾的 King 项目。

以上讨论的结构都经车扣并串连在一起，用于井下完井管柱中。虽然真空绝热油管的设计类型不同，但一般来讲，可分为全 13%Cr 类型和碳钢外管与 13%Cr 内管组合类型。当然，还有一种用 100%L80 钢材制造的类型。根据诸多因素，包括材料、螺纹类型和设计类型的不同，真空绝热油管的成本变动很大。

④ 南海 A1H 井。

海洋井筒上部被海水包围，下部被地层包围。油井生产期间，产液从产层进入井筒并沿油管自井底向上流至井口，生产管柱由普通油管和真空隔热保温油管组成。依据流动和传热过程，建立如图 10-110 所示海洋生产井筒换热物理模型。

南海生产井 A1H，水深为 36m，产层温度为 102.4℃，井底流压为 11.77MPa，产油量为 148.84m^3/d，产气量为 3423.28m^3/d，产水量为 1.15m^3/d。原油黏度为 1.26mPa·s，原油析蜡点为 59.8℃，泵挂深度为 1700m。井身结构见表 10-7。生产管柱由 ϕ88.9mm（3½in）API 油管和 ϕ114.3mm（4½in）真空隔热保温油管组成，保温油管内径为 76mm（2.992in），热导率为 0.02W/（m·K）。未下入保温油管情况下的实测井口温度为 52.23℃，为满足生产期间防蜡要求，对该井保温油管下深进行了设计，不同保温管下深情况下的井筒温度剖面如图 10-111 所示。由图可见，不同保温油管下深时的生产井筒温度分布计算结果表明，保温油管段产液温度下降梯度为 0.32℃ /100m，普通油管段产液温度下降梯度为 3.05℃ /100m，当保温油管下深达 430m 时，出口温度达到 62.13℃，超过析蜡点温度，可满足防蜡生产要求。该井实际施工时考虑到安全余量，实际保温油管下入深度为 450m，生产过程中井口实测温度均超过析蜡点，未见结蜡现象。

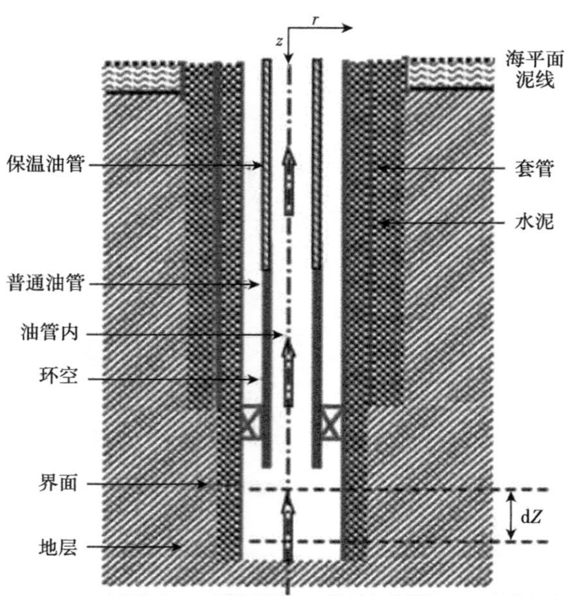

图 10-110　海洋生产井筒换热物理模型

表 10-7　A1H 井井身结构

管柱类型	外径（m）	井眼直径（m）	井段（m）	水泥返高（m）
隔水管	0.610		0~66	
表层套管	0.340	0.444	0~1471	36
技术套管	0.244	0.311	0~2946	1646
打孔尾管	0.178	0.216	2796~3298	

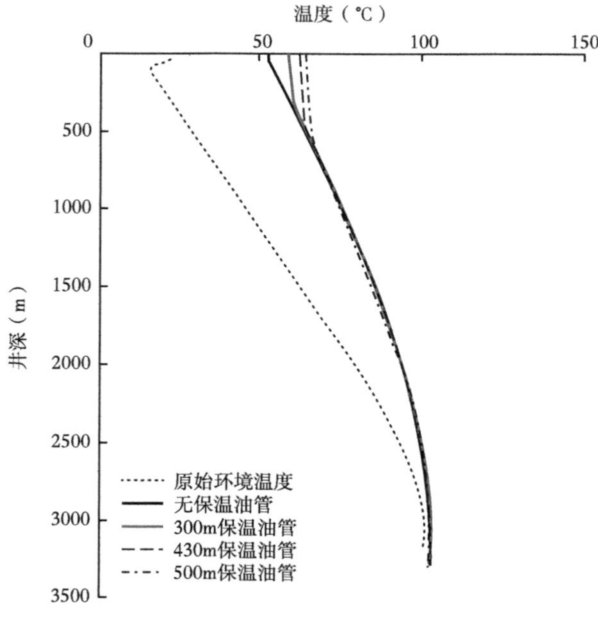

图 10-111　不同保温油管下深时井筒温度分布

V&M 公司生产的真空隔热油管结构示意图如图 10-112 所示。

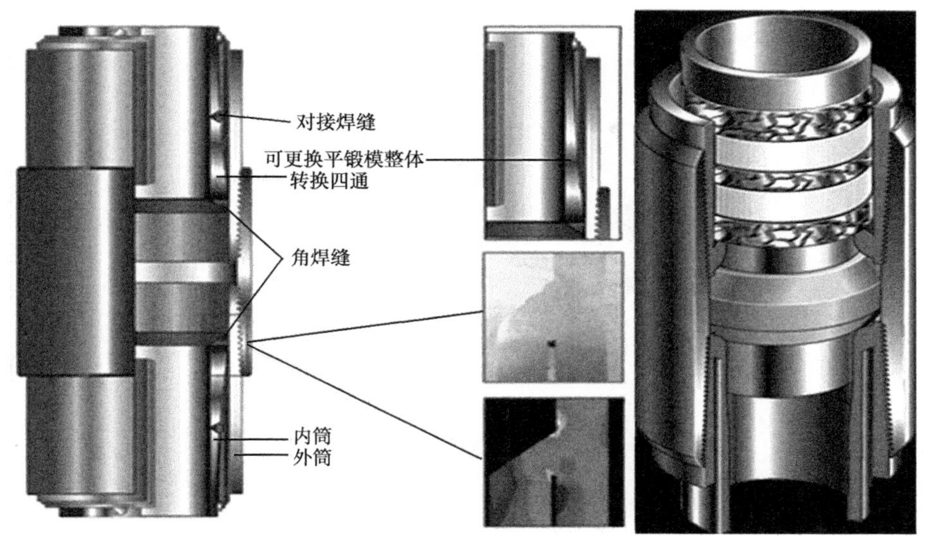

图 10-112　V&M 公司生产的真空隔热油管结构示意图

2. 隔热封隔液

（1）无固相水基隔热封隔液。

隔热封隔液（IPF）已经有几十年的研究应用历史，到目前为止，无固相水基隔热封隔液是性能长期稳定、隔热效果最好、环境污染最小，应用前景最广的一类。

无固相水基隔热封隔液是指充填于油气井井下环空中起隔热作用的水基工作液。因为不含固相，它避免了因聚合物降解而发生的固相沉积。井下环空包括油管与隔水管间环空，双隔水管间环空，A 环空、B 环空、C 环空等，该体系是在无固相清洁盐水完井液（射孔液，封隔液，修井液等）的基础上经隔热能力提高而发展起来的工作液体系。

为了降低自然对流传热损失，封隔液在井下环空中静置时必须具有高黏特性，当它被泵送入井时，它又必须具有低黏特点，以方便泵送。通过 10 多年的室内实验和现场应用，有 3 种体系兼具这 2 种特性，即剪切稀释体系、延迟交联体系和高温自交联体系。3 种体系的基本构成都是“水 + 增黏剂 + 多元醇（聚合醇）+ 可溶性盐”，它们不含固相，腐蚀性低，和井下工具配伍性好，并且对海洋环境不造成污染。所用的增黏剂可以是一种，也可能是几种，其作用是使体系在环空中具有高黏特性，从而降低自然对流传热损失。多元醇（聚合醇）和可溶性盐的作用至关重要。

多元醇（聚合醇）主要是指乙二醇、丙二醇、丙三醇、二甘醇、三甘醇、聚乙二醇等，根据需要可以单独加入，也可以按一定比例混合加入。与水相比，它们具有密度高和黏度大的特点（图 10-113），既可以辅助加重，又可以增加体系黏度。除此之外，它们在隔热封隔液体系中还起另外 2 个重要作用：降低体系导热系数；提高体系热稳定性。

隔热封隔液中加入醇可以降低体系的导热系数。乙二醇和丙三醇降低水溶液导热系数的作用如图 10-114 所示。

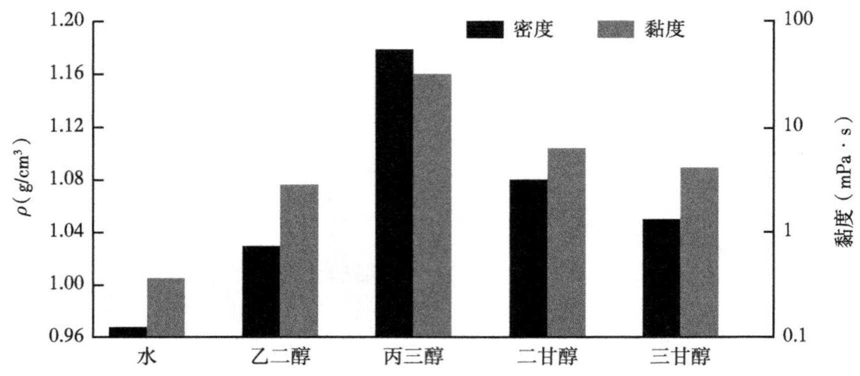

图 10-113 多元醇的密度与黏度（80℃下、0.1MPa）

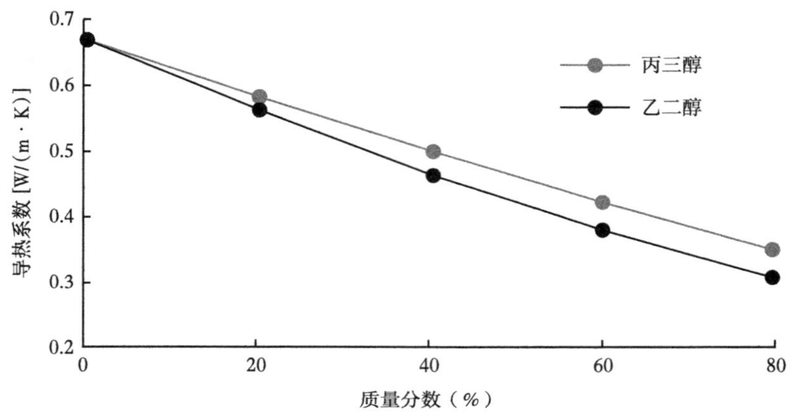

图 10-114 乙二醇和丙三醇水溶液的导热系数（80%）

由图可知，随着乙二醇（丙三醇）含量的增加，水溶液的导热系数不断减小。与不加醇相比，醇的含量为 80% 时其导热系数都降低一半左右。根据隔热和密度需要，醇的加量可以高至 90%，表明醇可以显著降低体系的导热系数。

与水相比，多元醇的沸点很高，表明多元醇自身的抗温性较强。实验研究表明，多元醇（聚合醇）对聚合物增黏剂有高温保护作用，从而提高体系的抗温性。Vollmer 进行了多元醇提高无固相清洁盐水完井液的抗温性实验，包括“XG-NaBr”“CMHPG-$CaBr_2$”及“CMC”系列实验，所有实验结果都表明，添加有多元醇的样品比不添加多元醇的样品抗温能力高得多。其中“CMC”实验的结果见表 10-8。

表 10-8 乙二醇提高聚合物抗温能力实验

配方	乙二醇	黏度（mPa·s）		黏度保持率（%）
		热滚前	热滚后	
3#	未添加	825	2	0.24
3′#	添加	1316	261	19.83

注：热滚条件为 135℃ ×16h；黏度用 Fann50 在 $100s^{-1}$ 和 49℃下测得。

盐一般是指可溶性无机盐，如 NaCl、KCl、$CaCl_2$、$CaBr_2$、NaBr，近年来也使用比较昂贵的甲酸盐，如 NaCOOH、KCOOH。不同种类、不同含量的盐能够配制出不同密度的封隔液，从而满足不同压力系数的油气藏。另外，把可溶性盐加入水中，能够明显降低水溶液的导热系数（图 10-115），即盐的加入能够削弱热传导。对于甲酸盐，还能提高体系中聚合物的热稳定性。

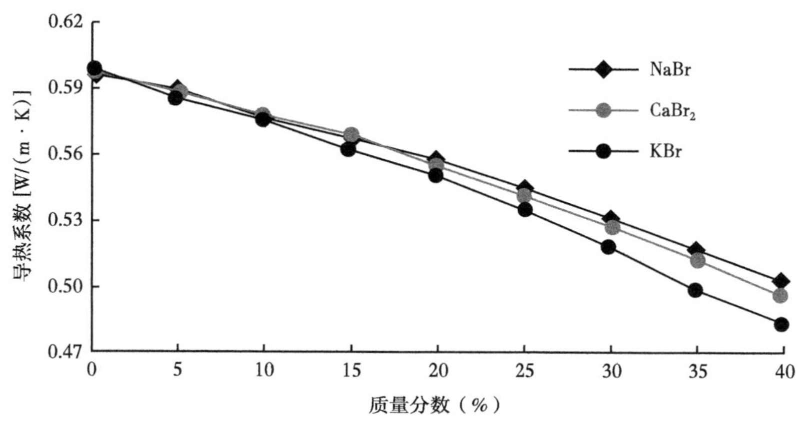

图 10-115　不同浓度盐水的导热系数（20℃）

（2）剪切稀释体系。

从 20 世纪末开始，BJ Services 公司先后研究和现场应用了三代无固相水基隔热封隔液，即 ABIF，ATIF 和 NAIF。该系列封隔液剪切稀释性好，腐蚀性低，环保性强，与井下树脂材料配伍性好，结晶温度低，密度范围较宽（1.00~1.50g/cm^3）。截至 2008 年，三代体系在墨西哥湾地区已经有 70 多个应用案例，在消除环空带压，防止油井蜡沉积，预防天然气水合物的生成等方面起了决定性作用。

Javora（2002）提出第一代隔热封隔液，后由 Wang（2003）命名为 ABIF。该体系配方比较简单，其基本成分是：水、可溶性盐、醇以及增黏剂。增黏剂是一种普通多糖类聚合物，用它来调节体系的流变性，获得极佳的剪切稀释性。

Wang 通过改进 ABIF，提出了新型隔热封隔液 ATIF。与 ABIF 相比，ATIF 主要添加了高吸水树脂 SAP，用来固化体系中的溶剂（水和醇），进一步减小自然对流传热损失。SAP 又称为水膨体，是一类适当交联遇水膨胀而不溶解的聚合物，中国油田主要用它作为调剖剂。SAP 能够吸收几十、几百甚至上千倍自身质量的水或盐水，性能特殊的 SAP 还能吸收多元醇（聚合醇），起到固化溶剂作用。

密度为 1.08g/cm^3 的 ABIF 典型配方为：1.14%CMHPG+0.57%G-504+NaBr+ 丙二醇 + 水 + 缓蚀剂 + 杀菌剂 +pH 缓冲剂 + 其他，G-504 的化学成分是丙烯酰胺—丙烯酸钠共聚物，是 Iowa 州的 GrainProcessing 公司生产的一系列 SAP 之一，丙二醇和水的体积比为 1∶3。样品配制过程中，把 CMHPG 和 G-504 加入丙二醇，经过 5min 搅拌后，把丙二醇溶液加入溴化钠盐水中，高速搅拌 30 min，待聚合物充分水化后，再加入其他辅剂，用 NaOH 调节 pH 值至 9.5，即得到 ATIF。

一种典型 ATIF 的流变性如表 10-9 所示（用 XC 和 HEC 作对比）。实验数据表明，该体系在极低剪切速率下具有很高的黏度，而在较高剪切速率下黏度接近于零，明显比剪切稀释良好的 XC 溶液更佳。ATIF 在高剪切速率下的低黏特点，有利于现场泵送 ATIF 进入井下环空；而一旦投产，井下环空中 ATIF 因表现出低剪切速率下的高黏特性，在环空中整体保持静止，从内管（油管，内隔水管等）传来的热量使封隔液具有密度差而发生小幅度运动，此时因体系具有优良剪切稀释性，体系表现出极高的黏度，因此自然对流传热损失得到大大的削弱。

表 10–9　隔热封隔液 ATIF 的表观黏度

转速（r/min）	AV（mPa·s）		
	ATIF	0.5%XC 水溶液	0.5%HEC 水溶液
0.05	50000	17623	980
0.1	＞ 30000	10868	490
600	≈ 0	18	19

注：XC、HEC 的相关数据是用 Grace3600 流变仪测得。

Wang（2006）通过改进 ATIF 体系，研制出了导热系数更低的新型剪切稀释体系 NAIF。它继承了 ATIF 体系的优良剪切稀释性，以及溶剂固化特性，有效控制环空自然对流传热，并且通过加入新型增黏剂和溶剂，降低了自身的导热系数，进一步降低了导热损失。该体系成功解决了 ENI 在墨西哥湾的难题。该井水深 1189m，使用 1.14g/cm^3 的隔热封隔液防止油井析蜡以及生成沥青质。在长达一个月的关井期间，NAIF 还有效防止了井下生成天然气水合物。

3. 现场应用

1）墨西哥湾地区深水井

在墨西哥湾地区深水井中使用隔热流体，成功地避免了环空带压现象。在 3 口试验井中，封隔液的密度为 1.20g/cm^3，导热系数低至 0.287W/(m·K)。

该封隔液在环空中低于 99℃的温度下发生自交联，黏度剧增从而削弱自然对流传热。

该技术既大量节约了成本，又取得了更好的隔热效果。现场应用如图 10–116 所示。

该井是 BP 公司在墨西哥湾 Vioska Knoll 区块 Marlin 平台的一口深水井，上部用“低压 N_2–VIT”复合隔热，下部用“ABIF–VIT”复合隔热。

最上部分几十米段充填低压 N_2，既起隔热作用，又可以缓冲下部隔热封隔液热的膨胀作用，防止 ABIF 因吸热而剧烈膨胀损坏封隔器、井口装置甚至油管和隔水管，即进一步防止环空带压造成的损坏。

双重隔热确保绝大多数热量不致于散失到海水中去，保证了油气井生产的完整性。

2010 年，该体系还解决了注蒸汽井井口上升过大问题。如图 10–117 所示，油套密闭环空下部充满自交联隔热封隔液 HTIPF，上部 60m 填充低压 N_2，下部隔热封隔液有效阻碍了高温水蒸汽中的热量通过导热和自然对流向油层套管传递。低压 N_2 既能够降低该小段的导热传热，又能缓冲封隔液因受热而造成的膨胀，防止井口及井下工具损害。现场应用表明，因套管受热膨胀而造成的井口上升量大大减小，其上升量在安全范围之内，井筒完整性得到了有效保证。

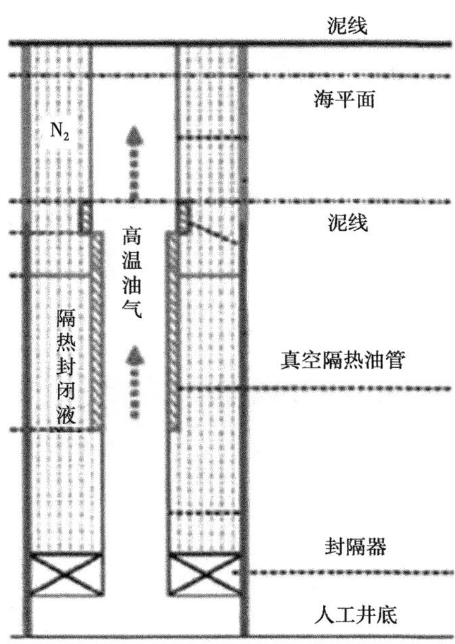

图 10-116　隔热封隔液 ABIF 的应用

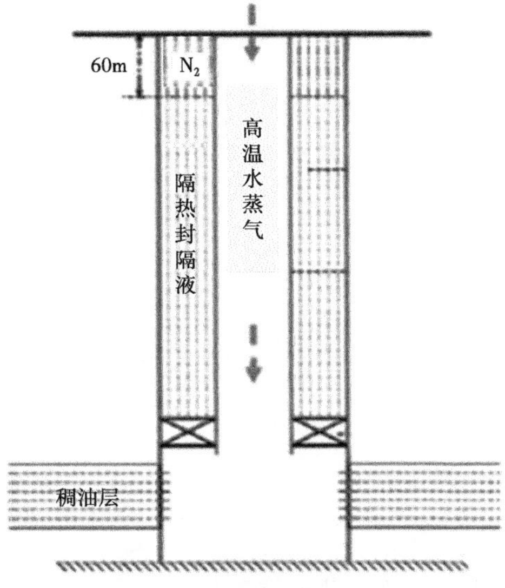

图 10-117　隔热封隔液在注蒸汽井中的应用

2）可压缩泡沫材料

在套管外安装可压缩泡沫技术是目前深水井中常用的一种减小由温度引起的套管附加载荷的方法。原理是在内层套管上安装一定数量的可压缩的泡沫材料，当环空压力增加到一定程度时，可压缩泡沫材料开始变形，产生一定的流体膨胀的空间，从而致使环空压力降低。下图是 Trelleborg 公司生产的可压缩泡沫材料（图 10-118）。

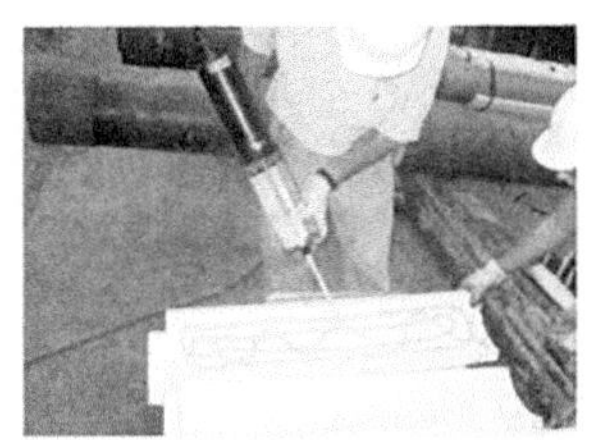

胶黏剂

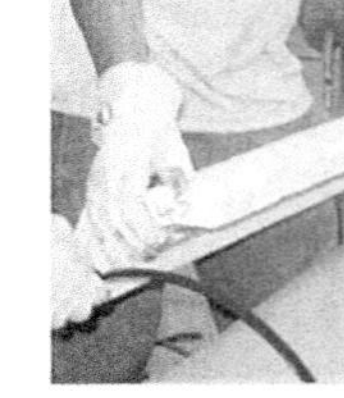

分步安装

临时捆扎

尼日利亚，西非

图 10-118　可压缩泡沫材料

由于 AKPO130 油田需要防止生产过程中发生气窜，所以要求固井水泥的返高要到上层套管鞋 50m 以上，从而产生了套管间的密闭环空。根据计算，AKPO130 油田由温度引起的套管附加载荷可以达到 49.2MPa。这使得在 AKPO130 油田在进行开发井钻井设计时面临着找不到满足这么高强度的套管问题，从而必须使用其他技术来减小这种由温度引起的套管附加载荷。因此，AKPO130 油田在开发井设计中采用了在套管外安装可压缩泡沫材料以减小温度引起的套管附加载荷技术，如图 10-119 和图 10-120 所示。

图 10-119　AKPO130 油田采用的在套管外安装可压缩泡沫材料（Texas，USA）

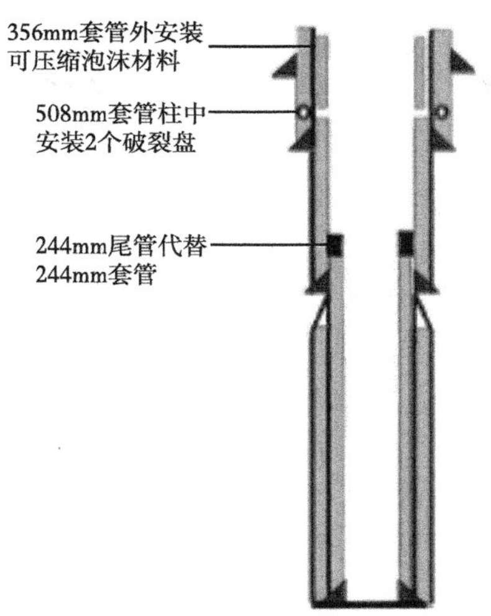

图 10-120　AKPO130 油田采用的可压缩泡沫材料的技术示意图

在 356mm 套管外安装可压缩泡沫材料：这项技术是对 508mm 套管柱中安装 2 个破裂盘的技术起着备份的作用。当密封环空内流体开始膨胀时，首先压裂 508mm 套管上的破裂盘。如果破裂盘失效，密封环空内的压力持续升高，则开始压缩 356mm 套管柱上的压缩泡沫材料，从而保证两层套管不被挤毁或压裂，也保障了 356mm 套管串的完整性。

（1）可压缩泡沫材料的安装技术。

可压缩泡沫材料是采用模块化的方式安装在 356mm 套管上 . 考虑下套管操作的方便，可压缩泡沫模块只安装在套管本体如图 10-121 所示，套管接头部分不安装可压缩泡沫模块。每块可压缩泡沫模块长 940mm，4 块可压缩泡沫模块组成一组。每根套管安装的可压缩泡沫为 10 组，总长为 9.4m。每口井设计下入 400m 安装有可压缩泡沫模块的 356mm 套管。

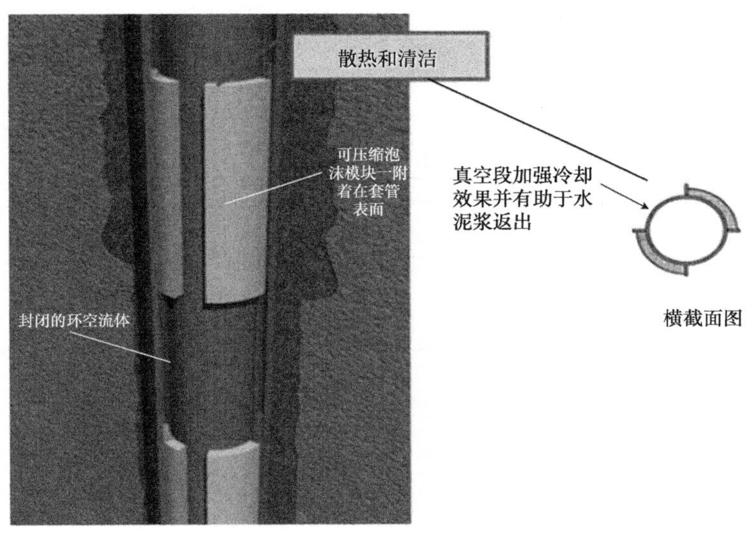

图 10-121　可压缩泡沫模块示意图

（2）使用可压缩泡沫材料对由温度引起的套管附加载荷的影响分析。

根据实际的油井生产情况，可压缩泡沫材料的对由温度引起的套管附加载荷的影响可以随时间的变化分为以下阶段：

① 油井开始生产。

② 密闭环空的温度开始升高，由温度引起的套管附加载荷开始增加到 508mm 套管柱上破裂盘破裂的临界压力 16MPa。

③ 由于某些原因导致 508mm 套管柱上的破裂环失效，破裂盘没有裂开，由温度引起的套管附加载荷继续升高。

④ 可压缩泡沫材料开始压缩，给套管间密闭环空的流体提供膨胀空间，由温度引起的套管附加载荷开始缓解，不再升高。油井生产一段时间后，由于某些原因开始关井。

⑤ 密闭环空的温度开始慢慢降低。

⑥ 由温度引起的套管附加载荷开始降低，可压缩泡沫材料开始膨胀，套管间环空仍然处于密闭状态，没有流体侵入或排出环空。

⑦ 重新开井生产。

在整个油井的寿命周期内将不断重复从 ① 到 ⑦ 的阶段，最大的由温度引起的套管附加载荷就限定在第 ④ 阶段的状态。图 10-122 描述从 ① 到 ④ 阶段密闭环空的温度、压力和体积随时间的变化。

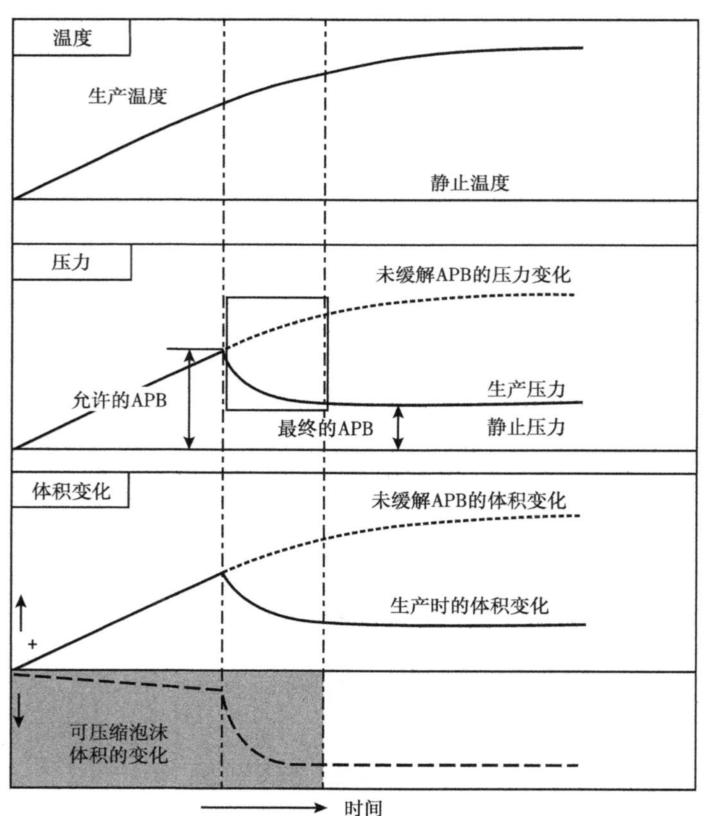

图 10-122　油井生产过程中密闭环空的温度、压力和体积变化示意图

3）可破裂泡沫球

向环空中添加合成可破裂的泡沫球的方法在实践中有了广泛的应用，尤其是在陆地和海洋的深井中有着很好的应用效果。该预防措施是在套管环空内放入一定数量的合成可破裂的泡沫球，这些合成的泡沫球内部是空的，充满空气，当密封环空内压力达到某一数值时，泡沫球就会破裂，释放一定的空间，从而降低环空压力。

环空内添加合成可破裂泡沫球，该方法的出发点是当环空内的压力增加的时候，想办法在密闭环空内把这种膨胀压力释放掉，但由于环空液体本身的可压缩性不大，那么就在密闭环空内人为的提供一个可压缩的环空体积来释放液体膨胀压力。在环空添加可破裂泡沫球，当密闭环空内的压力达到一定值的时候，小球破裂，小球体积减小，环空压力降低。可破裂泡沫球由复合材料制成，最常见的是空心玻璃球，其内充满标准大气压的空气。小球本身有一定的强度，而且有很小的加工公差，因此能保证在某一确定的压力下小球破裂。小球的直径根据环空空间的大小而不同，一般在19.05~38.10mm。同时由于环空液体的压缩性不大，因此加入的可破裂泡沫球的体积长度一般占整个环空体积长度的2%~8%，大约相当于2~20个套管单根的长度。可破裂泡沫球一般被安放在密闭环空的上部，与其安放在环空下部相比，可避免环空液柱对其产生的压力，从而降低可破裂泡沫球的破裂压力，降低生产成本。同时，为了避免在操作中使可破裂泡沫球损坏，用钢片把装有可破裂泡沫球的壳筒焊接到油层套管的外侧，如图10-123（a）和图10-123（b）所示。但是如果按照图10-123中安放可破裂泡沫球，那么油套环空的间隙将变小，从而影响环空内的流体流动。因此可以把图10-123（b）结构改成图10-123（c）的结构型式，这样环空流体的流动阻力将明显降低。

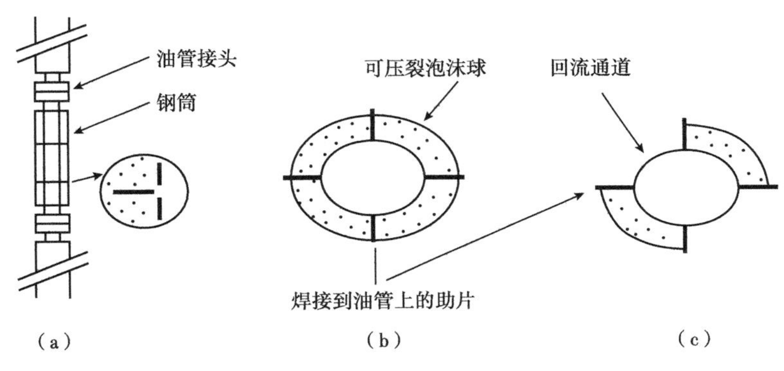

图10-123　施工结构图

（1）可破裂泡沫球体积长度计算。

当温度增加引起密闭环空液体的膨胀压力为Δp时，要卸掉该压力则环空需要增加的体积为ΔV，其计算公式为：

$$\Delta V=\frac{\Delta p\times V}{E_c} \tag{10-73}$$

（2）所需可破裂泡沫球的总体积。

这里定义一个概念，即剩余体积系数k_m，指单位体积的可破裂泡沫球当压力超过其额定压力后的小球剩余体积。其由两部分组成：一是当可破裂泡沫球被压破后，其自身还是占有一定的体积，根据不同厂家提供的资料，压破后的单个小球一般占原有体积的50%~60%；二是可破裂泡沫球在使用之前就有一定的比例损坏。考虑到这两个因素，所需可破裂泡沫球的体积公式为：

$$V_b = \Delta V / k_m \tag{10-74}$$

（3）可破裂泡沫球在环空中分布长度计算。

$$L_b = V_m / A_m \tag{10-75}$$

4）可压缩液体

该方法的原理是在密封的环空内加入可压缩的流体，以此来吸收因流体热膨胀而产生的高压。该方法和可破裂泡沫球方法的出发点是一样的，其理论根源也是根据气体的压缩性比液体的压缩性大得多。

即相同大小的压力可以使气体的体积变化率远远高于液体的。可压缩液体的种类很多，主要是指充有不同气体的各种类型钻井液：在工程上最常用的混入气体是氮气；钻井液的类型主要有复合油基钻井液、水基钻井液、盐水钻井液、或者淡水钻井液等。

在计算过程中，由于有气体的存在，套管的体积变形相对气体体积的变化很小，可忽略套管管壁半径随温度的变化。

如图 10-124 所示，环空内流体包括环空上部的钻井液和可压缩流体两部分。根据变温前后套管环空内受力与变形平衡，环空内流体温度升高 ΔT 时，压力变化 Δp_1 的计算方法如下。

环空上部钻井液体积变化对于单元体积钻井液 ΔV_1，温度升高包括环空上部钻井液的体积受热膨胀和环空压力增加而使钻井液体积压缩的过程。

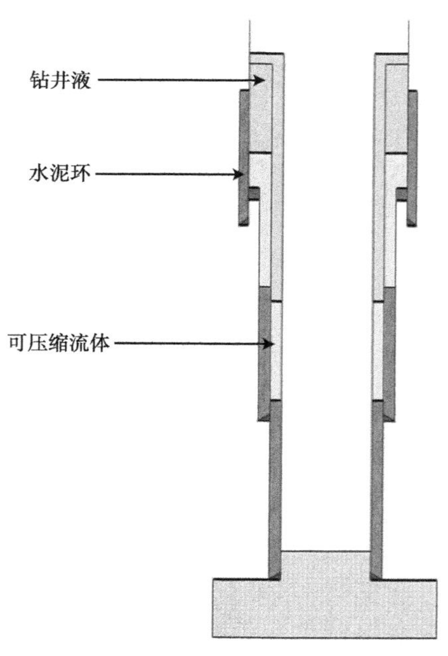

图 10-124　注入可压缩液体示意图

（1）两个效应共同作用下环空上部钻井液的体积变化量为：

$$\Delta V_1' = \alpha_c \Delta V_1 \Delta T - \frac{\alpha_c \Delta V_1 \Delta T + \Delta V_1}{E_c} \Delta p_1 + \Delta V_1 \tag{10-76}$$

（2）可压缩流体的体积变化。

对于单位可压缩液体体积 ΔV_2，其体积变化过程包括可压缩流体受热膨胀和环空压力增加液体体积压缩的过程。温度升高可压缩流体体积膨胀效应。

$$\Delta V_2'' - \Delta V_2 = \alpha_c \Delta V_2 \Delta T \tag{10-77}$$

压力增加时可压缩流体体积压缩效应。

$$\Delta V_2'' - \Delta V_2' = \frac{\Delta V_2''}{E_c} \Delta p_1 \tag{10-78}$$

则式（10-77）减去式（10-78）：

$$\Delta V_2' = \alpha_c' \Delta V_2 \Delta T - \frac{\alpha_c' \Delta V_2 \Delta T + \Delta V_2}{E_c'} \Delta p_1 + \Delta V_2 \tag{10-79}$$

（3）求解环空压力 Δp_1。

由于假定了套管环空体积不变，根据体积相容性的原理得

$$\int_0^{V_1} \mathrm{d}\Delta V_1 + \int_0^{V_2} \mathrm{d}\Delta V_2 = V_1 + V_2 \tag{10-80}$$

将式（10-76）、式（10-78）代入式（10-80），则可根据要求控制的环空压力增长量 Δp_1，来确定需要加入环空内的可压缩液体体积。用平均温度来代替井筒温度，不考虑井筒温度不均带来膨胀系数的变化。当控制环空液体膨胀压力 Δp_1 小于某一定值时，要求的最小可压缩液体体积为：

$$V_2 = \frac{(\Delta p \times B - \alpha_c \times \Delta T) \times V}{(\alpha_c' - \alpha_c) \times \Delta T - (A - B) \times \Delta p_1} \tag{10-81}$$

式中，$A = \dfrac{\alpha_c' \times \Delta T + 1}{E_c'}$；$B = \dfrac{\alpha_c \times \Delta T + 1}{E_c}$。

5）中空玻璃微珠

高性能空心玻璃微珠是一种碱石灰硼硅酸盐玻璃材料，是一种微米级玻璃质的中空球体，具有质轻电绝缘性和热稳定性好、耐腐蚀、不与任何酸（除了氢氟酸）以外的酸发生反应等优点。同时其抗破碎性能非常优异，最高可达到 100MPa。这些优异的性能在钻井液、固井水泥和深海材料中发挥着至关重要的作用。

空心玻璃微珠作为一种新型材料，它具有以下优点：（1）密度低，在钻井液体系中均匀分散，可在 0.25~0.60g/cm^3 之间进行密度调节。（2）抗压能力强，可在 5~100MPa 之间

进行调节。（3）导热系数低，可在20℃时，0.0512~0.0934W/（m·K）之间进行调节。高性能空心玻璃微珠的各项理化性能见表10-10和表10-11。

表10-10　高性能空心玻璃微珠的各项理化性能

序号	检验项目	理化性能
1	外观	流动良好的白色粉末
2	含水率	≤ 0.50
3	软化温度	620℃
4	吸油值	20~65g/100g
5	导热系数［W/（m·K）］	0.0512~0.0934，20℃
6	堆积密度（g/cm^3）	0.17~0.42
7	粒径范围（μm）	2~120
8	真密度（g/cm^3）	0.20~0.60
9	抗压强度（MPa）	5~69
10	pH值	7~8

表10-11　美国3M公司玻璃微珠性能参数表

3MTM玻璃微珠普通系列（碱石灰硼硅酸盐玻璃）									
名称	抗压强度（90%存留）（psi/MPa）	真实密度（g/cm^3）	粒径（μm）				颜色	评注	应用建议
			10%以内	50%以内	90%以内	最大			
K1	250/1.72	0.125	30	60	105	115	白	最经济的3M玻璃微珠	管道隔热，浇塑聚酯，合成泡沫，堵逢材料，油灰，粉状，玻璃钢，RTM等
K15	300/2.07	0.15	30	60	105	115	白		
S15	300/2.07	0.15	25	55	90	95	白		
S22	400/2.76	0.22	20	36	60	75	白		
K20	500/3.45	0.20	30	65	110	120	白		
K25	750/5.17	0.25	25	55	95	105	白		沉海管道隔热绝缘，BMC，高尔夫珠，RIM，SMC，PVC密封胶，可喷涂合成泡沫，热塑性塑料
S032	2000/13.78	0.32	20	40	75	80	白		
S35	3000/20.67	0.35	18	40	75	85	白		
K37	3000/20.67	0.37	20	40	80	85	白		
S38	4000/27.56	0.38	15	40	75	85	白		
S38HS	5500/37.90	0.38	15	40	75	85	白		
K46	6000/41.34	0.46	15	40	75	80	白		
S60	10000/68.90	0.60	15	30	55	65	白	挤出工艺	
S60HS	18000/124.02	0.60	11	30	50	60	白	注模工艺	

一般传统上纯水泥大多数被用于钻井中，但是在特殊的情况下调节水泥的密度是成功完井和长效隔离的关键。有几种调节水泥浆密度的方法已经被使用。这些方法可以单独使用也可以综合使用。比如：通过加水稀释法、加空心陶瓷微珠法、添加泡沫法等。加水稀释法和添加泡沫法调节出的水泥性能不稳定。加空心陶瓷微珠法，因空心陶瓷微珠自身的强度不够，在水泥浆注入井内时会破碎，导致水泥浆密度上升。而在深井开采石油时，加入高性能空心微珠的水泥浆在注井过程中有一定的流动性，水泥浆注入井内，可以较快凝

结，并在短期内达到相当强度，硬化后的水泥浆具有良好的稳定性和抗渗性、抗腐蚀性等。油井底部的温度和压力随着井深的增强而提高，每深入 100m，温度约提高 3℃，压力增加 1.0~2.0MPa。井深 7000m 以上，井底温度可达 200℃，压力达 125MPa。因此高温高压，对水泥各种性能影响，是油井水泥生产和使用的最主要的问题。高温作用使水泥浆的强度显著下降。使用添加了空心微珠的水泥浆，不仅密度降低而且能够承受长时间的高压强度及高温，这种轻质水泥的性能优于其他常规的轻水泥。

近些年来，在深水中扩大深海勘探和生产中对于控制流动管道在长距离传送和在海水作业中的热量散失已成为主要的技术投资。早期，深海管道只是涂了一些黑色涂料，但是保温性能非常有限。随着一系列的材料替代而得到快速发展，尤其是高性能玻璃微珠的应用，降低热导率和深海油气回收具有可行性。深海管道要求随着海底石油往更深处发展和更多的地理位置的要求而增加。在有深度和压力的环境时，通常会应用填充有玻璃微珠的泡沫绝缘材料，这使得深海管线可延伸长 50km 或更远的海底。美国 3M 公司是世界上最好的空心玻璃微珠生产商之一，表 10-11 为该公司玻璃微珠的性能参数。

6）氮气泡沫水泥浆隔离液

N_2 具有良好的压缩性，其压缩性超过油或水的 100 倍。所以加入一定量的 N_2 之后钻井液的压缩性会得到很大的提升，温度变化量与压力变化量的关系为：

$$\Delta p \cong \alpha\kappa\Delta T \tag{10-82}$$

$$\kappa_{\text{comp}} = \frac{V_{\text{gas}} + V_{\text{liq}}}{\dfrac{V_{\text{gas}}}{\kappa_{\text{gas}}} + \dfrac{V_{\text{liq}}}{\kappa_{\text{liq}}}}$$

式中　α——传热系数；

κ——混合气体的体积比。

将加了 N_2 的钻井液的体积压缩 1%，需要压力 2000psi，而对于水则需要 3500psi，对于柴油则需要 2500psi。充了 N_2 的钻井液的导热系数远比水基钻井液的导热系数小，前者的体积膨胀量大于后者，充了 N_2 的钻井液压力变化量约为水基钻井液的 1/3；对于生产温度，当把 N_2 充入钻井液之后，可以较为明显地降低生产温度。因此，在钻井液中充入 N_2 可以减小环空带压值以及降低生产时的环空流体的温度，最终达到减小由温度引起的套管附加载荷的目的。

在油田供应 N_2 应该注意以下问题：

（1）在水钻井液之前泵入 N_2 泡沫隔离液：通常，N_2 的体积占现场气体体积的 5% 就足够减轻 APB 效应，泡沫体积应该控制在混合气体体积的 25%~30% 之间。

（2）用开关检查隔离器，看其隔离等级是否有下降：将最终 N_2 隔离液的深度定在靠近井口处，要求设计出来的泡沫的稳定时间为 2~3d，留有足够的时间让水钻井液来顶替和重新设计套管悬挂密封组合。

（3）隔离液体设计：泡沫的稳定性，要能够与其他井筒流体一起压缩，且与钻井液配伍性好。

（4）潜在的操作问题：当泡沫的密度改变之后，要保持静液柱压力在整个顶替过程中保持在合理的范围内；N_2 到达井底进行压缩之后，需要降低整个隔离液的体积和增加整个井筒内的静液柱压力；当返到环空之后 N_2 体积会膨胀，需要增加隔离液的体积和减小整个井筒内的静液柱压力。

N_2 泡沫水泥浆隔离液不能到达其目的深度的原因有：

（1）钻井液漏失—在深水井中会存在较大的风险；

（2）在水泥浆顶替过程中发生窜槽；

（3）井眼尺寸不确定（进行扩眼操作之后的井眼）。

向井下注入 N_2 泡沫水泥浆隔离液需要通过平板孔，其过程如下：

首先向套管外注水泥和后凝，将套管悬挂密封组合运至井口，然后关闭环形防喷器组合套管悬挂密封装置，通过节流管线对环空进行注入测试以验证套管鞋是否是打开的，将所需要的 N_2 泡沫水泥基隔离液的量通过节流管线输送至井下，再重新设置密封组合，以循环的方式将节流管下入井下以及起出压井管线以清除残留的 N_2，对套管悬挂密封组合装置进行压力测试，最后打开环形防喷器。

本方法的优点是可以更好的控制 N_2 的体积和其目标深度，缺点为只有当套管鞋是打开的情况下才能用，需要消耗额外的钻井时间和成本，只有当 N_2 到位之后才能够关闭防喷器，此时存在井控风险。

参考文献

[1] 张辉，高德利，刘涛，等 . 深水钻井中浅层水流的预防与控制方法 [J]. 石油钻采工艺，2011.33（1）：19-22.

[2] 胡伟杰 . 浅析深水钻井中水合物的风险与防治措施 [J]. 中国技术新产品 . 2012（14）：253-254.

[3] 周波，杨进，张百灵，等 . 海洋深水浅层地质灾害预测与控制技术 [J]. 海洋地质前沿，2012，28（1）：51-54.

[4] 许亮斌，蒋世全，谢彬，等 . 深水钻井平台钻机大钩载荷计算方法 [J]. 中国海上油气，2009，21（5）：338-342.

[5] Q/HS 2028—1016. 海洋钻井井控规范 [S].

[6] 罗俊丰，刘科，唐海雄 . 海洋深水钻井常用钻井液体系浅析 [J]. 长江大学学报（自然科学版）理工卷，2010,7（1）：180-182.

[7] 吴长勇，梁国昌，冯宝红，等 . 海洋钻井液技术研究与应用现状及发展趋势 [J]. 断块油气田 . 2005，12（3）：69-71.

[8] 岳前升，刘书杰，耿亚男，等 . 深水线性 α- 烯烃合成基钻井液性能室内研究 [J]. 钻井液与完井液 . 2011，28（1）：27-29.

[9] 岳前升，刘书杰，何保生，等 . 基于深水钻井的新型矿物油基钻井液性能研究 [J]. 石油天然气学报 . 2011，33（8）：114-118.

[10] 霍宝玉，彭商平，于志纲，等 . 一种深水水基无黏土恒流变钻井液体系 [J]. 钻井液与完井液 . 2013，30（2）：29-32.

[11] 白小东，黄进军，王川，等 . 新型水合物抑制剂 HBH 的评价研究 [J]. 石油钻探技术 . 2007，35（2）：36-38.

[12] 胡友林，乌效鸣，岳前升，等 . 深水钻井气制油合成基钻井液室内研究 [J]. 石油钻探技术 . 2012，40（6）：38-42.

[13] 吴彬，向兴金，舒福昌，等 . 海洋深水表层动态压井钻井液体系研究 [J]. 石油天然气学报 . 2012，34（3）：114-117.

[14] 王荐，吴彬，张岩，等 . 海洋深水高盐阳离子聚合物钻井液室内实验研究 [J]. 中国海上油气 . 2007，19（6）：405-408.

[15] 王松，魏霞，胡三清，等 . 保护储层与环境的深水钻井液室内研究 [J]. 石油钻探技术 . 2011，39（5）：35-40.

[16] 赵欣，邱正松，石秉忠，等 . 深水聚胺高性能钻井液试验研究 [J]. 石油钻探技术 . 2013，41（3）：35-39.

[17] 贾艳秋，张岱，胡友林 . 深水水基钻井液研究 [J]. 长江大学学报（自然科学版）. 2011，8（8）：50-53.

[18] 田荣剑，罗健生，李自立 . 环保型深水水基钻井液体系的研究 [J]. 科学技术与工程 . 2010，10（32）：7910-7914，7919.

[19] 刘和兴，方满宗，刘智勤，等 . 南海西部陵水区块超深水井喷射下导管技术 [J]. 石油钻探技术 . 2017，45（1）：10-16.

[20] 董合健，吕宗高，龚伟民，等 . ND-S114 型套管内割刀的研究与应用 [J]. 石油机械 . 1999，27（3）：34-36.

[21] 张武辇，贾银鸽，张静，等 . 无隔水管深水井口系统切割回收工程化应用 [J]. 海洋工程装备与技术 . 2014，1（2）：119-128.

[22] 同武军，赵维青，杜威，等 . 南中国海深水开发井环空压力管理实践 [J]. 石油化工应用 . 2017，36（9）：24-27.